3ds Max 2020 中文版基础教程

布克科技 谭雪松 文静 王田姣◎编著

人民邮电出版社
北京

图书在版编目（CIP）数据

从零开始 ： 3ds Max 2020中文版基础教程 / 布克科技等编著. -- 北京 ： 人民邮电出版社, 2021.1
ISBN 978-7-115-55147-4

Ⅰ. ①从… Ⅱ. ①布… Ⅲ. ①三维动画软件—教材
Ⅳ. ①TP391.414

中国版本图书馆CIP数据核字(2020)第230831号

内容提要

3ds Max 作为当今著名的三维建模、动画和渲染软件，广泛应用于游戏开发、电影电视特效制作及广告设计等领域。该软件功能强大，扩展性好，操作简单，并能与其他相关软件流畅地配合使用。

本书系统地介绍了 3ds Max 2020 的功能和用法，以实例为引导，循序渐进地讲解了使用 3ds Max 2020 中文版创建三维模型、使用灯光和摄影机、创建材质和贴图、制作基础动画、制作动力学动画、制作角色动画、使用粒子系统与空间扭曲制作动画、使用布料系统制作动画以及 3ds Max 2020 的编程技术等内容。

本书内容系统，图文并茂，层次清晰，实用性强，适合作为 3ds Max 2020 动画制作的培训教程，也可以作为个人用户、高等院校相关专业学生的自学参考书。

◆ 编　　著　布克科技　谭雪松　文　静　王田姣
　责任编辑　李永涛
　责任印制　马振武

◆ 人民邮电出版社出版发行　　北京市丰台区成寿寺路 11 号
　邮编　100164　　电子邮件　315@ptpress.com.cn
　网址　https://www.ptpress.com.cn
　北京鑫正大印刷有限公司印刷

◆ 开本：787×1092　1/16
　印张：16.75
　字数：428 千字　　　2021 年 1 月第 1 版
　印数：1 – 2 000 册　　2021 年 1 月北京第 1 次印刷

定价：69.80 元

读者服务热线：(010) 81055410　印装质量热线：(010) 81055316
反盗版热线：(010) 81055315
广告经营许可证：京东市监广登字 20170147 号

关于本书

3ds Max 作为著名的三维建模、动画和渲染软件，广泛应用于游戏开发、角色动画、电影电视特效及广告设计等领域。该软件功能强大，扩展性好，操作简单，并能与其他相关软件流畅地配合使用。3ds Max 2020 提供给设计者全新的创作思维与设计工具，并提升了与后期制作软件的结合度，使设计者可以更直观地进行创作，无限发挥创意，设计出优秀的作品。

内容和特点

本书面向初级用户，深入浅出地介绍了 3ds Max 2020 的主要功能和用法。按照初学者一般性的认知规律，从基础入手，循序渐进地讲解了使用 3ds Max 2020 进行三维建模、材质设计、灯光设计、摄影机设置及各类动画制作的基本方法和技巧，可以帮助读者建立对 3ds Max 2020 的初步认识，基本掌握使用该软件进行设计的一般步骤和操作要领。

为了使读者能够迅速掌握 3ds Max 2020 的用法，全书遵循案例驱动的编写原则，对于每个知识点都结合典型案例进行讲解，用详细的操作步骤引导读者跟随练习，进而熟悉软件中各种设计工具的用法及常用参数的设置方法。通过对全书系统的学习，读者能够掌握三维设计的基本技能，进而提高综合应用的能力。全书选例生动典型，层次清晰，图文并茂，将设计中的基本操作步骤以图片形式给出，表意简洁，便于阅读。

全书分为 15 章，各章内容简要介绍如下。

- 第 1 章：介绍 3ds Max 2020 的设计环境和工作流程。
- 第 2 章：介绍基本体建模的基本方法。
- 第 3 章：介绍使用修改器建模的基本方法。
- 第 4 章：介绍二维建模的基本方法。
- 第 5 章：介绍复合建模和多边形建模等高级建模方法。
- 第 6 章：介绍摄影机与灯光的应用技巧。
- 第 7 章：介绍环境和效果的相关知识及应用。
- 第 8 章：介绍产品渲染的方法和技巧。
- 第 9 章：介绍材质和贴图及其应用技巧。
- 第 10 章：介绍粒子系统与空间扭曲在动画制作中的应用。
- 第 11 章：介绍动画制作的一般原理和基础知识。
- 第 12 章：介绍动力学动画的制作方法。
- 第 13 章：介绍角色动画的制作方法。
- 第 14 章：介绍布料系统在动画制作中的应用。
- 第 15 章：介绍 3ds Max 2020 编程技术的应用。

读者对象

本书主要面向 3ds Max 2020 的初学者及在三维动画制作方面有一定了解并渴望入门的读

者。在本书的指导下，读者可以迅速掌握使用 3ds Max 2020 进行动画制作的一般流程。

本书是一本内容全面、操作性强、实例典型的入门教材，特别适合作为各类 3ds Max 动画制作课程培训班的基础教程，也可以作为广大个人用户、高等院校相关专业学生的自学用书和参考书。

配套资源内容及用法

本书配套资源内容分为以下几部分。

1. 素材文件

本书所有案例用到的“.max”格式源文件、“maps”贴图文件及一些“.mat”格式的材质库文件，都收录在配套资源的“\第×章\素材”文件夹下，读者可以调用和参考这些文件。

2. 结果文件

本书所有案例的结果文件都收录在配套资源的“\第×章\结果文件”文件夹下，读者可以自己对比制作结果。

3. 视频文件

本书典型习题的绘制过程都录制成了“.MP4”视频文件，并收录在配套资源的“\第×章\动画文件”文件夹下。

4. PPT 文件

本书提供了 PPT 文件，可供教师上课使用。

感谢您选择了本书，也欢迎您把对本书的意见和建议告诉我们，我们的电子邮箱是 ttketang@163.com。

布克科技

2020 年 9 月

布克科技

主　编：沈精虎

编　委：许曰滨　黄业清　姜　勇　宋一兵　高长铎
田博文　谭雪松　向先波　毕丽蕴　郭万军
宋雪岩　詹　翔　周　锦　冯　辉　王海英
蔡汉明　李　仲　赵治国　赵　晶　张　伟
朱　凯　臧乐善　郭英文　计晓明　孙　业
滕　玲　张艳花　董彩霞　管振起　田晓芳

目　录

第1章 3ds Max 2020 设计概述

【学习目标】

- 明确三维建模以及三维动画的基本制作原理。
- 熟悉 3ds Max 2020 的设计环境。
- 熟悉 3ds Max 2020 的基本操作。
- 熟悉使用 3ds Max 2020 进行设计的一般流程。

3ds Max 2020 是一款基于 Windows 操作平台的优秀三维制作软件，一直受到建筑设计、三维建模及动画制作爱好者的青睐，广泛应用于游戏开发、角色动画、影视特效及工业设计等领域。本章将初步介绍 3ds Max 2020 的基础知识。

1.1 基础知识

Autodesk 公司出品的 3ds Max 是世界顶级的三维软件之一。3ds Max 功能强大，自诞生以来就一直受到 CG（计算机图形）设计师们的喜爱。

一、 3ds Max 应用简介

三维动画（或称 3D 动画）由于精确性、真实性和无限的可操作性，广泛应用于教育、军事、娱乐等诸多领域，可以用于广告、电影、电视剧的特效制作（如爆炸、烟雾、下雨、光效等）特技（撞车、变形、虚幻场景或角色等）制作以及广告产品展示等。

3ds Max 在模型塑造、场景渲染、动画及特效等方面都能制作出高品质的作品，在效果图、插画、影视动画、游戏和产品造型等领域占据主导地位。

(1) 工业造型与仿真。

3ds Max 能精确地表达模型的结构和形态，还能为模型赋予不同的材质，再加上强大的灯光和渲染功能，使对象的质感更为逼真。通过动画演示，还能把对象的运动过程加以仿真，细腻地展示其动态渐进变化过程。图 1-1 至图 1-3 所示为工业造型与仿真的实例展示。

图1-1 汽车造型设计

图1-2 工业设计

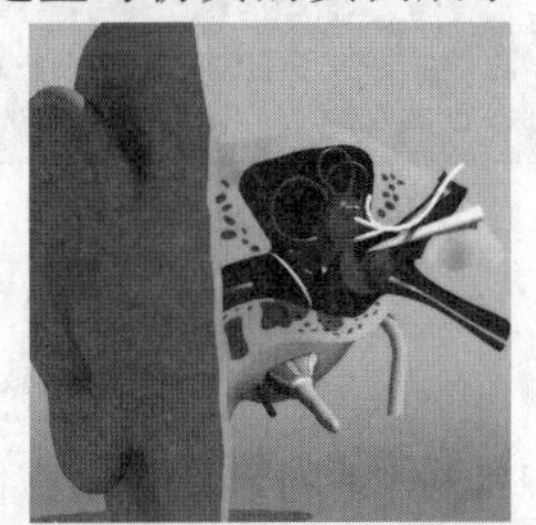

图1-3 医学模型仿真

(2) 建筑效果展示。

3ds Max 与 AutoCAD 同为 Autodesk 旗下的产品，两款软件具有良好的兼容性。将两者

配合使用，可以制作出视觉效果完美并且精确的建筑模型，还能将建筑室内外效果表现得淋漓尽致。图 1-4 至图 1-6 所示为建筑效果的实例展示。

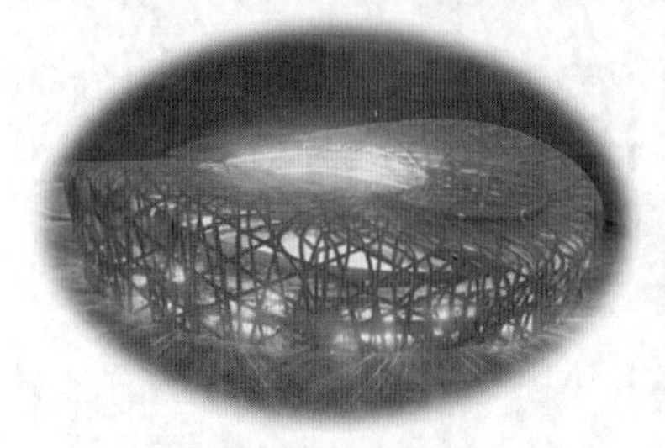

图1-4　“鸟巢”设计

图1-5　建筑效果图

图1-6　室内装饰图

(3)　影视广告特效。

在 3ds Max 中，对象的属性、变化、形体编辑及材质等大多数参数可以记录为动画，可以通过动画控制器来控制对象做精确运动，这就使得 3ds Max 成为片头动画、广告及影视特效的首选软件。图 1-7 至图 1-9 所示为影视广告特效的实例展示。

图1-7　影视广告示例 1

图1-8　影视广告示例 2

图1-9　影视广告示例 3

(4)　游戏开发。

利用 3ds Max 提供的“骨骼”系统，结合其中的“刚体”和“柔体”制作功能，利用计算机精准的 MassFX 系统可以逼真地模拟对象在外力作用下的变形和运动过程，从而创建出各式各样的虚拟现实效果和玄妙的游戏场景。图 1-10 至图 1-12 所示为游戏开发的实例展示。

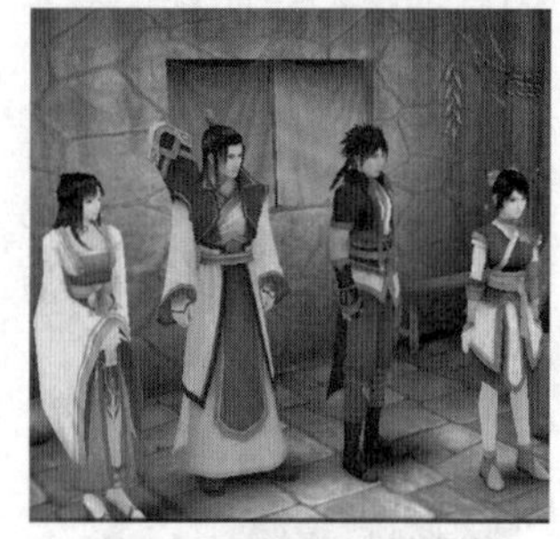

图1-10　游戏场景示例 1

图1-11　游戏场景示例 2

图1-12　游戏场景示例 3

二、 3ds Max 2020 设计环境简介

正确安装 3ds Max 2020 后，双击 Windows 桌面上的快捷图标即可启动 3ds Max 2020。图 1-13 所示为设计时通常使用的工作界面。

3ds Max 2020 的默认设计界面底色为深黑色，本书中已将底色改为浅灰色。设置方法如下：选择菜单命令【自定义】/【加载自定义用户界面方案】，在图 1-14 所示的【加载自定义用户界面方案】对话框中选取图示选项，然后单击 打开(O) 按钮。

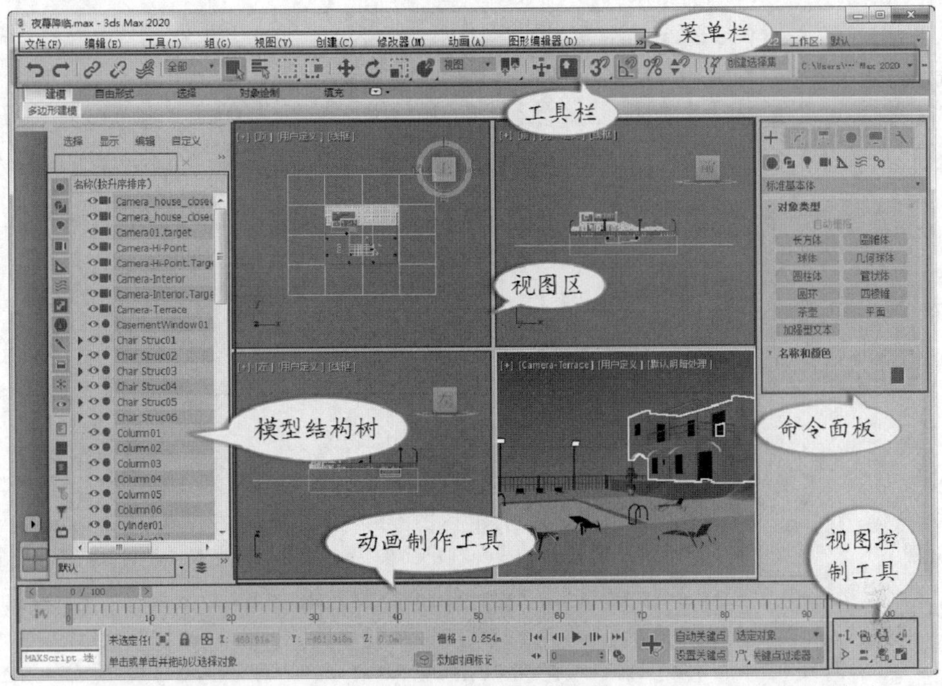

图1-13　3ds Max 2020 设计界面

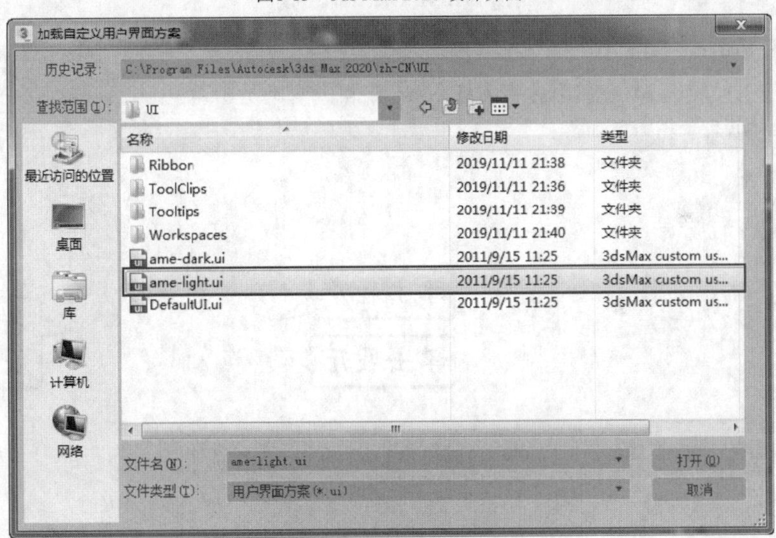

图1-14　设置界面样式

3ds Max 2020 的界面组成要素及其功能如表 1-1 所示。

表 1-1　3ds Max 2020 的界面组成要素及其功能

界面组成要素	功能
菜单栏	3ds Max 2020 提供了丰富的菜单命令，包括【文件】【编辑】【工具】【组】【视图】【创建】【修改器】【动画】【图形编辑器】【渲染】【Civil View】【自定义】【脚本】【Interactive】【内容】和【帮助】等 16 个菜单。使用菜单中的各个命令可以执行不同的操作
工具栏	以图标的形式列出了设计中常用的工具，单击这些图标可以快速启动这些工具。当缩小设计窗口时，由于显示空间有限，将鼠标指针置于工具栏上，当其形状变为手形后，按住鼠标左键并拖曳鼠标指针，可以拖动工具栏，从而方便使用更多的设计工具

续表

界面组成要素	功能	
命令面板	是 3ds Max 的核心工具。在这里可以启动不同的设计命令，并根据需要切换操作类型；同时还可以在启动不同命令时设置相关的参数。命令面板包括 6 个独立的子面板，如图 1-15 所示	
	【创建】面板	用于创建各种对象，包括三维几何体、二维图形、灯光、摄影机、辅助对象、空间扭曲对象及系统工具等
	【修改】面板	用于修改选中对象的设计参数或对其使用修改器，以改变对象的形状和属性
	【层次】面板	用于控制对象的坐标中心轴及对象之间的关系等
	【运动】面板	制作动画时，为对象添加各种动画控制器和控制对象运动轨迹
	【显示】面板	控制对象在视口中的显示状态，如隐藏、冻结对象等
	【实用程序】面板	提供各种系统工具，同时还可以设置各种系统参数
视图区	是 3ds Max 的主要工作区域，对象的创建和修改都在视图区中进行。默认情况下，视图区中将显示顶视口、前视口、左视口和透视视口 4 个窗口。稍后将介绍视口配置的具体方法	
动画制作工具	用于制作三维动画，主要用于控制动画的时序及播放。具体用法将在动画制作的相关章节中介绍	
视图控制工具	一共包括 8 个视图控制工具，用法如表 1-2 所示。在不同的视图模式（如透视图、灯光视图和摄影机视图等）下，这些工具的种类也不相同	
模型结构树	展示场景中模型的组成，方便用户了解场景的构成，还可以通过选择结构树中模型的名称在场景中选中对应的模型	

要点提示　启动不同的工具后，命令面板上将列出该命令所对应的参数，将这些参数分组列出，并可以根据需要卷起或展开，因此称作参数卷展栏，如图 1-16 所示。

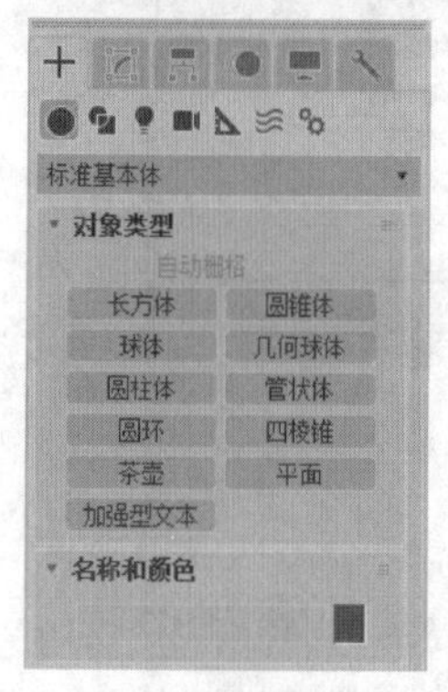

图1-15　命令面板

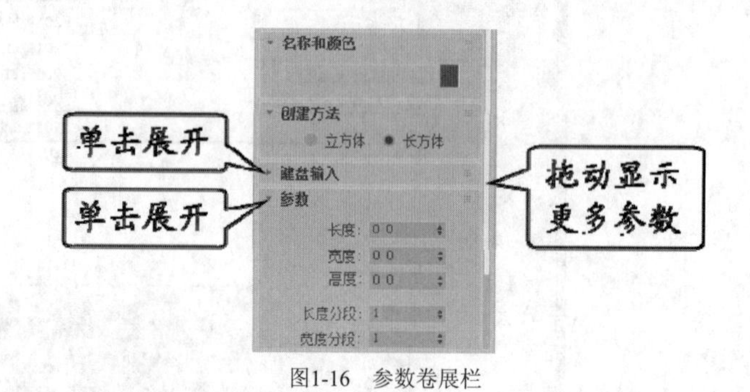

图1-16　参数卷展栏

表 1-2　　视图控制工具的用法

工具	功能
（缩放）	按住鼠标左键，前后移动鼠标可以缩小或放大选定视口内的对象
（缩放所有视图）	按住鼠标左键，前后移动鼠标可以同步缩放所有视口内的对象
（最大化显示）	单击该按钮将最大化显示（即将图形全部充满视口，如图 1-17 所示）选定视口中的图形。单击按钮右下角的黑色三角形符号可以弹出按钮工具组，其中另一个按钮（最大化显示选定对象）用于在当前视口中最大化显示选定的对象
（所有视图最大化显示）	单击该按钮将最大化显示所有视口中的图形，如图 1-18 所示。该按钮工具组中的另一个按钮（所有视图最大化显示选定对象）用于在所有视口中最大化显示选定的对象

续表

工具	功能
（缩放区域）	在前视口、左视口和顶视口中使用矩形框选定对象后，将最大化显示其中的内容。该工具若用于透视视口或摄影机视图，则变为（视野）工具，用于调整视野大小
（平移视图）	用于平移选定视口中的场景
（环绕）	该工具组中包括 4 个工具按钮，用于对对象进行旋转操作
（最大化视口切换）	单击该按钮可以最大化显示选中的视口，再次单击则恢复上次的视口显示状态，从而实现在单视口和多视口之间的切换，如图 1-19 和图 1-20 所示

图1-17　最大化显示视图

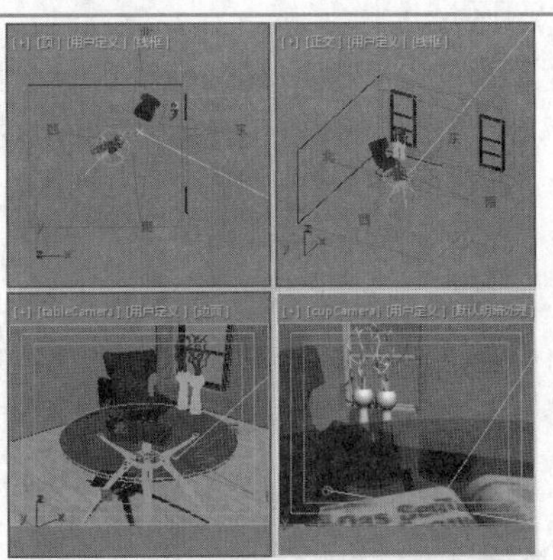

图1-18　最大化显示所有视图

图1-19　单视口

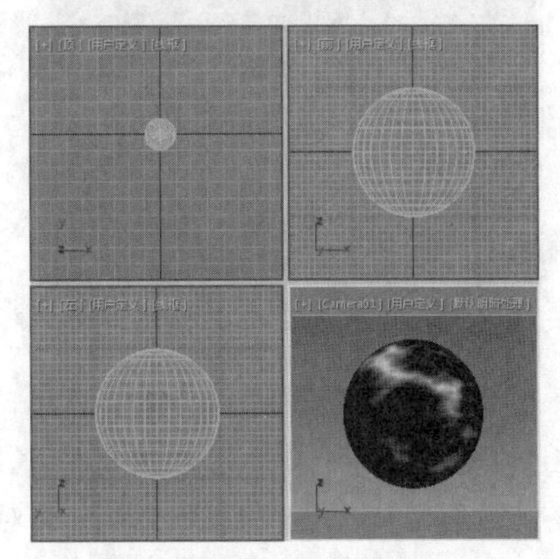

图1-20　四视口

三、 选择对象

在 3ds Max 2020 中，操作前需要首先选中对象。选择对象的方法主要有直接选择、区域选择、按照名称选择和使用过滤器选择 4 种。

(1) 直接选择。

直接选择是指以鼠标单击的方式来选择物体，具体操作如下。

① 运行 3ds Max 2020，然后打开素材文件“第 1 章\素材\选择对象\汽车.max”，如图 1-21 所示。

② 在工具栏中单击按钮，将鼠标指针置于汽车顶部，鼠标指针将显示为白色十字形，并显示对象名称“车盖”。

③ 单击鼠标左键选择“车盖”对象，被选中对象的周围将显示白色的边界框，如图 1-22 所示。

图1-21 备选场景

图1-22 被选中的对象

(2) 区域选择。

区域选择是指使用鼠标拖曳出一个区域，从而选中区域内的所有物体。在 3ds Max 2020 中有矩形、圆形、围栏、套索和绘制选择区域 5 种区域选择类型。具体操作如下。

① 接上例打开的文件，在界面右下角视图控制工具栏中单击按钮，切换为四视口显示模式，如图 1-23 所示。

② 在工具栏中单击按钮，在左视口中按住鼠标左键不放并拖曳鼠标指针，绘制一个矩形选择框，将车的形状全部包含在范围内。

③ 释放鼠标左键即可选中全部汽车对象，包括其上的各个组成部分，在非透视视口中选中的对象显示为白色线框，如图 1-24 所示。

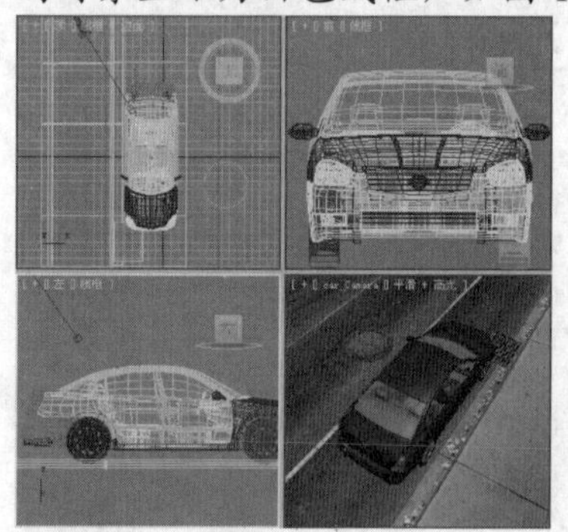

图1-23 切换为四视口显示模式

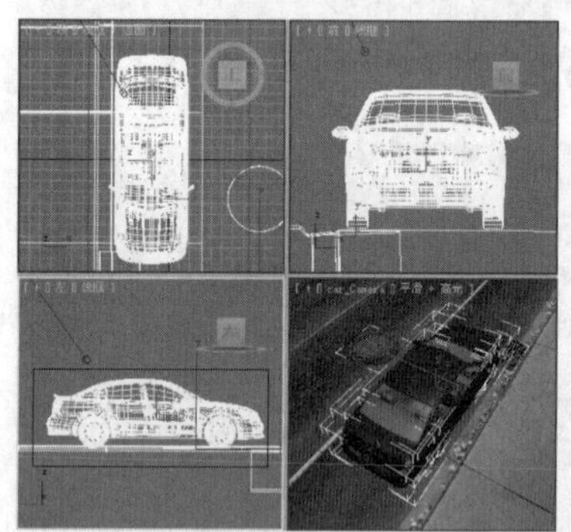

图1-24 选中全部汽车对象

④ 在工具栏中单击按钮右下角的小三角符号，然后选中按钮，可以使用鼠标指针拖曳出圆形区域，选中包含在其中的对象，如图 1-25 所示。

⑤ 用与上一步类似的方法选中按钮后，可以围绕选定的对象画出围栏，选中围栏中的所有对象，如图 1-26 所示。

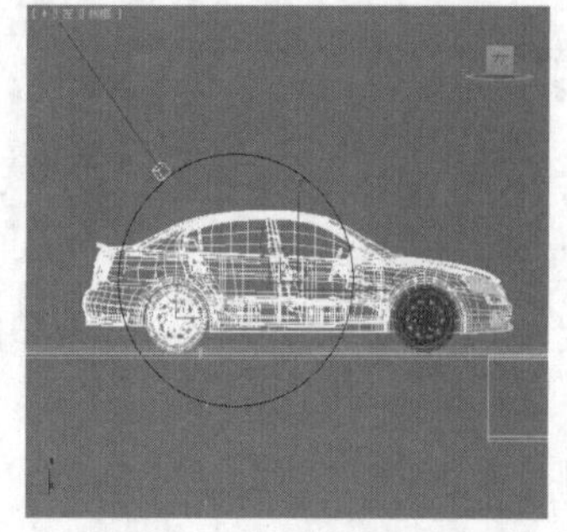

图1-25 圆形区域选择

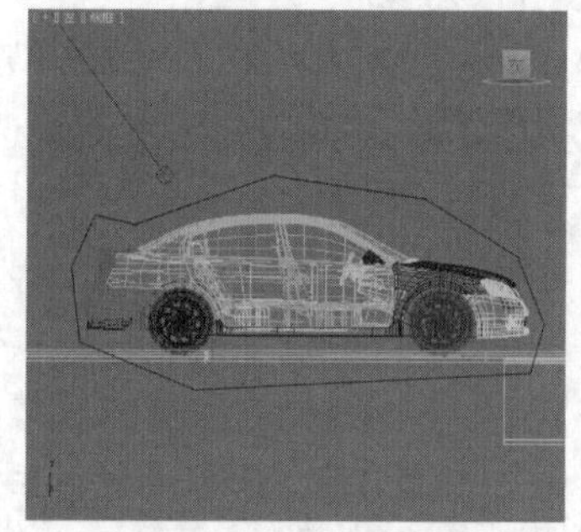

图1-26 围栏选择

要点提示 在按钮右侧有一个按钮，该按钮未被按下时为交叉模式，无论是使用矩形区域还是圆形区域选择对象时，只要对象有一部分位于划定的区域之中，则表示该对象被选中，如图 1-27 所示；按下该按钮后为窗口模式，只有对象整体全部位于划定的区域中，该对象才会被选中，如图 1-28 所示。

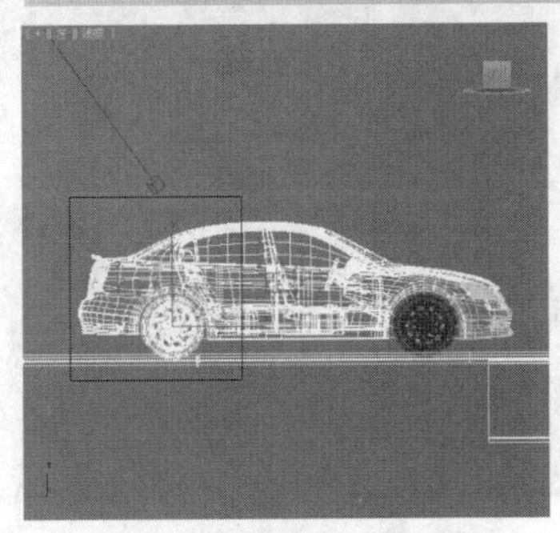

图1-27 交叉模式选择对象

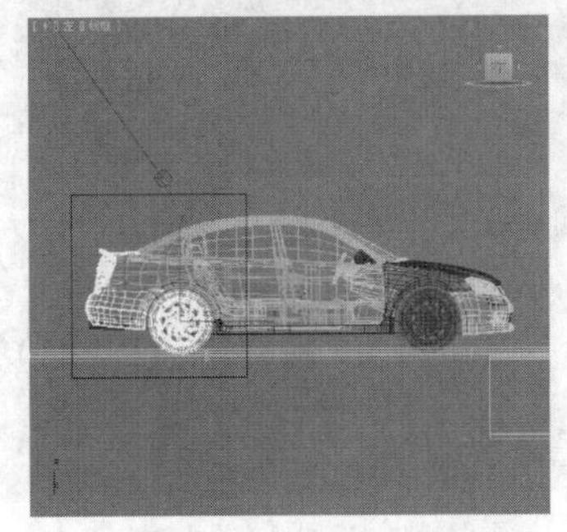

图1-28 窗口模式选择对象

(3) 按名称选择。

当场景中有很多物体时，使用鼠标指针选择物体就变得比较困难，这时可以通过选择物体名称来进行选择，具体操作如下。

① 在工具栏中单击按钮，弹出【从场景选择】对话框。

② 在该对话框中按照名称选中对象，选取多个对象时按住 Ctrl 键，然后单击 确定 按钮，如图 1-29 所示。

③ 如果场景中的对象较多，则可以使用查找功能。例如在对话框左上角的【查找】文本框中输入“obj”后可以选中名称带有“obj”的全部对象，如图 1-30 所示。

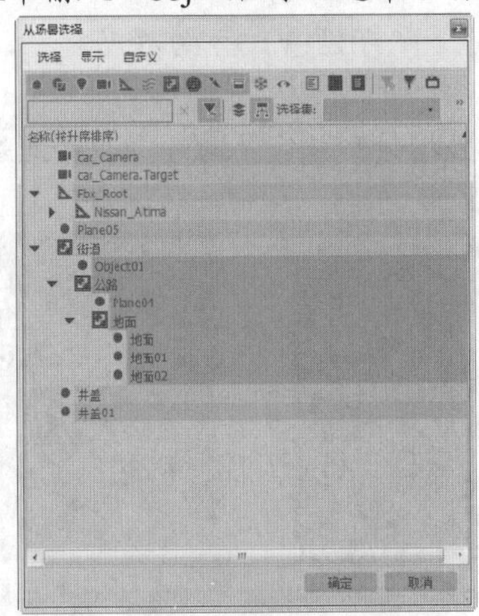

图1-29 按名称选择 1

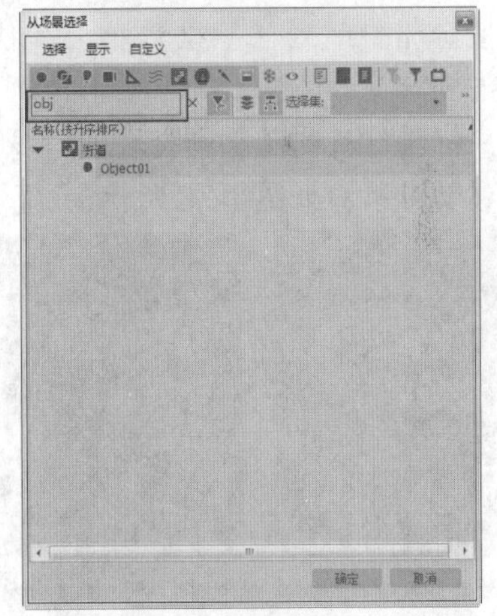

图1-30 按名称选择 2

(4) 使用选择过滤器。

在实际设计中，场景中的对象不但数量多，而且种类丰富。使用场景过滤器可以确保操作时只选中过滤器设定种类的对象，从而加快选择过程。具体操作如下。

① 在工具栏左侧选择过滤器下拉列表 全部 中选择【G-几何体】选项，然后在左视图中框选整个场景，则选中场景中所有的几何体，如图 1-31 所示。

② 在工具栏左侧的选择过滤器下拉列表中选择【C-摄影机】选项，然后在左视图中框选整个场景，则可以选中场景中的所有摄影机对象，但其他对象无法被选中，如图 1-32 所示。

图1-31 选中所有几何体

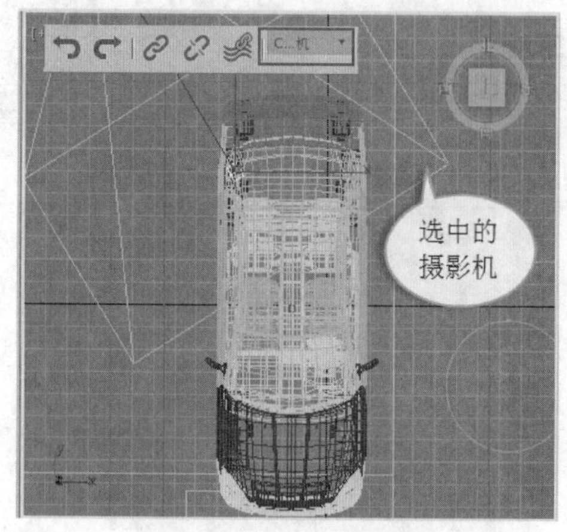

图1-32 选中所有摄影机

四、 编辑对象

当物体被选中后，就可以对它进行编辑和加工等操作。3ds Max 2020 对物体的编辑功能非常强大，可以改变物体的大小、位置、颜色及形状并进行复制对象等操作。

(1) 移动对象。

① 运行 3ds Max 2020，然后打开素材文件“第 1 章\素材\编辑对象\海豹.max”，将透视图最大化显示，如图 1-33 所示。

② 在工具栏中单击按钮，然后单击海豹模型，其上出现一个带有 3 个颜色方向箭头的坐标架，如图 1-34 所示。

③ 将鼠标指针放到任一坐标轴上，待其形状变为时，即可沿着该方向移动对象，如图 1-35 所示。

④ 将鼠标指针放到两坐标轴之间，待出现黄色平面并且指针形状变为时，即可沿着该平面移动对象，如图 1-36 所示。

图1-33 打开场景

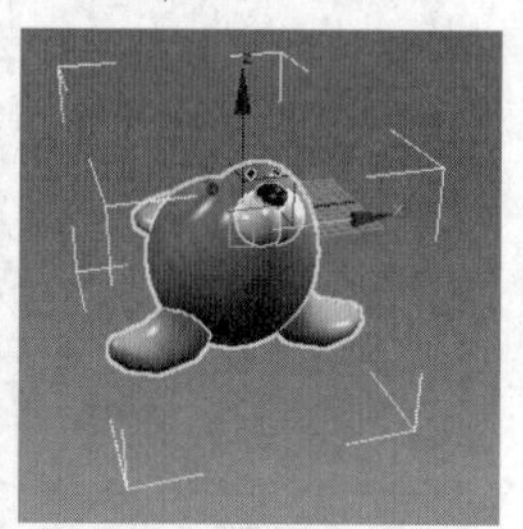

图1-34 显示坐标架

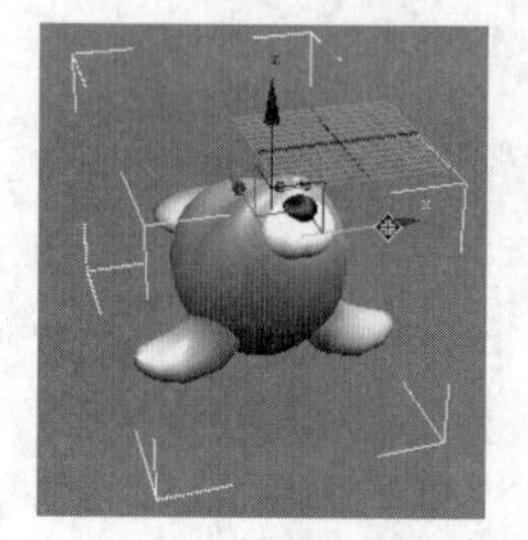

图1-35 沿 x 轴方向移动对象

图1-36 沿 xz 平面移动对象

(2) 复制对象。

① 接上例打开的文件，在工具栏中单击按钮，然后单击选中场景中的“海豹”对象。

② 在顶视图中按住 Shift 键不放，沿 x 轴方向拖动对象，到一定距离后释放鼠标左键，即可弹出【克隆选项】对话框。

③ 在【克隆选项】对话框的【对象】分组框中选中【实例】单选项，设置【副本数】为“2”，如图 1-37 所示。

④ 单击 确定 按钮即可沿着 x 轴方向复制出两个海豹，如图 1-38 所示。

图1-37 设置复制参数

图1-38 复制结果

若在【克隆选项】对话框的【对象】分组框中选中【复制】单选项，则克隆生成的对象与源对象之间相互独立，如果修改源对象，则克隆对象不会随之修改；若选中【实例】单选项，则复制对象与源对象之间具有关联关系，只要修改源对象和克隆对象中的任意一个，另一个也随之修改；若选中【参考】单选项，则克隆对象完全依附于源对象，并随着源对象的修改而修改，克隆对象不能单独编辑。

(3) 缩放对象。

① 接上例打开的文件，选中复制出来的其中一只“海豹”对象。

② 在工具栏中单击按钮，“海豹”上出现缩放坐标架。

③ 将鼠标指针放到坐标架中心，当鼠标指针变为“三角形”形状时，按住鼠标左键不放并上下拖动鼠标指针，即可放大或缩小该对象，如图 1-39 所示。如果将鼠标指针放到某个坐标轴上，则可以沿该坐标轴缩放对象。

(4) 旋转对象。

① 接上例打开的文件，选中复制出来的另一只“海豹”对象。

② 在工具栏中单击按钮。

③ 将鼠标指针放在“海豹”上，当鼠标指针变成旋转箭头时，按住鼠标左键不放并左右拖动鼠标指针，即可旋转该对象，如图 1-40 所示。

旋转对象时，被选中的对象上有 4 个圆圈，当鼠标指针置于外侧的灰色圆圈上时，可以在视图平面内旋转对象；将鼠标指针置于其他 3 个颜色不同的圆圈上时，可以分别绕 x 轴、y 轴和 z 轴这 3 个坐标轴旋转对象。

图1-39 缩放对象

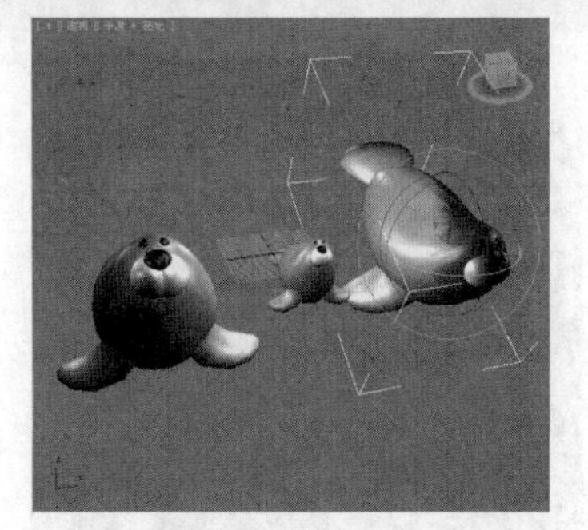

图1-40 旋转对象

五、 配置视口

视口是进行人机交互的基础，3ds Max 的工作环境就是人与 3ds Max 进行对话的接口。

(1) 默认视口布局。

运行 3ds Max 2020 时，通常使用四视口布局模式（如图 1-20 所示）。四视口的特点如下。

- 顶视口：从正上方向下观察对象的视口。
- 前视口：从正前方向后观察对象的视口。
- 左视口：从正左方向右观察对象的视口。
- 透视视口：从与上方、前方和左方均成相同角度的侧面观察对象的视口。

要点提示　与顶视口对应的视口是底视口，是从下方向上方观察对象获得的视口。同理，还有与前视口对应的后视口、与左视口对应的右视口等。摄影机视图和灯光视图是从摄影机镜头或光源点观察对象获得的视口，需要在场景中先创建摄影机或灯光对象后才能使用。

(2)　更改视口类型。

在设计中，设计者可以根据需要改变视口的类型，具体操作为在任意视口左上角的视口名称（如前、顶、左等）上单击鼠标左键或右键，在弹出的菜单中选取新的视口类型即可，如图 1-41 所示。

(3)　配置视口布局。

执行【视图】/【视口配置】命令，打开【视口配置】对话框，切换到【布局】选项卡，如图 1-42 所示。利用该选项卡可以进行更加丰富的视口布局配置，如图 1-43 所示。

(4)　调整视口大小。

将鼠标指针移到多个视口的交汇中心，待形状变为“十”字形状时，即可按住鼠标左键并拖曳鼠标指针，动态调整各个视口的大小，如图 1-44 所示。

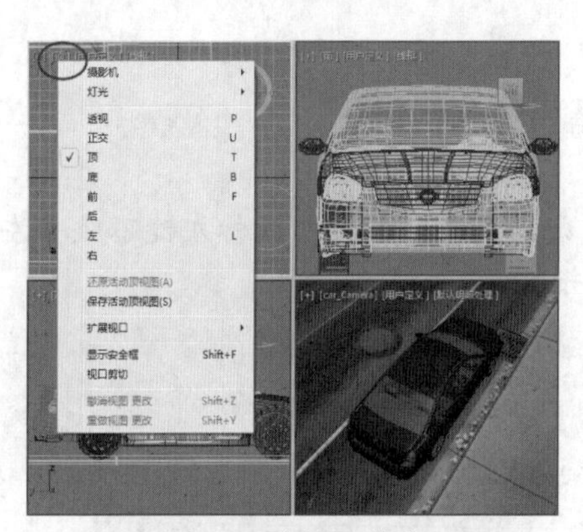

图1-41　更改视口类型

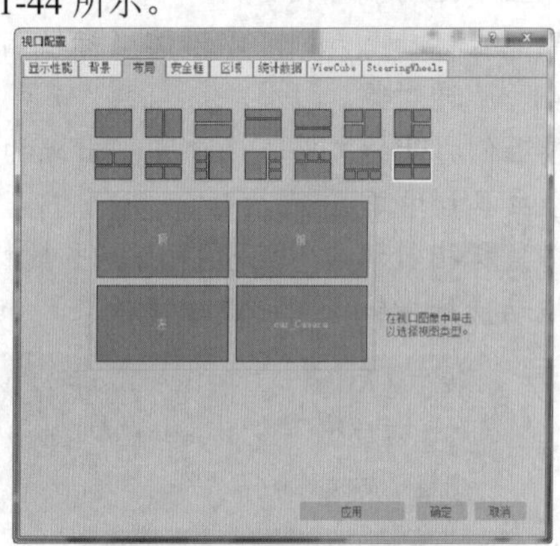

图1-42　【视口配置】对话框

图1-43　视口布局配置

图1-44　调整视口大小

六、 设置模型的显示方式

模型的显示方式是指模型显示的视觉效果，在视口左上角的模型显示方式（如“线框”）上单击鼠标左键或右键，在弹出的菜单中选择显示方式，如图 1-45 和图 1-46 所示。

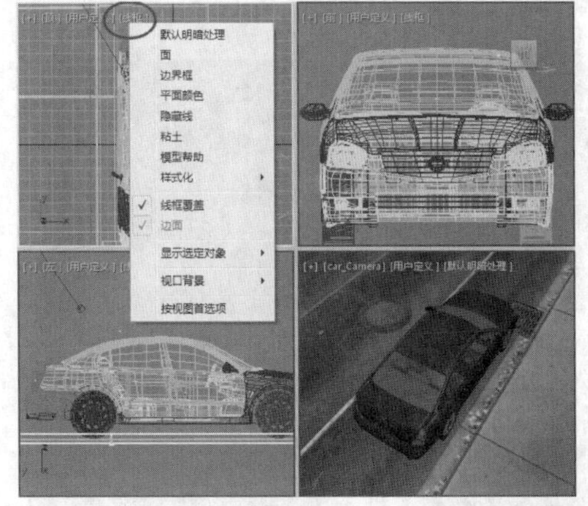

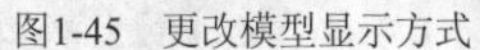
图1-45　更改模型显示方式

图1-46　调整显示方式后的效果

3ds Max 2020 提供了多种方式来显示模型，其特点和显示效果对比如表 1-3 所示。

表 1-3　模型的显示方式

显示方式	默认明暗处理	平面颜色	边面
特点	重点对模型色彩的明暗对比进行调节，能获得直观的三维效果，但是显示质量不及“真实”模式	使用单一色彩显示模型的特定表面，不具有色彩的层次感，显示效果较单调	通常与“真实”“明暗处理”及“一致的色彩”等着色模式组合使用，显示出模型上边界及表面的网格划分
图例			
显示方式	面	隐藏线	线框覆盖
特点	在模型表面上显示面结构，在放大模型后可以明显地看到模型由多个面拼接而成的效果，面与面之间有明显的交线	隐藏模型上法线指向偏离视口的面和顶点（也称消隐），其上不着色	显示组成模型的全部曲面围成的线框，但是不消隐
图例			

续表

显示方式	边界框	黏土	样式化/石墨
特点	仅用立方体形状的方框来显示模型在长度、宽度和高度上的大小	将模型整体显示为一个陶土模型	采用石墨画形式显示模型
图例			
显示方式	样式化/彩色铅笔	样式化/墨水	样式化/彩色墨水
特点	采用彩色铅笔画形式显示模型	采用墨水画形式显示模型	采用彩色墨水画形式显示模型
图例			
显示方式	样式化/亚克力	样式化/彩色蜡笔	样式化/技术
特点	采用亚克力（一种高分子材料）材质效果显示模型	采用彩色蜡笔画形式显示模型	采用艺术画形式显示模型
图例			

在为模型选择显示方式时，虽然采用“明暗处理”方式的模型看起来更真实、直观，但是其消耗的系统资源也更大；而采用“隐藏线”和“线框”等方式消耗的资源少，且能显示模型的大致形状。实际设计中，通常在不同视口中根据需要设置不同的显示方式来兼顾效果和资源消耗。

七、 3ds Max 的设计流程

3ds Max 2020 是面向对象操作的软件，对象就是在 3ds Max 中所能选择和操作的任何事物，包括场景中的几何体、摄影机和灯光、编辑修改器及动画控制器等。

要熟练掌握 3ds Max 2020，不但需要配置好设置环境，而且要熟悉设计流程。

使用 3ds Max 进行设计时，有一套相对固定的工作流程。

(1) 构建模型。

构建模型是三维设计的第一步，也是最关键的一步。在制作模型时，首先要设置好工作环境，比如单位、辅助绘图功能等，然后根据实际需要选择合适的建模工具和手段。

(2) 赋予材质。

材质是 3ds Max 中的一个重要概念，用户可以为模型表面添加色彩、光泽和纹理，不但能美化对象，而且为后续的动画制作及渲染输出奠定了基础。

(3) 布置灯光。

灯光是三维制作中的重要要素，在表现场景、气氛方面起着至关重要的作用。灯光本身并不被渲染，只有在视图操作时能看到。通常材质和灯光共同作用来产生良好的设计效果。

(4) 设置动画。

动画为三维设计增加了一个时间维度的概念。在 3ds Max 中，用户几乎可以为任何对象或参数定义动画效果。系统还为用户提供了大量实用工具来制作和编辑动画。

(5) 制作特效。

3ds Max 可以制作出各种在真实世界难以发生或鲜有发生的效果，例如爆炸、奇幻等。特效能增加作品的美观和悬疑性，用户可以根据实际需要在不同阶段设置各种特效。

(6) 渲染输出。

渲染输出是整个设计的最后环节。完成前面的各项工作后，需要通过渲染输出把作品与软件分开并独立呈现。3ds Max 可以将作品渲染为静态图片或动态影片。

1.2 范例解析——制作“公园一角”效果

本例将帮助读者初步熟悉 3ds Max 2020 的设计界面，并练习常用的基本操作。

【操作步骤】

1. 运行 3ds Max 2020，打开素材文件“第 1 章\素材\公园一角\公园一角.max”，得到的场景如图 1-47 所示，渲染效果如图 1-48 所示。

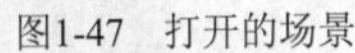
图1-47 打开的场景

图1-48 渲染效果

(1) 依次认识 4 个视口的名称，了解在各个视口中观察图形视角的方法。

(2) 练习更改视口名称及模型显示形式。

(3) 练习将视口最大化显示。

2. 观察场景的组成。

(1) 认识场景中都包含哪些内容，以及都是采用什么方法建模的。

(2) 练习使用多种方法选择模型中的对象。

3.　对场景进行变换操作。

(1)　练习使用移动工具将图 1-49 左图中的第二棵树移到图 1-49 右图所示的位置。注意：移动时，要同时在多个视口中配合操作。

移动前

移动后

图1-49　移动树

(2)　练习使用缩放工具将图 1-50 左图中第二棵树整体缩小一定比例，设计渲染效果如图 1-50 右图所示。

缩小前

缩小后

图1-50　缩小树

(3)　练习使用移动复制的方法在图 1-51 左图中复制出两棵树，并调整其位置，设计渲染效果如图 1-51 右图所示。

复制和移动前

复制和移动后

图1-51　复制和移动树

(4)　删除图 1-52 左图中草地上的部分草（选中部分草后，按 Delete 键），设计渲染效果如图 1-52 右图所示。

删除前

删除后

图1-52　删除草

1.3　习题

1. 简要说明三维动画的特点和应用。
2. 3ds Max 2020 的设计环境主要由哪些要素构成？
3. 3ds Max 2020 的默认视口配置主要由哪四类视口组成？
4. 如何对选定对象进行复制操作？
5. 如何一次选中场景中的多个对象？

第2章 三维建模

【学习目标】

- 明确三维模型的特点和用途。
- 掌握常用基本体的创建方法。
- 明确分段数等模型参数对模型质量的影响。
- 掌握堆砌建模的基本原理。

3ds Max 2020 提供了多种建模方式，例如三维建模、二维建模以及细分建模等。其中，三维建模是最直接且最初级的建模方式，这种建模方式比较简单，容易操作。本章针对三维建模技术进行集中讨论，并总结了一些常用的三维建模技术。

2.1 基础知识

所谓基本体建模，就是利用 3ds Max 2020 软件提供的基本几何体搭建造型，从而制作出各种模型，如图 2-1 所示。

图2-1 基本体建模

3ds Max 2020 提供了 11 种标准基本体，如图 2-2 所示。这些标准基本体是生活中常见的几何体，可以用来构建模型的许多基础结构。

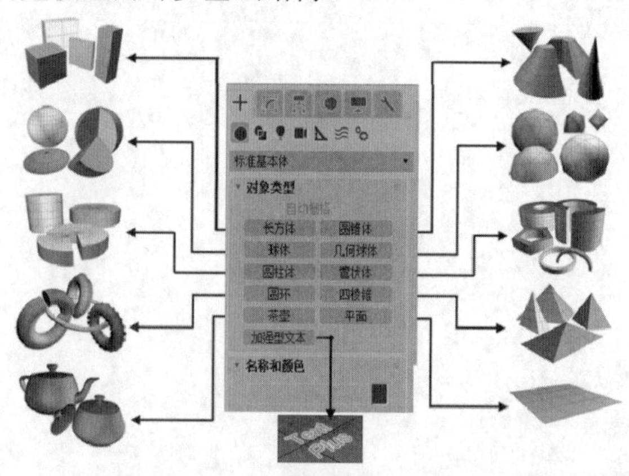

图2-2 标准基本体

一、 创建长方体

长方体是建模过程中使用最频繁的形体，既可以将多个长方体组合起来搭建成各种组合体，也可以将长方体转换为网格物体进行细分建模。

(1) 创建长方体的一般步骤。

创建长方体的一般步骤如图 2-3 所示。

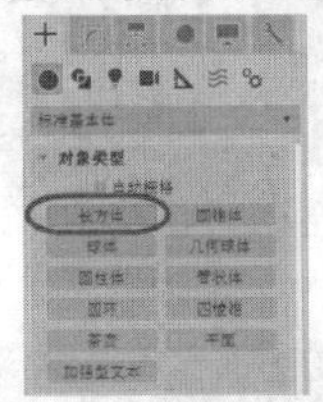

① 在【创建】面板中选取长方体建模工具

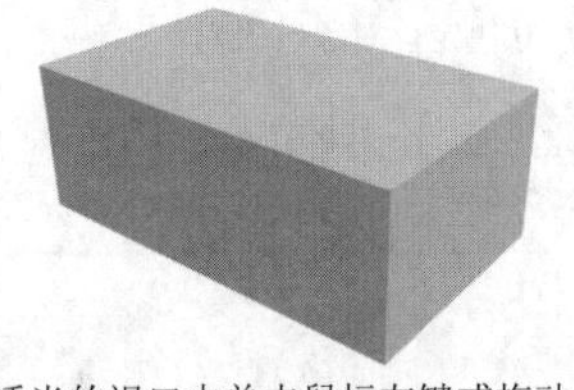

② 在适当的视口中单击鼠标左键或拖动鼠标指针以创建近似大小和位置的长方体

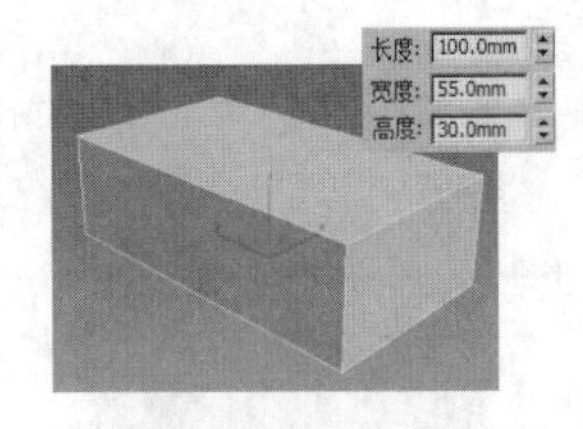

③ 调整长方体的参数和位置

图2-3 创建长方体的一般步骤

创建长方体时，首先按住鼠标左键并拖曳鼠标指针绘出其底面大小，随后释放鼠标左键，继续拖动鼠标指针决定长方体的高度，确定长方体高度后单击鼠标左键。绘制底面时如果按住 Ctrl 键，则绘制的底面的长宽相等，即为正方形。

(2) 长方体的基本参数。

长方体的参数面板如图 2-4 所示，各选项的功能介绍如表 2-1 所示。

表 2-1 **长方体常用参数和功能**

参数		功能	示例
名称和颜色		☆ 为对象命名，在【名称和颜色】卷展栏的文本框中输入对象名称即可 ☆ 单击文本框右侧的色块图标，从弹出的【对象颜色】对话框中为对象设置颜色，如图 2-5 所示	
创建方法		☆ 选择【立方体】选项时，可以创建长、宽和高均相等的立方体 ☆ 选择【长方体】选项时，可以创建长、宽和高均不相等的长方体	
键盘输入		☆ 通过键盘输入可以在指定位置创建指定大小的模型，实现精确建模 ☆ 首先在【键盘输入】卷展栏中输入长方体底面中心坐标（x,y,z） ☆ 其次输入长方体的长度、宽度和高度 ☆ 最后单击 创建 按钮即可创建长方体	键盘输入 X: 0.0 Y: 0.0 Z: 0.0 长度: 2000.0 宽度: 2300.0 高度: 2400.0 创建
参数	长度、宽度、高度	☆ 分别确定长方体的长、宽和高	参数 长度: 0.0 宽度: 0.0 高度: 0.0 长度分段: 2 宽度分段: 3 高度分段: 4 生成贴图坐标 真实世界贴图大小
	长度分段、宽度分段、高度分段	☆ 确定长方体在长、宽和高 3 个方向上的片段数 ☆ 表现在模型上就是每个方向的网格线数量 ☆ 当视口为“线框”或“边面”显示方式时，分段数会以白色网格线显示	

续表

参数		功能	示例
参数	生成贴图坐标	☆　建模后自动生成贴图坐标 ☆　该选项默认状态下通常被选中，以方便对模型进行贴图操作	
	真实世界贴图大小	☆　若不选择此复选项，则贴图大小由模型的相对尺寸决定，对象较大时，贴图也较大 ☆　若选择此复选项，则贴图大小由对象的绝对尺寸决定	

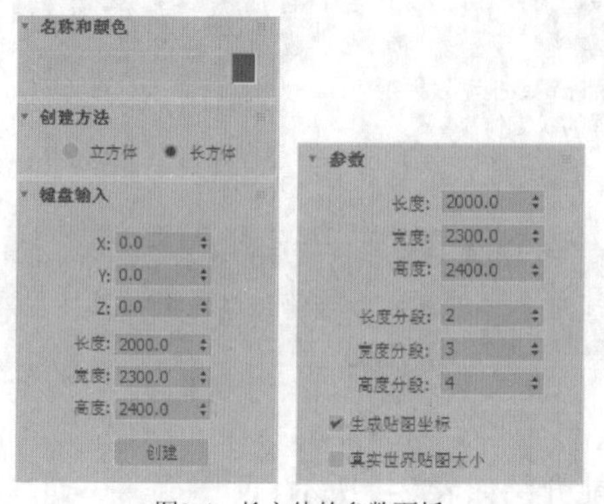

图2-4　长方体的参数面板

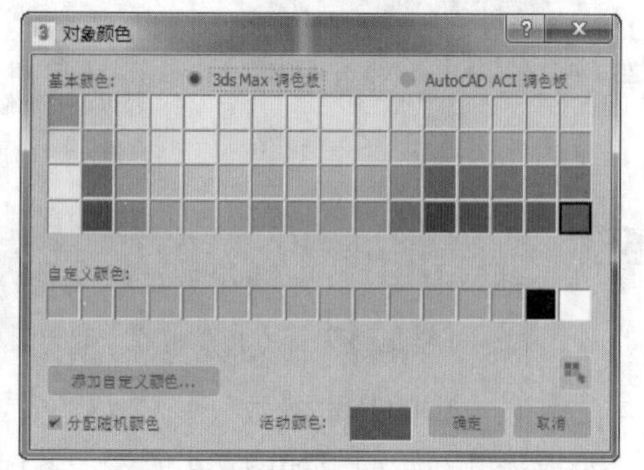

图2-5　【对象颜色】对话框

(3)　技巧提示。

使用长方体建模时，要注意以下基本技巧。

- 使用基本体建模时，应该养成为每一个新建的基本体进行命名的好习惯，以方便以后选择和查找对象。
- 为了区分不同的对象，可以分别为其设置不同的颜色，但是这里设置的颜色并不能生成逼真的视觉效果，需要借助材质和灯光设置。
- 设置分段参数是为了便于对模型进行修改，特别是使模型产生形状改变。分段数越多，模型变形后的形状过渡越平滑，其对比如图 2-6 和图 2-7 所示。
- 模型分段数越多，占用的系统资源就越大，因此在设计时不要盲目追求模型的精致而设置过多的分段数。

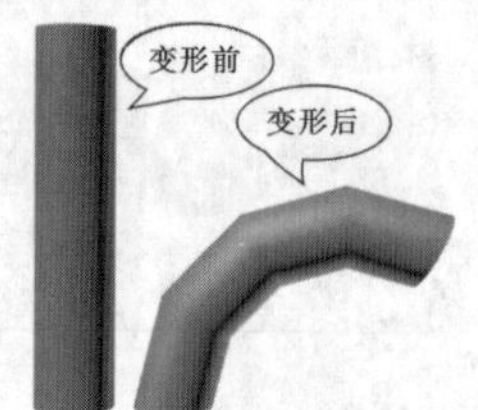

图2-6　分段数为 3

图2-7　分段数为 20

二、　创建圆柱体

使用圆柱体工具除了能创建圆柱体外，还能创建棱柱体、局部的圆柱或棱柱体等，将高度设置为 0 时还可以创建圆形或扇形平面。

(1)　创建圆柱体的一般步骤。

创建圆柱体的一般步骤如图 2-8 所示。

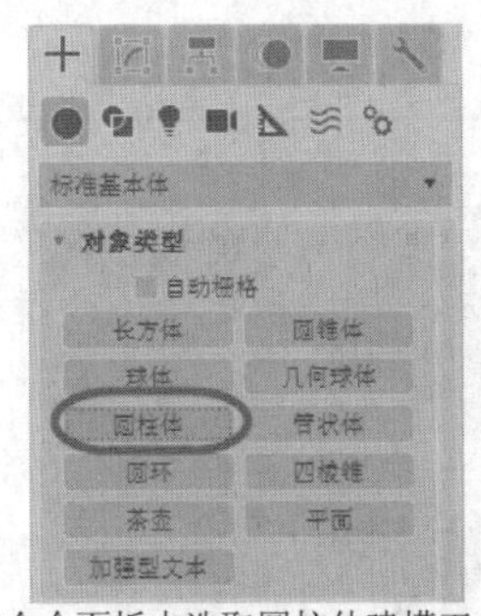

① 在命令面板中选取圆柱体建模工具

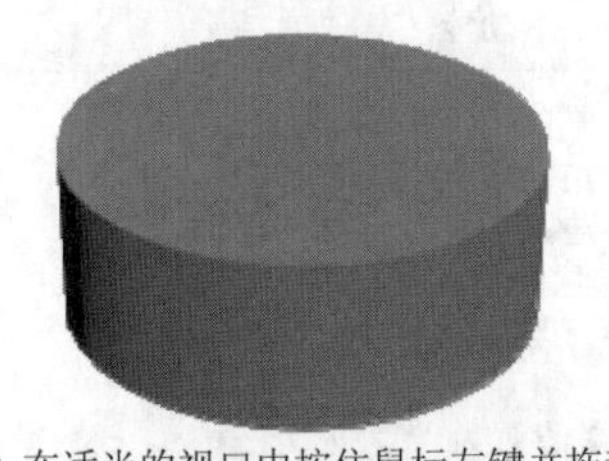
② 在适当的视口中按住鼠标左键并拖动鼠标以创建近似大小和位置的圆柱体

③ 调整圆柱体的参数和位置

图2-8　创建圆柱体的一般步骤

创建圆柱体时，首先按住鼠标左键并拖曳鼠标指针，以确定圆柱体底面大小，随后释放鼠标左键，继续拖动鼠标指针确定圆柱体的高度，最后单击鼠标左键。

(2)　圆柱体的基本参数。

圆柱体的参数面板如图 2-9 所示，各选项的功能介绍如表 2-2 所示。

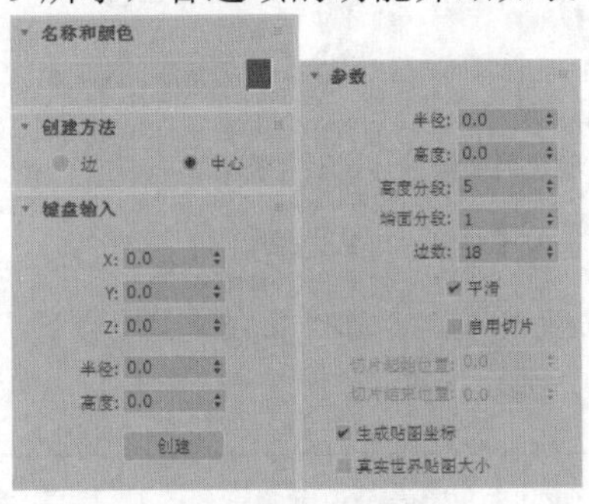

图2-9　圆柱体的参数面板

表 2-2　**圆柱体常用参数和功能**

参数		功能	示例
创建方法		☆　若选择【边】单选项，则绘制底面时首先单击的点位于圆周上 ☆　若选择【中心】单选项，则绘制底面时首先单击的点位于圆心处 ☆　在右图中，从坐标原点处按住鼠标左键并拖曳鼠标指针创建圆柱体，可以看到两个选项对应的圆柱体的位置有明显差异	中心 边
键盘输入		☆　依次输入圆柱底面的中心坐标、半径和高度来创建圆柱	
参数	半径、高度	确定圆柱的底圆半径和高度	
	高度分段、端面分段	☆　确定高度和端面两个方向的分段数 ☆　端面分段为一组同心圆，与高度分段在底面上形成类似蜘蛛网的结构	

续表

参数		功能	示例
参数	边数	☆　圆柱体的底圆并不是绝对的圆形，而是由一定边数的正多边形逼近而成的 ☆　边数越多，与理想圆柱之间的误差就越小 ☆　将【边数】设置为“3”时为三棱柱，将【边数】设置为“4”时为立方体	
	平滑	☆　由于底圆是由正多边形逼近的，因此圆柱体上有明显的棱边 ☆　为了消除棱边的视觉影响，可以对棱边采用“平滑”处理，使圆柱体各表面过渡更平顺	
	启用切片、切片起始位置、切片结束位置	☆　用来创建局部圆柱体（不完整圆柱体） ☆　首先选中【启用切片】复选项，然后设置切片起始位置（角度值，顺时针为负值，逆时针为正值）和切片结束位置	

三、 创建其他基本体

下面简要介绍其他几类基本体的创建要领。

(1) 创建圆锥体。

使用“圆锥体”工具可以创建正立或倒立的圆锥或圆台，如图 2-10 所示，其参数面板如图 2-11 所示。

图2-10　各类圆锥体

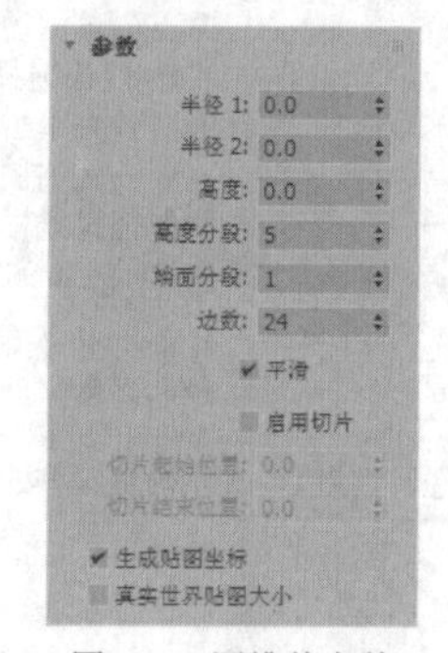

图2-11　圆锥体参数

在【参数】卷展栏中，圆锥体的主要参数如下。

- 【半径 1】：圆锥体底圆半径，其值不能为 0。
- 【半径 2】：圆锥体顶圆半径，其值为 0 时创建圆锥，为非 0 时创建圆台。

如要创建倒立的圆锥或圆台，则在【高度】参数中输入负值。

手动创建圆锥时，首先按住鼠标左键并拖曳鼠标指针确定底圆半径，然后松开鼠标左键确定圆锥高度，随后单击鼠标左键并拖动鼠标指针确定顶圆半径，完成后单击鼠标左键。

(2) 创建球体。

使用“球体”工具可以制作面状或平滑的球体，也可以制作局部球体（如半球体），如图 2-12 所示，其参数面板如图 2-13 所示。球体的主要参数如表 2-3 所示。

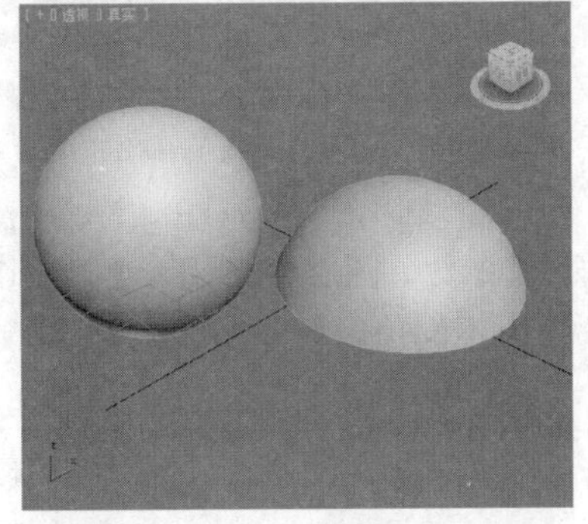

图2-12 各类球体

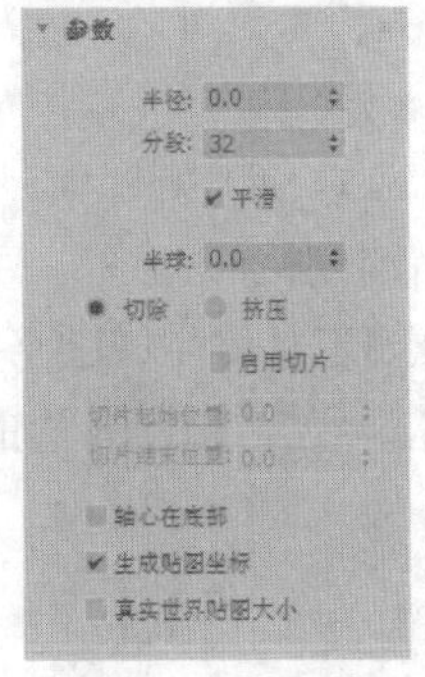

图2-13 球体参数

表 2-3 球体主要参数和功能

参数	功能	示例
分段	☆ 分段表现在球体上为一定数量的经圆和纬圆 ☆ 球体的最小分段数为 4 ☆ 分段数较少时，球体显示为多面体 ☆ 分段数增加时则逐渐逼近理想的球体	分段为4 分段为6 分段为8 分段为30
半球	☆ 【半球】参数用于创建不完整球体 ☆ 【半球】参数值越大，球体缺失的部分越多	半球为0.7 半球为0.5 半球为0.3 半球为0.0
切除、挤压	☆ 若选中【切除】单选项，则多余的球体会被直接切除 ☆ 若选中【挤压】单选项，则整个球体挤压为半球，可以看到球体上的网格线密度增加	切除 挤压
轴心在底部	☆ 若未选中【轴心在底部】复选项，则按住鼠标左键并拖曳鼠标指针来绘制球体时，首先单击的点用来确定球的中心 ☆ 若选中【轴心在底部】复选项时，则首先单击的点用来确定球的下底点	轴心在中心 轴心在底部

(3) 创建几何球体。

几何球体使用三角面拼接的方式来创建球体，在进行面的分离特效（如爆炸）时，可以分解为无序而混乱的多个多面体，其参数如图 2-14 所示。在【基点面类型】分组框中，可选取由哪种规则形状的多面体组成几何球体，示例如图 2-15 所示。

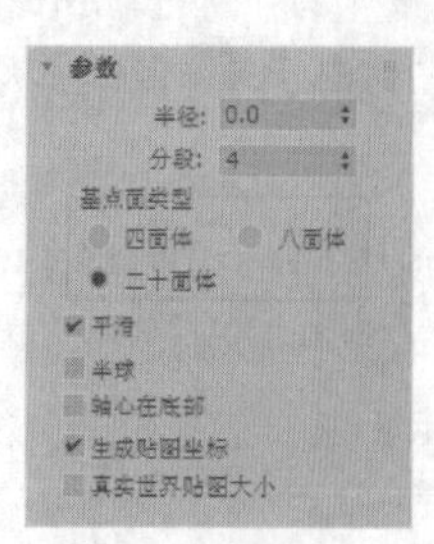

图2-14　几何球体参数

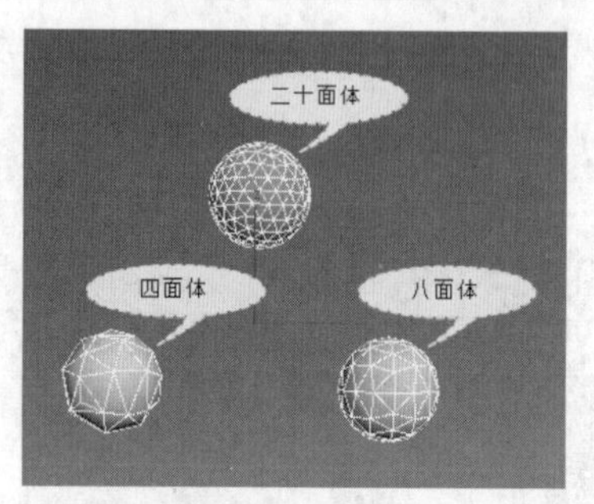

图2-15　不同基点面类型的球体

(4)　创建管状体。

利用 管状体 工具可生成圆形或棱柱形的中空圆柱体，其参数如图 2-16 所示。【半径 1】为圆管的内径，【半径 2】为圆管的外径，将【边数】设置为不同值时管道的形状不同，示例如图 2-17 所示。

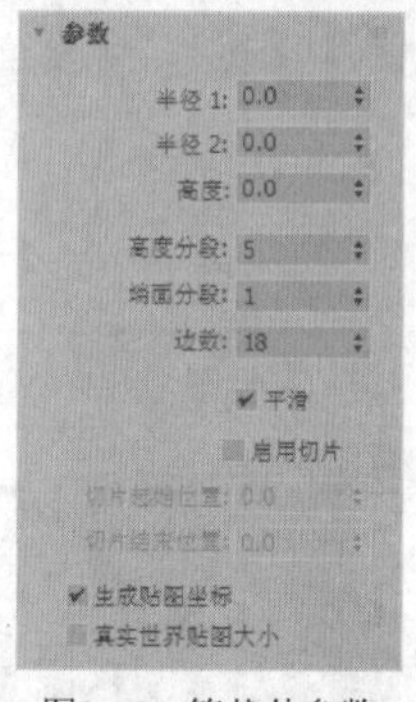

图2-16　管状体参数

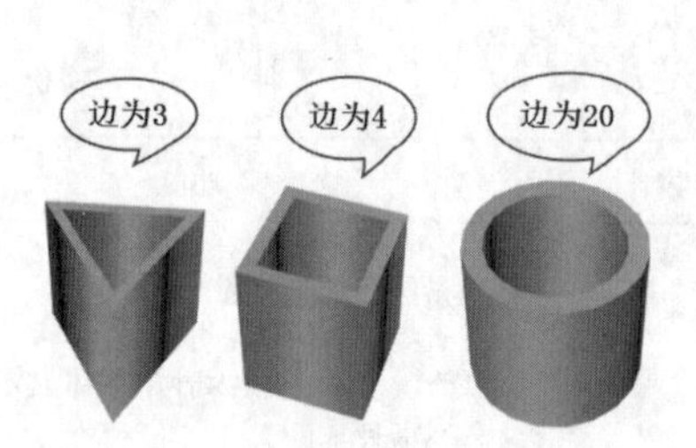

图2-17　不同边数的管状体

(5)　创建圆环。

利用 圆环 工具可以创建圆环或具有圆形横截面的环，其参数如图 2-18 所示。其中【半径 1】和【半径 2】分别为圆环外圆半径和内圆半径。在【平滑】分组框中有 4 种圆环面平滑方式，其效果对比如图 2-19 所示。

- 【全部】：在圆环整个曲面上生成完整平滑的效果。
- 【侧面】：平滑相邻分段之间的边线，生成围绕圆环的平滑带。
- 【无】：无平滑效果，在圆环上形成锥面形状。
- 【分段】：分别平滑每个分段。

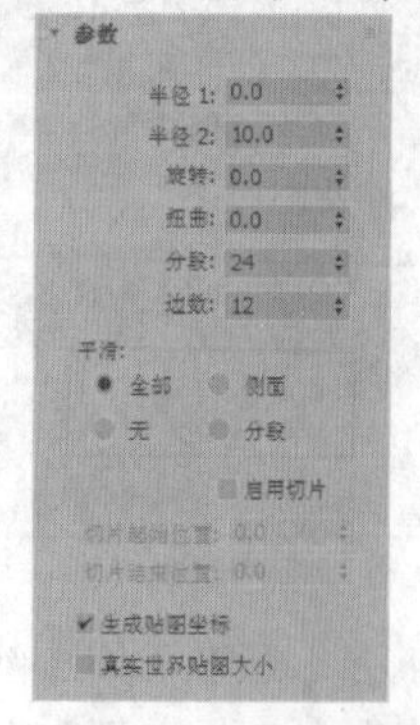

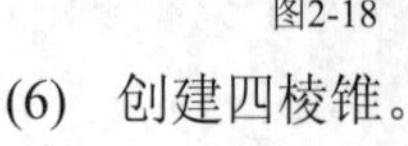

图2-18　圆环参数

图2-19　不同平滑方式的圆环效果

(6)　创建四棱锥。

利用 四棱锥 工具可以创建四棱锥。四棱锥具有方形或矩形底面和三角形侧面，外形与金字塔类似，其参数如图 2-20 所示。其中【宽度】和【深度】分别表示底面的宽和长。

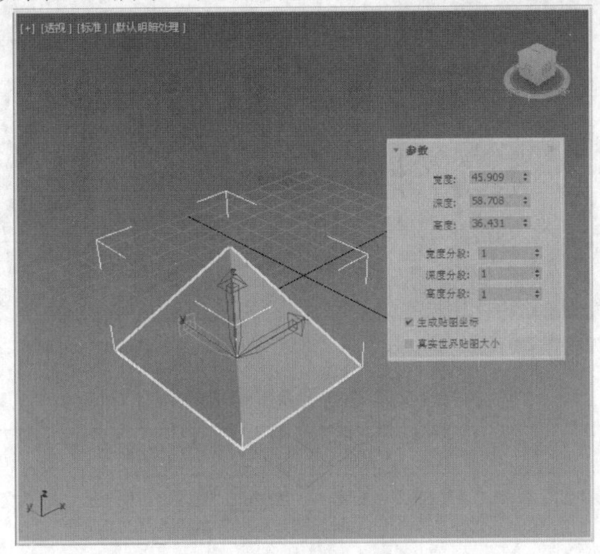

图2-20 四棱锥及其参数

(7) 创建茶壶。

利用 茶壶 工具可以创建茶壶体。茶壶包括 4 个部件，在【茶壶部件】分组框中可以选择创建其中某一个或几个部件，如图 2-21 所示。

(8) 创建平面。

利用 平面 工具可以创建没有厚度的平面。在【渲染倍增】分组框的【缩放】文本框中可以设置长度和宽度在渲染时的倍增因子，在【密度】文本框中可以设置长度和宽度分段数在渲染时的倍增因子，如图 2-22 所示。

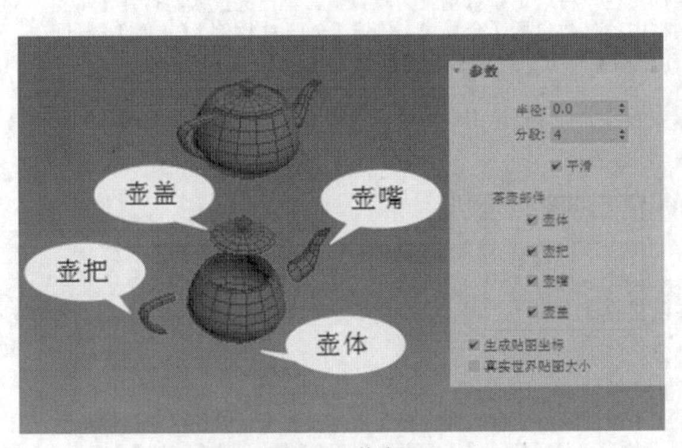

图2-21 茶壶

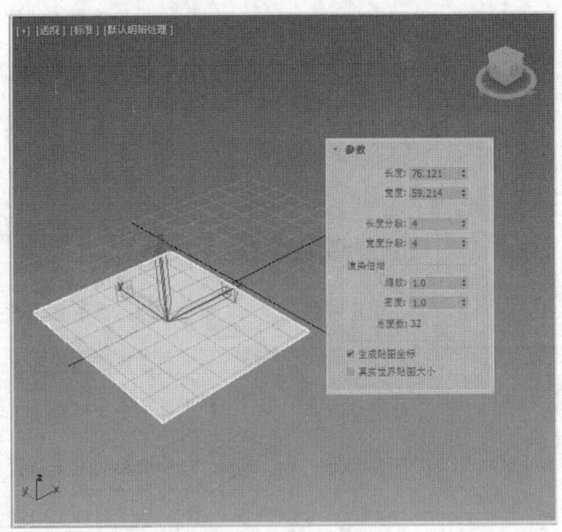

图2-22 平面及其参数

(9) 创建加强型文本。

利用 加强型文本 工具可以创建立体文字效果，如图 2-23 所示，这是 3ds Max 2020 新增的功能。加强型文本的参数如图 2-24 所示，其用法如表 2-4 所示。

图2-23　加强型文本

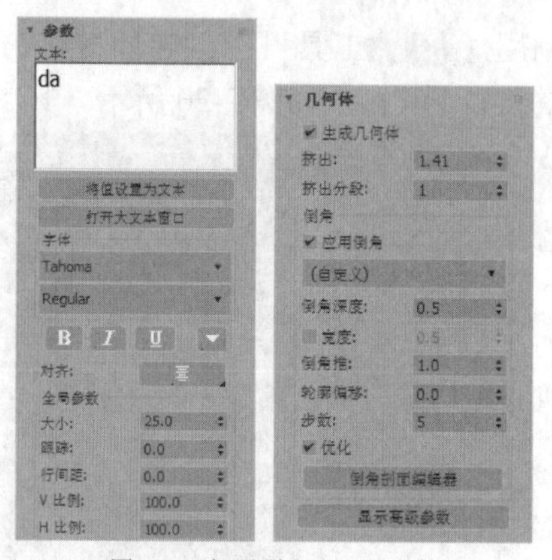

图2-24　加强型文本及其参数

表 2-4　　加强型文本的主要参数和功能

参数组	参数	功能
参数	文本	可以输入多行文本。按 Enter 键开始新的一行。默认文字是“TextPlus”。可以通过“剪贴板”复制并粘贴单行文本和多行文本
	将值设置为文本	单击此按钮，打开【将值编辑为文本】对话框，将文本链接到要显示的值。该值可以是对象值（如半径），也可以是从脚本或表达式返回的任何其他值
	打开大文本窗口	单击此按钮，打开【输入文本】对话框，切换大文本窗口，以便更好地编辑文本
	字体	从可用字体列表中选择字体
	大小	设置文本高度，其中测量方法由活动字体定义
	追踪	设置字母间距
	行间距	设置行间距。适合于多行文本
	V 比例	设置垂直缩放比例
	H 比例	设置水平缩放比例
	重置参数	对于选定角色或全部角色，将选定参数重置为默认值。单击此按钮，打开【重置文本】对话框，对话框中的参数包括【全局 V 比例】【全局 H 比例】【追踪】【行间距】【基线转移】【字间距】【局部 V 比例】和【局部 H 比例】
	操纵文本	切换功能以均匀或非均匀手动操纵文本。可以调整文本大小、字体、追踪、字间距和基线
几何体	生成几何体	将二维的几何效果切换为三维的几何效果
	挤出	设置挤出深度
	挤出分段	指定在挤出文本中创建的分段数
	应用倒角	切换对文本执行倒角
	预设列表	从下拉列表中选择一个预设倒角类型，或选择【自定义】选项以使用通过倒角剖面编辑器创建的倒角。预设包括【凹面】【凸面】【凹雕】【半圆】【壁架】【线性】【S 形区域】【三步】和【两步】
	倒角深度	设置倒角区域的深度
	宽度	该复选项用于修改宽度参数。默认设置为未选中状态，并受限于深度参数；选中后可以更改宽度值，可在宽度字段中输入数量

续表

参数组	参数	功能
几何体	倒角推	设置倒角曲线的强度。例如，使用凹面倒角预设时，0 值表示完美的线性边，-1 表示凸边，+1 表示凹边
	轮廓偏移	设置轮廓的偏移距离
	步数	设置用于分割曲线的顶点数。步数越多，曲线越平滑
	优化	从倒角的线段移除不必要的步数。默认设置为启用
	倒角剖面编辑器	单击此按钮，打开【倒角剖面编辑器】对话框，利用该对话框可以创建自定义剖面
	显示高级参数	切换高级参数面板进行参数设置

四、 创建扩展基本体

3ds Max 2020 提供了 13 种扩展基本体，如图 2-25 所示。扩展基本体的创建方法与标准基本体的创建方法类似，其设计参数更加丰富，设计灵活性更大。

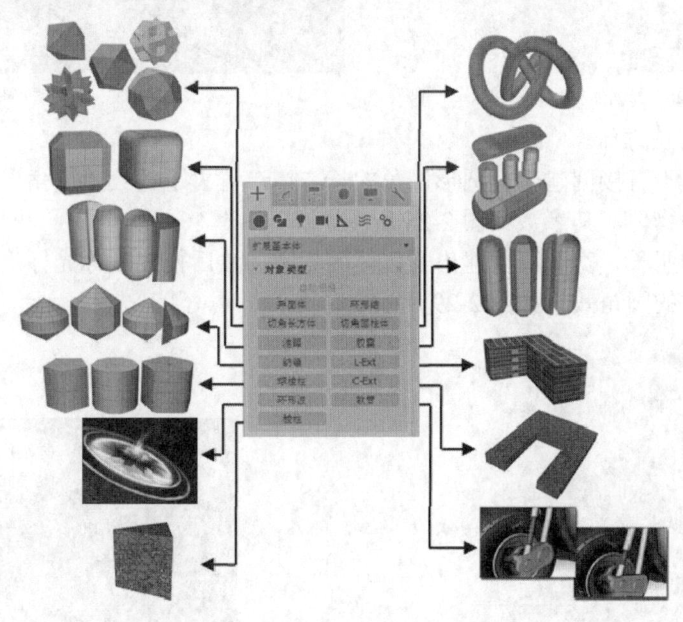

图2-25　扩展基本体

(1) 创建异面体。

利用 异面体 工具可以创建各种具有奇异表面组成的多面体，通过参数调节，制作出各种复杂造型的物体。其参数如图 2-26 所示。

- 【系列】：在该分组框中可以创建 5 种基本形体，如图 2-27 所示。
- 【系列参数】：在该分组框中可以为多面体顶点和各面之间提供 P、Q 两个关联参数，用来改变其几何形状。
- 【轴向比率】：包括 P、Q 和 R 共 3 个比例系统，用于控制 3 个方向的轴向尺寸大小。
- 【顶点】：可以使用【基点】【中心】及【中心和边】3 种方式确定顶点的位置。
- 【半径】：确定异面体的主体尺寸大小。

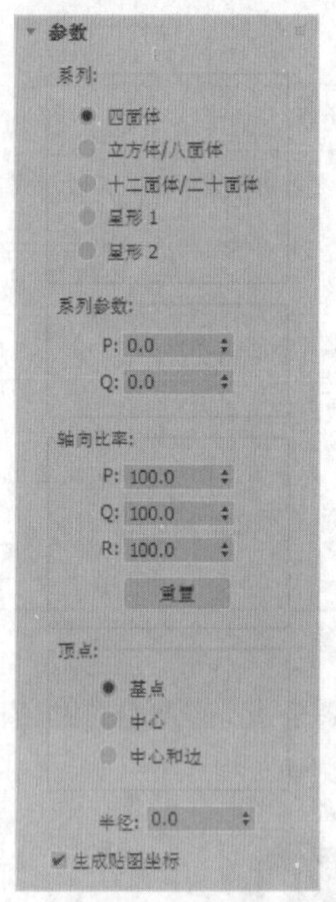

图2-26　异面体参数

图2-27　各种异面体

(2)　创建切角长方体。

切角长方体用于直接创建带有圆形倒角的长方体，省去了后续“倒角”操作的麻烦，用于创建棱角平滑的物体，其参数如图 2-28 所示。

建模时，先按照长、宽和高创建出长方体的轮廓，然后拖曳鼠标光标确定圆形倒角的半径大小。不同参数的圆角效果如图 2-29 所示。

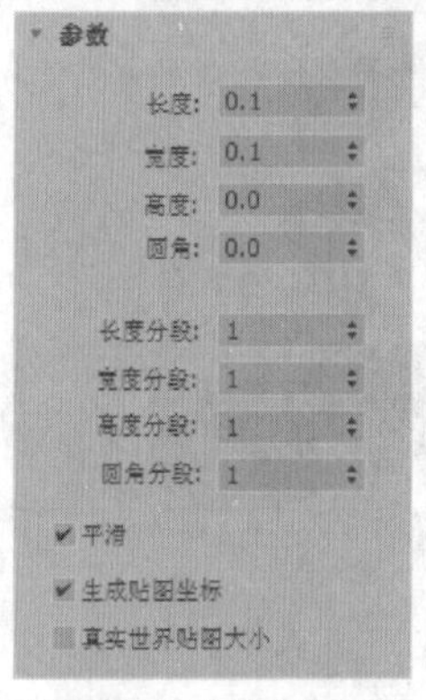

图2-28　切角长方体参数

图2-29　各种切角长方体

切角圆柱体的创建方法和用法与切角长方体类似，这里不再赘述。

五、　创建建筑对象

建筑对象主要包括“AEC 扩展”对象（包含植物、栏杆和墙）、楼梯、门及窗等。

(1)　建筑对象的种类。

常用建筑对象的类型及其用途如表 2-5 所示。

表 2-5　　　　AEC 扩展、楼梯、门、窗

AEC 扩展
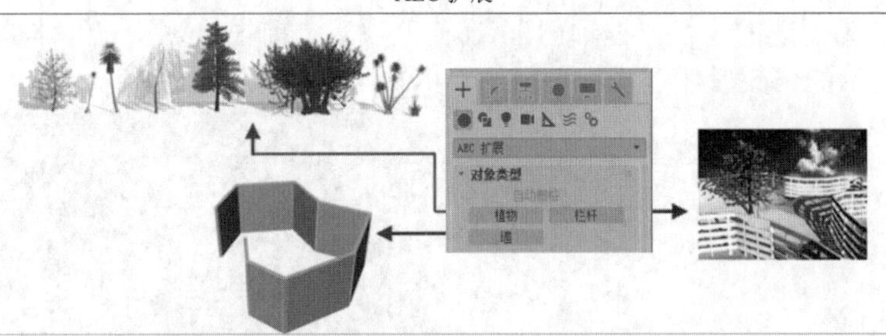
楼梯
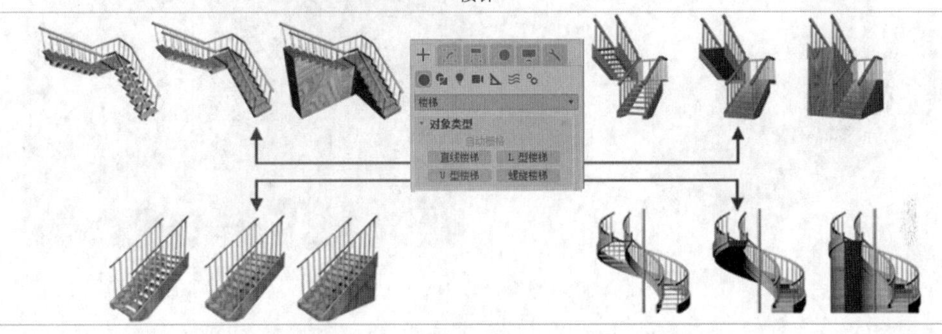
门
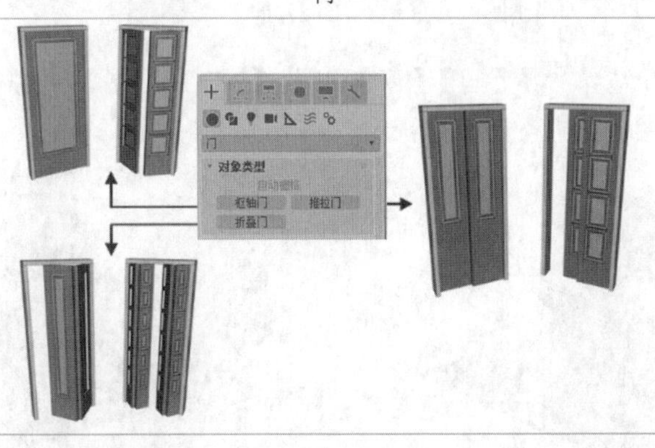
窗
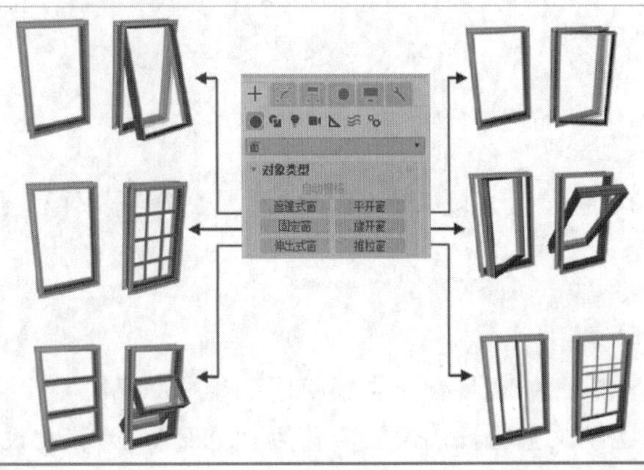

(2)　建筑对象的创建方法。

建筑对象的创建方法与前面两种基本体的创建方法类似，但建筑对象创建完成后大多需要进入【修改】面板对其参数进行修改才能更好地使用。

图 2-30 所示为创建的一个“枢轴门”，在修改参数之前很难辨认它具体是何种对象，通过进行图 2-31 所示的修改后才能成为可用的“枢轴门”对象。

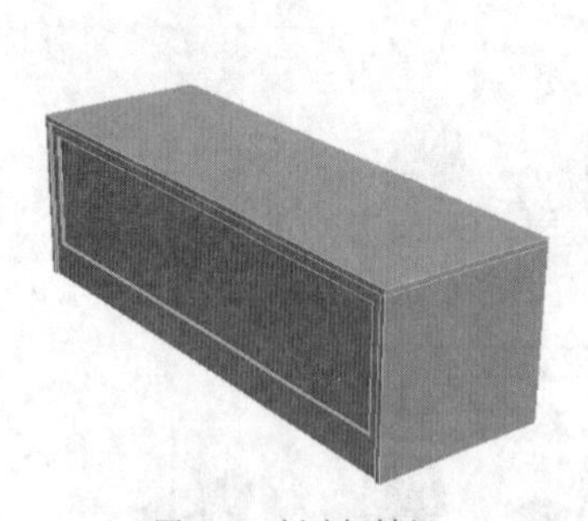

图2-30　创建枢轴门

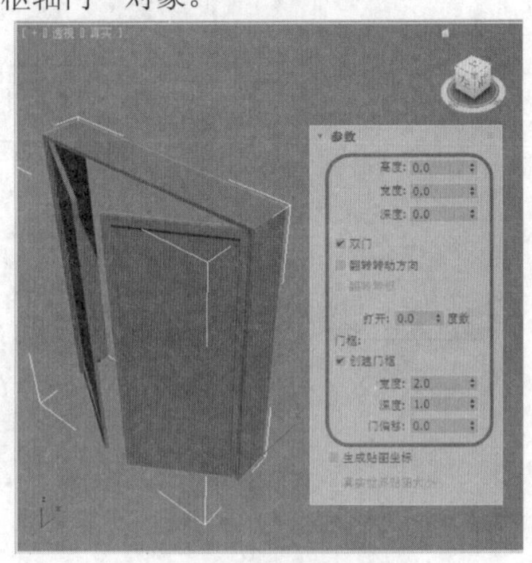

图2-31　设置参数

2.2　范例解析——制作“精美小屋”效果

本例将使用【标准基本体】【门】【窗】以及【AEC 扩展】对象来搭建一个精美的小屋，如图 2-32 所示。

图2-32　“精美小屋”效果

【操作步骤】

1. 设置单位。

   运行 3ds Max 2020，执行【自定义】/【单位设置】命令，弹出【单位设置】对话框，将单位设置为“厘米”。

2. 创建地面和房屋主体结构。

(1) 创建地面，如图 2-33 所示。

① 在【创建】面板中单击 平面 按钮，在顶视图上绘制平面。

② 单击按钮切换到【修改】面板，设置名称为“地面”，为模型设置适当的颜色。

③ 设置平面的长度和宽度。

④ 在工具栏中用鼠标右键单击按钮，将平面的坐标全部改为0，使其为坐标中心。

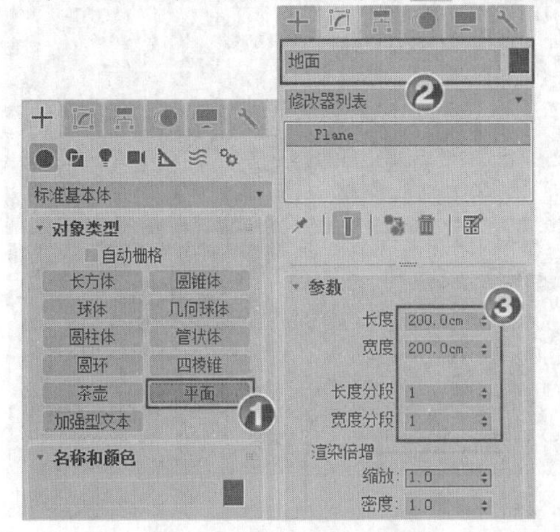

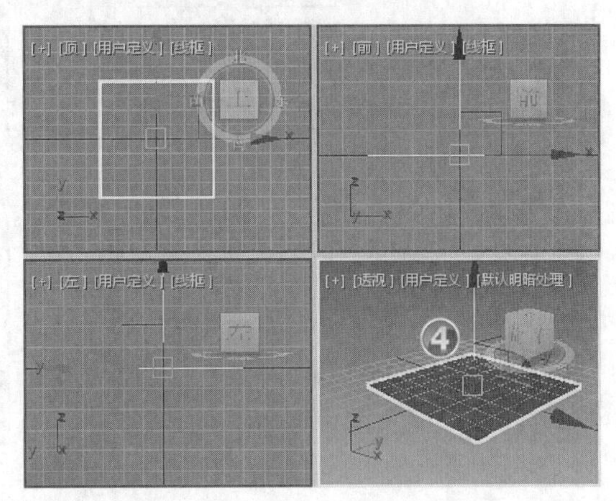

图2-33 创建地面

(2) 创建屋体，如图2-34所示。

① 在【创建】面板中单击 长方体 按钮，在顶视图上绘制长方体。

② 切换到【修改】面板，设置名称为“屋体”，为模型设置适当的颜色。

③ 设置长方体的长、宽和高。

④ 在工具栏中用鼠标右键单击按钮，设置长方体底面中心相对于坐标系的坐标为(0,0,0)。

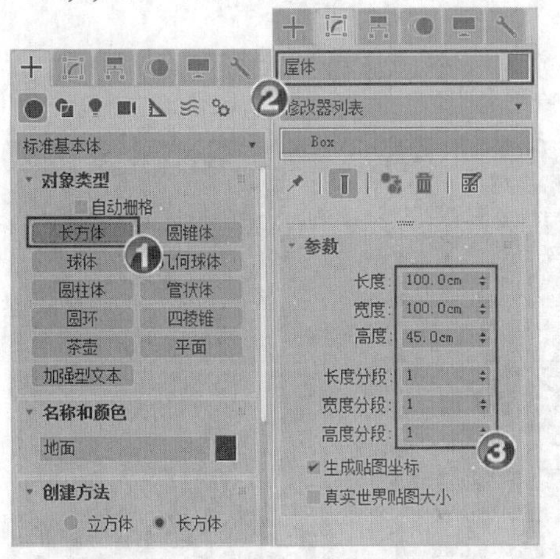

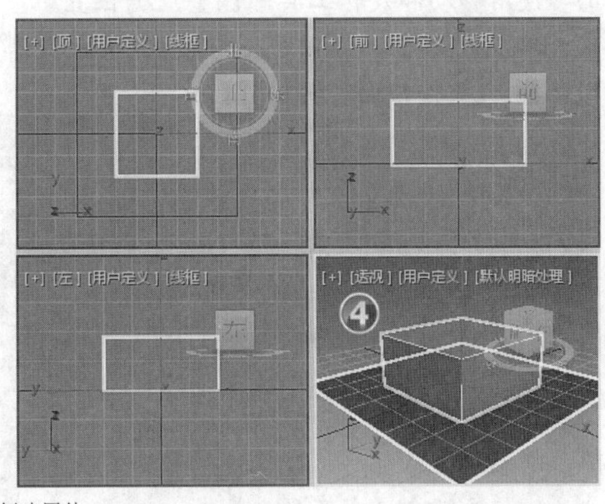

图2-34 创建屋体

(3) 创建屋顶，如图2-35所示。

① 在【创建】面板中单击 圆柱体 按钮，在左视图中创建圆柱体。

② 在【修改】面板中设置名称为“屋顶”，为模型设置适当的颜色。

③ 设置圆柱体的基本参数。

④ 在工具栏中单击按钮，调整屋顶位置。在工具栏中用鼠标右键单击按钮，设置圆柱旋转的角度。

⑤ 长按工具栏中的按钮，在弹出的下拉列表中选择按钮。用鼠标右键单击按钮，调整屋顶的大小。

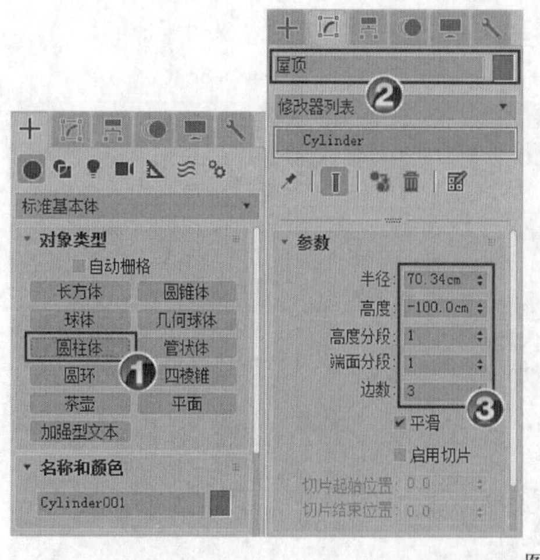

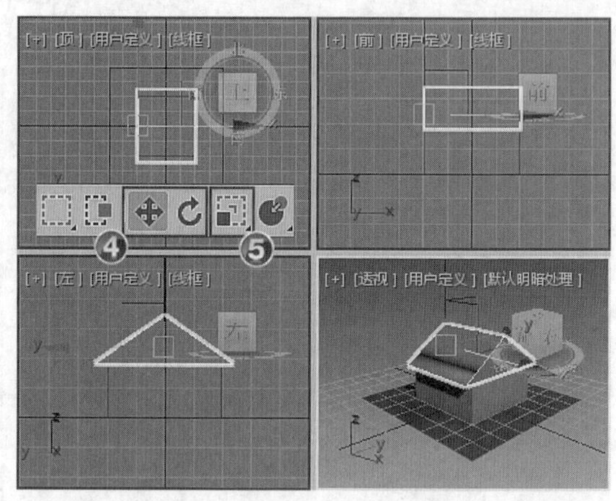

图2-35　创建屋顶

要点提示　此处使用【缩放】工具进行屋顶缩放时，具体压缩参数并不限制，读者可根据形状大小自行调整。

(4)　创建房檐 1，如图 2-36 所示。

①　单击【创建】面板上的 长方体 按钮，在左视图上绘制一个长方体。

②　在【修改】面板中设置名称为“房檐”，为模型设置适当的颜色。

③　设置长方体的基本参数。

④　使用移动和旋转工具，调整屋檐位置。

⑤　单击按钮，在顶视图中按住 Shift 键沿 y 轴复制一个“房檐”对象。

⑥　单击按钮调整其位置。

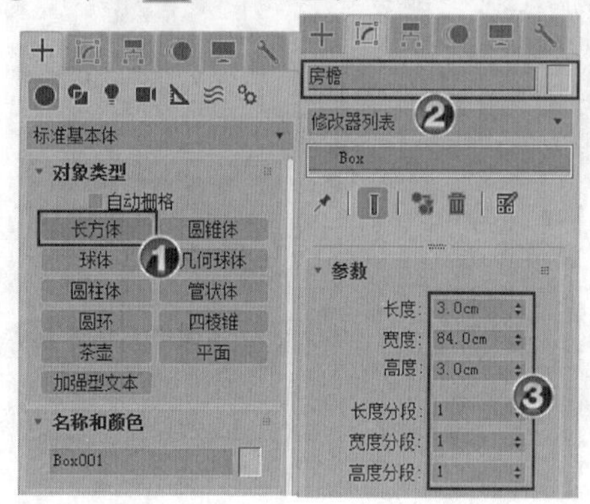

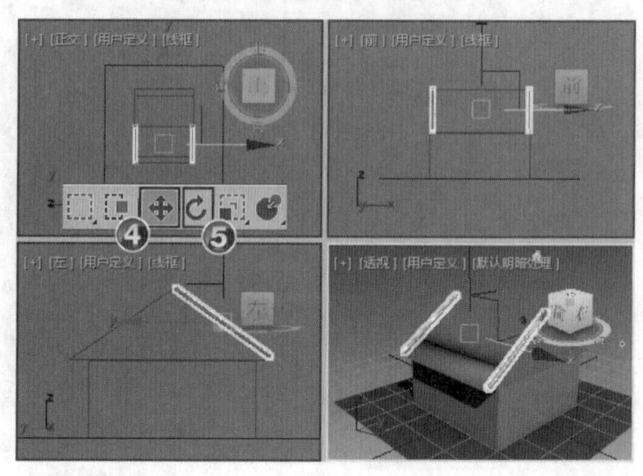

图2-36　创建房檐 1

(5)　创建房檐 2，如图 2-37 所示。

①　单击【创建】面板上的 长方体 按钮，在顶视图上绘制一个长方体。

②　在【修改】面板中设置名称为“屋檐”，为模型设置适当的颜色。

③　设置长方体的基本参数。

④　使用移动和旋转工具，调整屋檐位置。

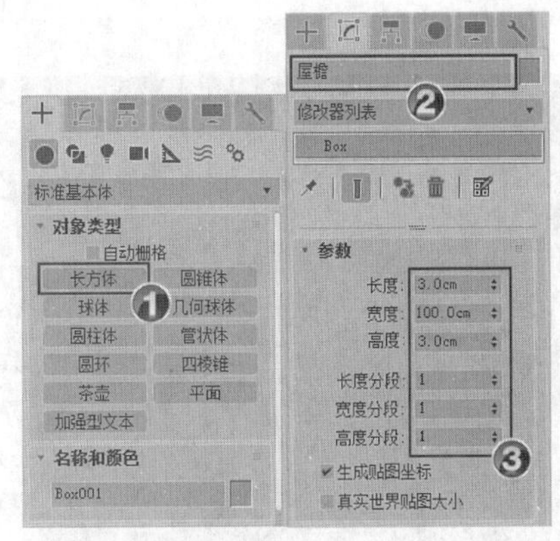

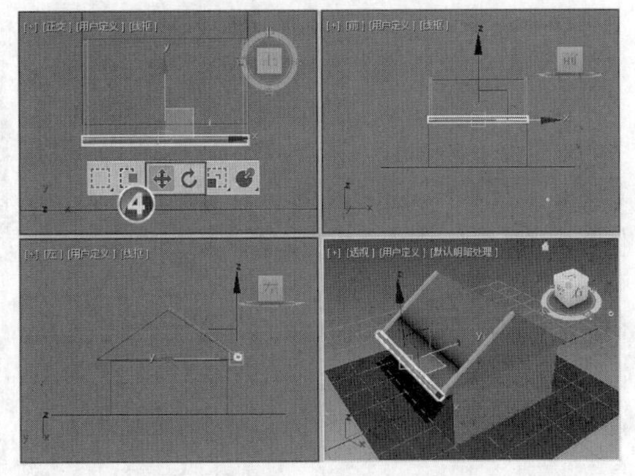

图2-37　创建房檐 2

(6) 创建房顶，如图 2-38 所示。

① 单击【创建】面板上的 长方体 按钮，在前视图上绘制一个长方体。

② 在【修改】面板中设置名称为“房顶”，为模型设置适当的颜色。

③ 设置长方体的基本参数。

④ 使用移动工具调整屋檐位置。

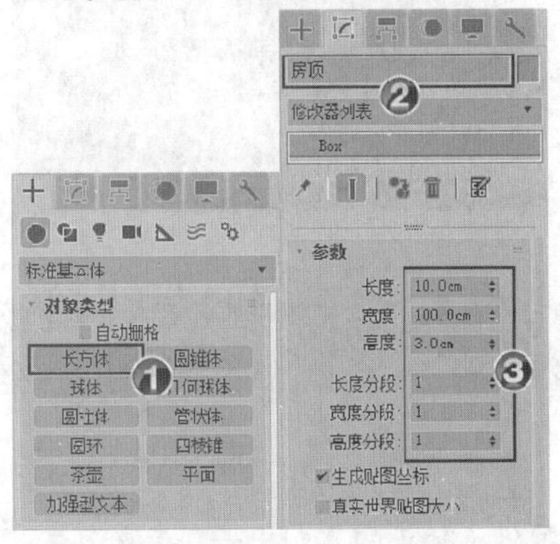

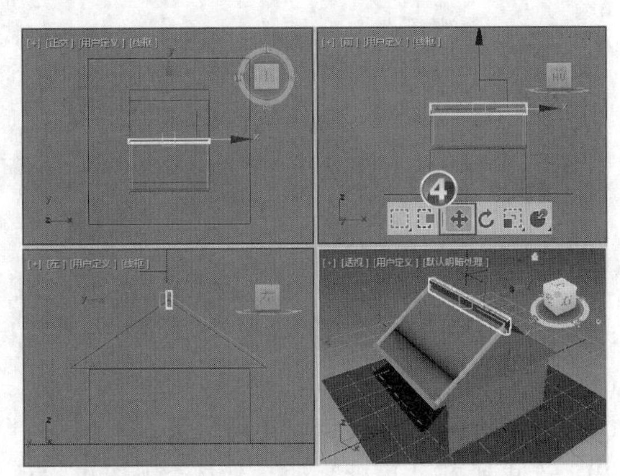

图2-38　创建房顶

3. 创建瓦砾结构。

(1) 创建瓦砾，如图 2-39 所示。

① 在顶视图选中视图下方的“房檐”对象，然后单击工具栏中的按钮，按住 Shift 键，沿 y 轴拖曳复制出一个对象。

② 设置复制参数，并将对象重命名为“瓦砾”。

③ 在【修改】面板中设置基本参数。

④ 使用移动工具调整瓦砾位置。

(2) 阵列瓦砾，如图 2-40 所示。

① 选中“瓦砾”对象，执行【工具】/【阵列】命令，弹出【阵列】对话框，设置阵列增量参数【X】为“4”。

② 设置【对象类型】为【复制】。

③ 设置【阵列维度】参数为“23”。

④ 选中所有“瓦砾”对象，使用移动工具调整位置。

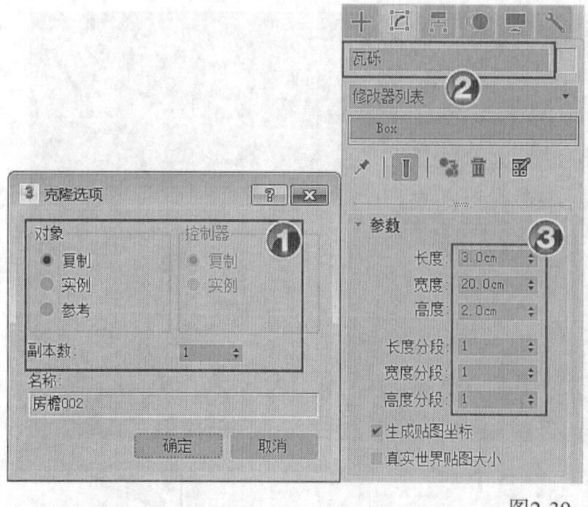

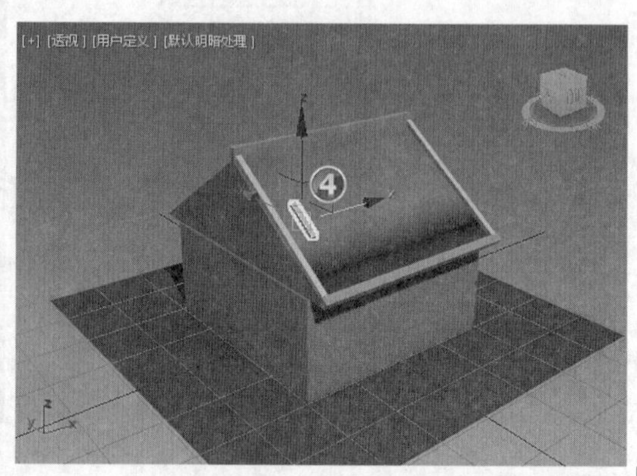

图2-39　创建瓦砾

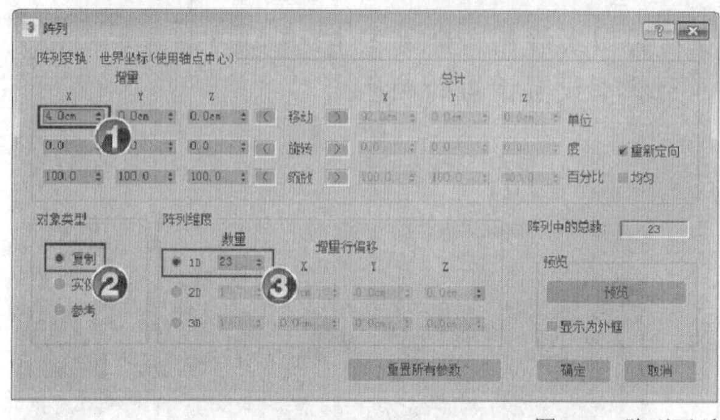

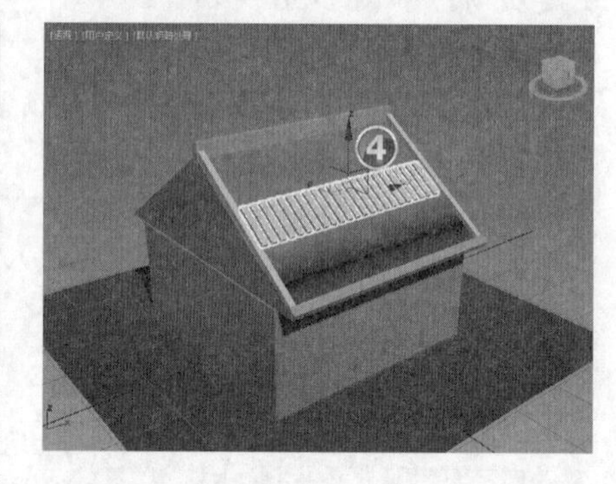

图2-40　阵列瓦砾

要点提示 此处使用阵列工具进行瓦砾阵列时，操作结果可能与本例不一致，或者按照阵列参数中的 x 轴方向无法阵列出结果。如遇这种情况，可使用 y 轴进行尝试。

(3) 复制瓦砾，如图 2-41 所示。

① 将参考坐标系切换成【局部】。

② 选中所有“瓦砾”对象，在透视图中按住 Shift 键沿 x 轴正向复制出一排瓦砾。

③ 使用同样的方法沿 x 轴反向复制出一排瓦砾。

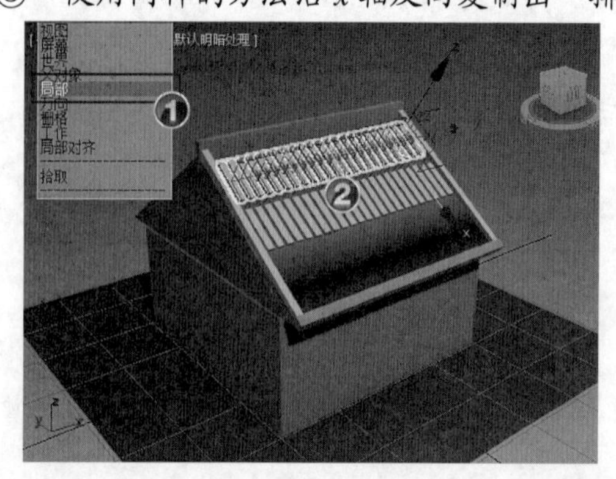

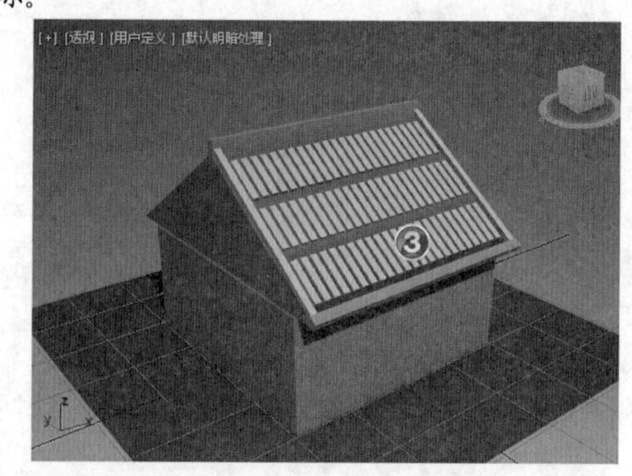

图2-41　复制瓦砾

当选择的对象不易在场景中被选取时，可按 H 键打开【从场景选择】对话框，根据对话框中的对象名称进行选择。

(4) 镜像复制对象，如图 2-42 所示。

① 将参考坐标系切换成【视图】，选中场景所有的“瓦砾”“屋檐”“房檐”对象。

② 执行【工具】/【镜像】命令，弹出【镜像:世界 坐标】对话框，设置参数，复制出另一端的“瓦砾”“屋檐”“房檐”对象。

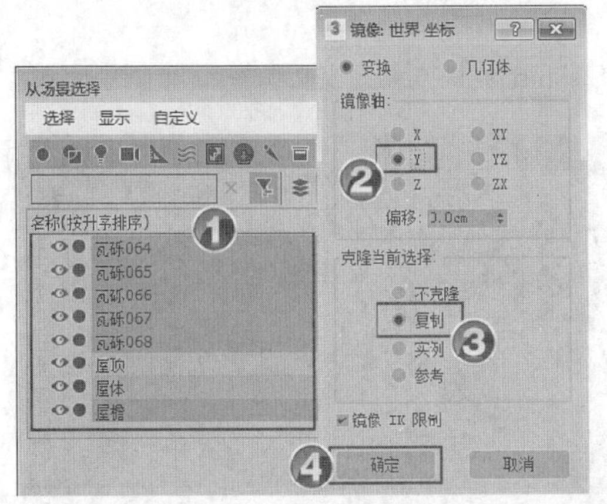

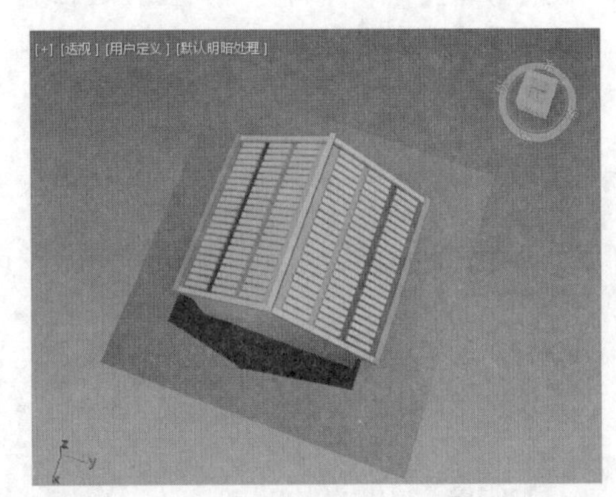

图2-42 镜像复制对象

要点提示 在制作过程中，当几个对象在场景中合成表达一个物体时，可以视情况将其转化为一个组。执行【组】/【组】命令，即可将其转化为一个整体，从而方便选择和操作。

4. 创建门窗。

(1) 创建枢轴门，如图 2-43 所示。

① 在【创建】面板的下拉列表中选择【门】选项，在【对象类型】卷展栏中单击 枢轴门 按钮，在前视图中创建一个水平的“Pivot”对象。

② 在【修改】面板中设置门的基本参数。

③ 设置门框参数。

④ 设置页扇参数。

⑤ 使用【移动】工具调整门的位置。

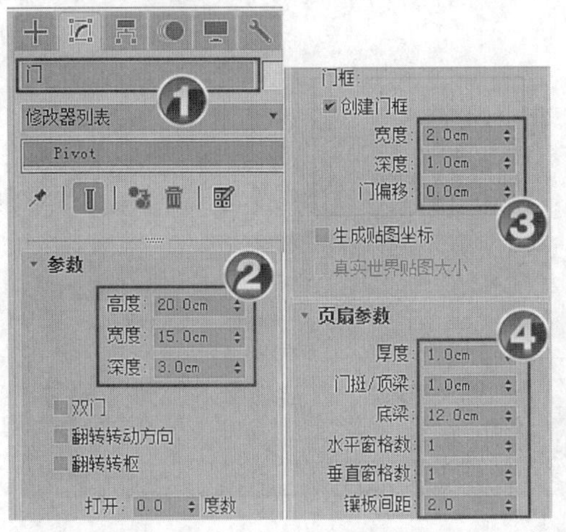

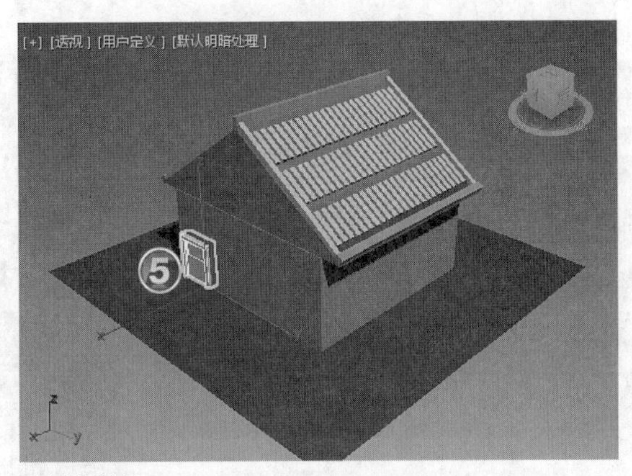

图2-43 创建枢轴门

(2) 创建旋开窗，如图 2-44 所示。

① 在【创建】面板的下拉列表中选择【窗】选项，然后在【对象类型】卷展栏中单击旋开窗按钮。

② 在左视图中创建一个水平的“PivotedWindow”对象，然后在【修改】面板中设置窗的基本参数。

③ 使用和工具调整窗户至合适位置。

④ 选择【局部】坐标系，选中“窗”对象，按住Shift键沿 y 轴复制出另一个“窗”对象。

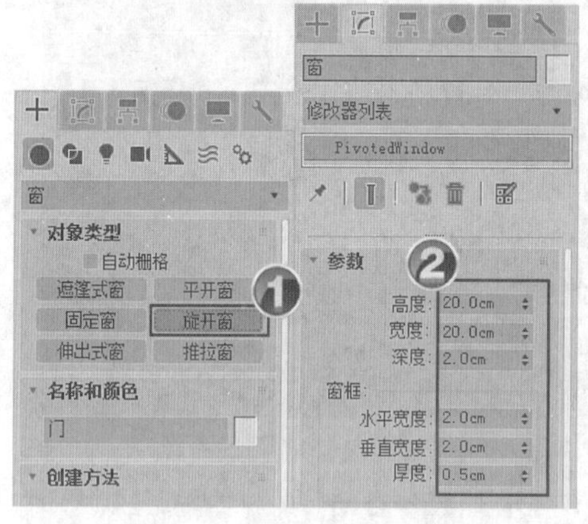

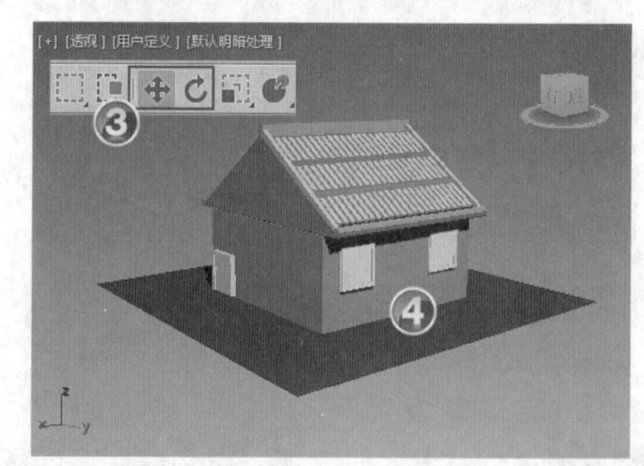

图2-44　创建旋开窗

5.　创建栅栏和植物。

(1)　制作栅栏，如图 2-45 和图 2-46 所示。

① 在【创建】面板中单击按钮，在【对象类型】卷展栏中单击线按钮。

② 在顶视图中绘制开口等长直线，组成线框。

③ 在【创建】面板中选择【AEC 扩展】选项，然后单击栏杆按钮。

④ 单击拾取栏杆路径按钮，然后选择已经创建的线框为路径。

⑤ 设置栏杆参数。

⑥ 设置立柱基本参数。

⑦ 单击按钮，设置立柱间距参数。

⑧ 设置栅栏基本参数，然后单击按钮。

⑨ 设置支柱间距参数。

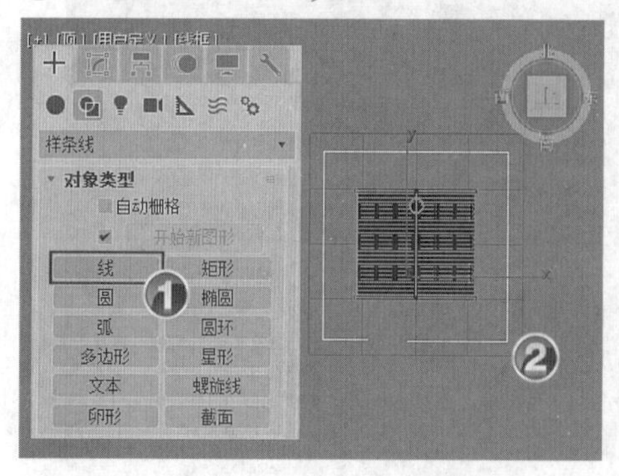

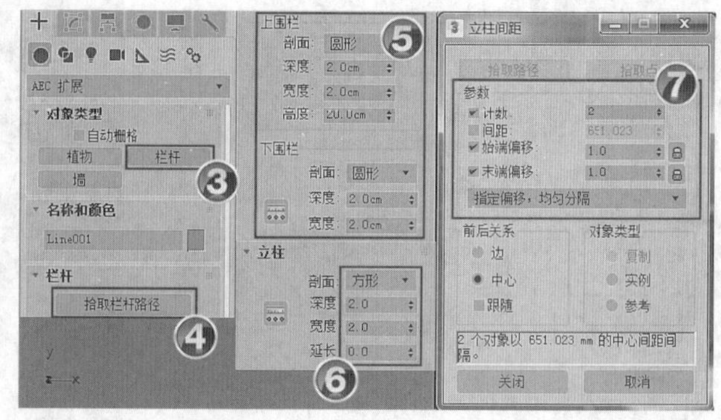

图2-45　制作栅栏 1

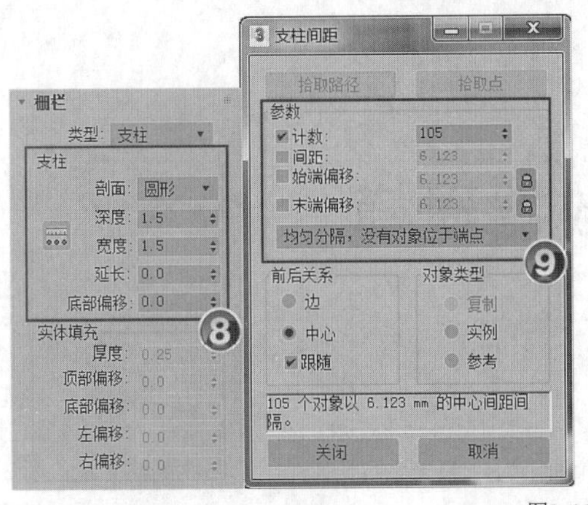

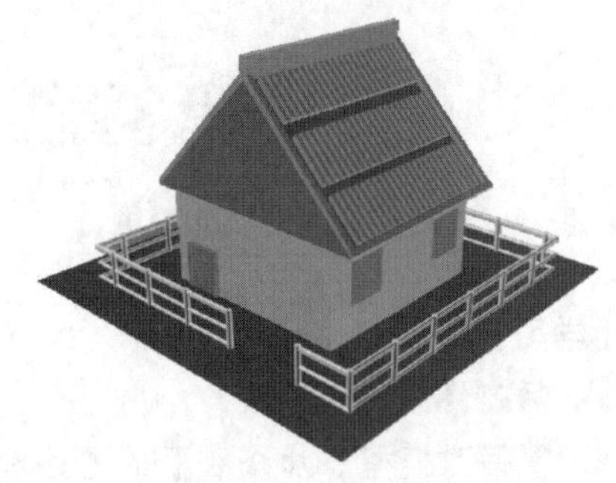

图2-46　制作栅栏 2

(2) 创建植物，如图 2-47 所示。

① 在【创建】面板中选择【AEC 扩展】选项，然后单击 植物 按钮。

② 在【收藏的植物】列表框中拖入一种自己喜欢的植物到场景中的适当位置。

③ 在【修改】面板中设置植物参数。

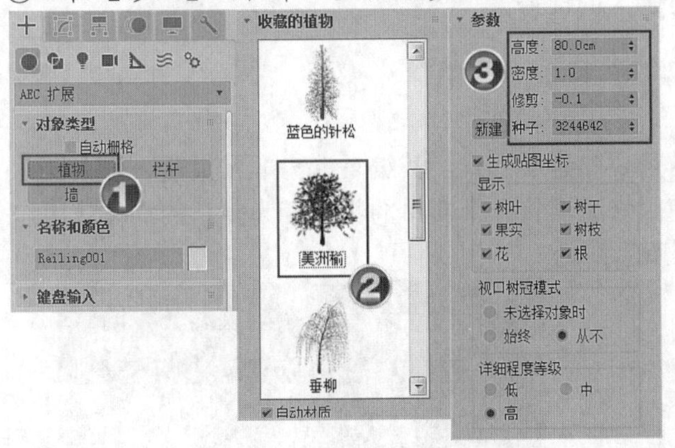

图2-47　创建植物

2.3 习题

1. 标准基本体有哪些类型，使用其建模各有什么特点？
2. 设置模型分段数时应注意什么问题？
3. 标准球体和几何球体在用法上有什么不同？
4. 扩展几何体有哪些种类，各有什么用途？
5. 建筑对象有哪些种类，各有什么用途？

第3章 修改器建模

【学习目标】

- 明确修改器的用途。
- 掌握为模型添加修改器的方法和原则。
- 掌握常用修改器的用法。
- 明确对模型进行塌陷操作的意义。

修改器是 3ds Max 的重要设计功能，主要用于改变对象的创建参数，是一种对模型进行精细调整的工具，可以让对象产生丰富的形状变化。修改器为模型的结构设计提供了更加多样的手段，在创建形状特殊的模型时具有强大的优势。

3.1 基础知识

修改器建模是 3ds Max 2020 中非常重要的建模方式，其编辑能力非常灵活、强大，并且易于使用。创建好一个对象后，即可使用修改器将一个简单的物体变为复杂的物体或用户需要的模型。修改器的建模效果如图 3-1 所示。

图3-1 修改器建模的产品

一、 修改面板

在创建模型后，切换到【修改】面板，其主要组成部分如图 3-2 所示。简单地说，修改器就是“修改对象显示效果的工具”，通过选取修改器类型和设置修改器参数可以改变对象的外观，从而获得丰富的设计结果。

(1) 名称。

设置修改对象的名称，例如图中的“Box001”。用户在创建模型后，最好养成立即修改对象名称的习惯，一方面做到“见名知义”，另一方面也方便查找模型。

(2) 颜色。

单击颜色按钮，打开【对象颜色】对话框，为对象设置颜色。

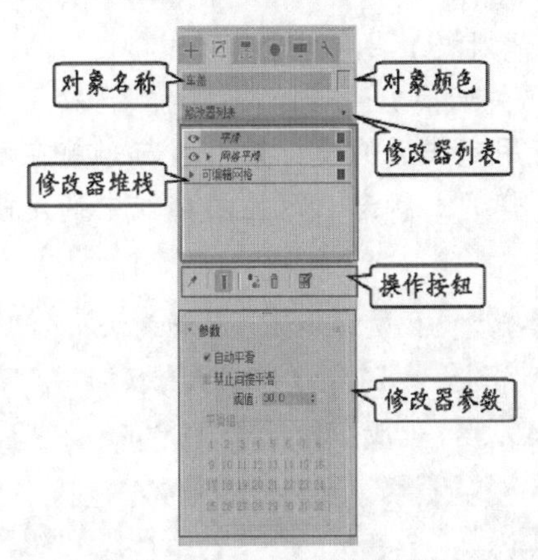

图3-2 修改面板的主要组成部分

(3) 修改器列表。

修改器列表为一个下拉列表，其中包含各种类型的修改器，如图 3-3 所示。

图3-3 修改器列表

(4) 修改器堆栈。

在 3ds Max 2020 中，每一个被创建物体的参数及被修改的过程都会被记录下来，并按照操作顺序显示在修改器堆栈中。修改器堆栈具有以下特点。

- 先执行的操作放置在列表下方，后执行的操作放置在列表上方。
- 可以将任意数量的修改器应用到一个或多个对象上，删除修改器，对象的所有更改也将消失。
- 在修改命令面板中可以应用修改器堆栈查看创建物体过程的记录，并可以对修改器堆栈进行各种操作。
- 拖动修改器在堆栈中的位置，可以调整修改器的应用顺序（系统始终按照由底到顶的顺序应用堆栈中的修改器），此时对象最终的修改效果将随之发生变化。
- 用鼠标右键单击堆栈中修改器的名称，通过弹出的快捷菜单可以剪切、复制、粘贴、删除或塌陷修改器。

要点提示 单击修改器前面的 按钮可以关闭当前修改器，再次单击又可以重新启用；单击修改器前面的 ▾ 按钮可以关闭展开修改器的子层级，然后选择相应的层级进行操作。

(5) 操作按钮。

【修改】面板中常用修改器操作按钮的功能如下。

- （锁定堆栈）：将堆栈锁定到当前选定对象，适用于保持已修改对象的堆栈

不变的情况下变换其他对象。

- （显示最终结果开/关切换）：若此按钮为（按下）状态，则视口中显示堆栈中所有修改器应用完毕后的设计效果，与当前在堆栈中选中的修改器无关；若此按钮为（弹起）状态，则显示堆栈中选定修改器及其以下修改器的最新修改结果。

要点提示 在图 3-4 中，立方体模型上依次添加了【拉伸】(Stretch，使对象轴向伸长)、【锥化】(Taper，使对象尺寸一端增大)、【扭曲】(Twist，使对象绕轴线旋转）和【弯曲】(Bend，使对象沿轴线弯曲）4 个修改器，借助按钮可以依次查看各修改器组合应用后的效果。

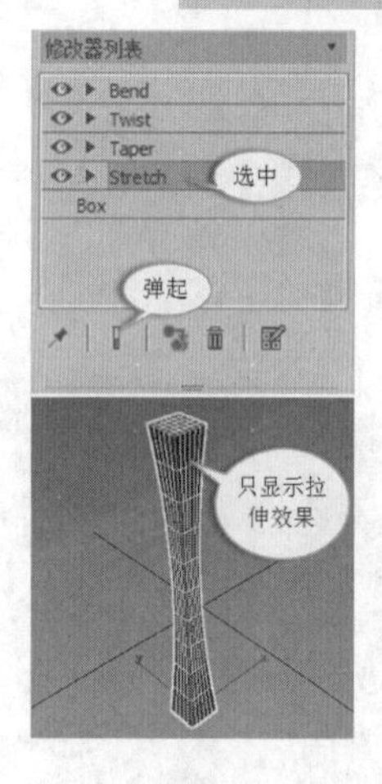

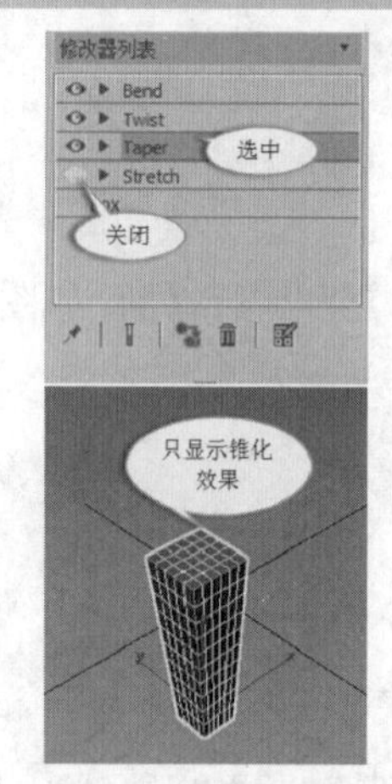

图3-4　显示修改效果

- （使唯一）：将实例化修改器转化为副本，其对于当前对象是唯一的。
- （从堆栈中移除修改器）：删除当前修改器，其应用效果随之消失。
- （配置修改器集）：详细设置修改器配置参数。

二、　塌陷修改器堆栈

塌陷修改器可以将物体转换为可编辑网格，并删除其上的所有修改器，这样可以简化对象的结构，还可以节约内存空间。但是在塌陷修改器之后，不可以再对修改器参数进行调整，也不可以恢复修改器的应用历史。

(1)　塌陷方法。

在选定修改器上单击鼠标右键，在弹出的快捷菜单中有【塌陷到】和【塌陷全部】两个命令，如图 3-5 所示。【塌陷到】命令只塌陷当前选定修改器之前的修改器（这些被塌陷的修改器位于当前修改器列表下方），保留当前修改器上面的所有修改器。

使用【塌陷全部】命令则会塌陷整个修改器堆栈，删除所有修改器，并将整个对象转换为一个可编辑网格物体。

(2)　塌陷操作。

在应用塌陷操作时，会弹出如图 3-6 所示的【警告】对话框，单击 暂存(H)/是 按钮可以将当前的状态暂存到【暂存】缓冲区，然后再应用塌陷命令，执行【编辑】/【取回】命令即可恢复到塌陷前的状态；单击 是(Y) 按钮则直接完成塌陷操作，并不可取回；单击 否(N) 按钮则取消本次操作。

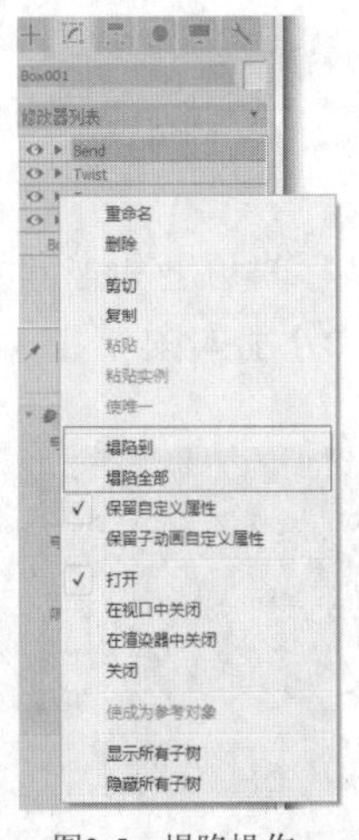

图3-5　塌陷操作

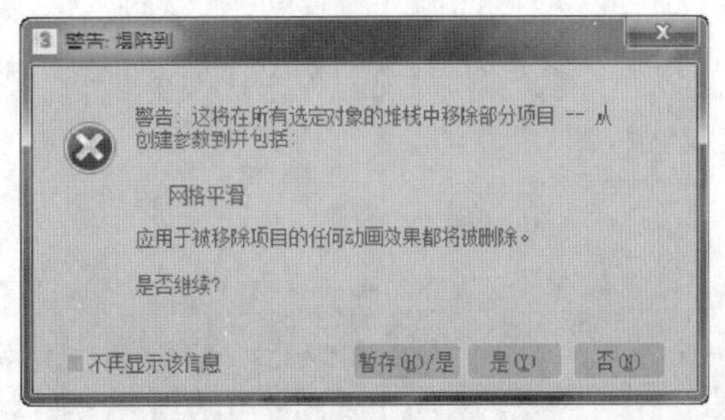

图3-6　【警告】对话框

在图 3-7 中，在修改器【Twist】上单击鼠标右键，在弹出的快捷菜单中选取【塌陷到】命令，则包括 Twist 修改器以下的所有修改器均被塌陷，如图 3-8 所示。

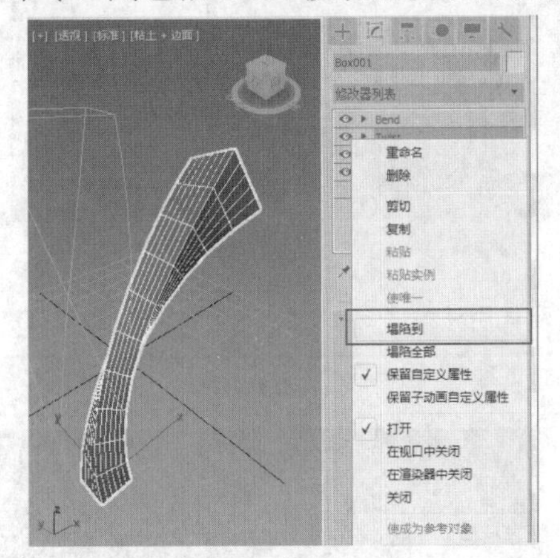

图3-7　【塌陷到】操作

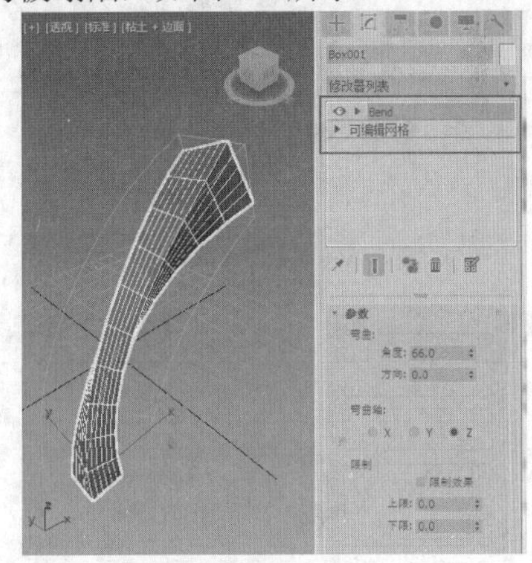

图3-8　塌陷结果（1）

在图 3-9 中，在任一修改器上单击鼠标右键，在弹出的快捷菜单中选取【塌陷全部】命令，则将整个模型塌陷为一个可编辑网格物体，如图 3-10 所示。

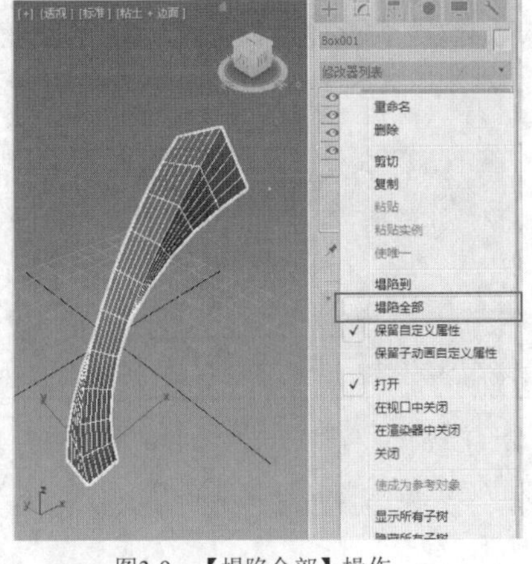

图3-9　【塌陷全部】操作

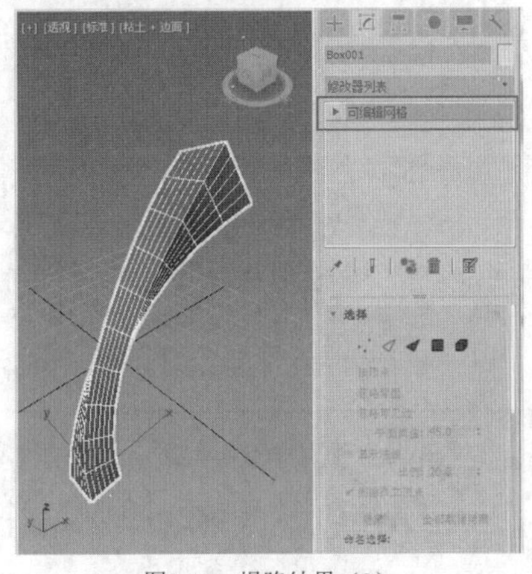

图3-10　塌陷结果（2）

三、 常用修改器

下面介绍 3ds Max 2020 中常用的修改器。

(1) 【弯曲】修改器。

【弯曲】修改器可以让物体发生弯曲变形，用户可以调节弯曲角度和方向及弯曲坐标轴向，还可以将弯曲限定在一定范围内，其应用实例和主要参数分别如图 3-11 和图 3-12 所示，其主要参数及用法如表 3-1 所示。

图3-11　使用【弯曲】修改器制作的楼梯

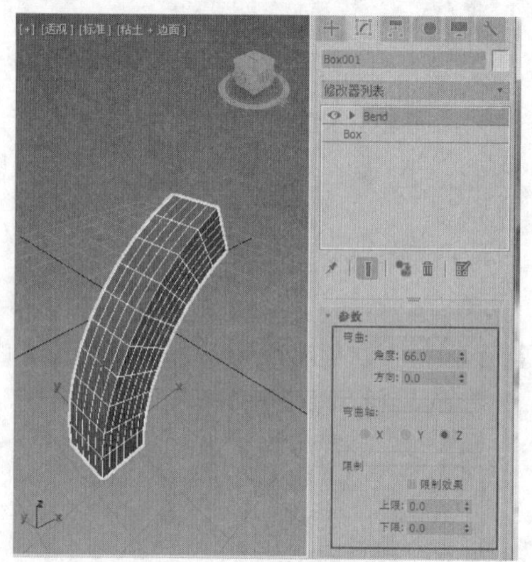

图3-12　【弯曲】修改器参数

表 3-1　【弯曲】修改器常用参数及其用法

参数		功能	示例
角度		设置弯曲角度的大小	
方向		调整弯曲变化的方向	
弯曲轴		设置弯曲的坐标轴向	
限制效果	上限	设置弯曲上限，在此限度以上的区域不会产生弯曲效果	
	下限	设置弯曲下限，在此限度与上限之间的区域都将产生弯曲效果	

【弯曲】修改器包括 Gizmo 和中心两个次层级。对 Gizmo 进行旋转、移动和缩放等变换操作来改变弯曲效果，对中心进行移动操作来改变弯曲中心点，如图 3-13 至图 3-15 所示。

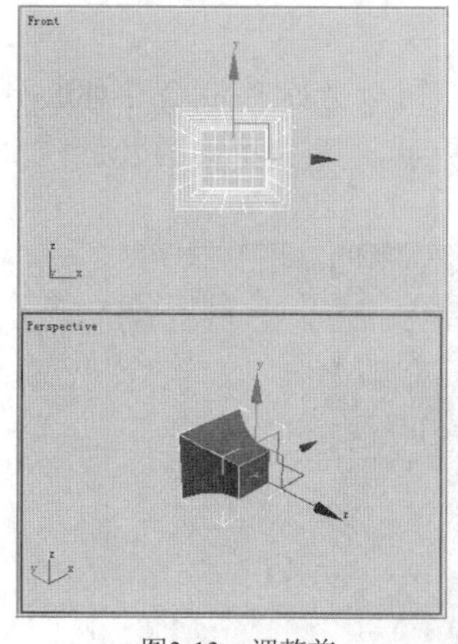
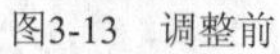
图3-13　调整前

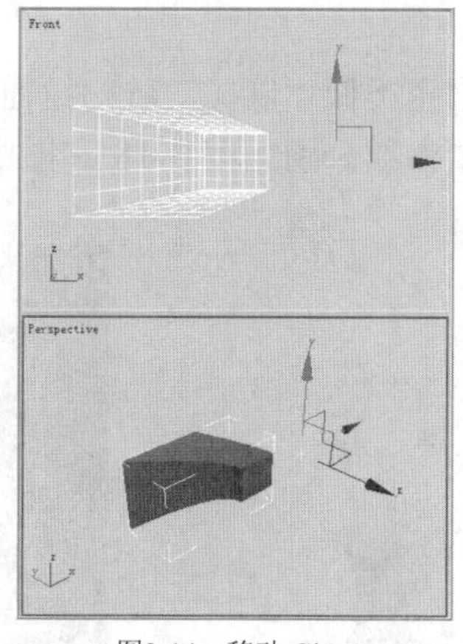
图3-14　移动 Gizmo

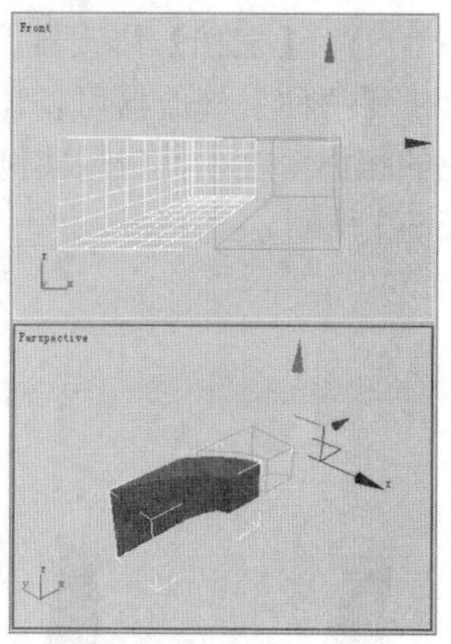
图3-15　移动中心

(2)　【锥化】修改器。

【锥化】修改器可以缩小物体的两端，从而产生锥形轮廓。用户可以设置锥化曲线轮廓曲度及倾斜度等来调整锥化效果，其应用实例和主要参数分别如图 3-16 和图 3-17 所示，其主要参数及用法如表 3-2 所示。

图3-16　使用【锥化】修改器制作的台灯

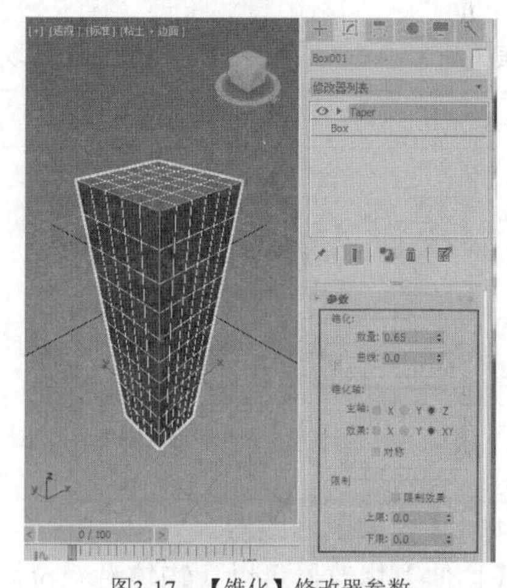
图3-17　【锥化】修改器参数

表 3-2　【锥化】修改器常用参数及其用法

参数		功能	示例
数量		设置锥化倾斜的程度	
曲线		设置锥化曲线的弯曲程度	
锥化轴		选择发生锥化的坐标轴向	
限制效果	上限	设置弯曲上限，在此限度以上的区域不会产生锥化效果	
	下限	设置弯曲下限，在此限度与上限之间的区域都将产生锥化效果	

数量是设置锥化倾斜程度，缩放扩展的末端，是一个相对值；曲线是设置锥化曲线的弯曲程度，正值会沿着锥化侧面产生向外的曲线，负值产生向内的曲线，值为 0 时则侧面不变。

(3) 【扭曲】修改器。

【扭曲】修改器可以让物体产生类似“麻花”状的扭曲效果，可以分别控制3个坐标轴上的扭曲角度，其应用实例和主要参数分别如图3-18和图3-19所示，其主要参数及用法如表3-3所示。

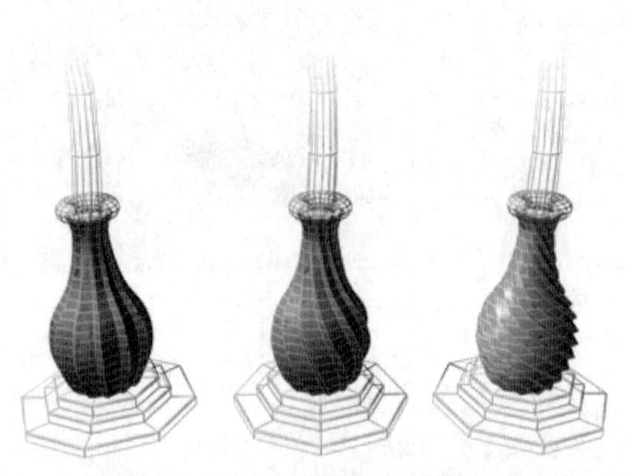

图3-18 使用【扭曲】修改器制作的花瓶

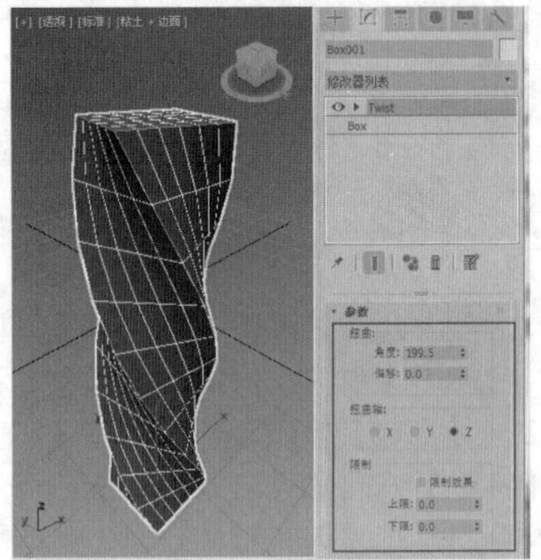

图3-19 【扭曲】修改器参数

表3-3 【扭曲】修改器常用参数及其用法

参数		功能	示例
角度		设置扭曲角度的大小	
偏移		设置扭曲向上或向下的偏向度	
扭曲轴		选择发生扭曲的坐标轴向	
限制效果	上限	设置弯曲上限，在此限度以上的区域不会产生扭曲效果	
	下限	设置弯曲下限，在此限度与上限之间的区域都将产生扭曲效果	

(4) 【拉伸】修改器。

【拉伸】修改器可以让物体沿着拉伸轴向伸长，同时中部产生挤压变形的效果，与传统将物体拉长的效果类似，其应用实例和主要参数分别如图3-20和图3-21所示，其主要参数及用法如表3-4所示。

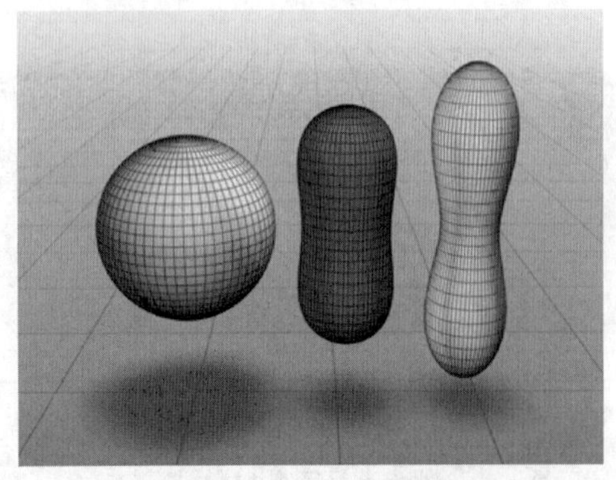

图3-20 【拉伸】修改器应用实例

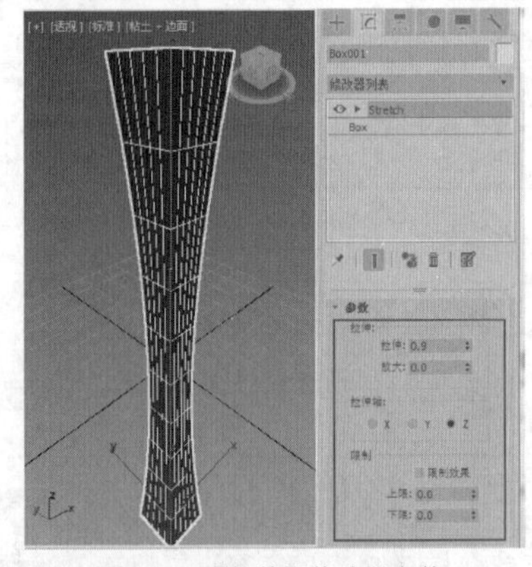

图3-21 【拉伸】修改器参数

表 3-4 【拉伸】修改器常用参数及其用法

参数		功能	示例
拉伸	拉伸	设置拉伸的强度，值越大，伸展效果越明显	
	放大	用于设置拉伸时模型中部扩大变形的程度	
拉伸轴		选择发生拉伸的坐标轴向	
限制效果	上限	设置弯曲上限，在此限度以上的区域不会产生拉伸效果	
	下限	设置弯曲下限，在此限度与上限之间的区域都将产生拉伸效果	

(5) 【挤压】修改器。

【挤压】修改器可以让物体产生挤压效果。挤压时，与轴点最接近的点向内移动，其应用实例和主要参数分别如图 3-22 和图 3-23 所示，其主要参数及用法如表 3-5 所示。

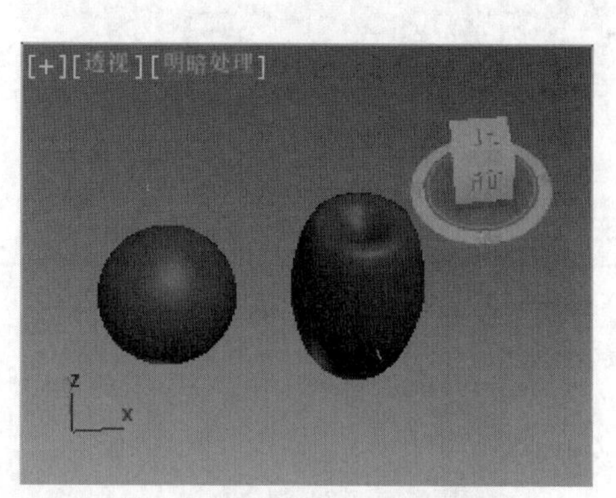

图3-22 【挤压】修改器应用实例

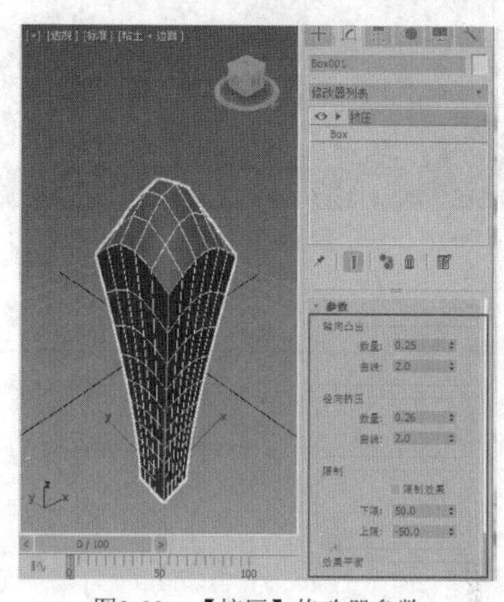

图3-23 【挤压】修改器参数

表 3-5 【挤压】修改器常用参数及其用法

参数		功能	示例
轴向凸出	数量	控制凸起效果，数量越多，效果越显著，并能使末端向外弯曲	
	曲线	设置凸起末端的曲率大小	
径向挤压	数量	大于 0 时将压缩对象中部，小于 0 时中部外凸。值越大，效果越显著	
	曲线	值较小时，挤压效果尖锐；值较大时，挤压效果平缓	
限制	上限	设置弯曲上限，在此限度以上的区域不会产生扭曲效果	
	下限	设置弯曲下限，在此限度与上限之间的区域都将产生挤压效果	
效果平衡	偏移	在对象恒定体积的前提下更改凸起与挤压的相对数量	
	体积	增大或减小“挤压”或“凸起”效果	

(6)　【噪波】修改器。

【噪波】修改器可以让物体产生凹凸不平的效果，可以用来制作山地或表面不光滑的物体，其应用实例和主要参数分别如图 3-24 和图 3-25 所示，其主要参数及用法如表 3-6 所示。

图3-24　使用【噪波】修改器制作的山地

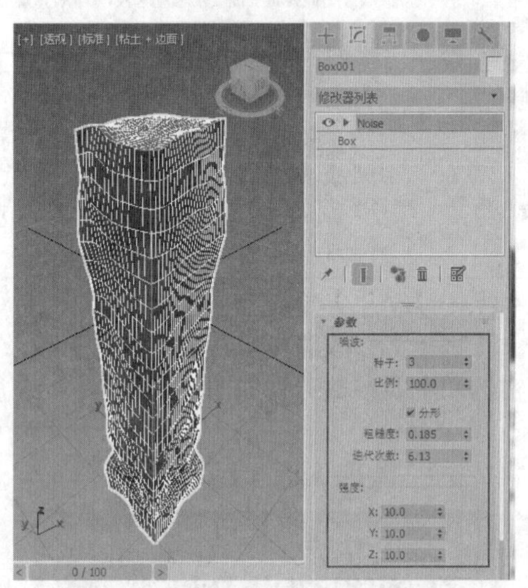

图3-25　【噪波】修改器参数

表 3-6　**【噪波】修改器常用参数及其用法**

参数		功能	示例
噪波	种子	设置一个随机起始点，种子不同，凹凸效果发生的位置和效果都不同	
	比例	设置噪波影响（非强度）的大小。值较大时，噪波较平滑；值较小时，噪波较尖锐	
	分形	选中后产生分形效果，形成更加细小和显著的噪波	
	粗糙度	设置分形变化的程度，值越小，效果越精细	
	迭代次数	迭代次数较少时，分形效果不明显，噪波效果越平滑	
强度		设置强度后才会产生噪波效果，可以在 x、y 和 z 共 3 个方向设置强度	
动画	动画噪波	调节【噪波】和【强度】参数的组合效果	
	频率	设置噪波的速度。频率越高，噪波振动越快；频率越低，噪波越平滑、温和	
	相位	设置波形的起始点和结束点	

(7) 【FFD】修改器。

【FFD】修改器的作用是使用晶格包围选中的对象，通过调整晶格的控制点，改变封闭几何体的形状，其应用实例和主要参数分别如图 3-26 和图 3-27 所示，其各项参数及作用如表 3-7 所示。

图3-26 使用【FFD】修改器制作的抱枕

图3-27 【FFD】修改器参数

【FFD】修改器根据控制点的不同可分为【FFD 2×2×2】【FFD 3×3×3】和【FFD 4×4×4】3 种形式，根据形状的不同又可分为【FFD(长方体)】和【FFD(圆柱体)】两种形式。

表 3-7 常用的【FFD】修改器参数及其作用

参数	作用
晶格	选择该复选项，将显示晶格的线框，否则只显示控制点
源体积	选择该复选项，调整控制点时只改变物体的形状，不改变晶格的形状
仅在体内	选择该单选项，只有位于 FFD 晶格内的部分才会受到变形影响
所有顶点	选择该单选项，对象的所有顶点都受到变形影响，不管它们是位于 FFD 晶格的内部还是外部
重置	将所有控制点恢复到原始状态
全部动画化	将控制器指定给所有控制点，使其在轨迹视图中可见
与图形一致	在对象中心控制点位置之间沿直线方向延长线条，将每一个 FFD 控制点移到修改对象的交叉点上
内部点	仅控制受 与图形一致 影响的对象内部的点
外部点	仅控制受 与图形一致 影响的对象外部的点
偏移	设置控制点偏移对象曲面的距离

(8) 【镜像】修改器。

【镜像】修改器可以用于创建选定对象的对称副本，其应用实例和主要参数分别如图 3-28 和图 3-29 所示，其各项参数及作用如表 3-8 所示。

图3-28　【镜像】修改器应用

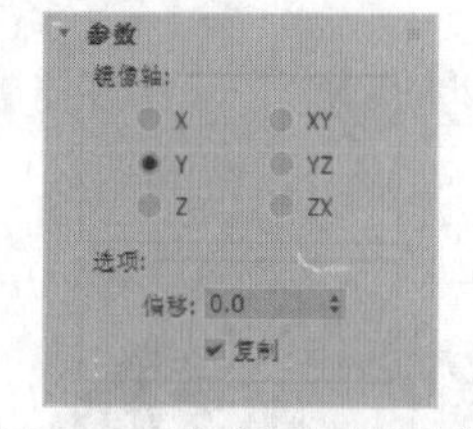

图3-29　【镜像】修改器参数

表 3-8　【镜像】修改器参数及其作用

参数	作用
X	选取 x 轴作为镜像参照轴
Y	选取 y 轴作为镜像参照轴
Z	选取 z 轴作为镜像参照轴
XY	选取 xy 平面作为镜像参照平面
YZ	选取 yz 平面作为镜像参照平面
XZ	选取 xz 平面作为镜像参照平面
偏移	设置镜像对象与镜像轴（平面）之间的偏移距离
复制	选择该复选项后，镜像后将产生原对象的一个复制对象

(9)　【置换】修改器。

【置换】修改器是以力场的形式来推动和重塑对象的几何外形，其应用实例和主要参数分别如图 3-30 和图 3-31 所示，其各项参数及作用如表 3-9 所示。

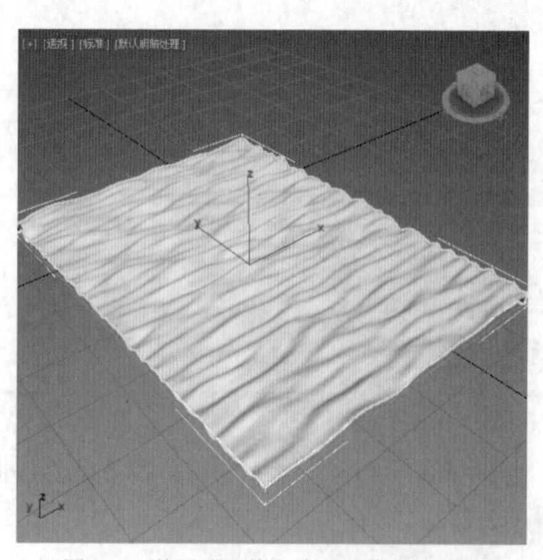

图3-30　使用【置换】修改器模拟海面

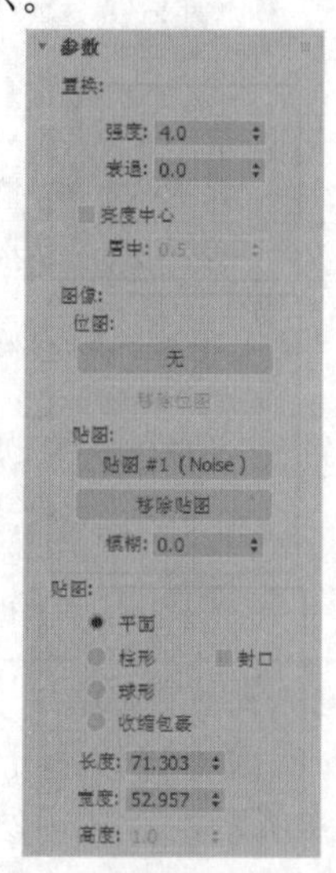

图3-31　【置换】修改器参数

表 3-9　　　　　　　　　　　　【置换】修改器参数

参数组	参数	作用
置换	强度	设置置换强度，值为 0 时将不产生效果
	衰退	设置后，置换强度随着距离变化而衰减
	亮度中心	设置作为 0 置换值的灰度值，选择该复选项后可以设置其下的【居中】参数
图像	位图	单击 无 按钮加载位图
	贴图	单击 无 按钮加载贴图
	无	删除指定的位图
	移除贴图	删除指定的贴图
	模糊	模糊或柔化位图的置换效果
贴图	平面	以单独的平面对贴图进行投影
	柱形	以环绕在圆柱体上的方式对贴图进行投影。选择【封口】复选项，可以从圆柱体的末端投射贴图副本
	球形	从球体出发对贴图进行投影，位图边缘在球体两极的交汇处均为奇点
	收缩包裹	与【球形】相似，也从球体投射贴图，但投射时会截取贴图的各个角，然后在一个单独的奇点处将它们全部结合在一起，在底部创建一个奇点
	长度/宽度/高度	指定置换 Gizmo 的边界框尺寸，其中【高度】值对【平面】贴图无影响
	U/V/W 向平铺	设置位图沿 U/V/W 方向重复的次数
	翻转	沿着相应的 U/V/W 轴翻转贴图的方向
	使用现有贴图	为对象应用贴图后，置换使用堆栈中较早的贴图设置
	应用贴图	将置换 UV 贴图应用到绑定对象
通道	贴图通道	指定 U/V/W 通道用来贴图，其后面的文本框用来设置通道数量
	顶点颜色通道	启用后可以对贴图使用顶点颜色通道
对齐	X/Y/Z	选择对齐方式，可以沿着 *x*/*y*/*z* 轴对齐
	适配	缩放 Gizmo 以适应对象的边界框大小
	居中	相对于对象中心来调整 Gizmo 中心
	位图适配	单击此按钮，打开【选择图像】对话框，利用该对话框可以缩放 Gizmo 来适配选定位图的纵横比
	法线对齐	按照曲面法线对齐对象
	视图对齐	使 Gizmo 指向视图的方向
	区域适配	在指定区域适配对象
	重置	将 Gizmo 恢复到默认值
	获取	选择另一个对象并获得其置换 Gizmo 设置

3.2 范例解析——制作“中式屏风”效果

本例通过绘制多个样条线，并对样条线进行修剪，然后添加【挤出】修改器来制作屏风的外形。本案例主要讲解二维图形的绘制、调整方法与技巧，最终效果如图 3-32 所示。

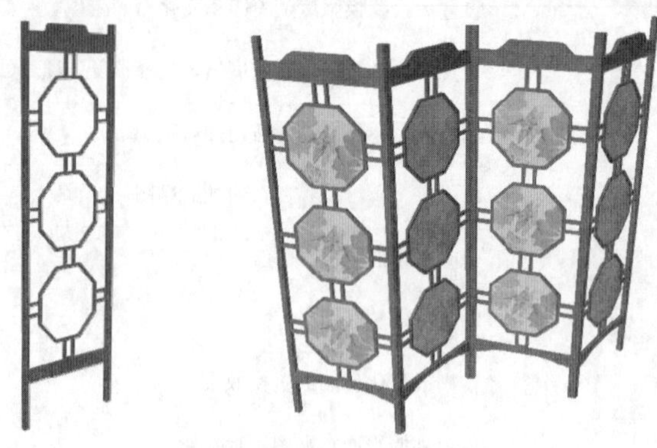

图3-32 “中式屏风”效果

【操作步骤】

1. 制作屏风的支架 1。

(1) 创建矩形，如图 3-33 所示。

① 单击 按钮切换到【创建】面板。

② 单击 按钮切换到【图形】面板。

③ 单击 矩形 按钮。

④ 在前视图中按住鼠标左键并拖曳鼠标光标，创建一个矩形。

(2) 设置矩形参数，如图 3-34 所示。

① 选中创建的矩形。

② 单击 按钮切换到【修改】面板。

③ 在【参数】卷展栏中设置矩形的【长度】为“220”、【宽度】为“10”。

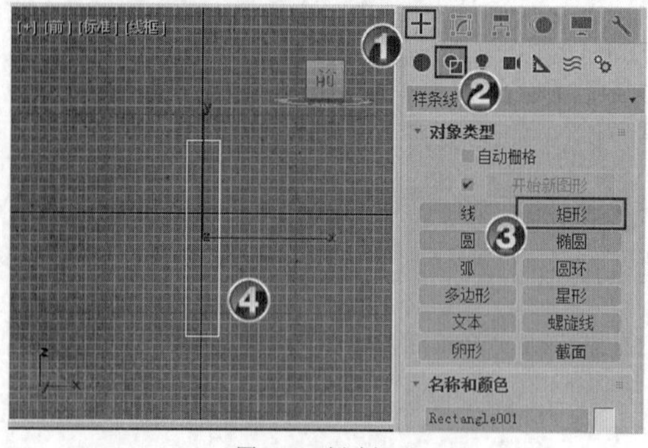

图3-33 创建矩形

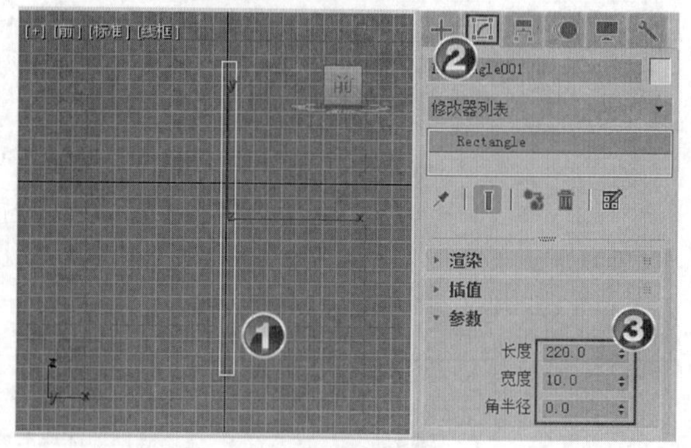

图3-34 设置矩形参数

(3) 创建多边形，如图 3-35 所示。

① 单击 按钮切换到【创建】面板。

② 单击 按钮切换到【图形】面板。

③ 单击 多边形 按钮。

④ 在前视图中创建一个多边形。

(4) 设置多边形参数，如图 3-36 所示。

① 选中创建的多边形。

② 单击按钮切换到【修改】面板。

③ 在【参数】卷展栏中设置多边形的【半径】为“30”、【边数】为“8”。

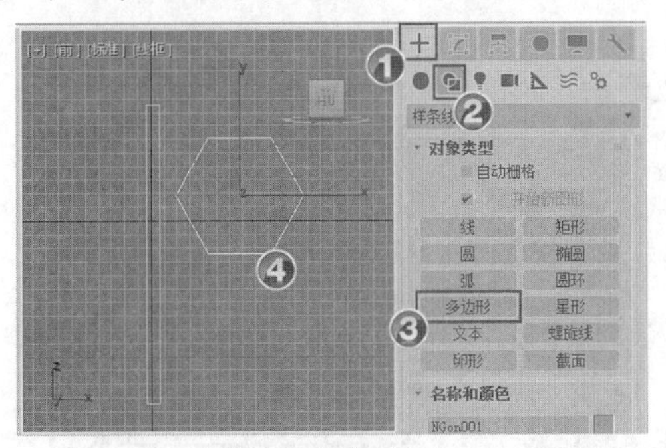

图3-35 创建多边形

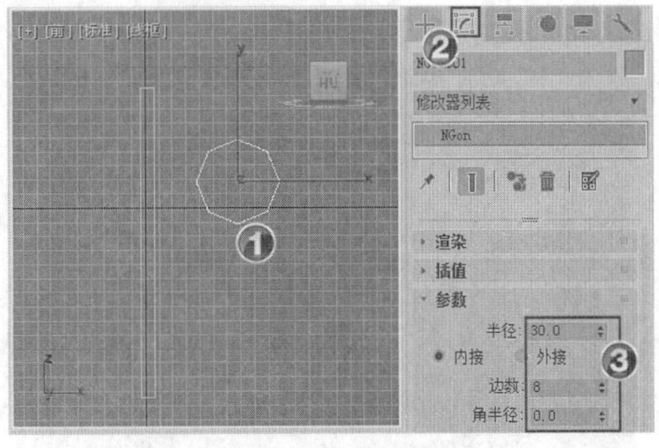

图3-36 设置多边形参数

(5) 旋转多边形，如图 3-37 所示。

① 选中场景中的多边形。

② 在工具栏中单击按钮。

③ 旋转多边形，使其底边平行于水平面。

(6) 对齐多边形，如图 3-38 所示。

① 选中场景中的多边形。

② 在工具栏中单击按钮。

③ 单击拾取前面绘制的矩形，弹出【对齐当前选择】对话框。

④ 在【对齐当前选择】对话框中选择【X 位置】【Y 位置】和【Z 位置】复选项，然后选择【当前对象】分组框中的【轴点】单选项和【目标对象】分组框中的【轴点】单选项。

⑤ 单击 确定 按钮，使多边形对齐到矩形的中心。

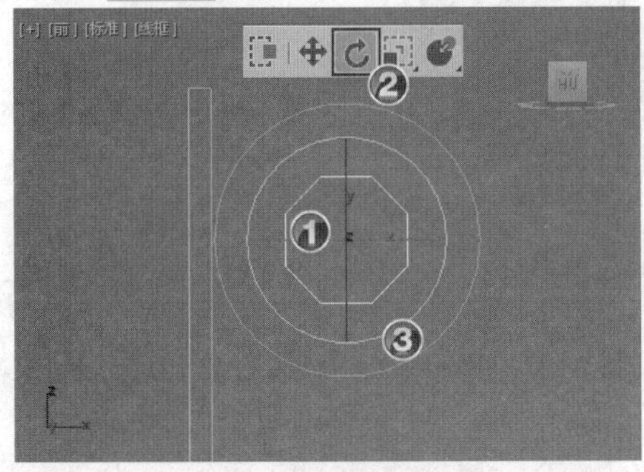

图3-37 旋转多边形

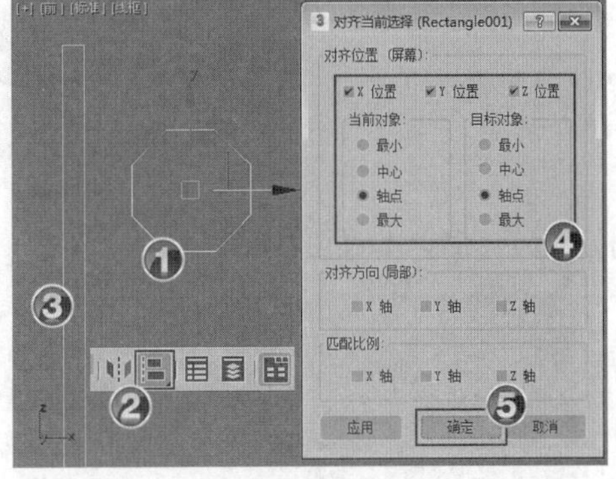

图3-38 对齐多边形

(7) 复制多边形，如图 3-39 所示。

① 选中场景中的多边形，按住 Shift 键向上移动多边形，弹出【克隆选项】对话框。

② 在【克隆选项】对话框中选择【复制】单选项。

③ 设置【副本数】为“2”。

④ 单击 确定 按钮，完成复制。

⑤ 移动 3 个多边形，使其在矩形上分布间隔相等。

2. 制作屏风的支架 2。

(1) 再次创建矩形，如图 3-40 所示。

① 按照上面的方法在前视图中创建一个矩形。

② 在【参数】卷展栏中设置矩形的【长度】为“10”、【宽度】为“80”。

③ 让矩形对齐多边形的中心。

④ 复制出两个矩形，并分别对齐到另外两个多边形的中心。

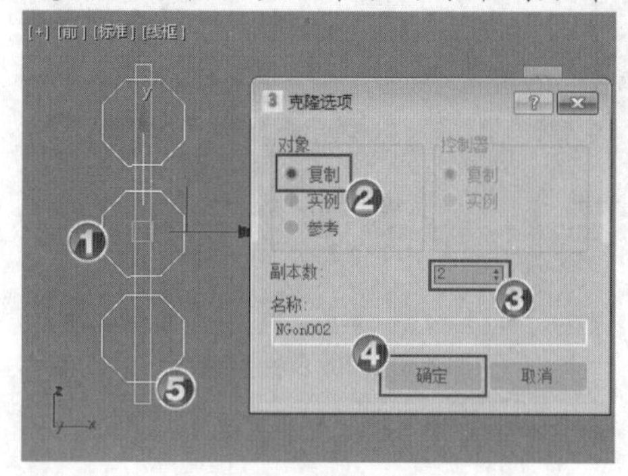

图3-39 复制多边形

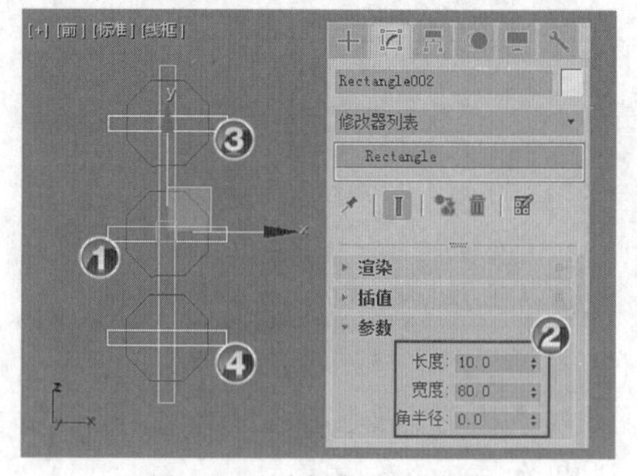

图3-40 再次创建矩形并复制

(2) 转换为可编辑样条线，如图 3-41 所示。

① 选中图 3-40 中创建的矩形。

② 单击鼠标右键，在弹出的快捷菜单中选择【转换为】/【转换为可编辑样条线】命令，将矩形转换为可编辑样条线。

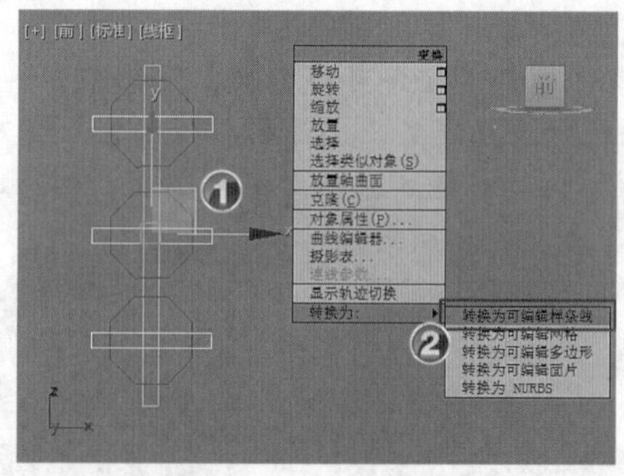

图3-41 转换为可编辑样条线

(3) 附加矩形，如图 3-42 所示。

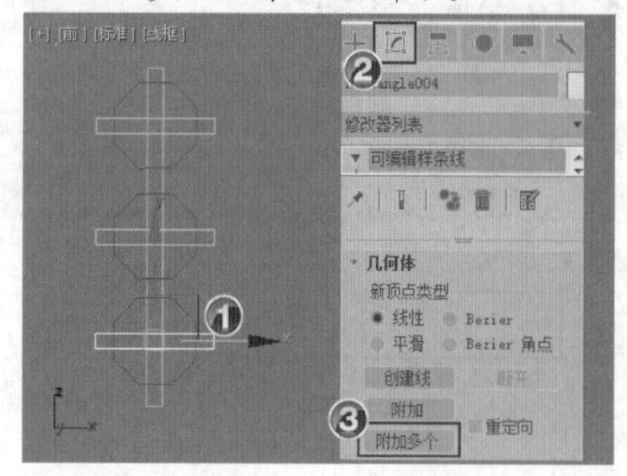

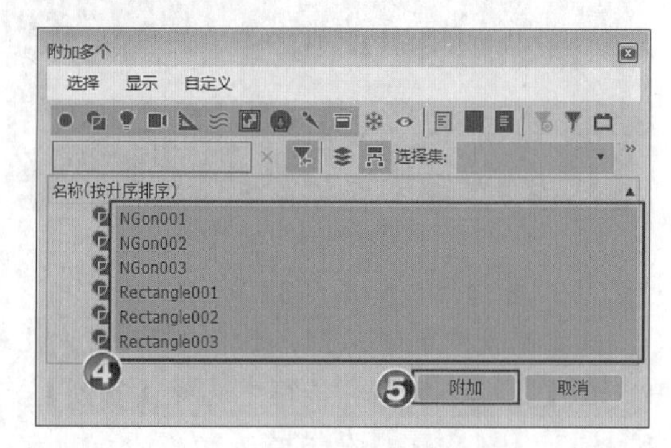

图3-42 附加矩形

① 选中转换为可编辑样条线的矩形。

② 单击按钮切换到【修改】面板。

③ 在【几何体】卷展栏中单击附加多个按钮，弹出【附加多个】对话框。

④ 在【附加多个】对话框中按住Shift键选中所有的对象。

⑤ 单击附加按钮，将所有的图形附加在一起。

(4) 修剪样条线，如图 3-43 所示。

① 选中场景中的样条线。

② 单击按钮切换到【修改】面板。

③ 单击展开修改器堆栈中的【可编辑样条线】选项。

④ 选择【样条线】子对象层级。

⑤ 单击【几何体】卷展栏中的修剪按钮。

⑥ 逐个单击剪切掉中间部分的样条线。

(5) 制作轮廓，如图 3-44 所示。

① 在场景中框选所有的样条线。

② 在【几何体】卷展栏中设置【轮廓】值为“2”。

③ 单击【几何体】卷展栏中的轮廓按钮创建轮廓。

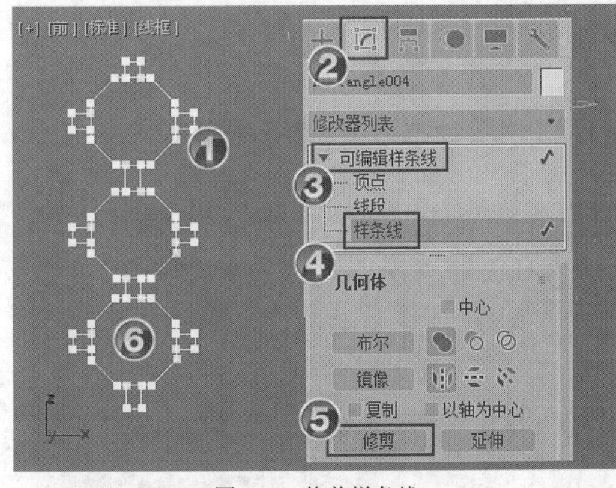

图3-43 修剪样条线

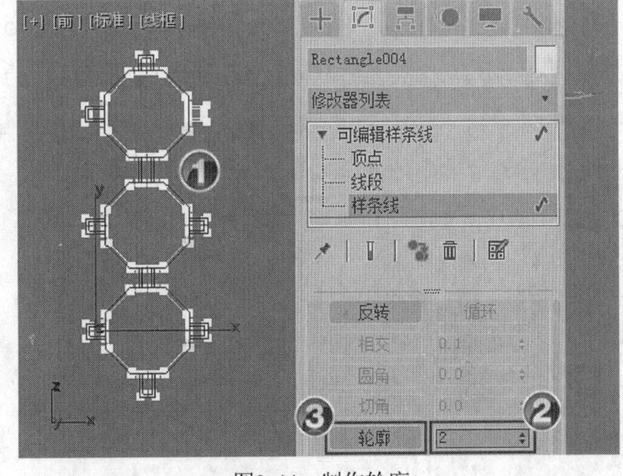

图3-44 制作轮廓

(6) 挤出图形，如图 3-45 所示。

① 将视图上的对象命名为“支架”。

② 在【修改器列表】中选择【挤出】命令，为“支架”添加【挤出】修改器。

③ 在【参数】卷展栏中设置【数量】为“2”。

3. 制作屏风的左右轮廓 1。

(1) 创建长方体，如图 3-46 所示。

① 单击按钮切换到【创建】面板。

② 单击按钮切换到【标准基本体】面板。

③ 单击长方体按钮。

④ 在前视图中创建一个长方体。

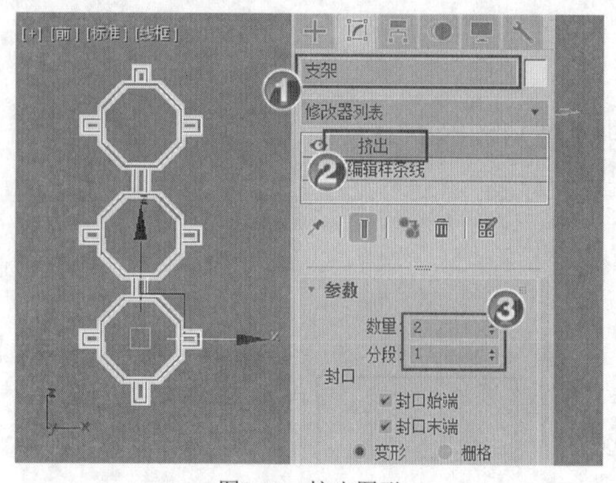

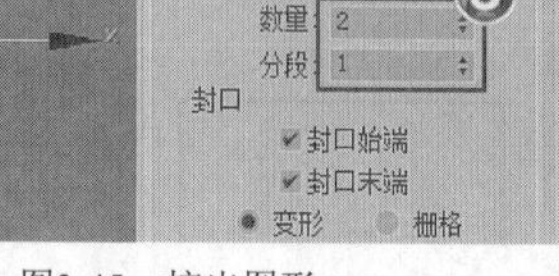

图3-45　挤出图形

图3-46　创建长方体

(2) 设置长方体参数并复制矩形，如图 3-47 所示。

① 选中创建的长方体。

② 单击 按钮切换到【修改】面板。

③ 在【参数】卷展栏中设置长方体的【长度】为“280”、【宽度】为“4”、【高度】为“4”。

④ 将长方体移至支架的边缘，然后复制出一个长方体，移至支架另一边的边缘。

(3) 创建矩形并转换可编辑样条线，如图 3-48 所示。

① 在前视图中创建一个矩形，并移至支架的顶部。

② 在【参数】卷展栏中设置矩形的【长度】为“10”、【宽度】为“80”。

③ 选中矩形，单击鼠标右键，在弹出的快捷菜单中选择【转换为】/【转换为可编辑样条线】命令，将矩形转换为可编辑样条线。

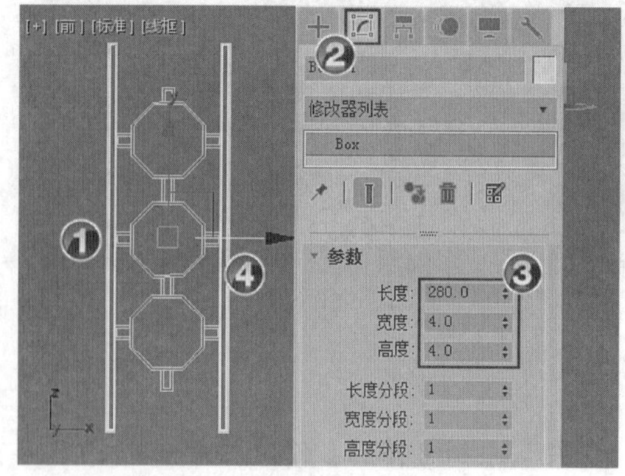

图3-47　设置长方体参数并复制矩形

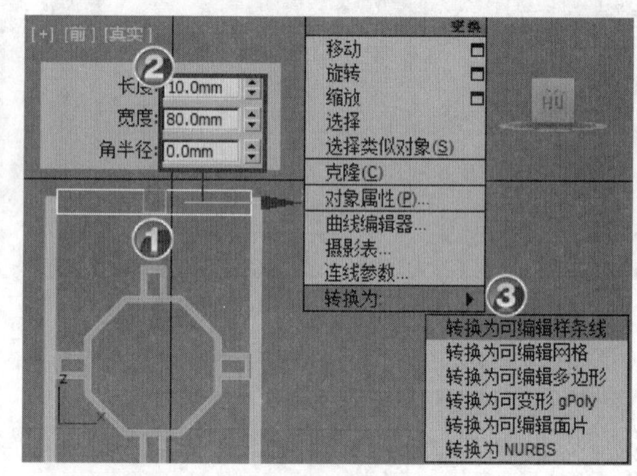

图3-48　创建矩形并转换为可编辑样条线

(4) 添加顶点，如图 3-49 所示。

① 选中转换后的可编辑样条线。

② 单击 按钮切换到【修改】面板。

③ 展开【可编辑样条线】选项，进入【顶点】子对象层级。

④ 在【几何体】卷展栏中单击 优化 按钮。

⑤ 在矩形上边上单击添加 4 个顶点。

(5) 调整矩形形状，如图 3-50 所示。

① 框选中间的两个顶点。

② 拖动鼠标光标向上移动选中的顶点。

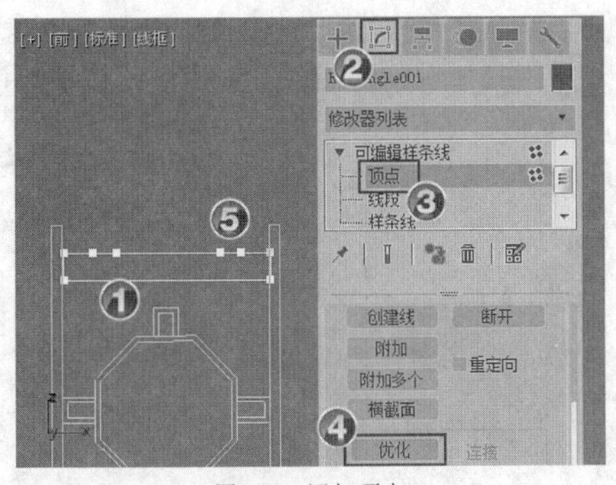

图3-49　添加顶点

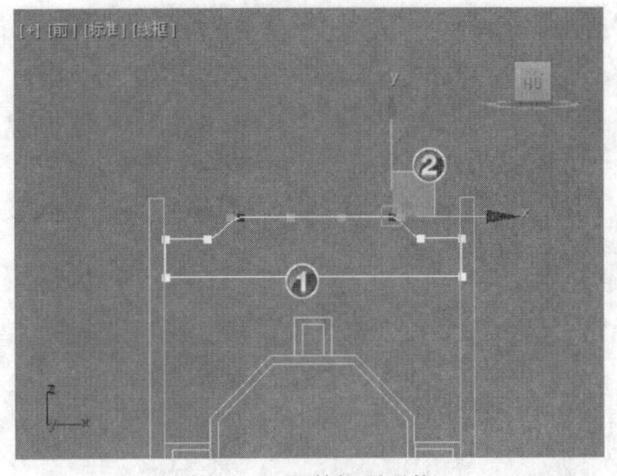

图3-50　调整矩形形状

(6)　挤出图形，如图 3-51 所示。

①　选中调整后的矩形。

②　在【修改】面板中添加【挤出】修改器。

③　在【参数】卷展栏中设置【数量】为“3”。

4.　制作屏风的左右轮廓 2。

(1)　创建矩形，如图 3-52 所示。

①　在前视图中创建一个矩形，并移至支架的底部。

②　在【参数】卷展栏中设置矩形的【长度】为“10”、【宽度】为“80”。

③　选中矩形，单击鼠标右键，在弹出的快捷菜单中选择【转换为】/【转换为可编辑样条线】命令，将矩形转换为可编辑样条线。

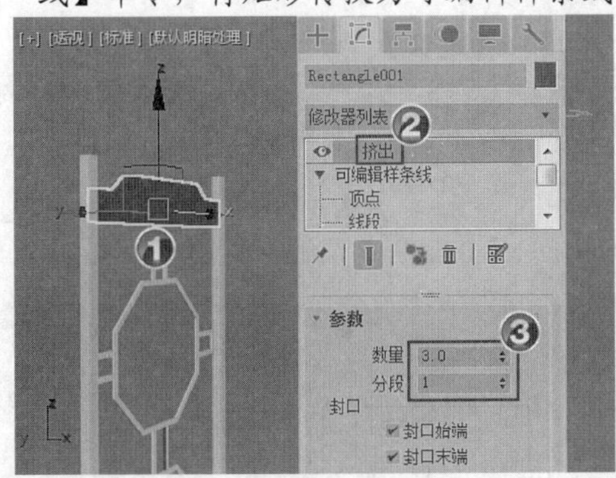

图3-51　挤出图形

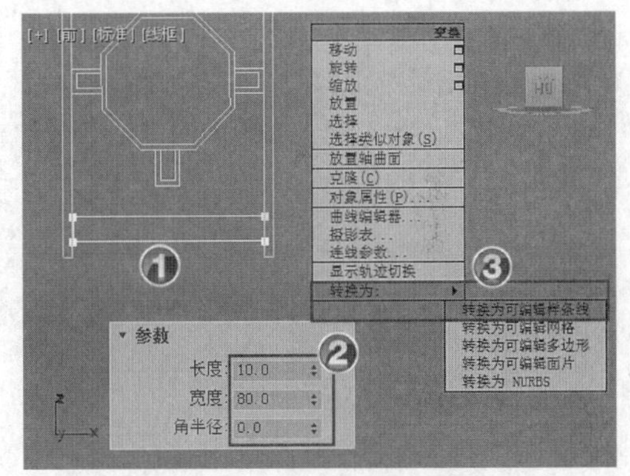

图3-52　创建矩形并转换为可编辑样条线

(2)　添加顶点，如图 3-53 所示。

①　选中转换后的可编辑样条线。

②　单击按钮切换到【修改】面板。

③　展开【可编辑样条线】选项，进入【顶点】子对象层级。

④　单击【几何体】卷展栏中的 优化 按钮。

⑤　在矩形底边上单击添加 6 个顶点。

(3)　逐个选中添加的顶点，然后将它们向上移动，形成阶梯状，如图 3-54 所示。

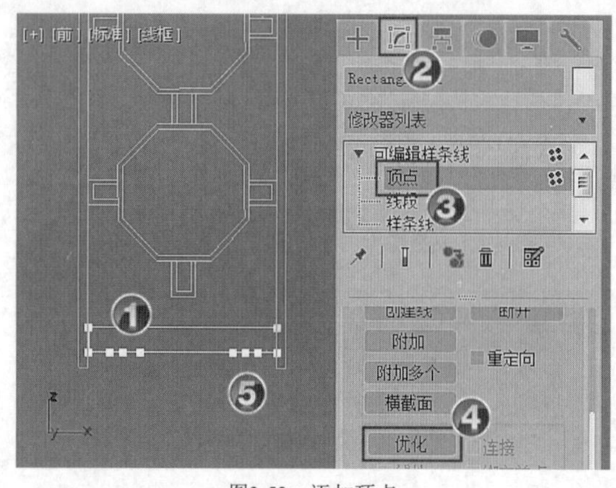

图3-53　添加顶点

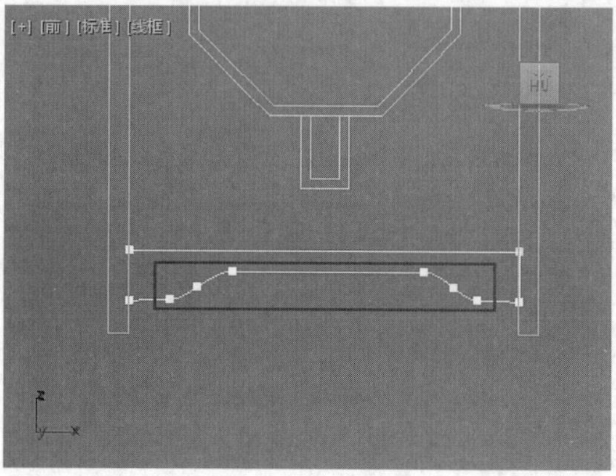

图3-54　调整矩形形状

(4) 挤出图形，如图 3-55 所示。

① 选中步骤（3）创建的梯形。

② 在【修改】面板中添加【挤出】修改器。

③ 在【参数】卷展栏中设置【数量】为“3”。

5. 制作画布。

(1) 创建多边形，如图 3-56 所示。

① 单击 + 按钮切换到创建面板。

② 选择 多边形 工具。

③ 在前视图中绘制一个多边形。

④ 在【参数】卷展栏中设置多边形的【半径】为“28”、【边数】为“8”。

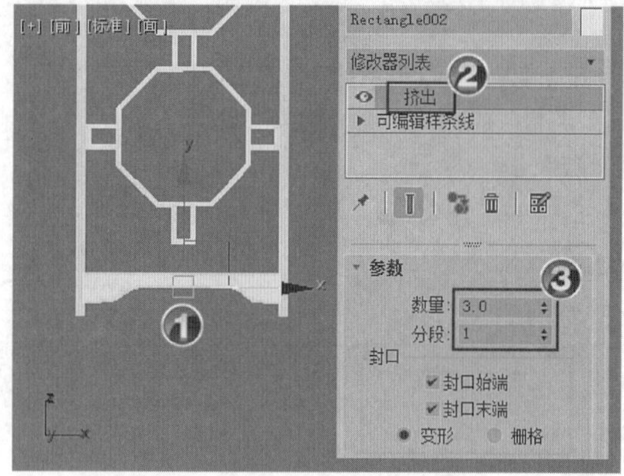

图3-55　挤出图形

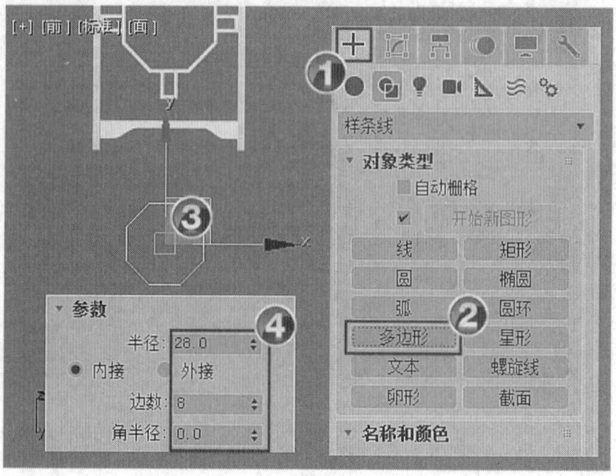

图3-56　创建多边形

(2) 挤出多边形，如图 3-57 所示。

① 在【修改】面板中添加【挤出】修改器。

② 在【参数】卷展栏中设置【数量】为“0.5”。

③ 复制出两个多边形，并分别将 3 个多边形放置到支架的 3 个方框中。

(3) 将创建好的屏风进行复制，然后组合到一起，结果如图 3-58 所示。

(4) 保存场景文件到指定目录。本案例制作完成。

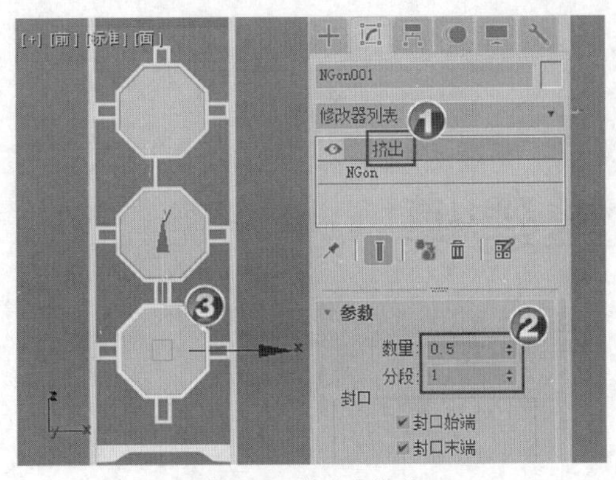

图3-57　挤出多边形

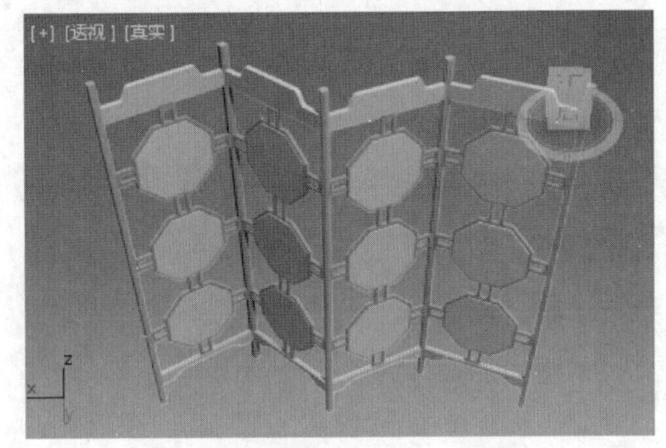

图3-58　复制屏风

3.3　习题

1. 修改器的主要用途是什么？
2. 什么是修改器堆栈，有什么用途？
3. 可以对一个对象使用多个修改器吗？
4. 为对象添加修改器的顺序不同，结果会有区别吗？
5. 将修改器塌陷有什么意义，需要注意什么问题？

第4章 二维建模

【学习目标】

- 明确二维图形的基本用途。
- 掌握常用二维图形的创建方法。
- 掌握常用二维图形的编辑方法。
- 掌握常用二维修改器的用法。

所谓二维建模，是指利用二维图形生成三维模型的建模方法。二维建模是 3ds Max 2020 建模中具有技巧性的建模方法，能使三维设计更加多样化、灵活化。本章将详细介绍二维图形的创建和编辑方法，以及利用二维图形建模的方法。

4.1 基础知识

二维建模的主要流程是：创建二维图形→编辑二维图形→将二维图形转换为三维模型，如图 4-1 所示。因此，二维图形的创建和编辑是三维建模的基础。

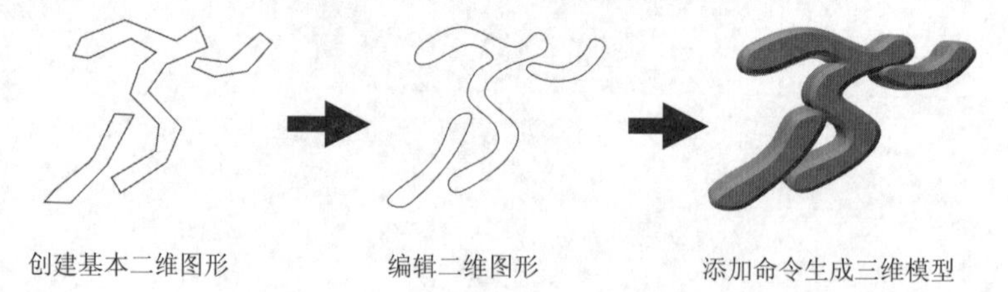

图4-1 二维建模到三维建模的流程

一、 二维图形的类型

二维图形的创建是通过图形创建面板来完成的，如图 4-2 所示。使用面板上的工具按钮创建出来的对象都可以称为二维图形。

3ds Max 2020 为用户提供的图形有基本二维图形和扩展二维图形两类。

(1) 基本二维图形。

基本二维图形是指一些几何形状图形对象，有线、矩形、圆、椭圆、弧、圆环、多边形、星形、文本、螺旋线、卵形和截面 12 种对象类型，如图 4-3 所示。

(2) 扩展二维图形。

扩展二维图形是对基本二维图形的一种补充，有 NURBS 曲线和扩展样条线两类，如图 4-4 和图 4-5 所示。

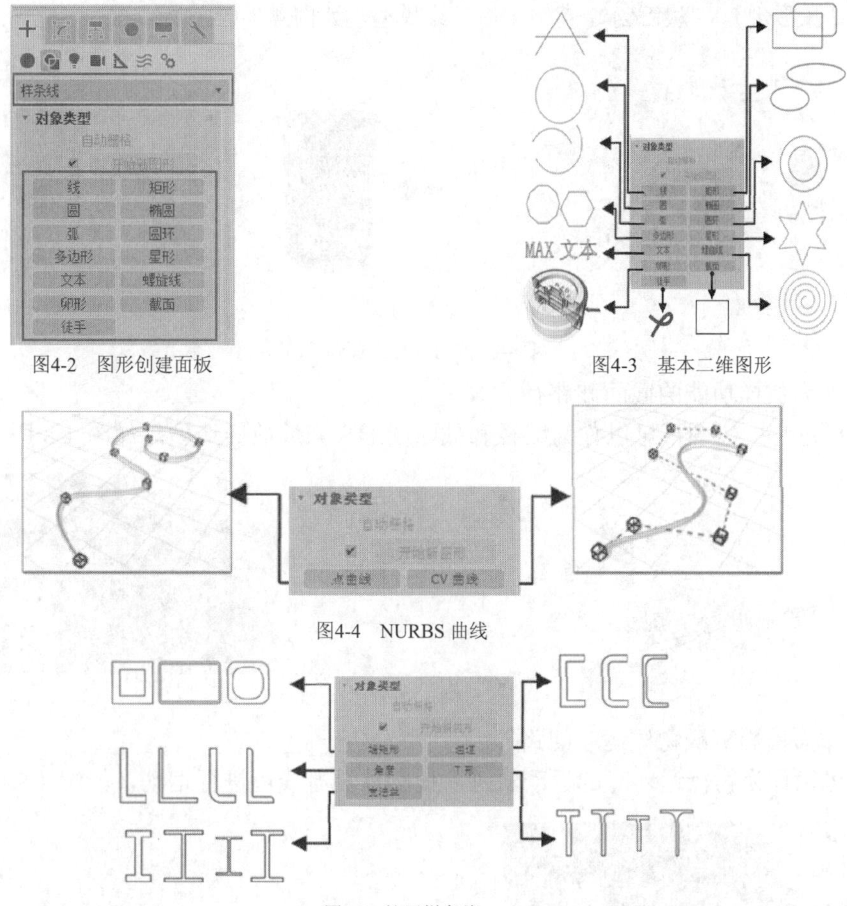

图4-2　图形创建面板

图4-3　基本二维图形

图4-4　NURBS 曲线

图4-5　扩展样条线

二、 二维图形的应用

二维图形在 3ds Max 2020 中的应用主要有以下 4 个方面。

(1) 作为平面和线条物体。

对于封闭图形，可以添加【编辑网格】修改器将其变为无厚度的薄片物体，用作地面、文字图案和广告牌等，如图 4-6 所示。还可以对封闭图形进行点面设置，产生曲面造型。

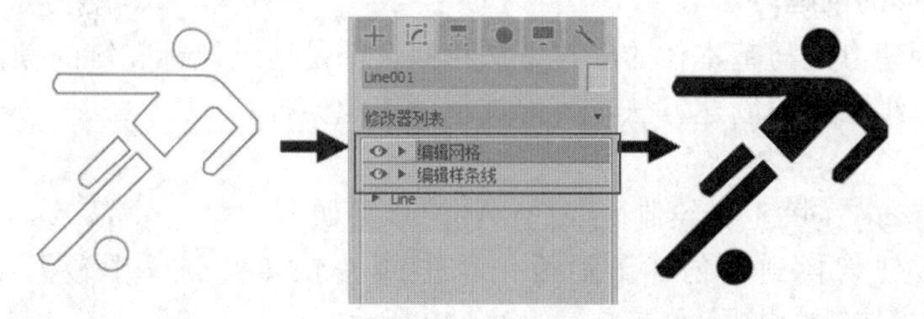

图4-6　添加【编辑网格】修改器制作广告牌

(2) 作为【挤出】【车削】和【倒角】等修改器加工成型的截面图形。

- 【挤出】修改器可以将图形增加厚度，产生三维框，如图 4-7（a）所示。
- 【车削】修改器可以将曲线进行中心旋转放样，产生三维模型，如图 4-7（b）所示。
- 【倒角】修改器可以在将二维图形进行挤出成型的同时，在边界上加入线形

或弧形倒角，从而创建带倒角的三维模型，如图 4-7（c）所示。

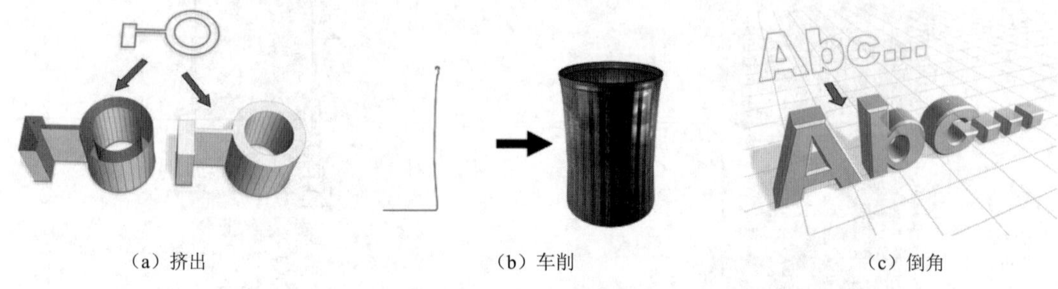

（a）挤出　　（b）车削　　（c）倒角

图4-7　应用修改器的前后效果

(3)　作为放样功能的截面和路径。

在放样过程中，图形可以作为路径和截面图形来完成放样造型，如图 4-8 所示。

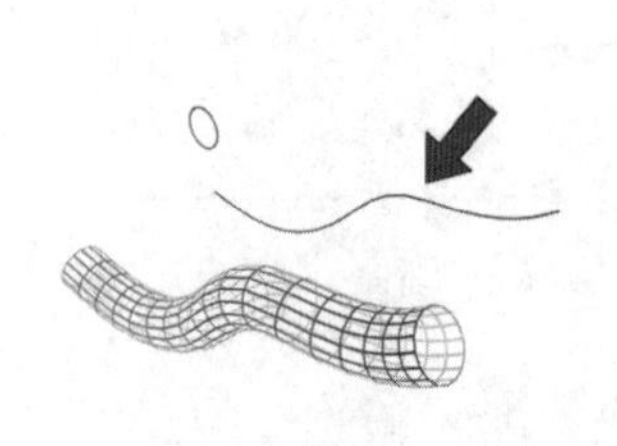

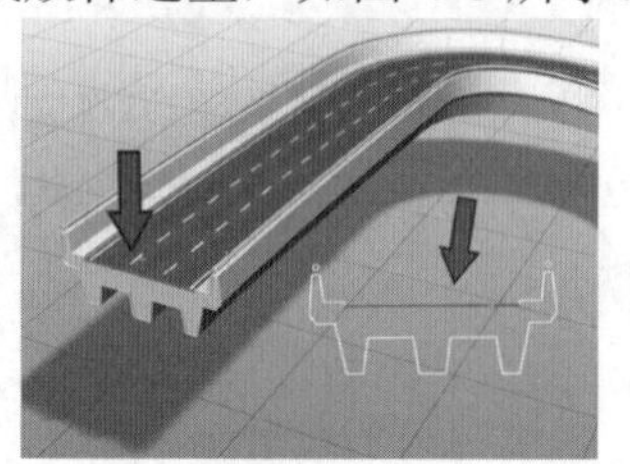

图4-8　放样造型

(4)　作为摄影机或物体运动的路径。

图形可以作为物体运动时的运动轨迹，使物体沿着线形进行运动，如图 4-9 所示。

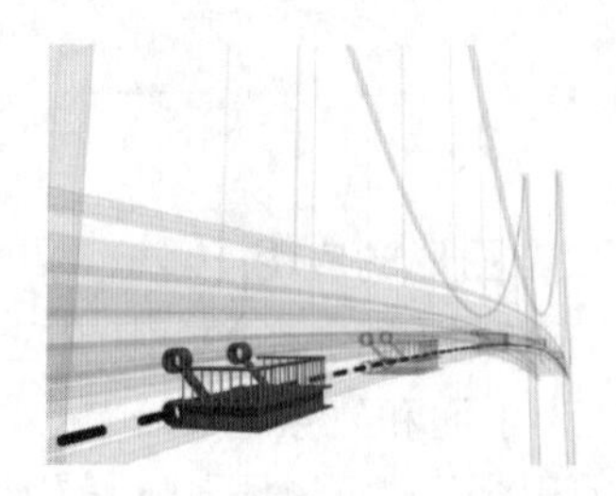

图4-9　路径约束动画效果

三、　二维图形的创建方法

二维图形的创建方法与基本体的创建方法相似，都是通过鼠标左键的操作进行的。下面介绍 3 种典型的二维图形的创建方法，其他类型可依此类推。

(1)　创建线。

线条是通过 线 工具绘制而成的，创建步骤如下。

- 单击 + 按钮切换到【创建】面板，单击 按钮切换到【图形】面板，单击 线 按钮选中【线】工具，如图 4-10 所示。
- 展开【创建方法】卷展栏，在【初始类型】分组框中选中【角点】单选项，在【拖动类型】分组框中选中【角点】单选项，如图 4-11 所示。
- 单击鼠标左键确定第 1 个顶点，然后单击鼠标左键创建第 2 个顶点，继续单击鼠标左键创建第 3 个顶点甚至更多点，最后单击鼠标右键结束创建，如图 4-12 所示。

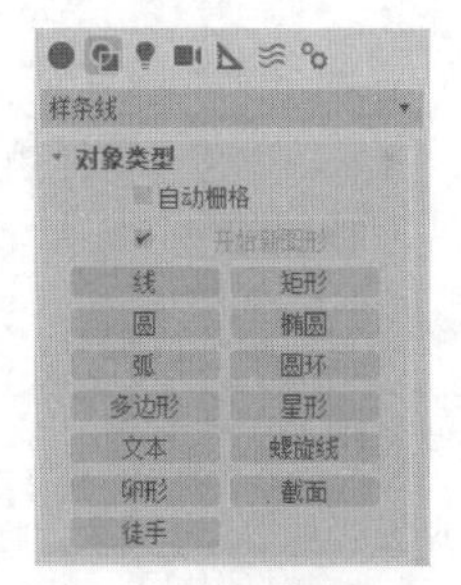

图4-10　图形创建面板

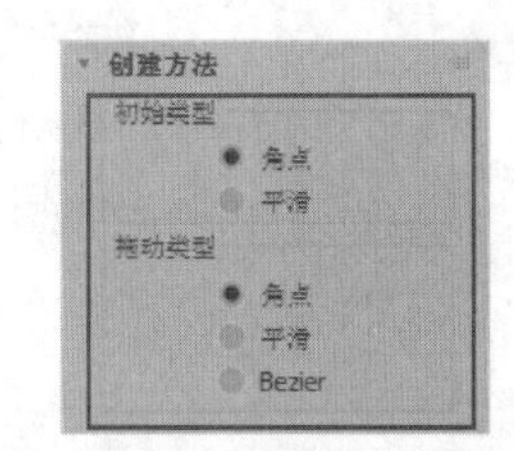

图4-11　展开【创建方法】卷展栏

图4-12　绘制线条

【初始类型】分组框主要用于设置线条类型，例如【角点】对应直线、【平滑】对应曲线，示例如图 4-13 所示。【拖动类型】分组框主要是单击并按住鼠标左键拖曳鼠标光标时引出的曲线类型，包括【角点】【平滑】和【Bezier】3 种。Bezier 曲线是最优秀的曲度调节方式，它通过两个手柄来调节曲线的弯曲。

在绘制线条时，若线条的终点与起始点重合，则系统会弹出【样条线】对话框，如图 4-14 所示。单击 是(Y) 按钮即可创建一个封闭的图形。如果单击 否(N) 按钮，则继续创建线条。在绘制样条线时，按住 Shift 键可绘制直线。

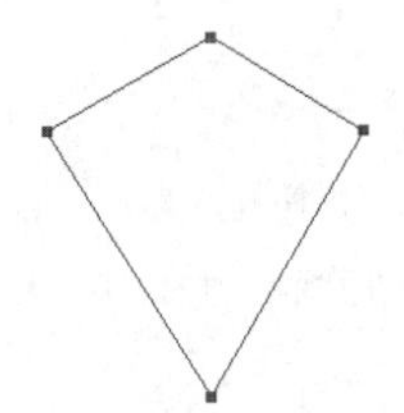

（a）选择【角点】单选项

（b）选择【平滑】单选项

图4-13　设置不同参数的绘制效果

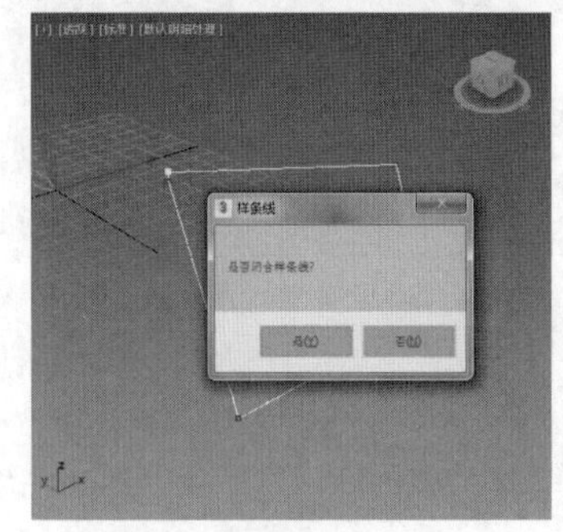

图4-14　【样条线】对话框

完整的样条线参数面板包括【渲染】【插值】【创建方法】及【键盘输入】4 个卷展栏，如图 4-15 所示，其参数及功能如表 4-1 所示。

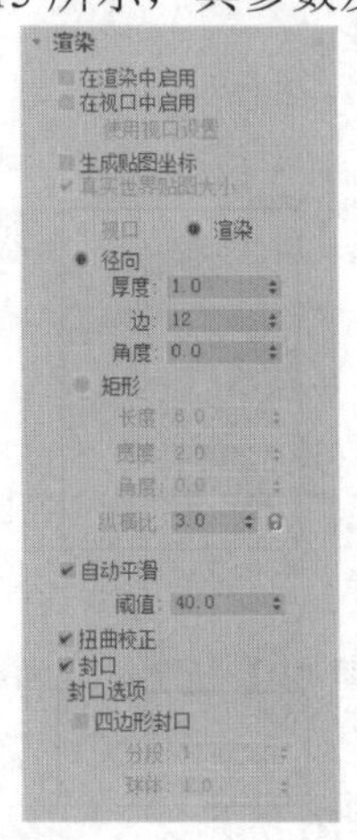

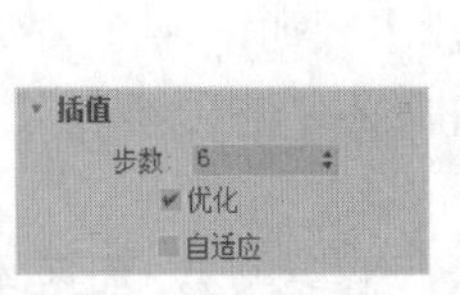

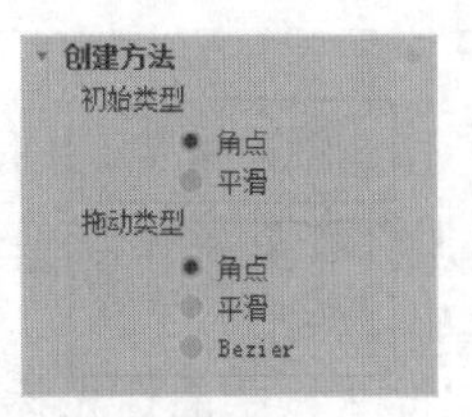

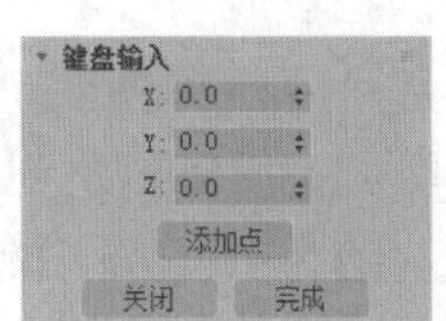

图4-15　【样条线】参数面板

表 4-1　　　　　　　　　　【样条线】主要参数及其功能

卷展栏	参数	功能
渲染	在渲染中启用	选择该复选项后，显示渲染的样条线，其轮廓会被加粗
	在视口中启用	选择该复选项后，样条线会以网格形式在视图中显示
	使用视口设置	仅在选择【在视口中启用】复选项后可用，用于设置渲染参数
	生成贴图坐标	设置是否创建贴图坐标
	真实世界贴图大小	控制应用于对象的纹理贴图材质所使用的缩放方法
	视口/渲染	选中【在视口中启用】复选项，样条线将显示在视图中；同时选中【在视口中启用】和【渲染】选项时，样条线在视图和渲染效果中都可以显示出来
	径向	将三维网格显示为圆柱形线条 厚度：指定样条线网格的直径大小，范围为 0~100 边：设置样条线网格的横截面多边形的边数 角度：调整样条线网格横截面的旋转角度
	矩形	将三维网格显示为矩形线条 长度：设置样条线网格沿局部 y 轴的横截面大小 宽度：设置样条线网格沿局部 x 轴的横截面大小 角度：调整样条线网格横截面的旋转角度 纵横比：设置矩形截面的纵横比
	自动平滑	选择该复选项后，激活【阈值】选项，调整其数值可以自动平滑样条线
插值	步数	手动设置样条线的插值步数，值越大，线条精度越高，用来生成的三维对象质量也越高
	优化	选择该复选项后，在样条线的直线部分将不设置插值点
	自适应	选择该复选项后，系统根据样条线各部位曲率大小自动设置插值点。曲率半径越大的区域，插值点越稀疏；曲率半径越小的区域，插值点越密集
创建方法	初始类型	指定创建第 1 个顶点的类型 角点：过顶点产生没有弧度的尖角 平滑：过顶点产生平滑曲线，但是形状不可调节
	拖动类型	拖曳顶点位置时，设置所创建的顶点类型 角点：过顶点产生没有弧度的尖角 平滑：过顶点产生平滑曲线，形状不可调节 Bezier：过顶点产生平滑曲线，形状可以调节，顶点上带有调节柄

(2)　创建矩形。

矩形是通过 矩形 工具绘制而成的，创建步骤如下。

- 单击 + 按钮切换到【创建】面板，单击 按钮切换到【图形】面板。单击 矩形 按钮，选中【矩形】工具。
- 在场景中按住鼠标左键并拖曳鼠标光标，创建矩形，如图 4-16 所示。
- 选中矩形，单击 按钮切换到【修改】面板，在【参数】卷展栏中设置【长度】为“150”、【宽度】为“200”、【角半径】为“20”，如图 4-17 所示。

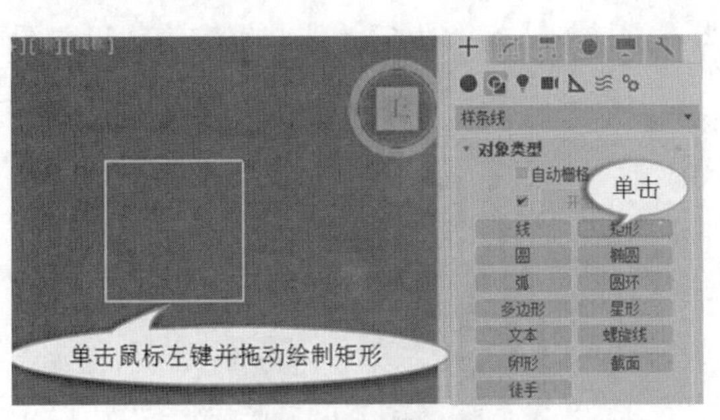

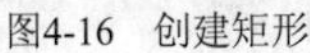
图4-16　创建矩形

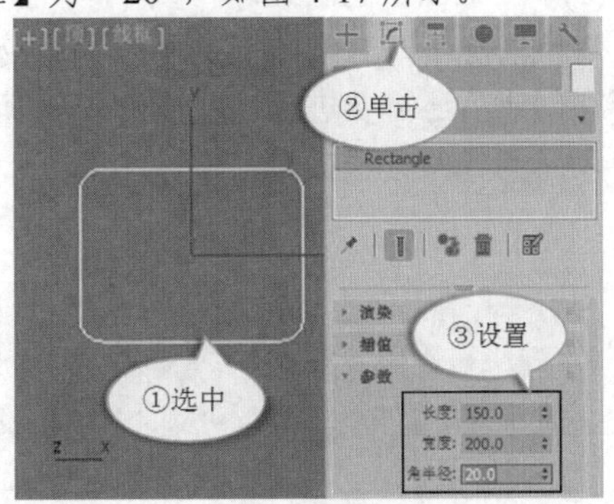

图4-17　设置矩形参数

(3) 创建二维复合图形。

使用二维图形工具创建的图形默认情况下是相互独立的，在建模过程经常会遇到用一些基本的二维图形来组合创建曲线，然后进行一系列剪辑等操作来满足用户的要求，此时就需要创建二维复合图形。二维复合图形的创建步骤如下。

- 单击按钮切换到【创建】面板，单击按钮切换到【图形】面板。
- 在【对象类型】卷展栏中取消对【开始新图形】复选项的选择。
- 在场景中绘制多个图形。此时绘制的图形会成为一个整体，它们共用一个轴心点，如图 4-18 所示。

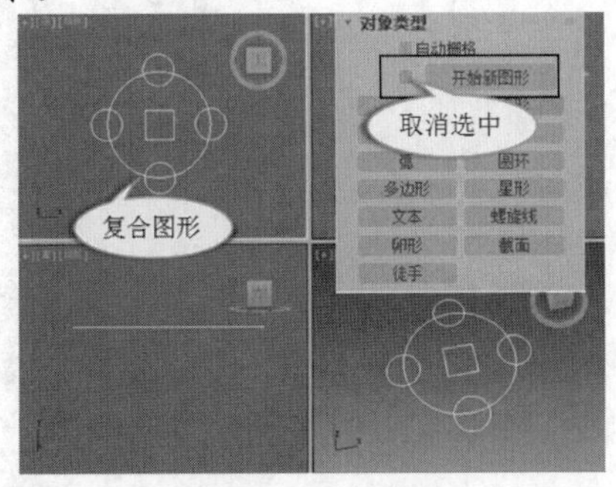

图4-18　创建复合图形

当需要重新创建独立图形时，需要重新选中【开始新图形】复选项。复合图形的线条通常具有相同的颜色，这是区分复合图形与其他独立图形最简易的方法。

四、 编辑二维图形

直接使用图形工具创建的二维图形都是一些简单的基本图形，在实际运用中经常需要对二维图形的顶点、线段、样条线进行修改，如图 4-19 所示。

编辑前

编辑后

图4-19　编辑二维图形

(1)　二维图形的层级。

默认情况下，二维图形是不可渲染的，即在渲染场景时是看不到二维图形的，所以二维图形在创建后还需要进行一些操作以将其转换为三维模型，经渲染后才能获得渲染效果。图 4-20 所示为二维建模效果。

图4-20　二维建模效果

创建样条线后，进入【修改】面板，展开样条线的 3 个层级，如图 4-21 所示。顶点是样条线中的端点或转折点，两个顶点之间的部分为线段，各个线段连接起来不间断的部分则为样条线，如图 4-22 所示。选中不同的层级，可以使用不同的编辑工具。

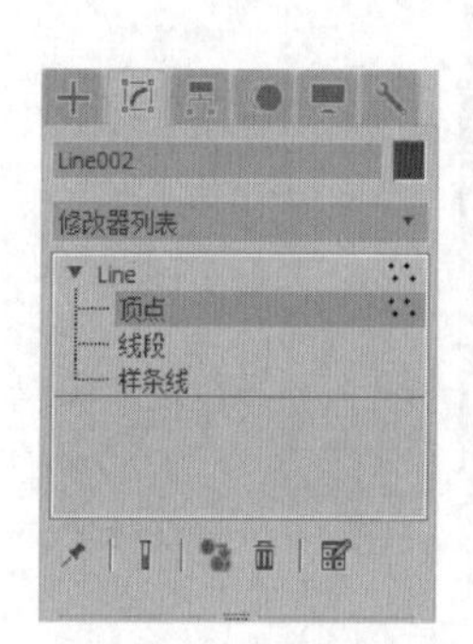

图4-21　【修改】面板

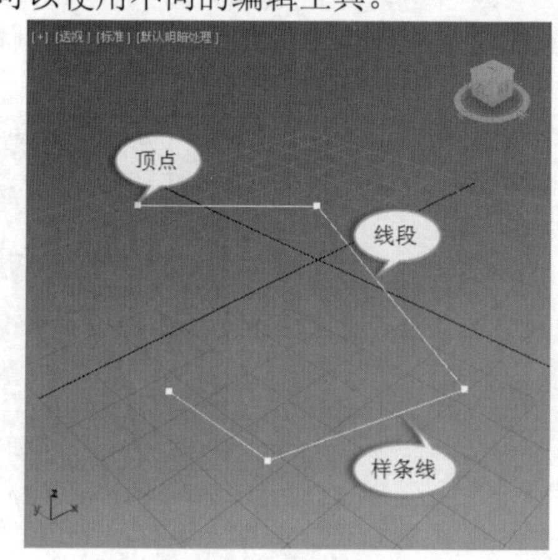

图4-22　设置矩形参数

(2)　【顶点】选择集的修改。

【顶点】选择集在修改时最常用，其主要的修改方式是通过在样条曲线上进行添加点、移动点、断开点、连接点等操作将图形修改至用户所需要的各种复杂形状。

下面通过为矩形添加【编辑样条线】修改器来学习【顶点】选择集的修改方法及常用的【顶点】修改命令。

除【线】工具绘制的图形可直接使用【修改】面板进行全面修改外（如图 4-23 所示），其他图形都只能在修改面板中对创建参数进行简单修改，需要转换为可编辑样条线后才能进行全面修改。将图形转换为可编辑样条线有以下两种方法。

① 为图形添加【编辑样条线】修改器，如图 4-24 所示，具体方法稍后介绍。

② 选择右键快捷菜单中的【转换为】/【转换为可编辑样条线】命令，如图 4-25 所示。

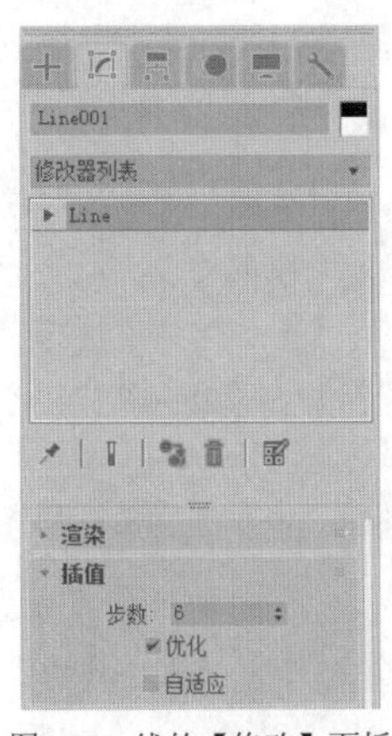
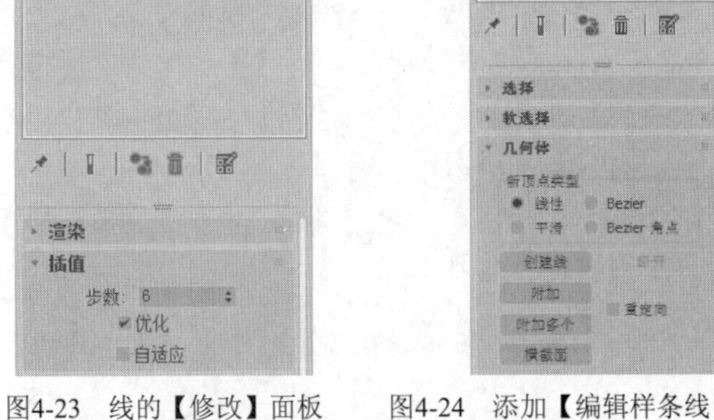
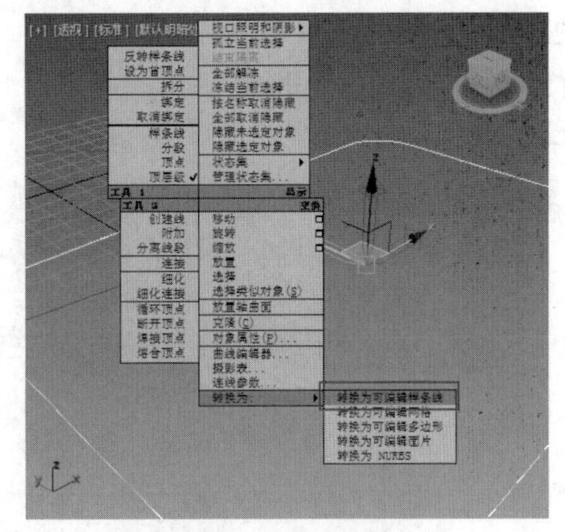

图4-23　线的【修改】面板　　图4-24　添加【编辑样条线】修改器　　图4-25　右键快捷菜单

1. 编辑顶点。

(1) 选择【矩形】工具，在前视图中创建一个矩形，如图 4-26 所示。

(2) 切换到【修改】面板，在【修改器列表】中选择【编辑样条线】选项，为矩形添加【编辑样条线】修改器，如图 4-27 所示。

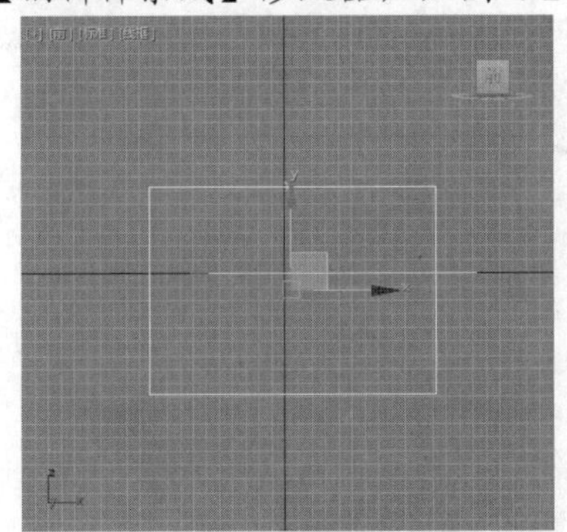

图4-26　创建矩形

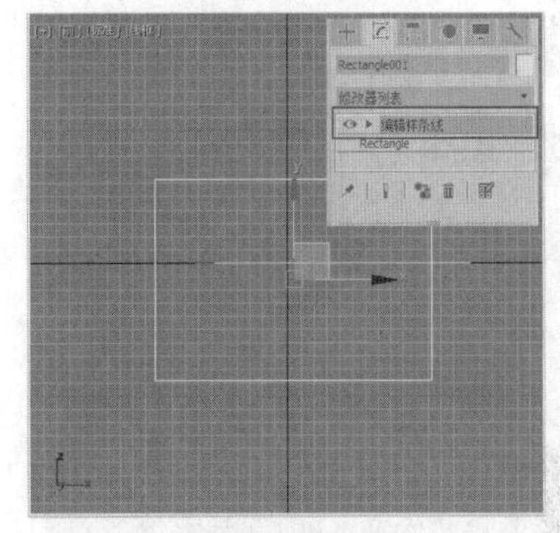

图4-27　添加【编辑样条线】修改器

(3) 单击【编辑样条线】修改器前面的▶符号，展开【编辑样条线】修改器选项。单击选中【顶点】选项，如图 4-28 所示。

(4) 展开【几何体】卷展栏，单击 优化 按钮。

(5) 将鼠标指针移至矩形的线段上，单击鼠标左键在相应的位置插入新的顶点。最后在视图中单击鼠标右键关闭优化按钮，设计效果如图 4-29 所示。

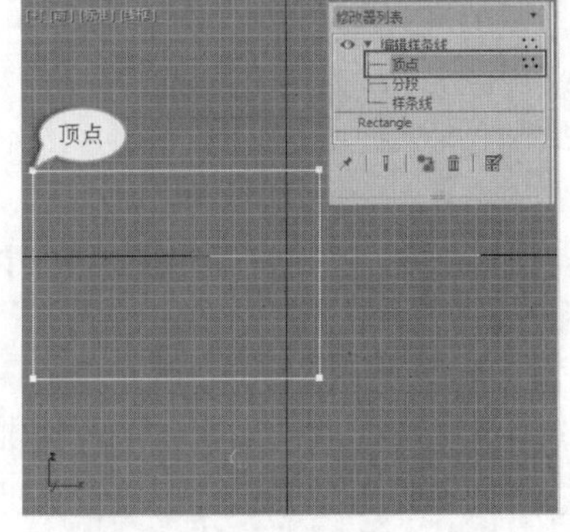

图4-28　选择【顶点】子对象层级

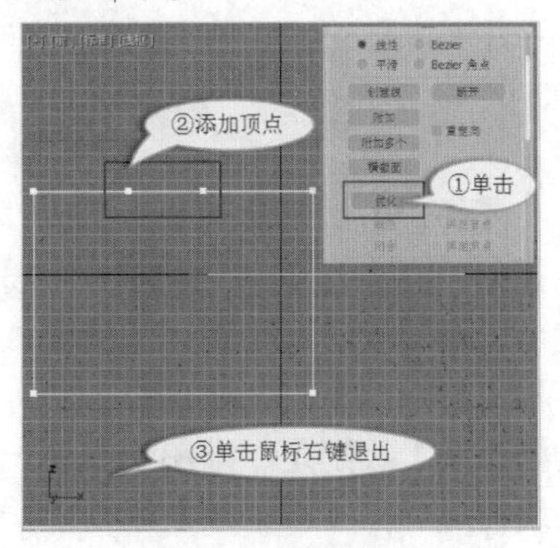

图4-29　添加顶点

2.　调整顶点。

(1)　在工具栏中单击 ✥ 按钮。

(2)　逐个选中顶点并移动顶点。最后获得的设计效果如图 4-30 所示。

当顶点被选中时，顶点左右会出现两个控制手柄，通过调节手柄可以调整样条线的曲度。

3ds Max 2020 为用户提供了角点、平滑、Bezier 和 Bezier 角点 4 种类型的顶点。选择顶点后单击鼠标右键，弹出快捷菜单，在【工具 1】区内可以看到点的 4 种类型，如图 4-31 所示，选择其中的类型选项，就可以将当前点转换为相应的类型。它们的区别如下。

① 角点：角点类型会将顶点两侧的曲率设为直线，在两个顶点之间会产生尖锐的转折效果，如图 4-32（a）所示。

② 平滑：平滑类型会将线段切换为圆滑的曲线，平滑顶点处的曲率是由相邻顶点的间距决定的，如图 4-32（b）所示。

③ Bezier：Bezier 类型在顶点上方会出现控制柄，两个控制柄会锁定成一条直线并与顶点相切，顶点处的曲率由切线控制柄的方向和距离确定，如图 4-32（c）所示。

④ Bezier 角点：Bezier 角点类型在顶点上方会出现两个不相关联的控制柄，分别用于调节线段两侧的曲率，如图 4-32（d）所示。

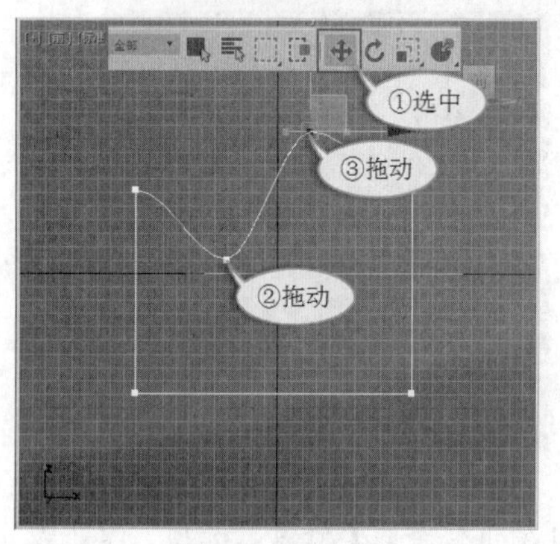

图4-30　调整顶点

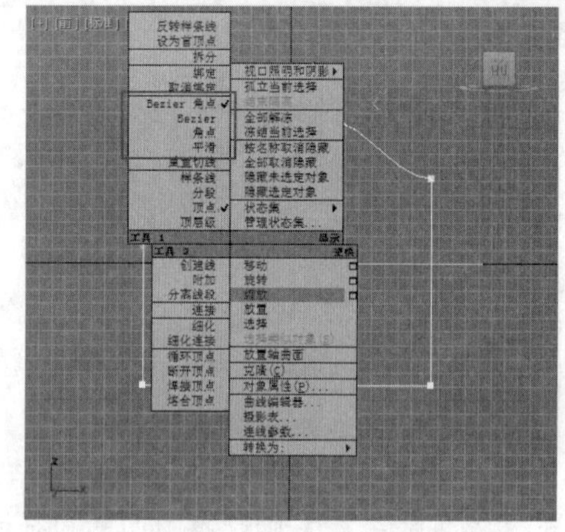

图4-31　右键快捷菜单

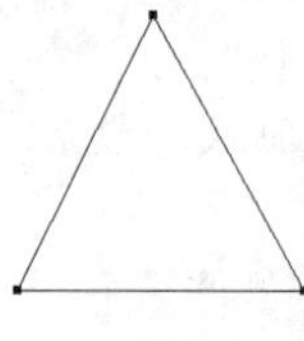

（a）角点

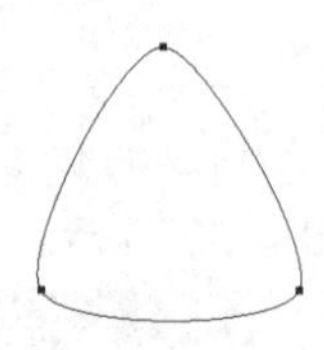

（b）平滑

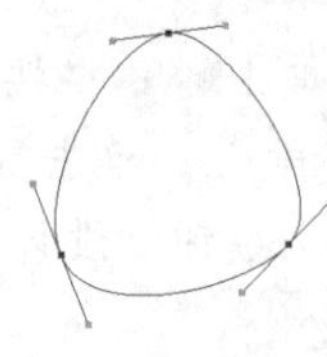

（c）Bezier

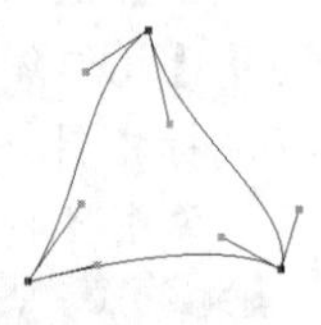

（d）Bezier 角点

图4-32　不同的顶点类型

(3)　【分段】选择集的修改。

在【编辑样条线】修改器选项中选择【分段】子对象层级，并在场景中单击选中线段后，就可以对线段进行一系列的操作，如移动、断开和拆分等。

(4)　【样条线】选择集的修改。

【样条线】级别是二维图形中另一个功能强大的次物体修改级别，相连接的线段即为一条样条线曲线。在【样条线】级别中，最常用的是【轮廓】和【布尔】运算的设置。

(5) 样条线的编辑工具。

样条线的编辑工具如图 4-33 所示，包括【渲染】【插值】【选择】【软选择】【几何体】5 个卷展栏，其中前两个卷展栏已作介绍，表 4-2 仅介绍后 3 个卷展栏的用法。

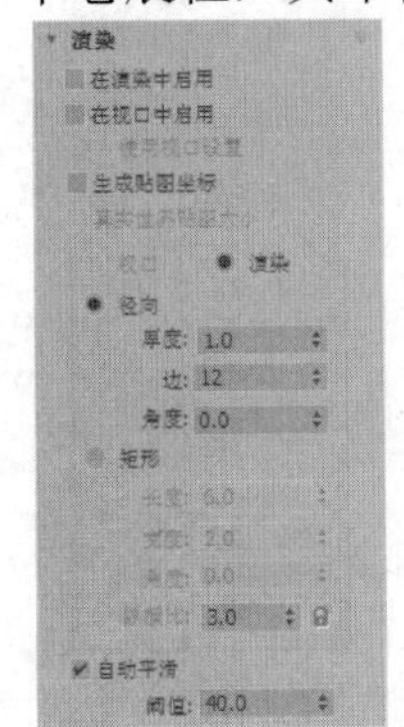

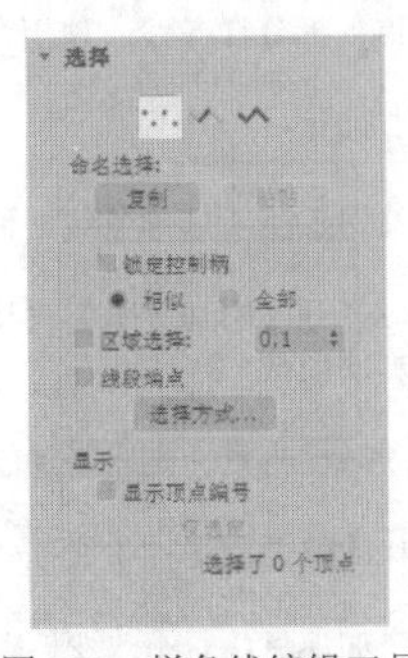

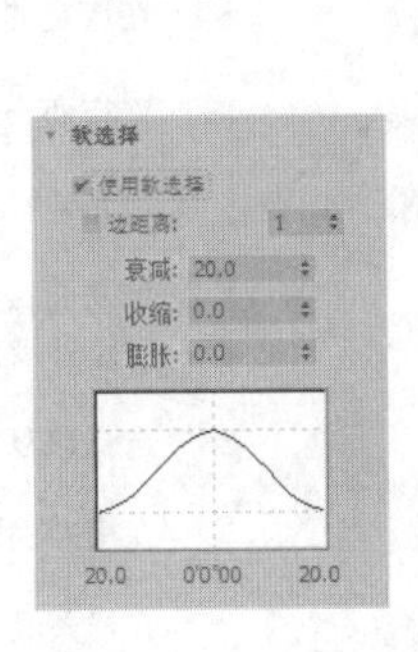

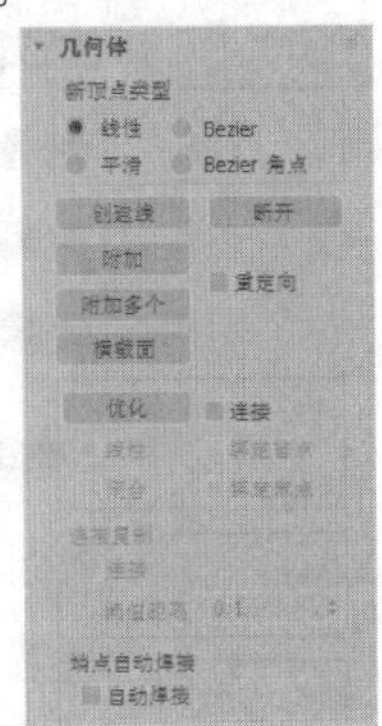

图4-33　样条线编辑工具

表 4-2　　样条线常用的编辑命令及其功能

卷展栏	命令	功能
选择	顶点	访问【顶点】层级，对样条线的顶点进行调节
	线段	访问【线段】层级，对样条线的线段进行调节
	样条线	访问【样条线】层级，可以对整个样条线进行调节
	命名选择	复制：先将要选择的对象创建选择集，然后复制该选择集 粘贴：粘贴选择集
	锁定控制柄	该命令只对【Bezier】和【Bezier 角点】类型的顶点有效。选择该命令后，框选多个顶点，移动其中一个顶点的控制手柄，其他顶点的控制手柄也随着相应变动
	相似	拖动选定顶点上某一控制柄时，区域顶点上只有与拖动控制柄同侧的控制柄跟随移动
	全部	拖动选定顶点上某一控制柄时，区域顶点上全部控制柄跟随移动
	区域选择	允许自动选择以所单击顶点为圆心指定半径区域内的顶点，在其后文本框中设置半径
	分段端点	选择该复选项后，可以单击线段来选中其端点
	选择方式...	单击此按钮，打开【选择方式】对话框，选择所选线段或样条线上的全部顶点
	显示	显示顶点编号：选择该复选项后，将显示所有顶点的编号 仅选定：仅在选定顶点处显示顶点的编号
软选择	使用软选择	选择该复选项后，在选定对象周围的对象也将受到不同程度的选择，其影响程度用下方的曲线表示
	边距离	选择该复选项后，可将软选择限制到指定的边数
	衰减	定义影响区域的距离。值越高，曲线变化越平缓
	收缩	沿垂直轴提升或降低曲线的顶点。值为负时将生成凹陷效果，为 0 时为平滑变换
	膨胀	沿着垂直轴展开或收缩曲线
	软选择几何曲线	以图形方式显示选择的实际效果

续表

<table>
<tr><th>卷展栏</th><th>命令</th><th colspan="2">功能</th></tr>
<tr><td rowspan="30">几何体</td><td>创建线</td><td colspan="2">向所选择对象中添加更多样条线，这些线是独立的样条线子对象</td></tr>
<tr><td>断开</td><td colspan="2">在选定的顶点处拆分样条线，使闭合图形变为开放图形</td></tr>
<tr><td>连接</td><td colspan="2">连接两个断开的点</td></tr>
<tr><td>附加</td><td colspan="2">将其他样条线附加到所选样条线，使之成为一个整体</td></tr>
<tr><td>附加多个</td><td colspan="2">单击此按钮，打开【附加多个】对话框，该对话框中包含场景中的所有其他图形列表，从中选择要附加的图形</td></tr>
<tr><td>重定向</td><td colspan="2">选择该复选项后，将重新定向附加的样条线，使两条样条线的局部坐标系对齐</td></tr>
<tr><td>横截面</td><td colspan="2">在横截面形状的外面创建样条线框架</td></tr>
<tr><td>优化</td><td colspan="2">在样条线上添加顶点，且不改变样条线的形状</td></tr>
<tr><td>设为首顶点</td><td colspan="2">第一个顶点是用来标明一个二维图形的起点，在放样设置中各个截面图形的第 1 个节点决定【表皮】的形成方式，此功能就是使选中的点成为第 1 个顶点</td></tr>
<tr><td>焊接</td><td colspan="2">将两个断点合并为一个顶点，在其后的文本框中设置阈值大小。值越大，越能把距离越远的点焊接在一起</td></tr>
<tr><td>连接</td><td colspan="2">连接两个端点或顶点，生成一条线性线段</td></tr>
<tr><td>插入</td><td colspan="2">该功能与 优化 命令相似，都是加点命令，只是 优化 命令是在保持原图形不变的基础上增加顶点，而【插入】命令是一边加点一边改变原图形的形状</td></tr>
<tr><td>熔合</td><td colspan="2">将所有选定顶点移动到其平均中心位置</td></tr>
<tr><td>反转</td><td colspan="2">反转样条线的方向，用于【样条线】层级</td></tr>
<tr><td>循环</td><td colspan="2">选择顶点后，单击该按钮可以循环选择同一样条线上的顶点，单击一次选择下一个顶点</td></tr>
<tr><td>相交</td><td colspan="2">在属于同一样条线对象的两个样条线相交处添加顶点</td></tr>
<tr><td>圆角</td><td colspan="2">在线段交汇处设置圆角，以添加新的控制点</td></tr>
<tr><td>切角</td><td colspan="2">在线段交汇处设置倒角</td></tr>
<tr><td>轮廓</td><td colspan="2">创建样条线的副本，用于【样条线】层级</td></tr>
<tr><td rowspan="3">布尔</td><td>（并集）</td><td>将两条重叠样条线组合为一条样条线，删除重叠部分，保留不同部分</td></tr>
<tr><td>（差集）</td><td>从第 1 条样条线中减去与第 2 条样条线重叠的部分，并删除第 2 条样条线剩余部分</td></tr>
<tr><td>（交集）</td><td>保留两条线的重叠部分，删除其余部分</td></tr>
<tr><td rowspan="3">镜像</td><td>（水平镜像）</td><td>沿水平方向镜像样条线</td></tr>
<tr><td>（垂直镜像）</td><td>沿垂直方向镜像样条线</td></tr>
<tr><td>（双向镜像）</td><td>沿对角线方向镜像样条线</td></tr>
<tr><td>修剪</td><td colspan="2">清理形状中的重叠部分，使端点连接在一个点上</td></tr>
<tr><td>延伸</td><td colspan="2">清理形状中的开口部分，使端点连接在一个点上</td></tr>
<tr><td>隐藏</td><td colspan="2">隐藏所选顶点和任何相连的线段</td></tr>
</table>

续表

卷展栏	命令	功能
几何体	全部取消隐藏	显示隐藏的全部子对象
	绑定	允许创建绑定顶点
	取消绑定	允许断开绑定顶点与所附加线段的连接
	删除	删除选中的顶点。选中顶点后，利用 Delete 键也可删除该顶点
	闭合	将所选样条线顶点与新样条线相连，使样条线闭合
	拆分	在样条线上添加顶点将其拆分为等分的线段
	分离	对不同样条线中的几个线段进行拆分构成一个新图形
	炸开	将选定的样条线分割为一组独立对象

(6) 可渲染属性建模。

可渲染属性建模是指通过设置【修改】面板上【渲染】卷展栏中的参数来使二维图形以管状形式渲染出三维效果。

1. 按 Ctrl+O 组合键，打开素材文件“第 4 章\素材文件\可渲染属性\可渲染属性.max”，如图 4-34 所示。
2. 为栏杆边柱设置可渲染属性，如图 4-35 所示。

(1) 选中场景中的栏杆边柱，单击按钮切换到【修改】面板。

(2) 在【渲染】卷展栏中选择【在视口中启用】和【在渲染中启用】复选项。

(3) 选中【径向】单选项，并设置【厚度】为“1”、【边】为“12”。

3. 为栏杆中心轮廓设置可渲染属性，如图 4-36 所示。

(1) 选中场景中栏杆的中心轮廓，单击按钮切换到【修改】面板。

(2) 在【渲染】卷展栏中选中【在视口中启用】和【在渲染中启用】复选项。

(3) 选中【径向】单选项，并设置【厚度】为“1.0”、【边】为“12”。

最终获得的渲染效果如图 4-37 所示。

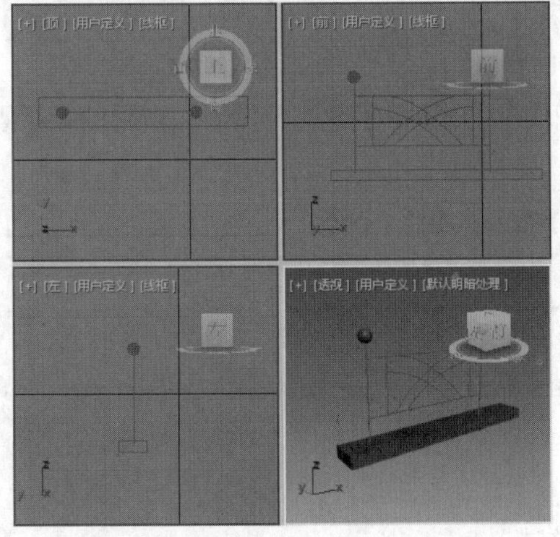

图4-34 打开素材

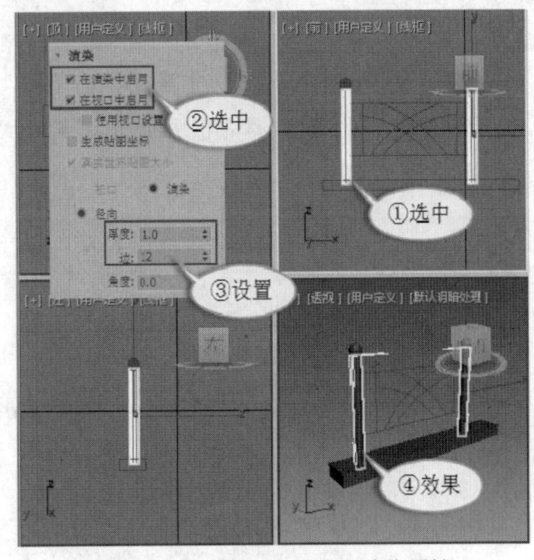

图4-35 为栏杆边柱设置可渲染属性

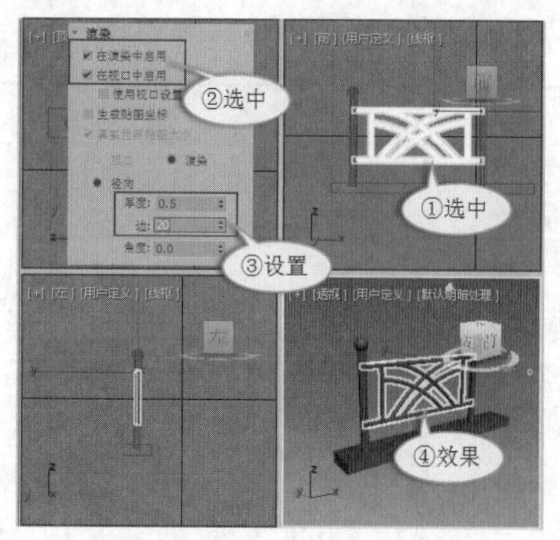

图4-36　为栏杆中心轮廓设置可渲染属性

图4-37　最终渲染效果

五、 常用二维修改器

3ds Max 2020 提供了各种二维修改器，修改器用于将二维图形转换为三维模型。

(1) 【车削】修改器。

【车削】修改器可以通过旋转二维图形产生三维模型，效果如图 4-38 所示。

将修改器堆栈中的【车削】修改器展开后，在【轴】层级上可以进行变换和设置绕轴旋转动画，同时也可以通过调整车削参数改变造型外观，如图 4-39 所示。

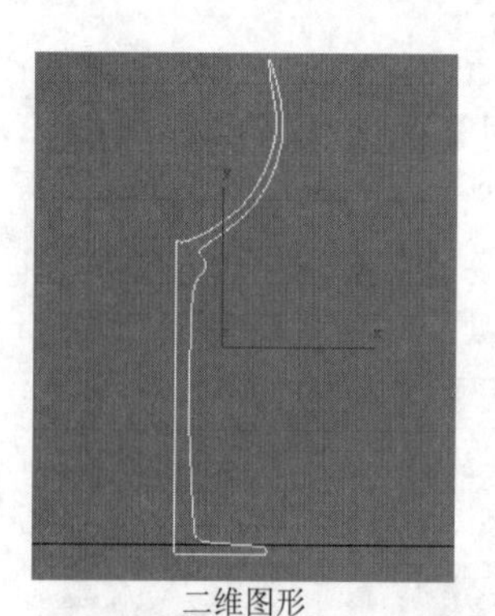

二维图形

添加【车削】修改器

图4-38　车削效果

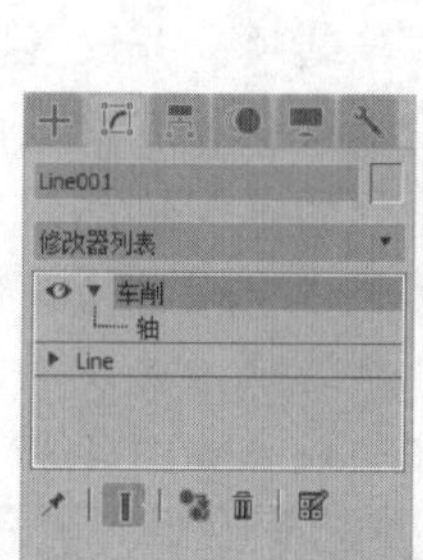

图4-39　【车削】修改器

在【参数】卷展栏中可以设置【度数】【封口】【方向】【对齐】等参数，常用的参数及其功能如表 4-3 所示。

表 4-3　【车削】修改器中常用的参数及其功能

参数	功能
度数	设置旋转成型的角度，360°为一个完整环形，小于 360°为不完整的扇形
焊接内核	将中心轴向上重合的点进行焊接精减，以得到结构相对简单的造型。如果要作为变形物体，就不能选择此复选项
翻转法线	将造型表面的法线方向反转
分段	设置旋转圆周上的片段划分数。值越高，造型越光滑
封口始端	将顶端加面覆盖

续表

参数	功能
封口末端	将底端加面覆盖
变形	不进行面的精简计算，以便用于变形动画的制作
栅格	进行面的精简计算，不能用于变形动画的制作
方向	设置旋转中心轴的方向。X/Y/Z分别用于设置不同的轴向
对齐	设置图形与中心轴的对齐方式。最小是将曲线内边界与中心轴对齐，中心是将曲线中心与中心轴对齐，最大是将曲线外边界与中心轴对齐

(2) 【倒角】修改器。

【倒角】修改器的作用是对二维图形进行挤出成型，并且在挤出的同时在边界上加入线性或弧形倒角，主要用于对二维图形进行三维化操作，如图4-40所示。

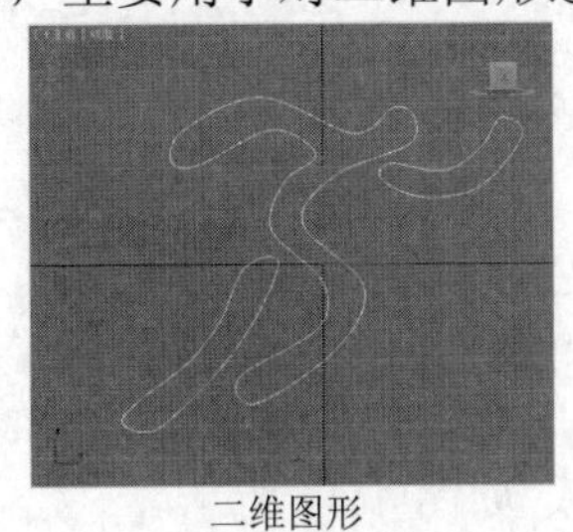

二维图形

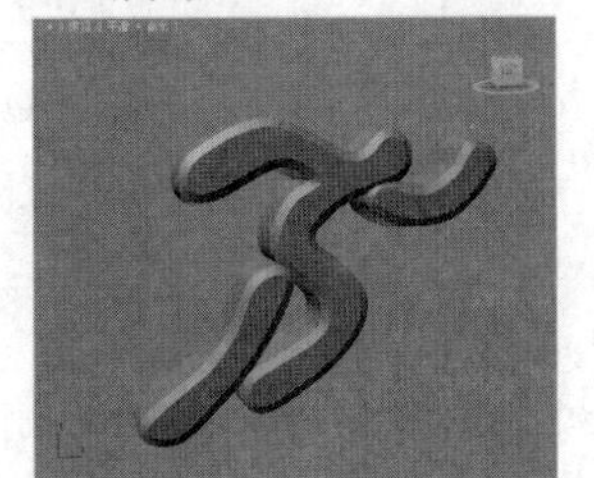

添加【倒角】修改器

图4-40 倒角效果

【倒角】修改器包含【参数】和【倒角值】两个卷展栏，如图4-41所示。

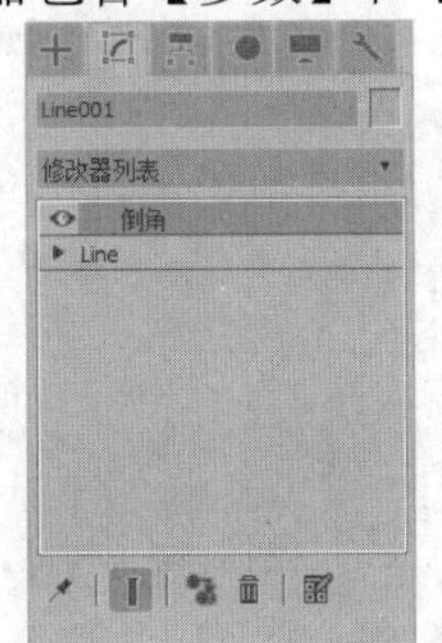

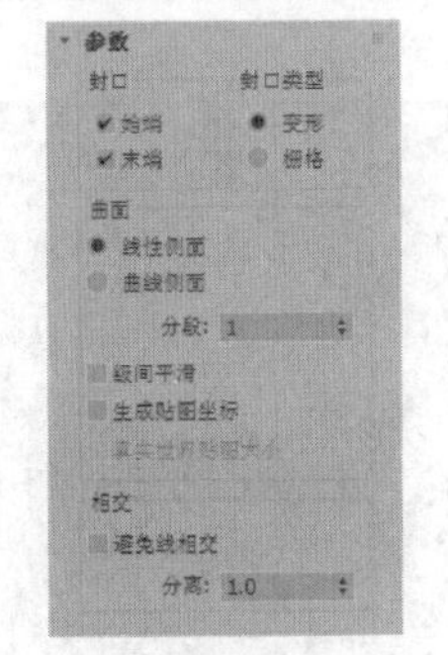

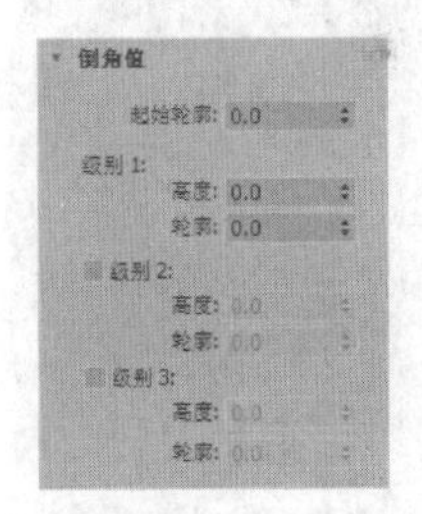

图4-41 【倒角】修改器

【倒角】修改器中常用的参数及其功能如表4-4所示。

表4-4 【倒角】修改器中常用的参数及其功能

参数		功能
封口		对造型两端进行加盖控制。如果两端都加盖处理，则为封闭实体
	始端	将开始截面封顶加盖
	末端	将结束截面封顶加盖
封口类型		设置顶端表面的构成类型
	变形	不处理表面，以便进行变形操作、制作变形动画
	栅格	进行线面网格处理，它产生的渲染效果要优于【变形】方式

续表

参数		功能
曲面		控制侧面的曲率、光滑度及指定贴图坐标
	线性侧面	设置倒角内部片段划分为直线方式
	曲线侧面	设置倒角内部片段划分为弧形方式
	分段	设置倒角内部片段划分数，多的片段划分主要用于弧形倒角
	级间平滑	控制是否将平滑组应用于倒角对象侧面。封口会使用与侧面不同的平滑组。选择该复选项后，对侧面应用平滑组，侧面显示为弧状；不选择该复选项，则不应用平滑组，侧面显示为平面倒角
相交	避免线相交	对倒角进行处理，但总保持顶盖不被光滑处理，防止轮廓彼此相交。它通过在轮廓中插入额外的顶点并用一条平直的线覆盖锐角来实现
	分离	设置边之间所保持的距离。最小值为“0.01”
倒角值	起始轮廓	设置原始图形的外轮廓大小。如果它为“0”，则将以原始图形为基准进行倒角制作
	级别 1、级别 2、级别 3	分别设置 3 个级别的【高度】和【轮廓】大小

(3)　【挤出】修改器。

【挤出】修改器的作用是将一个二维图形挤出一定的厚度，使其成为三维物体，使用该命令的前提是制作的造型必须由上到下具有一致的形状，如图 4-42 所示。

【挤出】修改器的【参数】卷展栏中包括图 4-43 所示的【数量】【分段】等参数，常用的参数及其功能如表 4-5 所示。

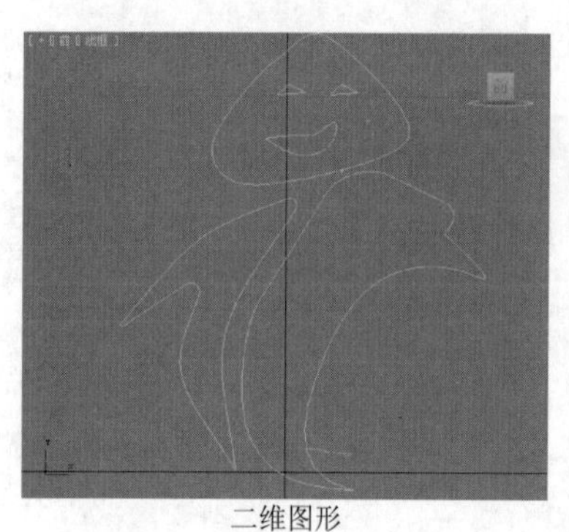

二维图形

添加【挤出】修改器

图4-42　挤出效果

图4-43　【参数】卷展栏

表 4-5　【挤出】修改器中常用的参数及其功能

参数	功能
数量	设置挤出的深度
分段	设置挤出厚度上的片段划分数
封口始端	在顶端加面封盖物体
封口末端	在底端加面封盖物体
变形	用于变形动画的制作，保证点面恒定不变

续表

参数	功能
栅格	对边界线进行重排列处理，以最精简的点面数来获取优秀的造型
面片	将挤出物体输出为面片模型，可以使用【编辑面片】修改器
网格	将挤出物体输出为网格模型
NURBS	将挤出物体输出为 NURBS 模型
生成材质 ID	对顶盖指定 ID 号为“1”，对底盖指定 ID 号为“2”，对侧面指定 ID 号为“3”
使用图形 ID	使用样条曲线中为【分段】和【样条线】分配的材质 ID 号
平滑	应用光滑到挤出模型

4.2 范例解析——制作“古典折扇”效果

折扇是由扇面、扇骨和销钉构成的。扇面是通过创建样条线后挤出的扇骨和销钉是用基本体制作而成的。本实例重点讲解样条线的创建和修改，最终效果如图 4-44 所示。

图4-44 “古典折扇”效果

【操作步骤】

1. 制作扇面。

(1) 创建样条线，如图 4-45 所示和图 4-46 所示。

① 单击按钮切换到【创建】面板，单击按钮进入【图形】面板，单击 线 按钮。

② 展开【键盘输入】卷展栏，设置【X】的值为“-100”、【Y】和【Z】的值都为“0”，单击 添加点 按钮，创建一个顶点。

③ 重新设置【X】的值为“100”、【Y】和【Z】的值都为“0”，单击 添加点 按钮，创建第 2 个点，单击 完成 按钮，创建一条长 200 的线条。

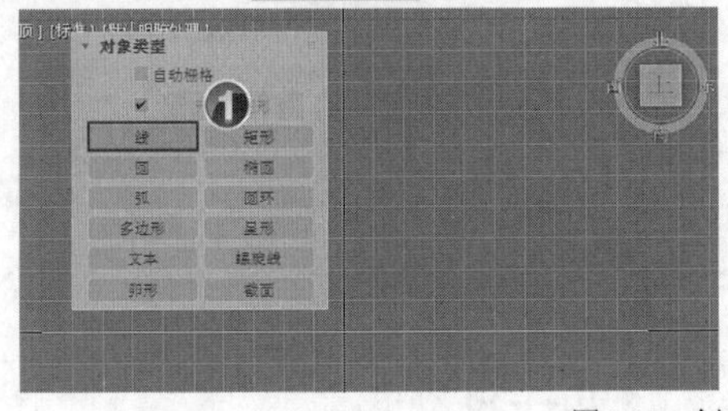

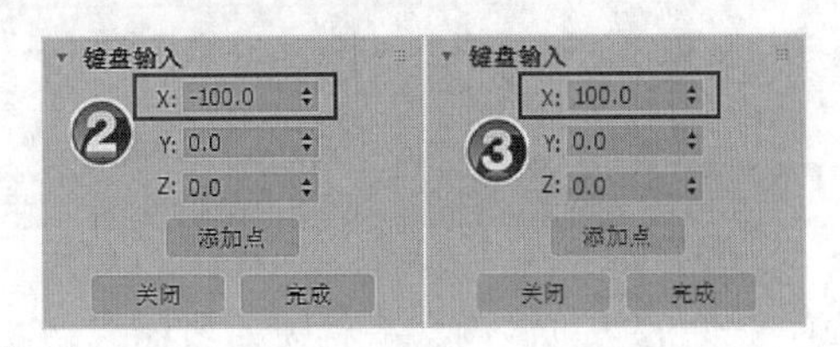

图4-45 创建样条线（1）

(2) 显示顶点编号，如图 4-47 所示。

① 选中场景中的线条，单击按钮切换到【修改】面板。展开修改器堆栈，选择【线段】

子对象层级。

② 在【选择】卷展栏的【显示】分组框中选择【显示顶点编号】复选项。

图4-46　创建样条线（2）

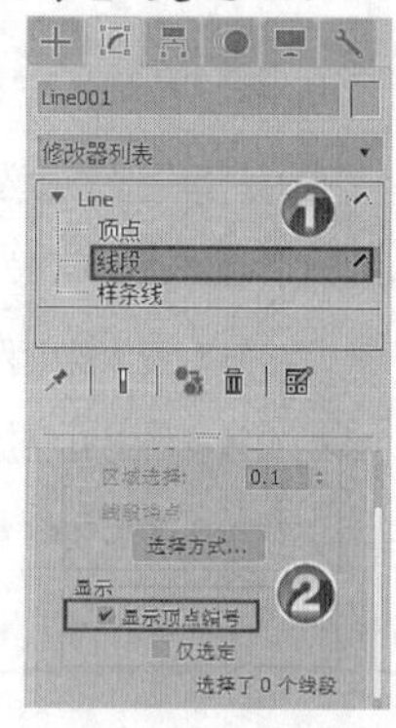

图4-47　显示顶点编号

要点提示　显示顶点编号是为了让操作对象更加直接、清晰。

(3) 拆分线段并转换顶点类型，如图 4-48 所示。

① 选中视图中的线段，在【修改】面板中设置【几何体】/【拆分】为“28”。

② 单击 拆分 按钮，将线段拆分为 29 份。

③ 在修改器堆栈中，选择【顶点】子对象层级。

④ 拖动鼠标指针框选所有顶点，单击鼠标右键，在弹出的快捷菜单中选择【Bezier】命令，将选中的点转换为 Bezier 点。

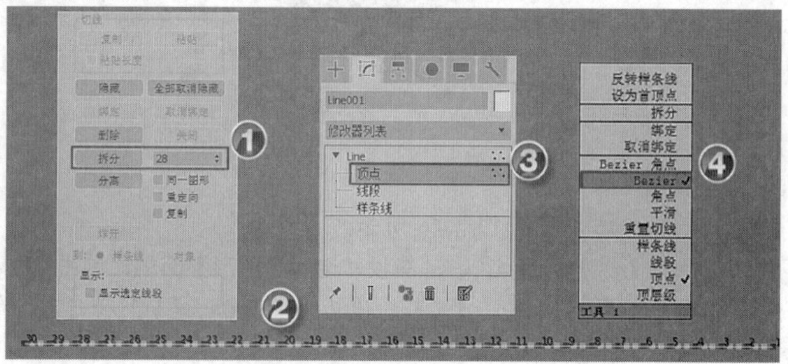

图4-48　拆分线段

(4) 调整线段形状 1。

① 按住 Ctrl 键依次单击选中偶数的顶点，然后向下移动一段距离，如图 4-49 所示。

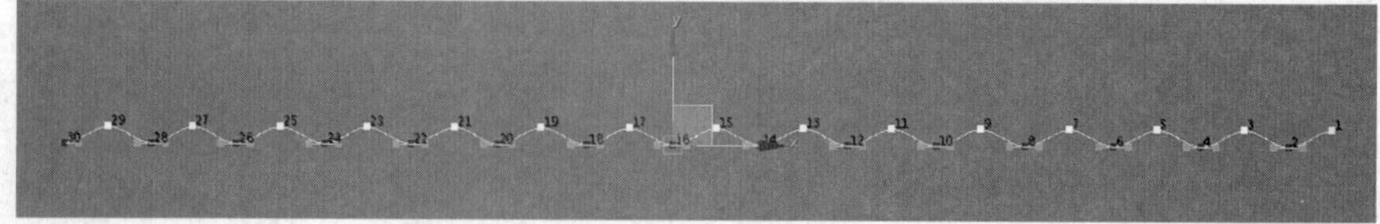

图4-49　拖动偶数点

② 选中顶点 1，调整手柄使曲线的弯曲接近斜线，如图 4-50 所示。

③ 用类似的方法调整顶点 30，如图 4-51 所示。

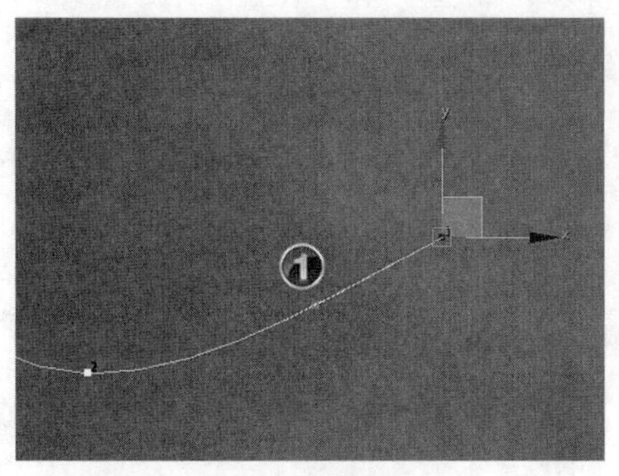

图4-50　调整顶点 1

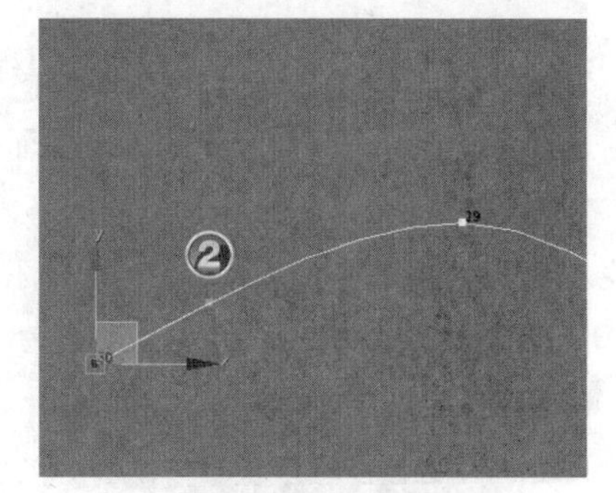

图4-51　调整顶点 30

(5) 调整线段形状 2，如图 4-52 所示。

① 在【选择】卷展栏中选择【锁定控制柄】复选项。

② 选中 2~29 所有的顶点。

③ 使用旋转工具选择手柄，使曲线的弯曲接近斜线。

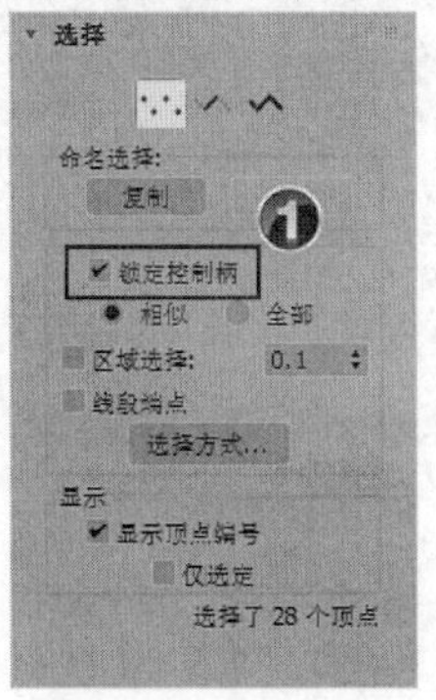

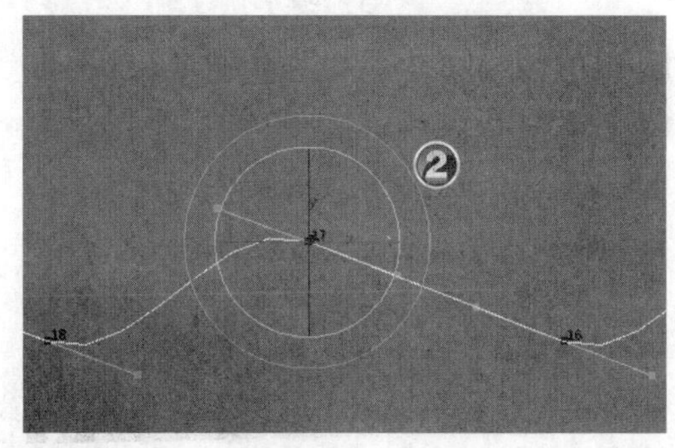

图4-52　调整线段形状 2

要点提示 选择【锁定控制柄】复选项后即可一起调整多个顶点的控制手柄。

(6) 添加【挤出】修改器，如图 4-53 所示。

① 在【修改器列表】中选择【挤出】选项，为样条线添加【挤出】修改器。

② 在【参数】卷展栏中设置【数量】为“120”。

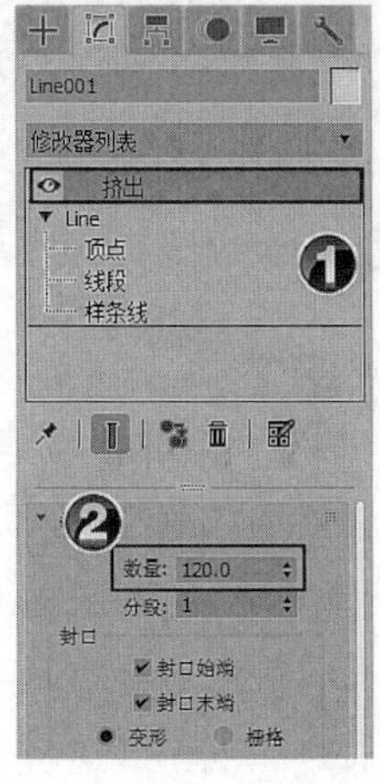

图4-53　添加【挤出】修改器

2.　制作扇骨。

(1)　创建长方体，如图 4-54 所示。

①　单击 按钮，切换到【创建】面板。单击 按钮切换到【标准基本体】面板。单击 长方体 按钮。

②　在前视图创建一个长方体。

③　在【参数】卷展栏中设置【长度】为“180”、【宽度】为“6”、【高度】为“1”、【宽度分段】为“4”。

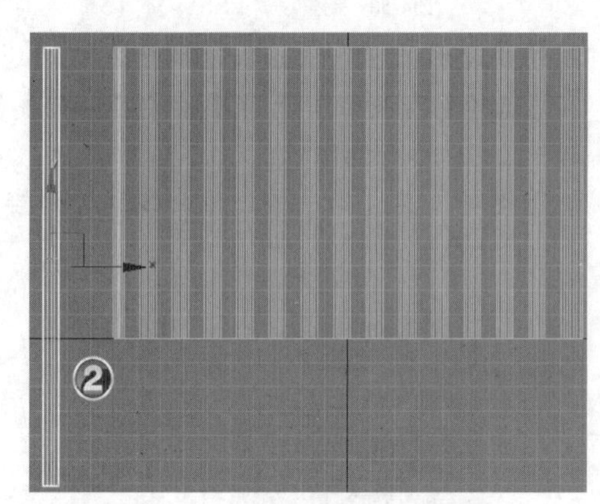

图4-54　创建长方体

(2)　旋转并复制长方体，如图 4-55 所示。

①　在顶视图中旋转长方体，使矩形靠近样条线。

②　在左视图中移动长方体，使其顶端对齐扇面的顶端。

③　在顶视图中复制矩形，使每一格都有一矩形。

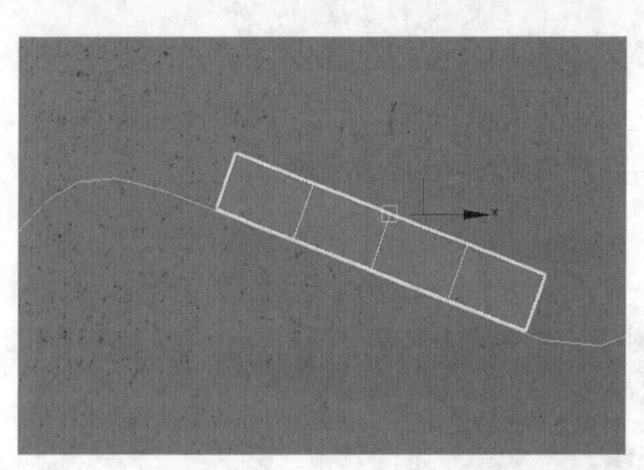

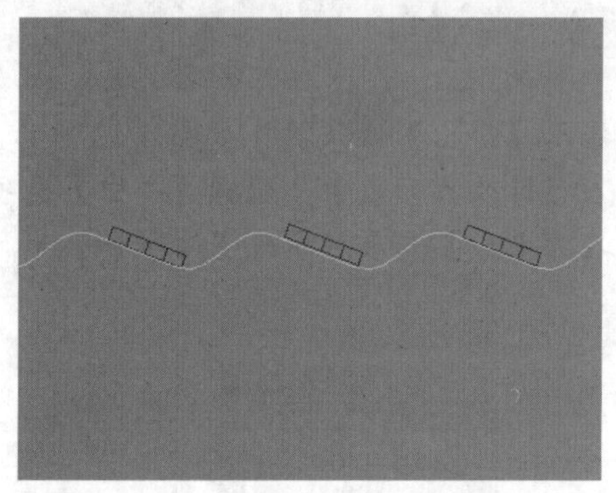

图4-55　旋转并复制长方体

(3)　添加【弯曲】修改器并调整弯曲中心，如图 4-56 所示。

①　按 Ctrl+A 键选中所有的对象，单击 按钮切换到【修改】面板。在【修改器列表】中选择【弯曲】选项，为对象添加【弯曲】修改器。

②　在【参数】卷展栏中设置【弯曲】/【角度】为“170”。

③　在【弯曲轴】分组框中选择【X】单选项。

④　在修改堆栈中展开【弯曲】修改器，选择【中心】子对象层级。

⑤　在前视图中将中心向下移，使扇骨交点的下部分较小。

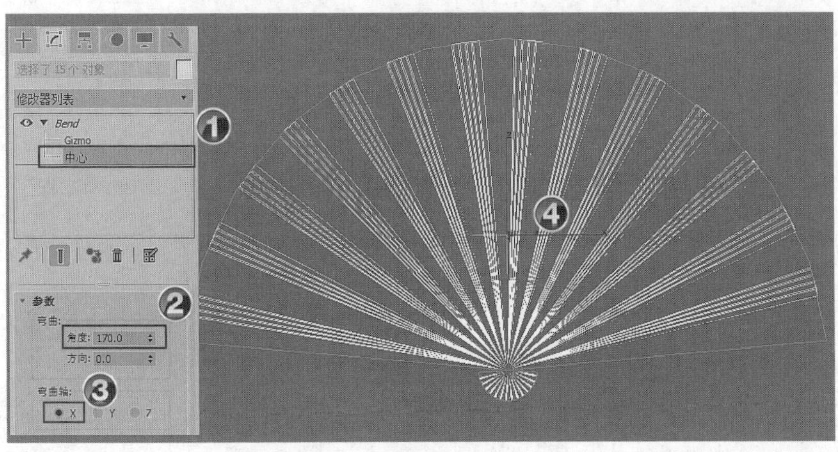

图4-56　添加【弯曲】修改器

3. 制作销钉。

(1) 创建切角圆柱体，如图 4-57 所示。

① 单击 按钮，打开【创建】面板。单击 按钮，打开【几何体】面板，在【标准基本体】下拉列表中选择【扩展基本体】选项，打开【扩展基本体】面板。单击 切角圆柱体 按钮。

② 在前视图中创建一个切角圆柱体，移动至扇骨交点处。

③ 选取场景中的切角圆柱体，单击 按钮，切换到【修改】面板，在【参数】卷展栏中设置【半径】为“1.5”、【高度】为“6.0”、【圆角】为“0.5”、【边数】为“32”。

(2) 适当调整模型视角。最终结果如图 4-58 所示。

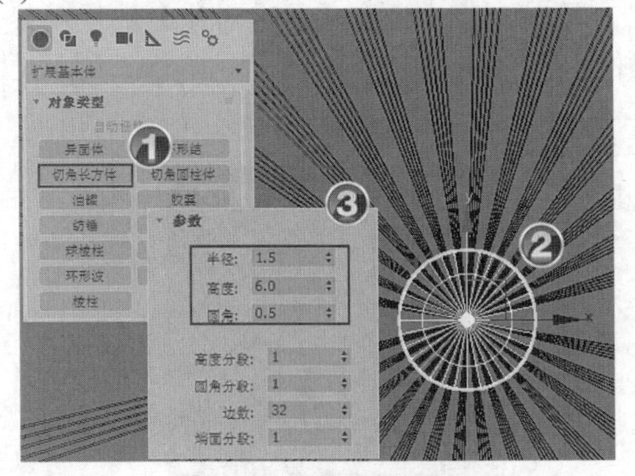

图4-57　创建切角圆柱体

图4-58　最终结果

4.3 习题

1. 在 3ds Max 2020 中，二维图形的主要用途是什么？简要列举 3 项。
2. 如何将矩形转换为可编辑样条线？
3. 可编辑样条线具有几个子层级，在每个层级下能进行哪些常用操作？
4. 说明【车削】修改器和【挤出】修改器的主要用途。
5. 二维图形的顶点有哪些模式，各有什么特点？

第5章　高级建模

【学习目标】

- 明确复合建模的基本工具及其用途。
- 掌握散布、布尔等复合建模工具的用法。
- 了解多边形建模的基本原理。
- 掌握可编辑多边形不同层级下的常用操作。

在 3ds Max 2020 中，通过复合建模和多边形建模可以创建各种各样形状复杂的曲面或三维模型。本章将详细介绍这两种建模方法的操作步骤。

5.1　基础知识

一、　复合建模

复合建模是 3ds Max 2020 中十分常用的建模方式，通过复合建模可以快速地将两个或两个以上的对象按照一定的规范组合成为一个新的对象，从而达到一定的建模目的。

在【创建】面板中选中【几何体】选项卡，在下拉列表中选取【复合对象】选项，其【对象类型】有变形、散布、连接及布尔等 12 种复合工具，如图 5-1 所示。图 5-2 所示是【散布】应用示例。

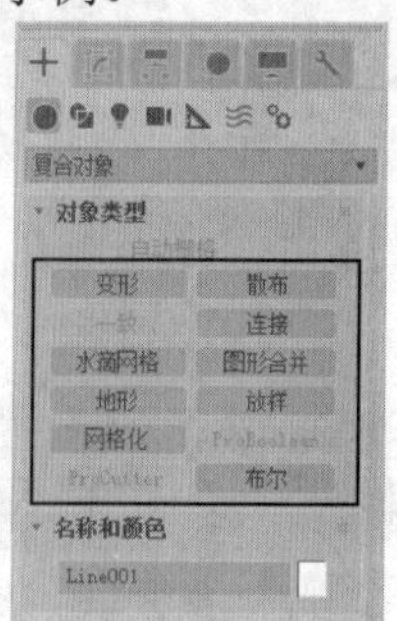

图5-1　【复合对象】

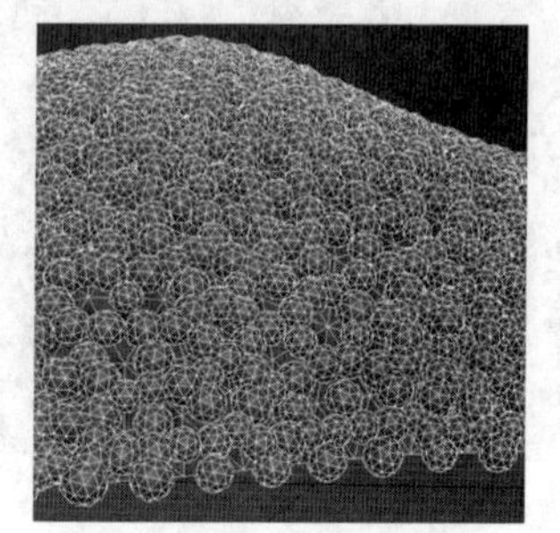

图5-2　【散布】应用示例

各种复合工具的含义及其用途如表 5-1 所示。

表 5-1　各种复合工具的含义及其用途

复合工具名称	图样	复合工具名称	图样
变形 通过两个或两个以上物体间的形状变化来制作动画		散布 将一个物体无序地散布在另一个物体的表面上	

续表

复合工具名称	图样	复合工具名称	图样
一致 将一个对象的顶点投射到另一个物体上，使被投射的物体变形		连接 将两个对象连成一个对象	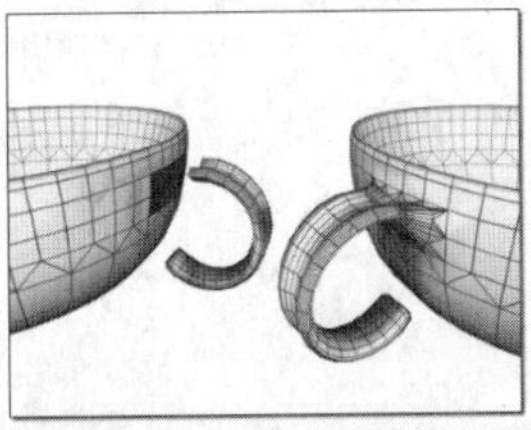
水滴网格 将距离很近的物体融合到一起，可用于表现流动的液体		图形合并 将二维对象融合到三维网格对象上	
布尔 将物体按照交、并、减规则进行合成		地形 将一个或几个二维造型转化为一个面	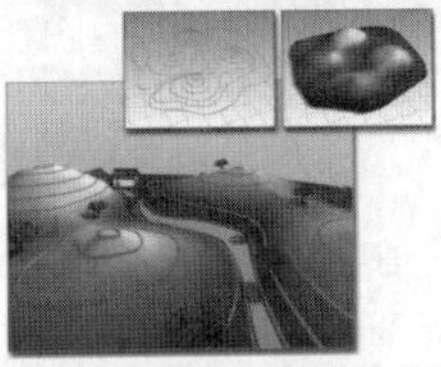
放样 将两个或两个以上的二维图形组合成为一个三维对象	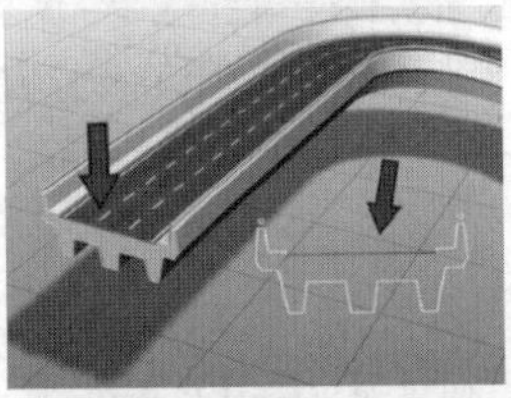	网格化 以每帧为基准将程序对象转化为网格对象，这样可以应用修改器，如弯曲	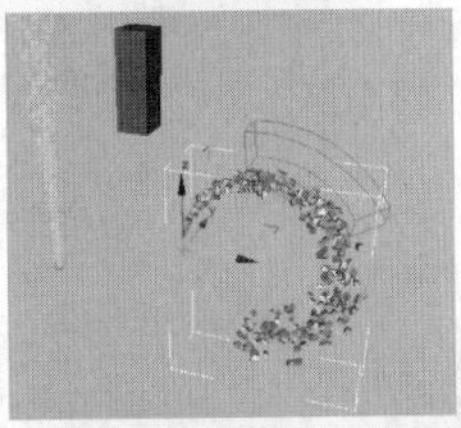
ProBoolean（超级布尔） 可将二维对象和三维对象组合在一起建模	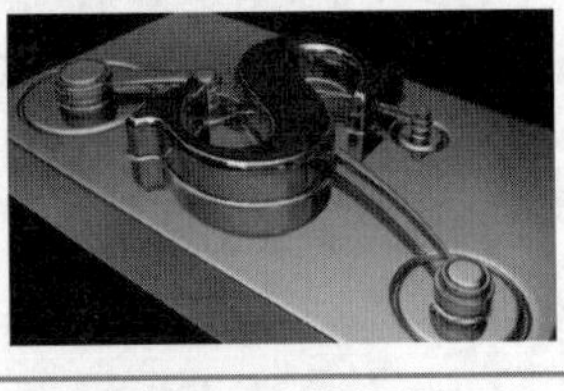	ProCutter（超级切割） 用于爆炸、断开、装配、建立截面或将对象拟合在一起的工具	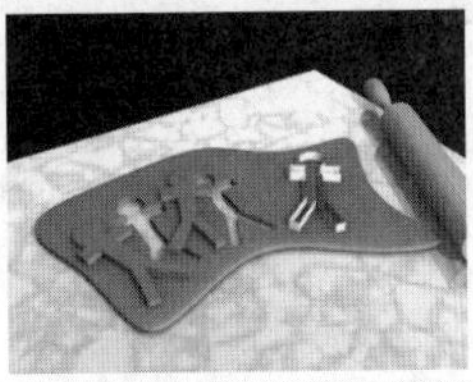

下面说明常用复合建模工具的用法。

(1) 散布。

散布可以将所选源对象散布为阵列或散布到分布对象的表面，用来制作头发、草地、胡须、羽毛或刺猬等。散布的参数面板如图 5-3 所示，主要参数说明如表 5-2 所示。

表 5-2　　【散布】工具主要参数说明

卷展栏	参数	含义
拾取分布对象	对象	显示使用 拾取分布对象 按钮选择的分布对象的名称
	拾取分布对象	单击此按钮，然后在场景中单击一个对象，将其指定为分布对象
	参考/复制/移动/实例	用于指定将分布对象转换为散布对象的方式。它可以作为参考、副本、实例或移动的对象（如果不保留原始图形）进行转换

续表

卷展栏	参数		含义
散布对象	分布	仅使用变换	使用分布对象，根据分布对象的几何体来散布源对象
		使用分布对象	使用【变换】卷展栏上的偏移值来定位源对象的重复项。如果所有变换偏移值均保持为 0，则看不到阵列，这是因为重复项都位于同一个位置
	对象	源名	用于重命名散布复合对象中的源对象，可以修改
		分布名	用于重命名分布对象，可以修改
	源对象参数	重复数	指定散布的源对象的重复项数目。默认情况下，该值设置为 1；如果要设置重复项数目的动画，则可以从 0 开始，将该值设置为 0
		基础比例	改变源对象的比例，同样影响到每个重复项。该比例作用于其他任何变换之前
		顶点混乱度	对源对象的顶点应用随机扰动
		动画偏移	用于指定每个源对象重复项的动画随机偏移原点的帧数
	分布对象参数	垂直	若选择该复选项，则每个重复对象垂直于分布对象中的关联面、顶点或边；若不选择该复选项，则重复项与源对象保持相同的方向
		仅使用选定面	使用选择的表面来分配散布对象
		区域	在分布对象的整个表面区域上均匀地分布重复对象
		偶校验	在允许区域内分布散布对象，使用偶校验方式进行过滤
		跳过 *N* 个	在放置重复项时跳过 *n* 个面。该可编辑字段指定了在放置下一个重复项之前要跳过的面数。如果设置为 0，则不跳过任何面；如果设置为 1，则跳过相邻的面；依此类推
		随机面	在分布对象的表面随机地应用重复项
		沿边	沿着分布对象的边随机地分配重复项
		所有顶点	在分布对象的每个顶点放置一个重复对象。【重复数】的值将被忽略
		所有边的中点	在每个分段边的中点放置一个重复项
		所有面的中心	分布对象上每个三角形面的中心放置一个重复对象
		体积	遍及分布对象的体积散布对象。其他所有选项都将分布限制在表面
	显示	结果	在视图中直接显示散布的对象
		操作对象	选择是否显示散布对象或散布之前的操作对象
变换	旋转		在 3 个轴向上旋转散布对象
	局部平移		沿散布对象的自身坐标进行位置改变
	在面上平移		沿所依附面的重心坐标进行位置改变
	比例		在 3 个轴向上缩放散布对象
	使用最大范围		若选择该复选项，则强制所有 3 个设置匹配最大值。其他两个设置将被禁用，只启用包含最大值的设置
	锁定纵横比		若选择该复选项，则保留源对象的原始纵横比

续表

卷展栏	参数	含义
显示	代理	将源重复项显示为简单对象，在处理复杂的散布对象时可加速视口的重画
	网格	显示重复项的完整几何体
	显示	指定视口中所显示的所有重复对象的百分比。该选项不会影响渲染场景
	隐藏分布对象	隐藏分布对象。隐藏对象不会显示在视口或渲染场景中
	新建	生成新的随机种子数目
	种子	产生不同的散布分配效果，可以在相同设置下产生不同效果的散布结果
加载/保存预设	预设名	用于设置当前参数的名称
	保存预设	列出以前所保存的参数设置，退出 3ds Max 后仍有效
	加载	载入在列表中选择的参数设置，并且将它用于当前的分布对象
	保存	保存【预设名】文本框中的当前名称并将其放入【保存预设】列表框中
	删除	删除在参数列表框中选择的参数设置

“散布”的源对象必须是网格物体或可以转化为网格物体的对象，否则该工具不能被激活使用。

(2) 图形合并。

使用图形合并工具可以将一个或多个图形嵌入到其他对象的网格中，或者从网格中移除该图形。图形合并的参数面板如图 5-4 所示，主要参数说明如表 5-3 所示。

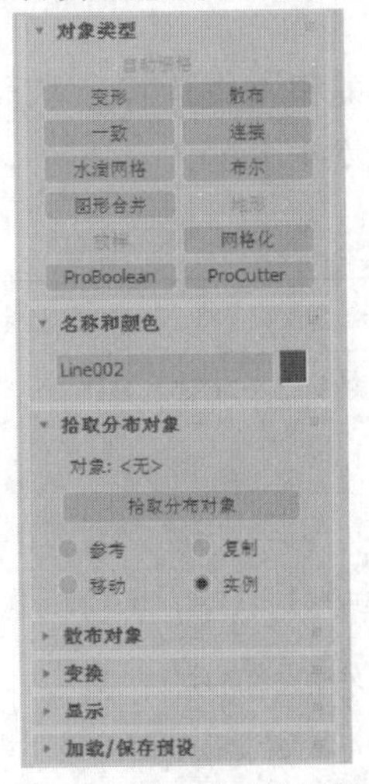

图5-3 【散布】参数面板

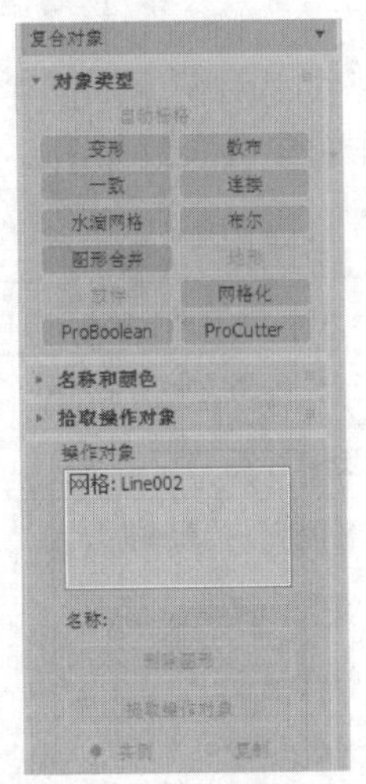

图5-4 【图形合并】参数面板

表 5-3 【图形合并】工具主要参数说明

卷展栏	参数	含义
拾取运算对象	拾取图形	单击该按钮，然后单击要嵌入网格对象中的图形。此图形沿图形局部负 z 轴方向投射到网格对象上
	参考/复制/移动/实例	指定如何将图形传输到复合对象中

续表

卷展栏	参数		含义
参数	选择对象		在复合对象中列出所有运算对象
	删除图形		从复合对象中删除选中图形
	提取操作对象		提取选中操作对象的副本或实例。只有在【操作对象】列表框中选择操作对象时，该按钮才可用
	实例/复制		指定如何提取操作对象。可以作为实例或副本进行提取
	操作	饼切	切去网格对象曲面外部的图形
		合并	将图形与网格对象曲面合并
		反转	反转“饼切”或“合并”效果。选择【饼切】单选项时，此效果明显。不选择【反转】单选项时，图形在网格对象中是一个孔洞。选择【反转】单选项时，图形为实心状态，同时网格消失
	输出子网格选择		指定将哪个选择级别传送到“堆栈”中的选项
显示/更新	显示	结果	显示操作结果
		运算对象	显示运算对象
	更新	始终	始终更新显示
		渲染时	仅在场景渲染时更新显示
		手动	仅在单击更新按钮后更新显示
		更新	当选中除【始终】之外的任一选项时更新显示

(3) 布尔。

布尔运算可以对两个或两个以上的物体进行并集、交集和差集运算，从而得到新的对象。布尔操作的参数面板如图 5-5 所示，主要参数说明如表 5-4 所示。

表 5-4　　【布尔】工具主要参数说明

卷展栏	参数	含义
布尔参数	添加运算对象	单击此按钮，选择用以完成布尔操作的第 2 个对象
	运算对象	用来显示当前的操作对象
	移除操作对象	从列表中移除选定的操作对象
	打开布尔操作资源管理器	单击此按钮，打开【布尔操作资源管理器】对话框，利用该对话框管理操作对象
运算对象参数	并集	将两对象合并，移除几何体的相交部分或重叠部分
	交集	将两对象相交的部分保留下来，删除不相交的部分
	差集	在 *A* 物体（先选择的对象）中减去与 *B* 物体（后选择的对象）重合的部分

物体在进行布尔运算后随时可以对两个运算对象进行修改，最后产生的结果也随之修改。布尔运算的修改过程还可以记录为动画，产生出“切割”或“合并”等效果。

(4) 放样。

放样操作可以将一组二维图形作为沿着一定路径分布的模型剖面，从而创建出具有复杂外形的物体。放样的参数面板如图 5-6 所示，主要参数说明如表 5-5 所示。

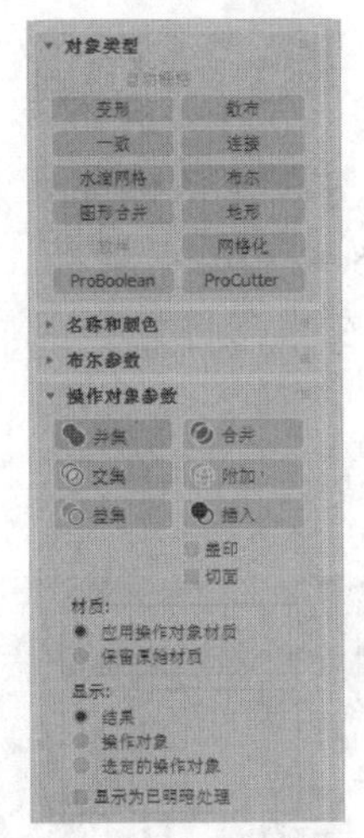

图5-5 【布尔】参数面板

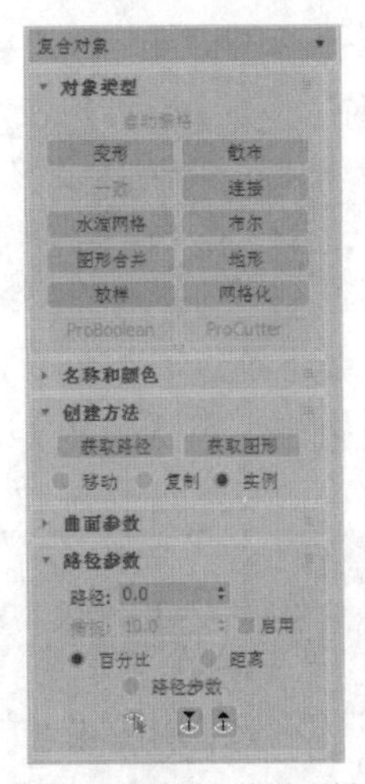

图5-6 【放样】参数面板

表 5-5 【放样】工具主要参数说明

参数	含义
获取路径	将路径指定给选定图形或更改当前指定的路径
获取图形	将图形指定给选定图形或更改当前指定的路径
移动/复制/实例	用于指定路径或图形转换为放样对象的方式

二、 多边形建模

多边形建模是最早也是应用最广泛的建模方法。一般模型是由许多面组成的，每个面都有不同的尺寸和方向。通过创建和排列面可以创建出复杂的三维模型。

与基本形体以搭积木的方式来创建的“堆砌建模”不同，多边形建模属于“细分建模”，就是将物体表面划分为不同大小的多边形，然后对其进行“精雕细琢”。

(1) 多边形建模的流程。

多边形建模的一般流程如图 5-7 所示。

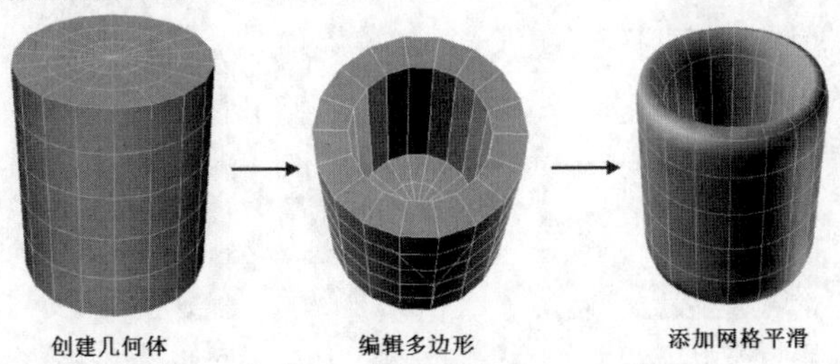

图5-7 多边形建模的一般流程

- 通过创建几何体或其他方式建模得到大致的模型。
- 将基础模型转化（塌陷）为可编辑多边形，进入可编辑多边形的子级别进行编辑。
- 使用【网格平滑】或【涡轮平滑】修改器对模型进行平滑处理。

(2) 将对象转化为多边形物体的方法。

多边形物体不是使用特殊方法创建出来的，而是将各种对象通过塌陷等方式转换而来

的，具体有以下 4 种方法。

- 为物体添加【编辑多边形】修改器，如图 5-8 所示。
- 在物体上单击鼠标右键，在弹出的快捷菜单中选择【转换为】/【转换为可编辑多边形】命令，将其转化为可编辑多边形，如图 5-9 所示。
- 在修改器堆栈中选中物体，然后单击鼠标右键，在弹出的快捷菜单中选择【可编辑多边形】命令，将其转化为可编辑多边形，如图 5-10 所示。
- 选中物体，在【建模】工具栏中单击 多边形建模 ▾ 按钮，在弹出的面板中选择【转化为多边形】，如图 5-11 所示。

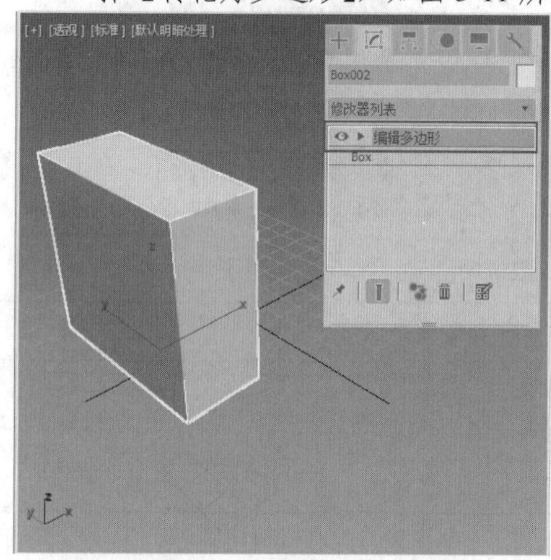

图5-8　转化为可编辑多边形方法 1

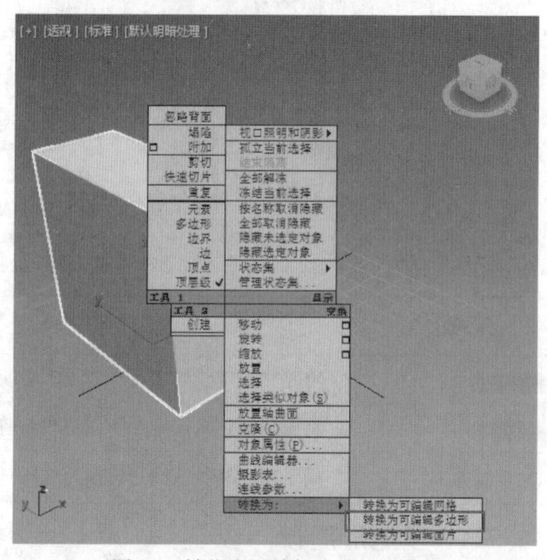

图5-9　转化为可编辑多边形方法 2

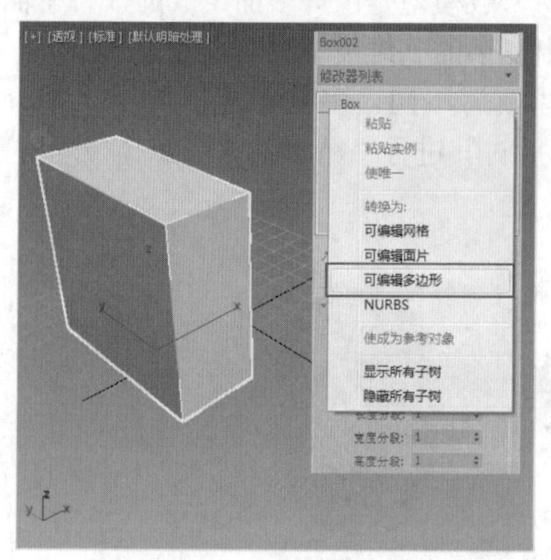

图5-10　转化为可编辑多边形方法 3

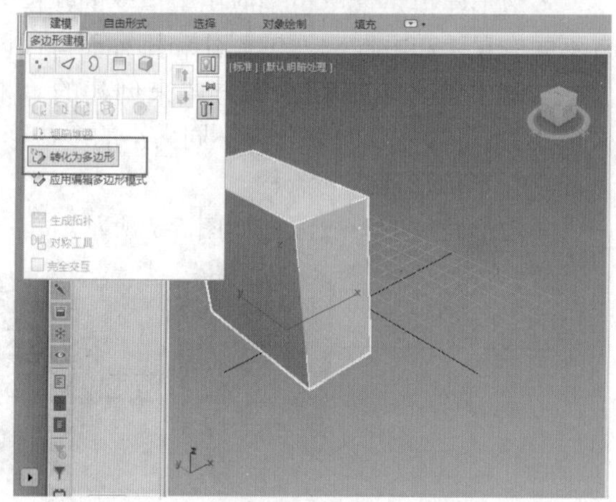

图5-11　转化为可编辑多边形方法 4

除使用第 1 种方法得到的多边形物体将全部保留模型的创建参数外，使用其余 3 种方法创建的多边形物体将丢失全部创建参数。

(3)　多边形物体的层级。

将物体转化为可编辑多边形后进入【修改】面板，展开【可编辑多边形】选项可以分别对其子选项进行编辑，用户可以看到其下的 5 个层级。

①　顶点。

顶点是多边形网格线的交点，用来定义多边形的基础结构，当移动或编辑顶点时，可以局部改变几何体的形状。在参数面板中单击∴按钮进入顶点级别后，即可使用如图 5-12 所示的工具对多边形物体的顶点进行编辑，示例如图 5-13 所示。

② 边。

边是连接两个顶点间的线段，但在多边形物体中，一条边不能由两个以上多边形共享。在参数面板中单击◁按钮进入边级别后，即可使用如图 5-14 所示的工具对多边形物体的边进行编辑，示例如图 5-15 所示。

图5-12　顶点层级

图5-13　编辑顶点

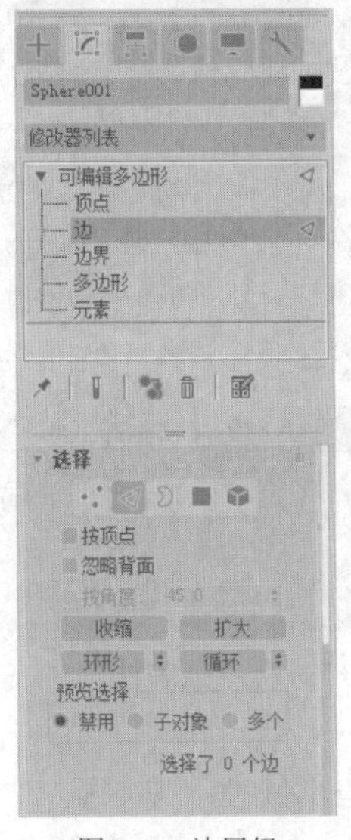

图5-14　边层级

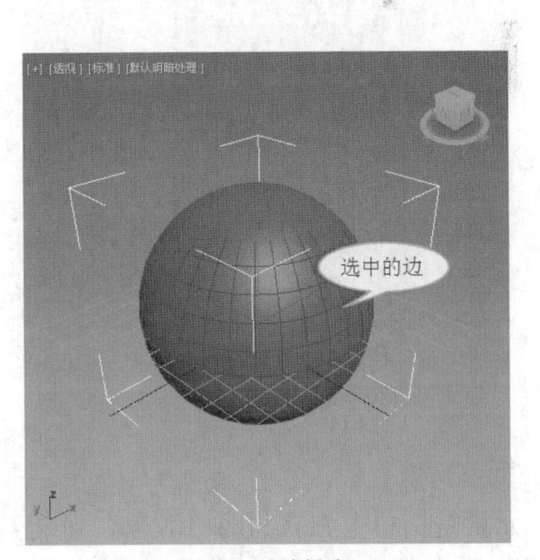

图5-15　编辑边

③ 边界。

边界是网格的线性部分，通常可描述为空洞的边缘，如创建物体后，删除其上选定的多边形区域，则将形成边界。在参数面板中单击⊃按钮进入边界级别后，即可使用如图 5-16 所示的工具对多边形物体的边界进行编辑，示例如图 5-17 所示。

④　多边形。

多边形是通过曲线连接的一组边的序列，为物体提供可渲染的曲面。在参数面板中单击■按钮进入多边形级别后，即可使用如图 5-18 所示的工具对多边形物体的多边形进行编辑，示例如图 5-19 所示。

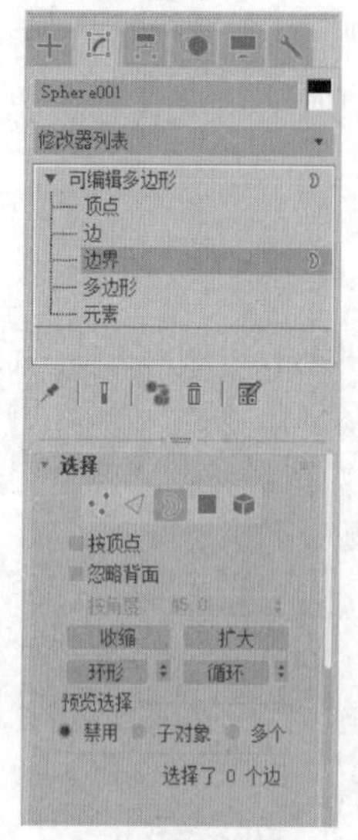

图5-16　边界层级

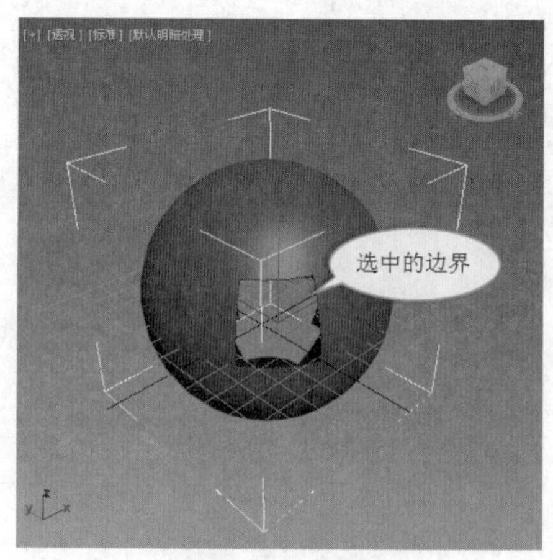

图5-17　编辑边界

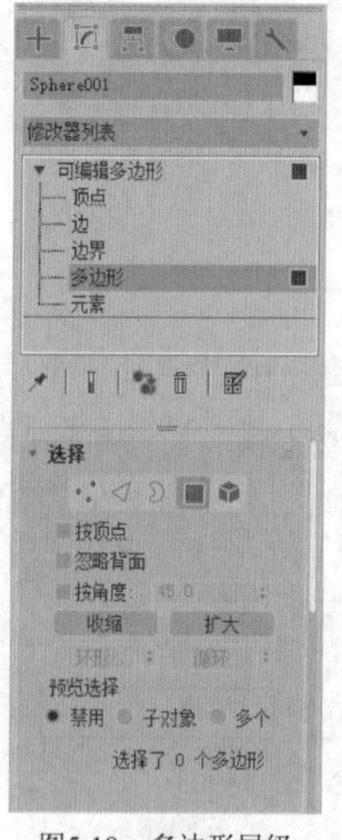

图5-18　多边形层级

图5-19　编辑多边形

⑤　元素。

元素是指单个独立的网格对象，可将其组合为更大的多边形物体，如将一个物体删除中间部分形成两个独立区域时，则形成两个元素。在参数面板中单击■按钮进入元素级别后，即可使用如图 5-20 所示的工具对多边形物体的元素进行编辑，示例如图 5-21 所示。

三、　多边形建模中的基本工具

多边形物体在不同的级别下能实现的操作和基本工具都有所差异，下面分别对这些工具和参数的用法进行简要介绍。

(1) 公共参数卷展栏。

无论当前处于何种层级下，参数卷展栏中都具有相同的公共参数，主要包括【选择】和【软选择】两项，下面对其中的常用参数进行简要介绍。

① 【选择】卷展栏。

【选择】卷展栏的内容如图 5-22 所示，各主要参数的用法如表 5-6 所示。

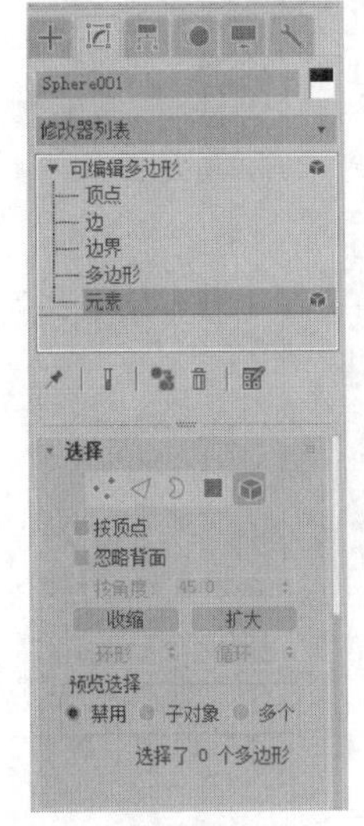

图5-20 元素层级

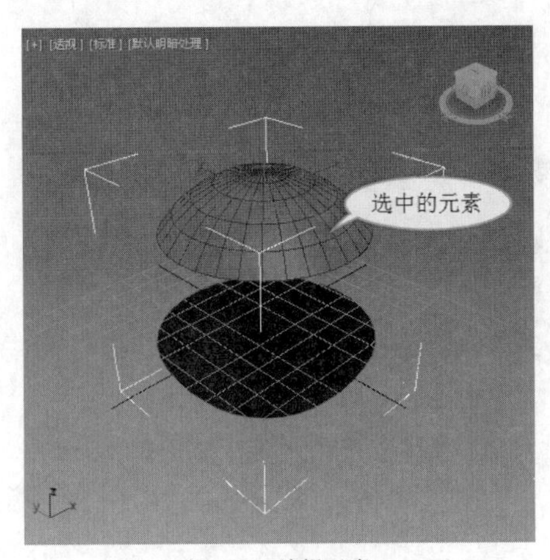

图5-21 编辑元素

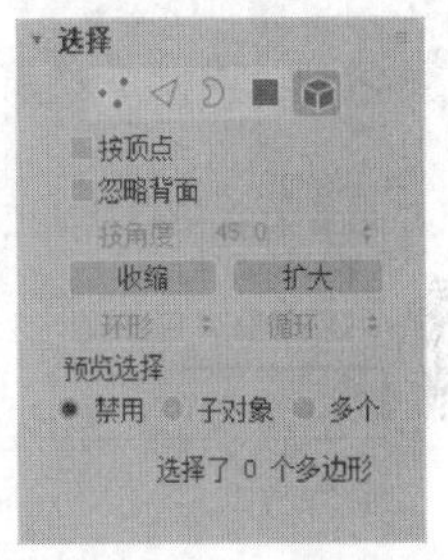

图5-22 【选择】卷展栏

表 5-6 【选择】卷展栏主要参数用法

参数	含义
（顶点）、（边）、（边界）、（多边形）、（元素）	这一组按钮分别表示 5 个层级，单击每个按钮可以进入相应的子对象层级进行编辑操作
按顶点	选择该复选项时，只有通过选择所用的顶点才能选择子对象，单击某顶点时将选中使用该顶点的所有对象（如在【边】层级下单击选择某顶点，则可以选中与该顶点相连的所有边）。该功能在【顶点】层级下无效
忽略背面	选择该复选项后，选择子对象时将只影响朝向用户这一侧的对象，不影响其背侧的对象，否则将同时选中两侧对象，如图 5-23 所示 当在非透视视口中使用框选方式选择对象时必须明确是否启用了该功能
按角度	该功能只在【多边形】层级下有效。选择该复选项时，选择一个多边形会基于该复选项右侧设置的角度值大小同时选中相邻多边形，该值用于确定要选择的相邻多边形之间的最大角度
收缩	单击一次该按钮，可以在当前选择范围内减少一圈对象
扩大	单击一次该按钮，选择范围向外扩大一圈
环形	只能在【边】和【边界】级别中使用。选定一部分对象后，单击该按钮可以自动选中平行于该对象的其他对象，如一个球面上与选定边同纬度的其他边
循环	只能在【边】和【边界】级别中使用。选定一部分对象后，单击该按钮可以自动选中与当前对象在同一曲线上的其他对象

② 【软选择】卷展栏。

【软选择】卷展栏的内容如图 5-24 所示，各主要参数的用法如表 5-7 所示。

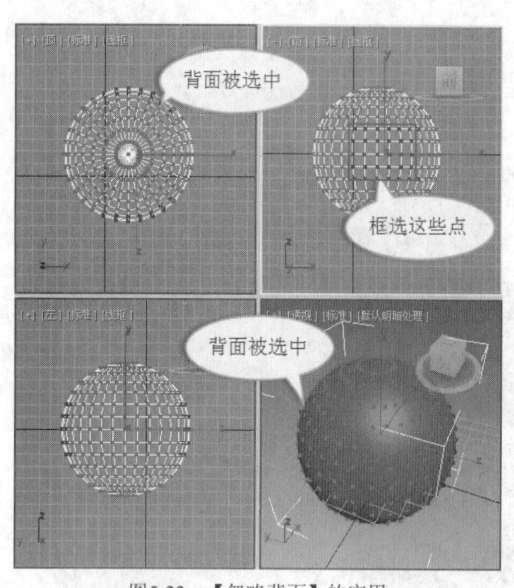

图5-23　【忽略背面】的应用

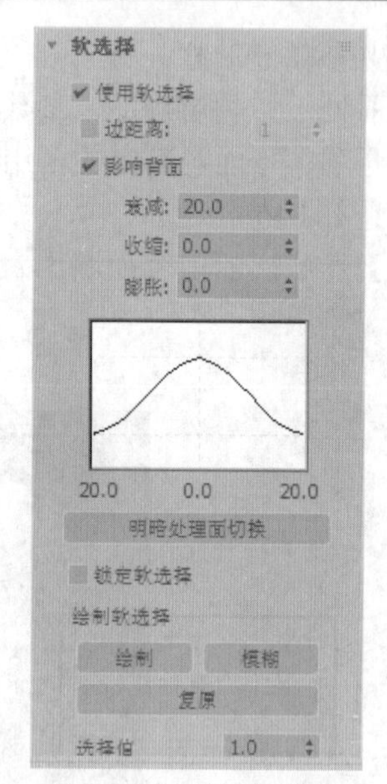

图5-24　【软选择】卷展栏

表 5-7　　【软选择】卷展栏主要参数用法

参数	含义
使用软选择	选中该复选项后，会将修改应用到选定对象周围未选定的其他对象上
边距离	选中该复选项后，将软选择限定到指定的面数
影响背面	选中该复选项后，选定子对象背面的对象将受到软选择的影响
衰减	用来定义软选择影响区域的距离。衰减值越高，衰减曲线越平缓，软选择的范围也越大
收缩	设置选择区域的“突出度”，沿垂直方向升高或降低曲线的顶点，为负值时将形成凹陷
膨胀	设置选择区域的“丰满度”，沿垂直方向展开或收缩曲线
软选择曲线图	以图形方式显示软选择效果
锁定软选择	锁定当前选择，以防止被修改

要点提示 在图 5-25 中，均只选中一个顶点，未启用软选择时，移动该顶点，周围顶点并不发生移动；启用软选择后，移动该顶点，周围顶点将跟随移动，距离选定顶点较近的顶点移动距离较大，距离选定顶点较远的顶点移动距离较小。

(2)　子物体层级卷展栏。

在选择不同的子物体层级时，相应的参数卷展栏将有所不同，例如在【顶点】层级下有【编辑顶点】和【顶点属性】卷展栏，在【边】层级下有【编辑边】卷展栏。

①　【编辑几何体】卷展栏。

【编辑几何体】卷展栏下的工具适用于所有的子对象级别，如图 5-26 所示，主要用于对多边形物体进行全局性的修改，其主要参数用法如表 5-8 所示。

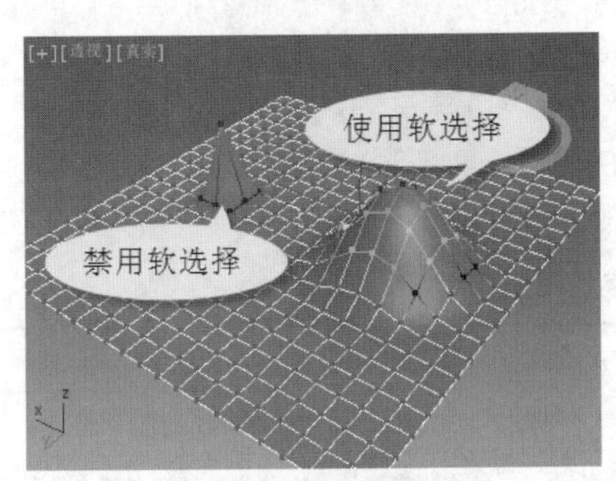

图5-25　软选择的应用

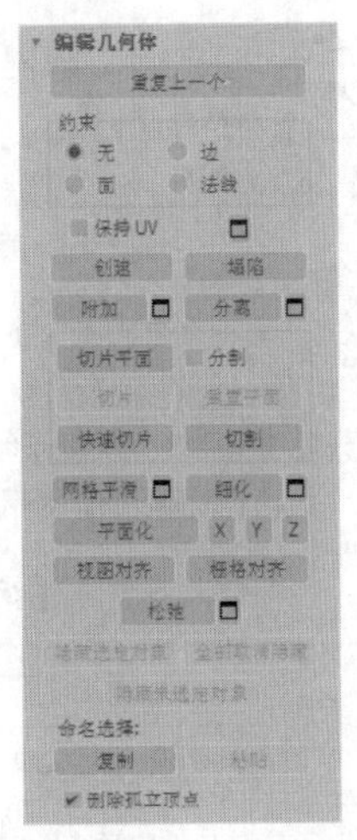

图5-26　【编辑几何体】卷展栏

表 5-8　【编辑几何体】卷展栏主要参数用法

参数	含义
重复上一个	单击该按钮可以重复使用上一次用过的命令
约束	使用现有几何体来约束子对象的变换，其中包含 4 种约束方式
保持 UV	选择该复选项后，在编辑子对象时不影响其 UV 贴图
□	打开如图 5-27 所示的【保持贴图通道】对话框，指定要保持的贴图通道
创建	创建新的几何体
塌陷	将顶点与选择中心的顶点焊接，使连续选定的子对象产生塌陷
附加	将场景中的其他对象加入到当前多边形网格物体中
分离	将选定对象作为单独的对象或元素分离出来
切片平面	用于沿某一平面分开网格物体
分割	可以使用 快速切片 工具和 切割 工具在划分边的位置处创建出两个顶点集合
切割	在一个或多个多边形上创建出新的边
网格平滑	使选定的对象产生平滑效果
细化	增加局部网格的密度，以方便对对象细节进行处理
平面化	强制所有选择的子对象共面
视图对齐	使视图中的所有顶点与活动视图所在的平面对齐
栅格对齐	使选定对象中的所有顶点与活动视图所在的平面对齐
隐藏选定对象	隐藏所选择的子对象
全部取消隐藏	取消对全部隐藏对象的隐藏操作，使之可见
隐藏未选定对象	隐藏未被选中的所有子对象

②　【编辑顶点】卷展栏。

选中【顶点】层级后，将展开【编辑顶点】卷展栏，如图 5-28 所示，其主要参数的用法如表 5-9 所示。

图5-27　【保持贴图通道】对话框

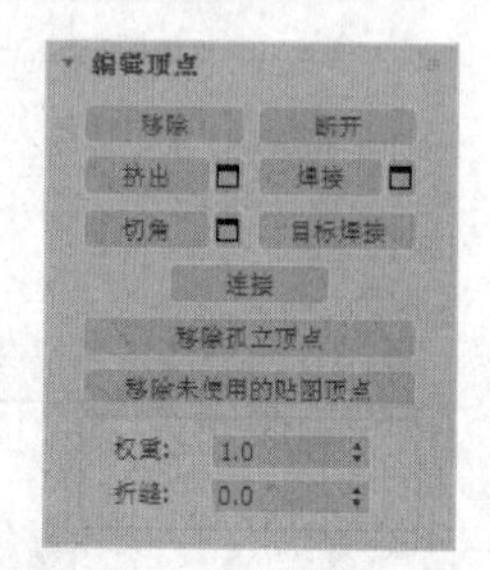

图5-28　【编辑顶点】卷展栏

表 5-9　　【编辑顶点】卷展栏主要参数用法

参数	含义
移除	删除选定的顶点
断开	在与选定顶点相连的每个多边形上都创建一个新顶点，使得每个多边形在此位置都拥有独立的顶点
挤出	选中顶点后，按住鼠标左键并拖曳鼠标光标可以手动对其进行挤出操作，形成凸起或凹陷的结构，如图 5-29 所示。单击 挤出 按钮右侧的□按钮，可以在弹出的参数面板中设置详细的参数
焊接	选择需要焊接的顶点后，单击 焊接 按钮可以将其焊接到一起。单击□按钮，在打开的参数面板中设置阈值（焊接顶点间的最大距离）大小，在此距离内的顶点都将焊接到一起，如图 5-30 所示
切角	单击该按钮后，可以拖动选定点进行切角处理，如图 5-31 所示。单击□按钮，可以在弹出的参数面板中设置详细的参数
目标焊接	用于焊接成对的连续顶点，选择一个顶点将其焊接到相邻的目标顶点。单击一个顶点后将出现一条目标线，选取一个相邻顶点即可
连接	在选定顶点之间创建新边，如图 5-32 所示
移除孤立顶点	删除所有不属于任何多边形的顶点
移除未使用的贴图顶点	移除所有没有使用的贴图顶点

选定顶点后，按 Delete 键可以删除该顶点，这会在网格中留下一个空洞。移除顶点则不同，删除顶点后并不会破坏表面的完整性，顶点周围会重新接合起来形成多边形。删除顶点与移除顶点的区别如图 5-33 所示。

图5-29　挤出操作

图5-30　焊接操作

图5-31　切角操作

图5-32　连接操作

图5-33　删除与移除的区别

【编辑几何体】卷展栏中的“塌陷”工具与【编辑顶点】卷展栏中的“焊接”工具用法类似，但是“塌陷”工具不需要设置“阈值”即可实现类似于“焊接”的操作。

③ 【编辑边】卷展栏。

选中【边】层级后，将展开【编辑边】卷展栏，如图 5-34 所示，其主要参数的用法如表 5-10 所示。

表 5-10 【编辑边】卷展栏主要参数用法

参数	含义
插入顶点	在选定边上插入顶点，进一步细分该边，如图 5-35 所示
移除	删除选定边并将剩余边线组合为多边形
分割	沿指定边分割网格，网格在指定边线处分开
桥	使用多边形的“桥”连接对象的边。“桥”只连接边界边，选中两边后，将在其间创建类似“桥”的曲面，如图 5-36 所示
连接	在选定边之间创建新边，如图 5-37 所示
编辑三角剖分	用于修改绘制内边或对角线时多边形细分为三角形的方式
旋转	用于通过单击对角线修改多边形细分为三角形的方式

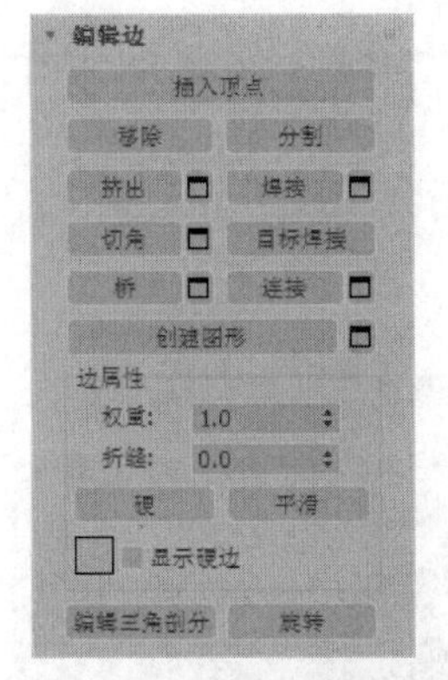

图5-34 【编辑边】卷展栏

图5-35 插入顶点操作

图5-36 桥操作

④ 【编辑边界】卷展栏。

选中【边界】层级后，将展开【编辑边界】卷展栏，如图 5-38 所示，其主要参数的用法如表 5-11 所示。

表 5-11 【编辑边界】卷展栏主要参数用法

参数	含义
挤出	对选定边界进行手动挤出操作，如图 5-39 所示
插入顶点	在选定边界上添加顶点
切角	对选定边界进行切角操作，如图 5-40 所示
封口	使用单个多边形封住整个边界，如图 5-41 所示

⑤ 【编辑多边形】卷展栏。

选中【多边形】层级后，将展开【编辑多边形】卷展栏，如图 5-42 所示，其主要参数

的用法如表 5-12 所示。

图5-37　连接操作

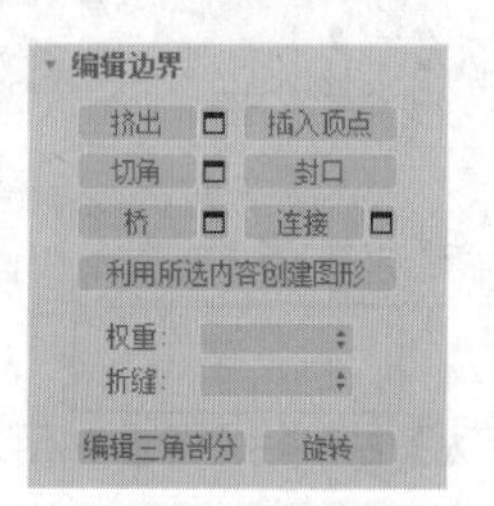

图5-38　【编辑边界】卷展栏

图5-39　挤出操作

图5-40　切角操作

图5-41　封口操作

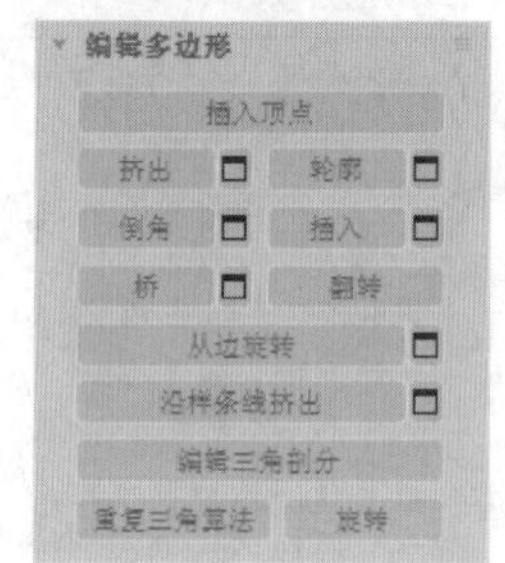

图5-42　【编辑多边形】卷展栏

表 5-12　【编辑多边形】卷展栏主要参数用法

参数	含义
轮廓	用于增大或减少选定多边形的外边轮廓尺寸，如图 5-43 所示
倒角	对选定的多边形进行手动倒角操作，如图 5-44 所示
插入	在选定的多边形平面内执行插入操作，如图 5-45 所示
翻转	翻转选定多边形的法线方向

图5-43　轮廓操作

图5-44　倒角操作

图5-45　插入操作

⑥　【编辑元素】卷展栏。

选中【元素】层级后，将展开【编辑元素】卷展栏，其中大部分参数与前面 5 种层级下的同名参数用法类似，这里不再赘述。

5.2　范例解析——制作“时尚鼠标”效果

本案例将制作一个外观时尚的无线蓝牙鼠标模型。首先使用【放样】工具快速地创建出曲面模型，然后使用【布尔】工具对已有模型进行二次加工，结果如图 5-46 所示。

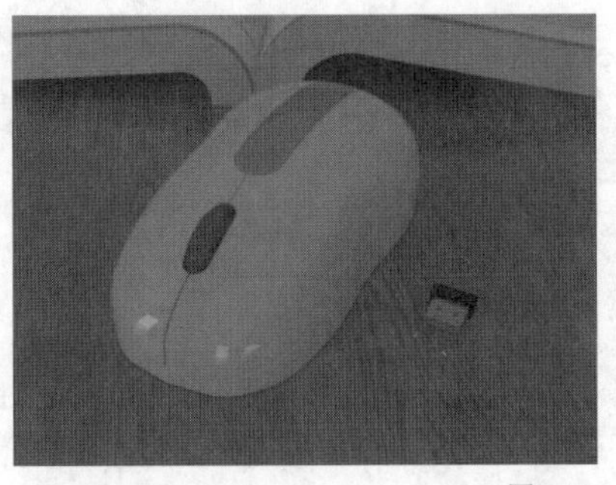

图5-46 “时尚鼠标”效果

【操作步骤】

1. 放样鼠标模型。

(1) 打开制作模板。

① 按Ctrl+O组合键打开素材文件“第 5 章\素材\时尚鼠标\鼠标.max”。

② 场景中绘制有鼠标 3 个视图方向上的轮廓图形。

③ 模板场景如图 5-47 所示。

(2) 执行放样操作，如图 5-48 所示。

① 选中场景中绘制的所有线段。

② 单击●按钮，设置创建对象类型为【复合对象】。

③ 单击放样按钮。

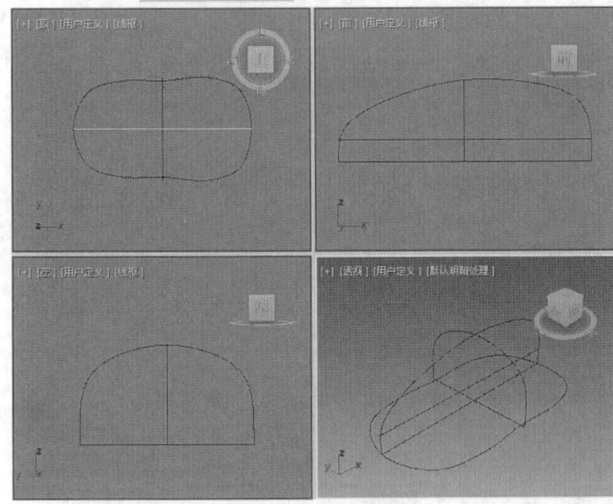

图5-47 打开制作模板

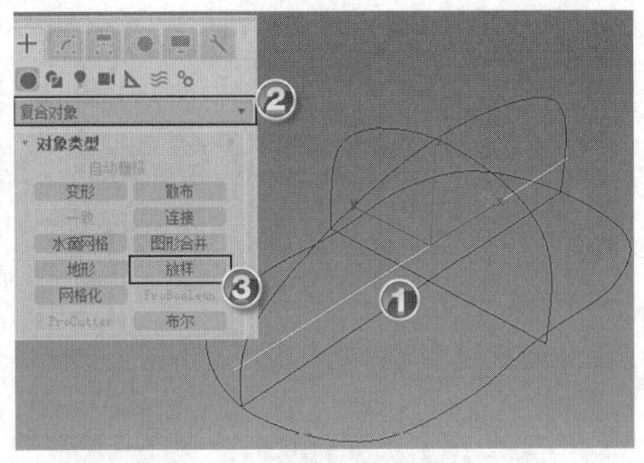

图5-48 执行放样操作

(3) 生成放样对象，如图 5-49 所示。

① 单击【创建方法】卷展栏中的获取图形按钮。

② 选中【左视图】中绘制的图形生成放样对象。

(4) 旋转截面图形，如图 5-50 所示。

① 在视口选中“放样对象”。

② 按E键选中【选择并旋转】工具。

③ 按A键激活【角度捕捉】。

④ 选中放样对象的截面图形，将截面图形绕 x 轴逆时针旋转 90° 。

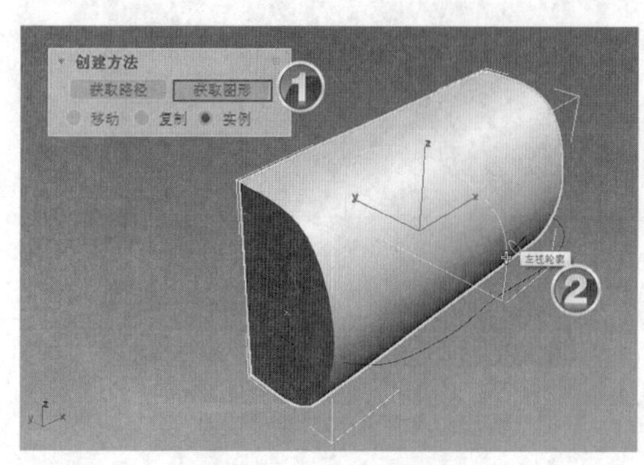

图5-49　生成放样对象

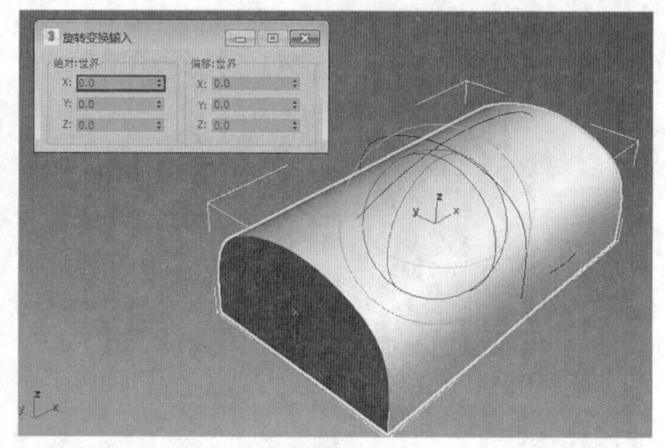

图5-50　旋转截面图形

(5)　进行 y 轴拟合变形，如图 5-51 所示。

①　单击按钮进入【修改】面板，在【变形】卷展栏中单击 拟合 按钮，打开【拟合变形】窗口，弹起按钮。

②　按下按钮。

③　单击按钮。

④　选择拟合曲线。

(6)　进行 x 轴拟合变形，如图 5-52 所示。

①　选中【前视图】中绘制的图形，按下按钮。

②　单击按钮。

③　选中【顶视图】中绘制的图形。

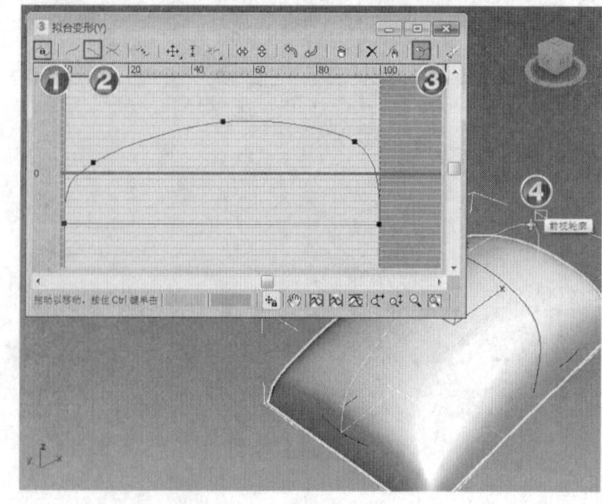

图5-51　进行 y 轴拟合变形

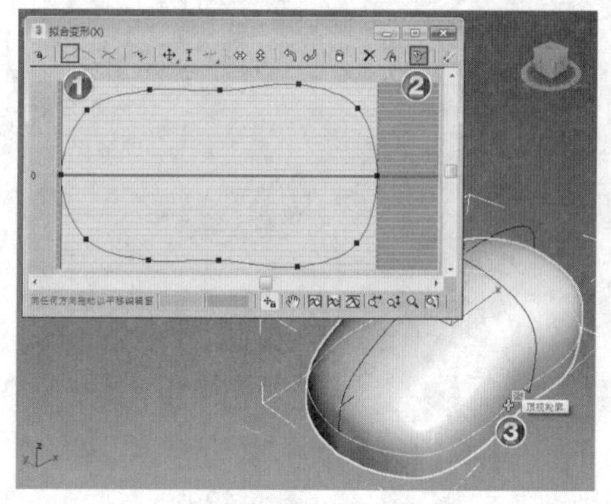

图5-52　进行 x 轴拟合变形

2.　修饰鼠标外形。

(1)　创建圆弧图形，如图 5-53 所示。

①　在【创建】面板中单击按钮，单击 弧 按钮，在【前视图】中绘制一条圆弧。

②　设置圆弧参数，调整圆弧位置。

(2)　增加圆弧轮廓，如图 5-54 所示。

①　确认圆弧处于选中状态，单击鼠标右键，在弹出的快捷菜单中选择【转换为】/【转换为可编辑样条线】命令。

②　进入“样条线”子层级。

③ 选中图形中的样条线。

④ 在【几何体】卷展栏中设置轮廓参数为“1”，按Enter键增加轮廓形状。

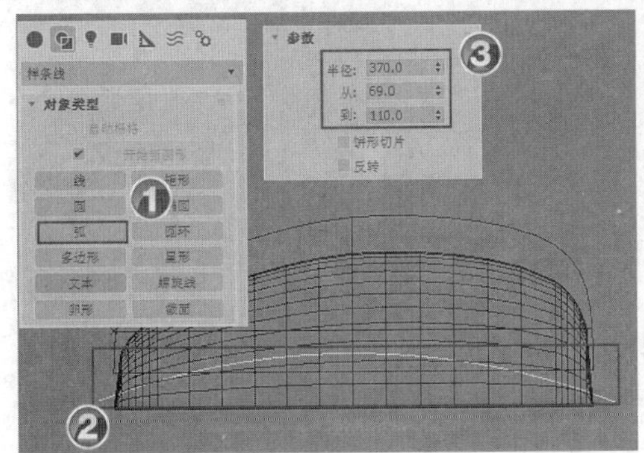

图5-53 创建圆弧图形

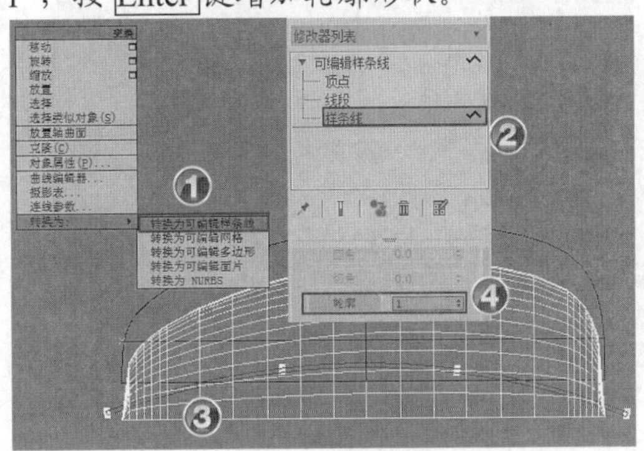

图5-54 增加圆弧轮廓

(3) 添加【挤出】修改器，如图 5-55 所示。

① 返回父层级。

② 添加【挤出】修改器。

③ 设置【数量】为“480”。

④ 按W键在【顶视图】中向上移动，使鼠标模型完全位于其中。

(4) 绘制矩形，如图 5-56 所示。

① 选中鼠标模型和挤出模型，单击鼠标右键，在弹出的快捷菜单中选择【隐藏选定对象】命令，隐藏模型，以便于接下来的操作，在【顶视图】中绘制 1 个矩形。

② 设置矩形参数。

③ 设置坐标参数。

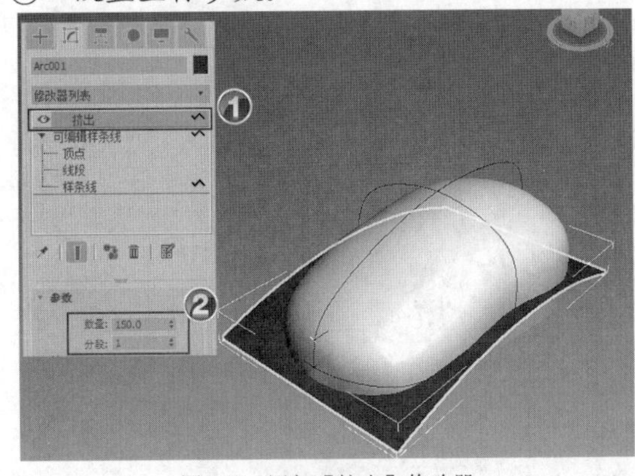

图5-55 添加【挤出】修改器

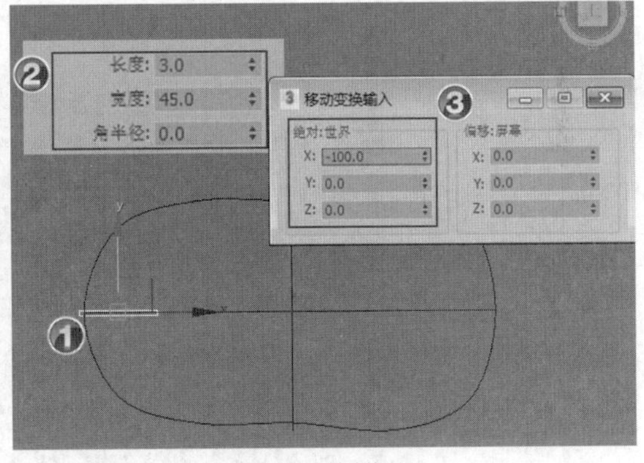

图5-56 绘制矩形

(5) 继续绘制第 2 个矩形，设置其参数如图 5-57 所示。

(6) 继续绘制第 3 个矩形，设置其参数如图 5-58 所示。

(7) 继续绘制第 4 个矩形，设置其参数如图 5-59 所示。

(8) 转换并附加图形，如图 5-60 所示。

① 选中绘制的矩形。

② 单击鼠标右键，在弹出的快捷菜单中单击【转换为】/【转换为可编辑样条线】命令。

③ 在【修改】面板的【几何体】卷展栏中单击 附加 按钮。

④ 依次选中前面绘制的 3 个矩形，完成后单击鼠标右键退出附加状态。

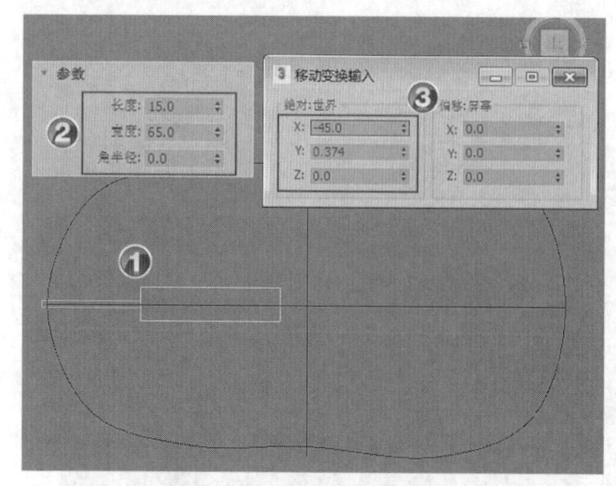

图5-57　绘制第 2 个矩形

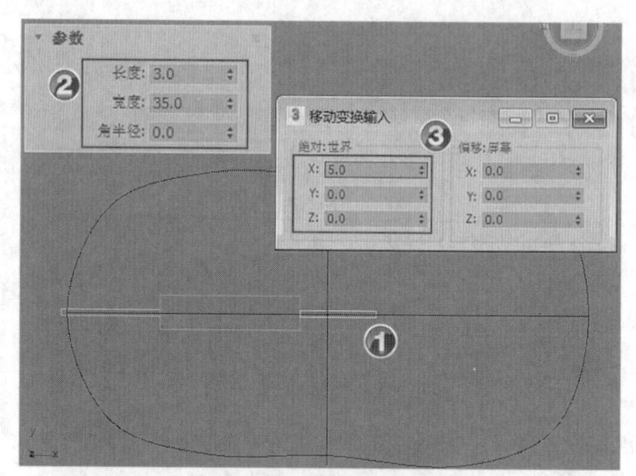

图5-58　绘制第 3 个矩形

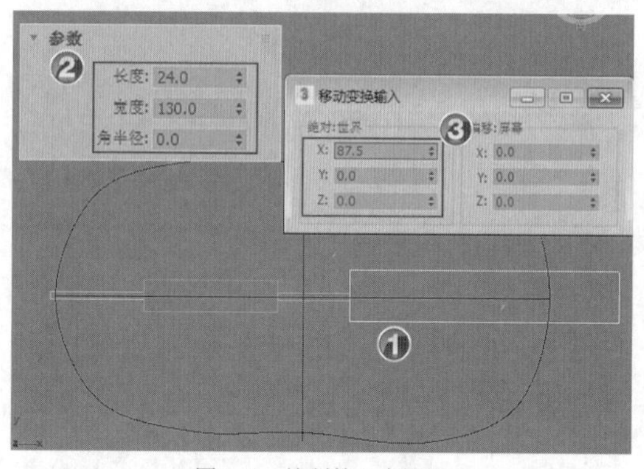

图5-59　绘制第 4 个矩形

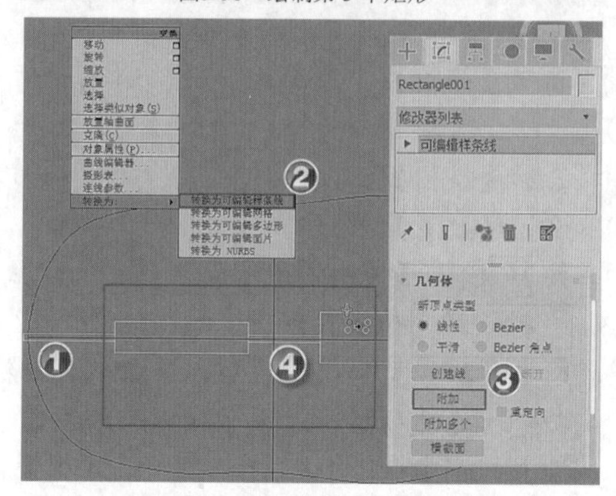

图5-60　转换并附加图形

3.　完善设计。

(1)　整合图形，如图 5-61 所示。

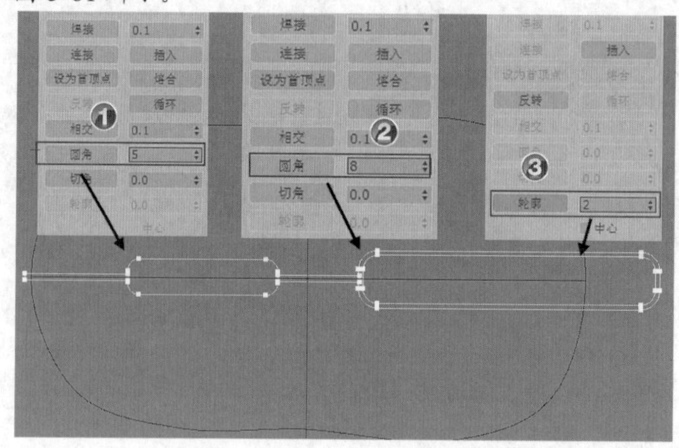

图5-61　整合图形

①　选中“顶点”子层级。

②　选中第 3 个矩形的 4 个顶点，在【几何体】卷展栏的【圆角】文本框中输入圆角数值“5”，按照类似方法为第 4 个矩形进行倒圆角，圆角数值为“8”。

③　选中“样条线”子层级。

④　选中第 4 个矩形，在【几何体】卷展栏的【轮廓】文本框中输入数值“2”。

(2) 挤出模型，如图 5-62 所示。

① 返回父层级，取消隐藏对象。

② 添加【挤出】修改器。

③ 设置【数量】为“90”。

④ 按 W 键在【前视图】中向下移动挤出模型，使鼠标模型完全位于其中。

(3) 布尔切割挤出模型，如图 5-63 所示。

① 选中鼠标模型。

② 设置创建对象类型为【复合对象】，单击 布尔 按钮。

③ 在【运算对象参数】卷展栏中单击 差集 按钮，再单击 添加运算对象 按钮。

④ 选中挤出模型进行布尔运算。

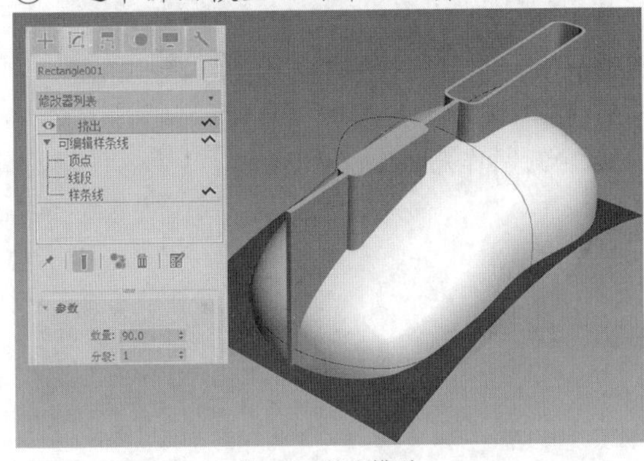

图5-62　挤出模型

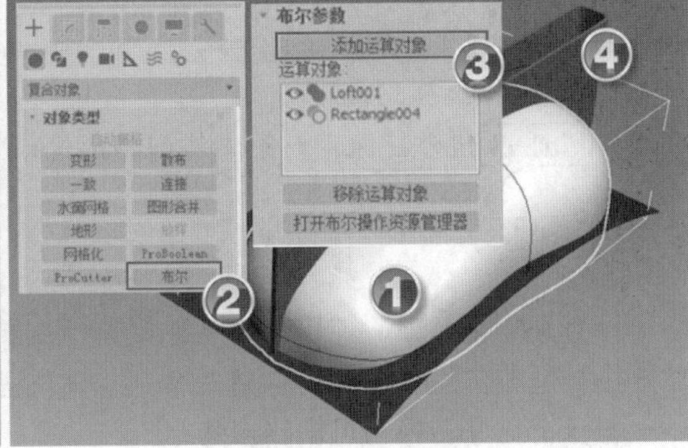

图5-63　布尔切割挤出模型

(4) 布尔圆弧挤出模型，如图 5-64 所示。

① 在【布尔参数】卷展栏中单击 添加运算对象 按钮。

② 选中圆弧挤出模型进行布尔运算。

③ 在【运算对象参数】卷展栏中单击 差集 按钮。

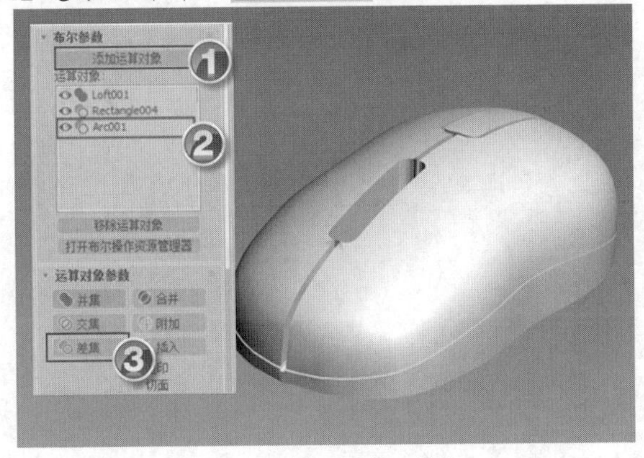

图5-64　布尔圆弧挤出模型

4. 制作滚轮和蓝牙接收器。

(1) 制作鼠标滚轮，如图 5-65 所示。

① 设置创建对象类型为【标准基本体】，单击 圆环 按钮。

② 在【前视图】中绘制 1 个圆环。

③ 设置圆环参数，然后使用移动工具将圆环移动到合适位置。

(2) 制作蓝牙接收器，如图 5-66 所示。

① 单击 长方体 按钮。

② 在【左视图】中在绘制两个长方体，分别设置其参数和位置坐标。

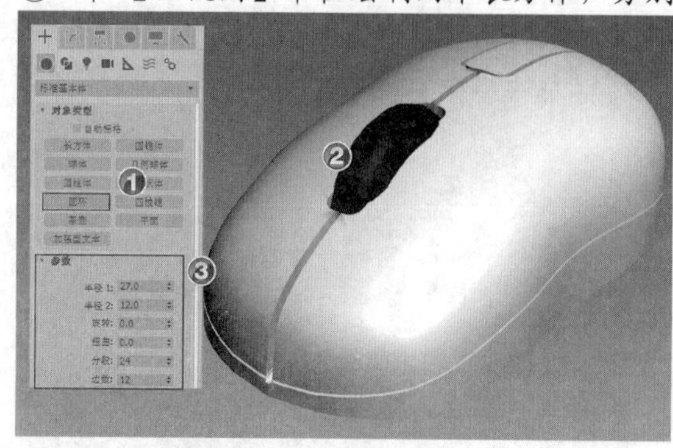

图5-65　制作鼠标滚轮

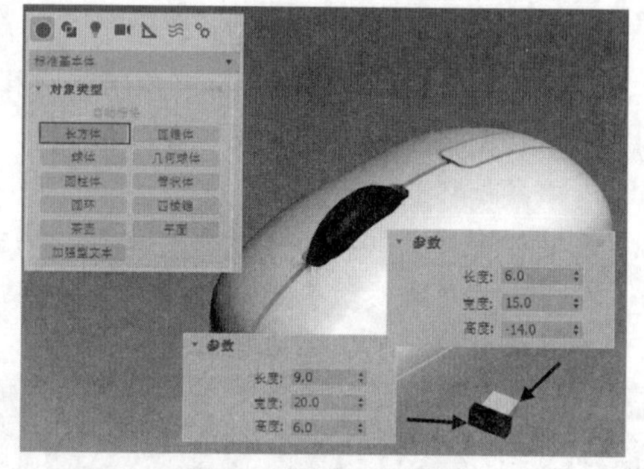

图5-66　制作蓝牙接收器

(3) 按 Ctrl+S 组合键保存场景文件到指定目录。本案例制作完成。

5.3 习题

1. 什么是复合对象，使用该方法建模有什么特点？
2. 什么是布尔运算，如何创建两个几何体的差运算？
3. 怎样将对象转换为可编辑多边形？
4. 多边形物体在【顶点】层级下，可以实现哪些主要操作？
5. 可编辑多边形有哪些子层级，在每个层级下有哪些工具可以使用？

第6章　摄影机与灯光

【学习目标】

- 明确摄影机的基本参数和用途。
- 掌握调整摄影机视图的方法。
- 明确灯光的种类和用途。
- 掌握灯光的基本设置方法。

3ds Max 2020 中的摄影机是调整观察场景视角的重要工具，使用摄影机不仅便于观察场景，而且可提供许多模拟真实摄影机的特效。三维场景中离不开灯光，它可以照亮场景，使模型显示出各种反射效果并产生阴影，只有应用了灯光，为模型设置的各种材质才有意义。

6.1　基础知识

一、　摄影机及其应用

3ds Max 2020 中的摄影机与现实世界中的摄影机十分相似，摄影机的位置、摄影角度、焦距等都可以随意调整。这样不仅方便观看场景中各部分的细节，而且可以利用摄影机的移动创建浏览动画。另外，使用摄影机还可以制作景深和运动模糊等特效。

(1)　目标摄影机。

目标摄影机除了有摄影机对象外，还有一个目标点，摄影机的视角始终向着目标点，以查看所放置的目标点周围的区域。摄影机和目标点的位置都可自由调整，如图 6-1 所示。

在【创建】面板中单击■（摄影机）按钮，然后在【对象类型】面板中单击 目标 按钮，可以看到目标摄影机的基本参数如图 6-2 所示。目标摄影机参数的用法如表 6-1 所示。

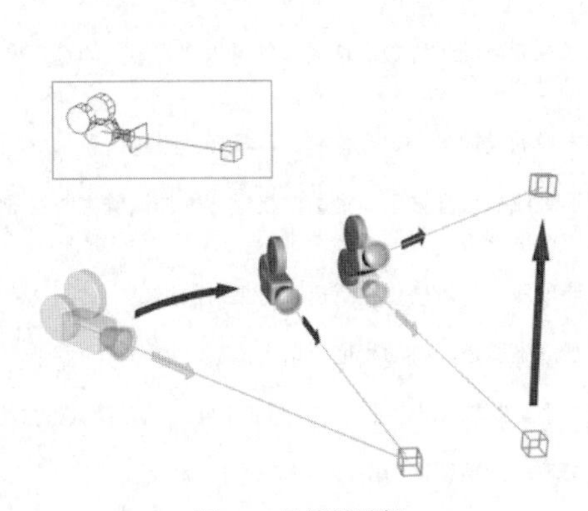

图6-1　目标摄影机

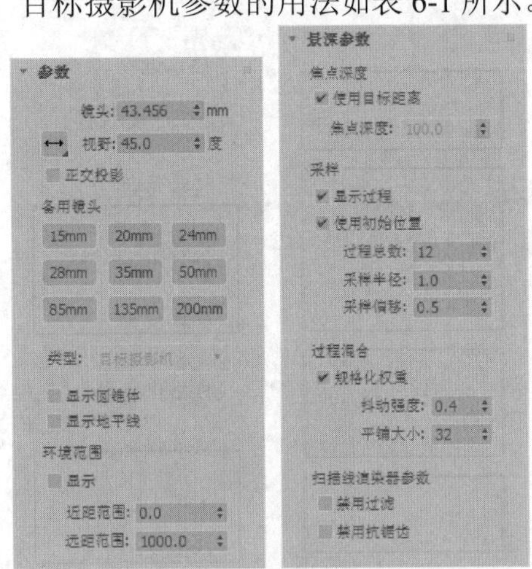

图6-2　【目标摄影机】参数

表 6-1　　目标摄影机参数的用法

卷展栏	参数		说明
参数	镜头		设置摄影机焦距，单位为 mm
	视野		设置摄影机的视野宽度，有（水平）、（垂直）和（对角）3 种方式
	正交投影		选择该复选项后，摄影机视图为用户视图；关闭后，摄影机视图为标准视图
	备用镜头		系统备用镜头有 15mm、20mm、24mm、28mm、35mm、50mm、85mm、135mm 和 200mm 等 9 种，用户可以根据需要选取使用
	类型		切换摄影机类型，包括【目标摄影机】和【自由摄影机】两种
	显示圆锥体		显示定义摄影机视野的锥形光线
	显示地平线		在摄影机视图中显示一条深灰色的地平线
	环境范围	显示	显示在摄影机锥形光线内的矩形
		近距范围/远距范围	设置大气效果的近距范围和远距范围
	剪切平面	手动剪切	定义剪切平面
		近距剪切/远距剪切	设置近距平面和远距平面。比近距剪切平面近和比远距剪切平面远的对象都将不可见
	多过程效果	启用	选择该复选项后，可以预览渲染效果
		预览	在活动摄影机视图中预览效果
		多过程效果类型	景深：当镜头的焦距调整在聚焦点上时，只有唯一的点会在焦点上形成清晰的影像，其他部分会形成模糊的影像，在焦点前后出现清晰区，如图 6-3 所示 运动模糊：运动时物体产生模糊的速度感，如图 6-4 所示
		渲染每过程效果	选择该复选项后，将渲染效果应用于多重过滤效果的每个过程
	目标距离		使用【目标摄影机】时，设置摄影机与目标之间的距离
景深参数	焦点深度	使用目标距离	选择该复选项后，将摄影机的目标距离用作每个过程偏移摄影机的点
		焦点深度	取消选择【使用目标距离】复选项后，用来设置摄影机的偏移深度，取值范围为 0~100
	采样	显示过程	选择该复选项后，在【渲染帧窗口】对话框中显示多个渲染通道
		使用初始位置	选择该复选项后，第 1 个渲染过程将设置摄影机的初始位置
		过程总数	设置生成景深效果的过程数，增大该值可以提升效果的真实度，但会增加渲染时间
		采样半径	设置场景生成的模糊半径。数值越大，模糊效果越明显
		采样偏离	设置模糊远离或靠近【采用半径】的权重，增加该值将增加景深模糊的数量级，得到更均匀的景深效果
	过程混合	规格化权重	选择该复选项后，将规格化权重已获得平滑的结果
		抖动强度	设置应用于渲染通道的抖动程度，增大该值将增大抖动量
		平铺大小	设置图案大小。0 表示以最小方式平铺，100 表示以最大方式平铺
	扫描线渲染器参数	禁用过滤	选择该复选项后，系统将禁用过滤的整个过程
		禁用抗锯齿	选择该复选项后，禁用抗锯齿功能

图6-3　景深效果

图6-4　运动模糊效果

要点提示　焦距决定了被拍摄物体在摄影机视图中的大小。以相同的距离拍摄同一物体时，焦距越长，被拍摄物体在摄影机视图上显示得就越大；焦距越短，被拍摄物体在摄影机视图上显示得就越小，摄影机视图中包含的场景也就越多。视野用于控制场景可见范围的大小，视野越大，在摄影机视图中包含的场景就越多。视野与焦距相互联系，改变其中一个的值，另一个也会相应地改变。焦距和视野的关系如图 6-5 所示。

(2)　自由摄影机。

自由摄影机只有一个对象，不仅可以自由移动位置坐标，而且可以沿自身坐标自由旋转和倾斜，如图 6-6 所示。当创建摄影机沿着一条路径运动的动画时，使用自由摄影机可方便地实现转弯等效果。自由摄影机的参数如图 6-7 所示，这些参数与目标摄影机的参数大同小异。

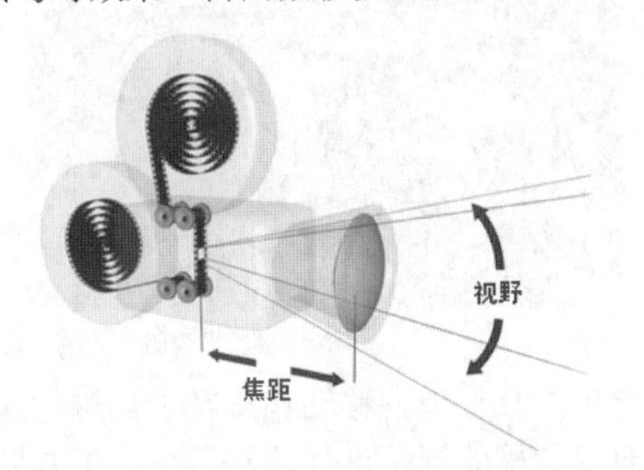

图6-5　摄影机的焦距和视野

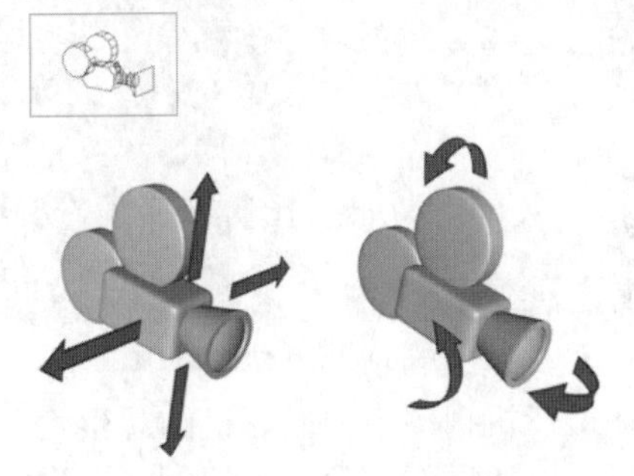

图6-6　自由摄影机

自由摄影机的初始方向沿着当前视图栅格的 z 轴负方向。也就是说，选择顶视图时，摄影机方向垂直向下；选择前视图时，摄影机方向由屏幕向里。单击透视图、正交视图和灯光视图时，自由摄影机的初始方向垂直向下，沿着坐标轴 z 轴负方向。

(3)　物理摄影机。

3ds Max 2020 新增加了物理摄影机，物理摄影机模拟真实摄影机原理进行工作。物理摄影机的参数比较复杂，如图 6-8 所示。这些参数中包括快门设置、光圈大小设置以及曝光控制等。

二、　摄影机视图及摄影机视角的调整

创建摄影机后，即可将选定视图转化为摄影机视图。在视口左上角视图类型列表上单击鼠标右键，在弹出的快捷菜单中选择【摄影机】/【Camera001】命令，如图 6-9 所示，即可将视图转到摄影机视图。在该视图模式下，可以对摄影镜头进行推拉等操作，如图 6-10 所示。

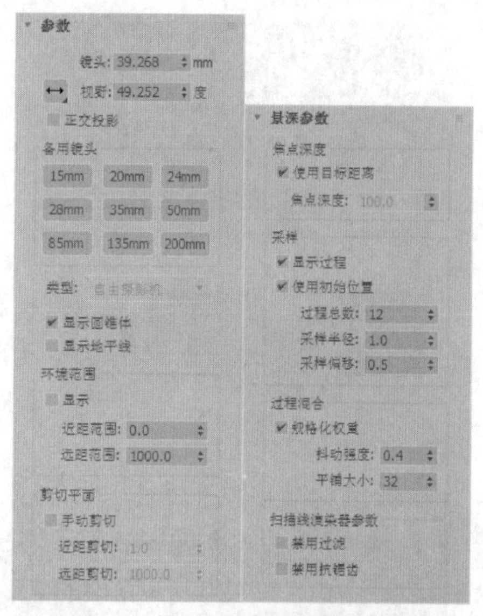

图6-7　【自由摄影机】参数

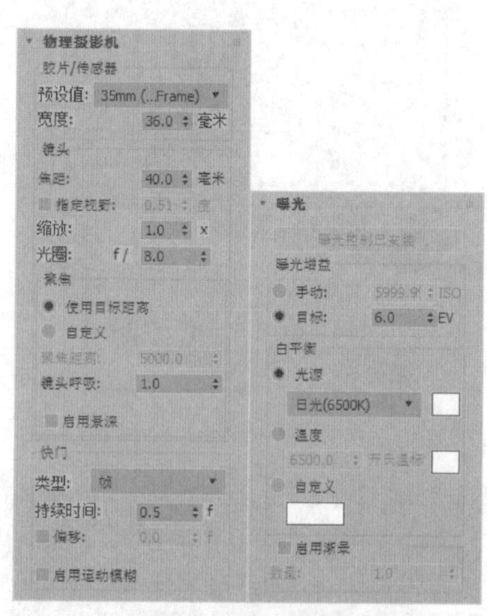

图6-8　【物理摄影机】参数

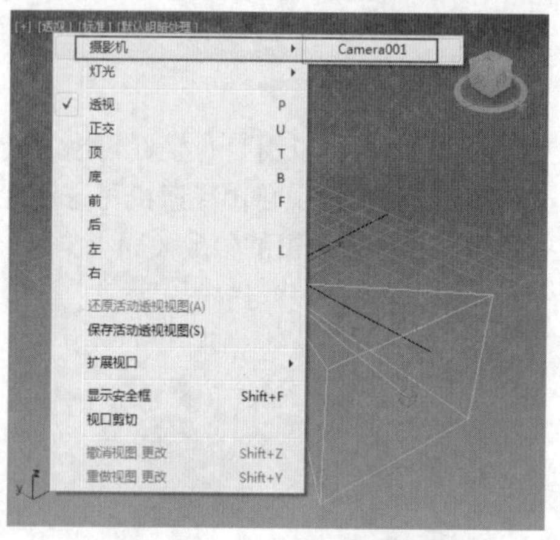

图6-9　切换到摄影机视图

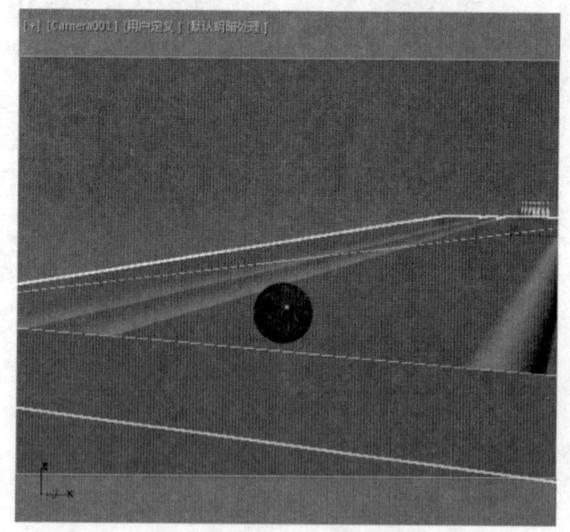

图6-10　摄影机视图

在摄影机视图中，摄影机的观察角度除了可以通过工具栏上的移动和旋转工具进行调整外，还可以通过右下角视图控制区提供的导航工具对摄影机的视角进行调整，导航工具及其功能说明如表 6-2 所示。

表 6-2　**摄影机视角调整工具及其功能**

工具（组）	工具	说明
推拉工具组	（推拉摄影机+目标）	同时沿着摄影机的主轴前后移动目标点和摄影机的位置
	（推拉目标）	沿着摄影机的目标点移近或远离摄影机。只对目标摄影机有用
	（推拉摄影机）	沿着摄影机的主轴移动摄影机图标，使摄影机移近或远离它所指的方向。对于目标摄影机，如果摄影机图标超过目标点的位置，则摄影机将翻转 180°
透视	（透视）	以推拉摄影机的方式改变摄影机的透视效果，配合 Ctrl 键可增加变化的幅度
侧滚	（侧滚摄影机）	使摄影机围绕垂直于视平面的方向进行旋转
视野	（视野）	固定摄影机和目标点，通过改变摄影取景的大小来缩放摄影机视图

续表

工具（组）	工具	说明
平移工具组	（穿行）	以摄影机为圆心对视角进行旋转，实现以第一人称视角观测场景
	（2D 平移缩放模式）	在平行于视平面的方向上同时平移摄影机和目标点，配合Ctrl键可加速平移变化，配合Shift键可锁定在垂直或水平方向平移
	（平移摄影机）	以摄影机目标为圆心对视角进行旋转，实现以第一人称视角观测场景
旋转工具组	（摇移摄影机）	固定摄影机，对目标点进行旋转观测，配合Shift键可以锁定在单方向上旋转
	（环游摄影机）	固定目标点，使摄影机围绕着目标点进行旋转，配合Shift键可以锁定在单方向上旋转

三、 灯光类型

3ds Max 可以模拟真实世界中的各种光源类型。灯光的主要作用就是照亮物体、增加场景的真实感和模拟真实世界中的各种光源类型。此外，灯光也是表现场景基调和烘托气氛的重要手段。良好的照明不仅能够使场景更加生动、更加具有表现力，而且可以带动人的感官，让人产生身临其境的感觉。

在 3ds Max 2020 中提供了光度学灯光、标准灯光和日光系统 3 种类型的灯光。

(1) 光度学灯光。

光度学灯光使用光度学（光能）值，可以更精确地定义灯光，就像在真实世界中一样。用户可以创建具有各种分布和颜色特性的灯光，或导入照明制造商提供的特定光度学文件。

在 3ds Max 2020 中提供了目标灯光、自由灯光、太阳定位器 3 种类型的光度学灯光，如图 6-11 所示。

(2) 标准灯光。

标准灯光基于计算机的模拟灯光对象，不同种类的灯光对象可用不同的方式投影灯光，用于模拟真实世界不同种类的光源，如家庭或办公室灯具、舞台灯光设备及太阳光等。与光度学灯光不同，标准灯光不具有基于物理的强度值。

在 3ds Max 2020 中提供了目标聚光灯、自由聚光灯、目标平行光、自由平行光、泛光和天光 6 种类型的标准灯光，如图 6-12 所示。

(3) 日光系统。

日光系统遵循太阳的运动规律，使用它可以方便地创建太阳光照的效果。用户可以通过设置日期、时间和指南针方向改变日光照射效果，也可以设置日期和时间的动画，从而动态模拟不同时间、不同季节太阳光的照射效果，如图 6-13 所示。

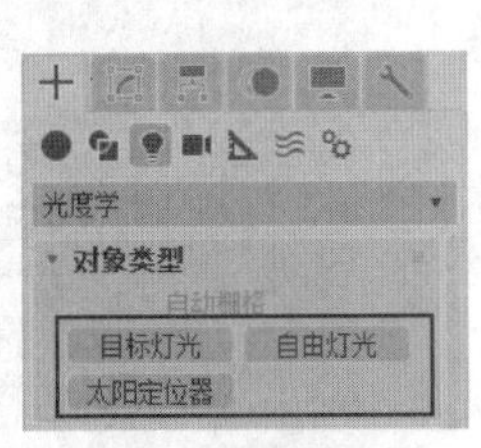

图6-11 光度学灯光

图6-12 标准灯光

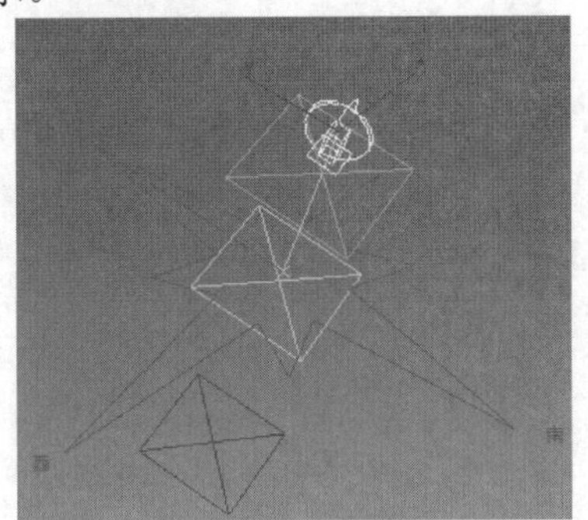
图6-13 日光系统

四、 标准灯光的种类和用途

3ds Max 2020 提供了 8 种标准灯光，其种类和用途如表 6-3 所示。

表 6-3　　标准灯光的种类和用途

标准灯光类型	用途	图示
目标聚光灯	聚光灯能投影出聚焦的光束，目标聚光灯具有可移动的目标对象	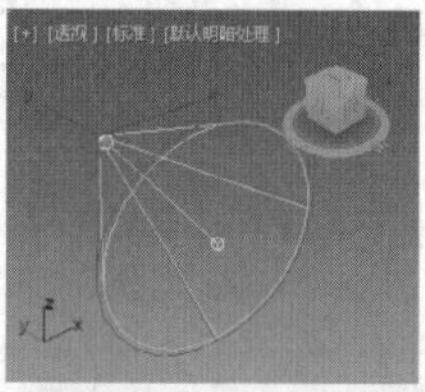
自由聚光灯	自由聚光灯与目标聚光灯的参数基本一致，只是它无法对发射点和目标点分别进行调节	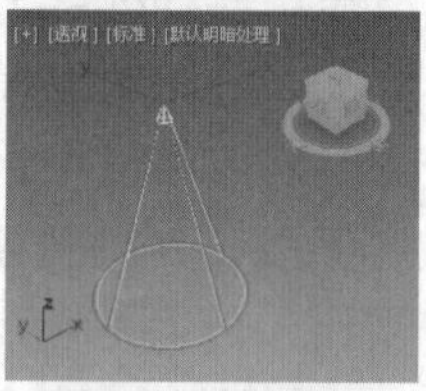
目标平行光	目标平行光可以产生一个照射区域，主要用来模拟自然光线的照射效果	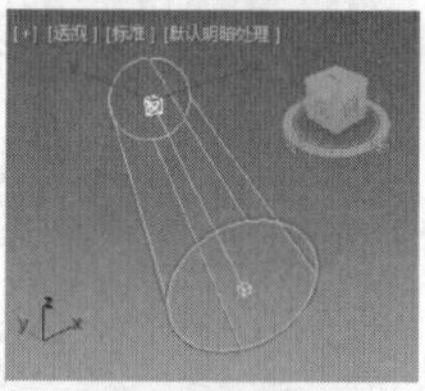
自由平行光	自由平行光能产生一个平行的照射区域，常用于模拟太阳光	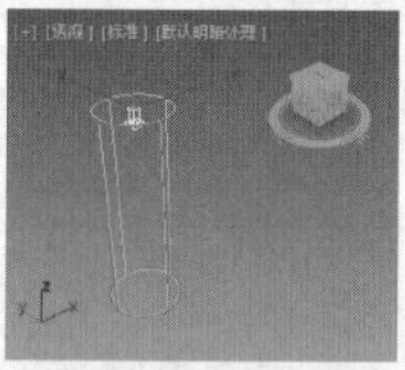
泛光	泛光从单个光源向各个方向投影光线 泛光用于将“辅助照明”添加到场景中或模拟点光源，但是在一个场景中如果使用太多泛光可能导致场景明暗层次变暗，缺乏对比	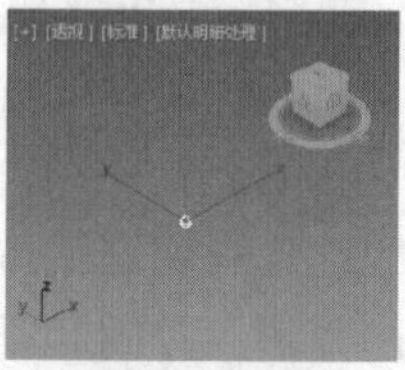
天光	天光主要用来模拟天空光。可以设置天空的颜色或将其指定为贴图，对天空建模作为场景上方的圆屋顶	
mr Area Omni（mr 区域泛光灯）	使用mental ray 渲染器渲染场景时，区域泛光灯从球体或圆柱体而不是从点光源发射光线 使用默认的扫描线渲染器，区域泛光灯像其他标准的泛光一样发射光线	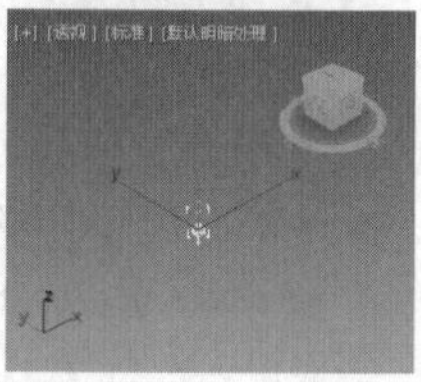

续表

标准灯光类型	用途	图示
mr Area Spot（mr 区域聚光灯）	使用mental ray 渲染器渲染场景时，区域聚光灯从矩形或圆盘形区域发射灯光，而不是从点光源发射 使用默认的扫描线渲染器，区域聚光灯像其他标准的聚光灯一样发射光线	

五、 标准灯光参数

3ds Max 中的灯光具有多种参数，而且不同类型的灯光参数也不同。下面以“目标聚光灯”为例介绍标准灯光常用参数用法。

(1) 【常规参数】卷展栏。

【常规参数】卷展栏的内容如图 6-14 所示，各主要参数的用法如表 6-4 所示。

表 6-4　【常规参数】卷展栏主要参数用法

参数组	参数	含义
启用设置	启用	启用和禁用灯光 当【启用】复选项处于选中状态时，使用灯光着色和渲染以照亮场景 当【启用】复选项处于禁用状态时，进行着色或渲染时不使用该灯光
	目标距离	光源点到灯光目标点的距离
阴影参数	启用	决定当前灯光是否投射阴影
	使用全局设置	选中该复选项，将把下面的阴影参数应用到场景的全部灯光上
	阴影类型列表框	决定渲染器是使用阴影贴图、光线跟踪阴影、高级光线跟踪阴影还是区域阴影生成该灯光的阴影。常用的阴影类型如图 6-15 所示，其优缺点对比如表 6-5 所示
	排除...	将选定对象排除于灯光效果之外，排除的对象仍在着色视图中被照亮。只有当渲染场景时排除才起作用

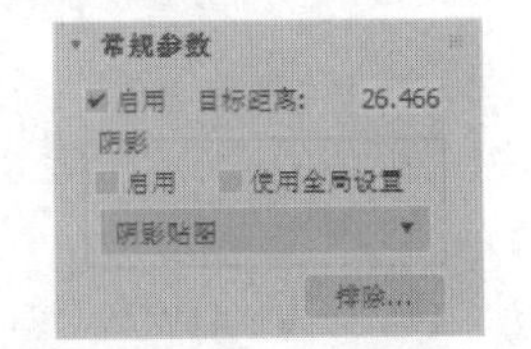

图6-14　【常规参数】卷展栏

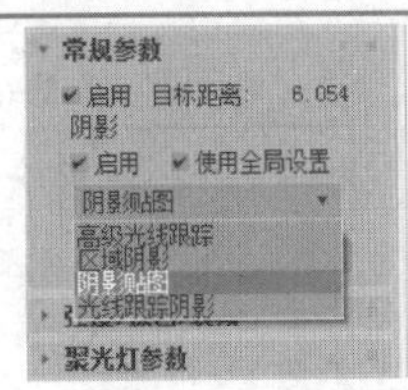

图6-15　阴影类型

表 6-5　各种类型阴影的优缺点

阴影类型	优点	缺点
区域阴影	支持透明和不透明贴图，使用内存少，适合在包含众多灯光和面的复杂场景中使用	与阴影贴图相比速度较慢，不支持柔和阴影
高级光线跟踪	支持透明和不透明贴图，与光线跟踪相比使用内存较少，适合在包含众多灯光和面的复杂场景中使用	与阴影贴图相比计算速度较慢，不支持柔和阴影，对每一帧都进行处理
阴影贴图	能产生柔和的阴影，只对物体进行一次处理，计算速度较快	使用内存较多，不支持对象的透明和半透明贴图

续表

阴影类型	优点	缺点
光线跟踪阴影	支持透明和不透明贴图，只对物体进行一次处理	与阴影贴图相比使用内存较多，不支持柔和阴影

(2)　【强度/颜色/衰减】卷展栏。

【强度/颜色/衰减】卷展栏的内容如图 6-16 所示，各主要参数的用法如表 6-6 所示。

表 6-6　【强度/颜色/衰减】卷展栏主要参数用法

参数组	参数	含义
倍增和颜色	倍增	设置灯光的强度 标准值为 1。如果设置为 2，则强度增加 1 倍；如果设置为负值，则会产生吸收光的效果
	颜色	显示灯光的颜色 单击色样按钮□，将弹出【颜色选择器】对话框。该对话框用于选择灯光的颜色
衰退 （设置灯光随距离衰退的效果，降低远处灯光的照射强度）	类型	选择要使用的衰退类型 无（默认设置）：不应用衰退 倒数：以倒数方式计算衰退，灯光强度与距离成反比 平方反比：应用平方反比衰退，灯光强度以距离倒数的平方方式快速衰退。这也是真实世界灯光的衰退效果
	开始	如果不使用衰减，则设置灯光开始衰退的距离
	显示	在视图中显示衰退范围
近距衰减 （设置灯光从开始衰减到衰减程度最强的区域）	使用	启用灯光的近距衰减
	显示	在视图中显示近距衰减范围设置 选中该复选项后，在灯光周围将出现表示灯光衰减开始和结束的圆圈，如图 6-17 所示
	开始	设置灯光开始淡入的距离
	结束	设置灯光衰减结束的地方，也就是灯光停止照明的距离，在开始衰减和结束衰减两个区域之间灯光按照线性衰减
远距衰减 （设置灯光从衰减开始到完全消失的区域）	使用	启用灯光的远距衰减
	显示	在视图中显示远距衰减范围设置 选中该复选项后，在灯光周围将出现表示灯光衰减开始和结束的圆圈，如图 6-18 所示
	开始	设置灯光开始淡出的距离。只有比该距离更远的照射范围才发生衰减
	结束	设置灯光衰减结束的位置，也就是灯光停止照明的区域

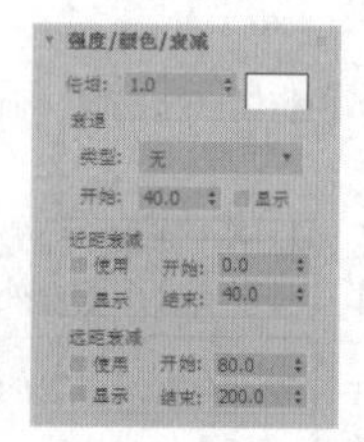

图6-16　【强度/颜色/衰减】卷展栏

图6-17　近距衰减

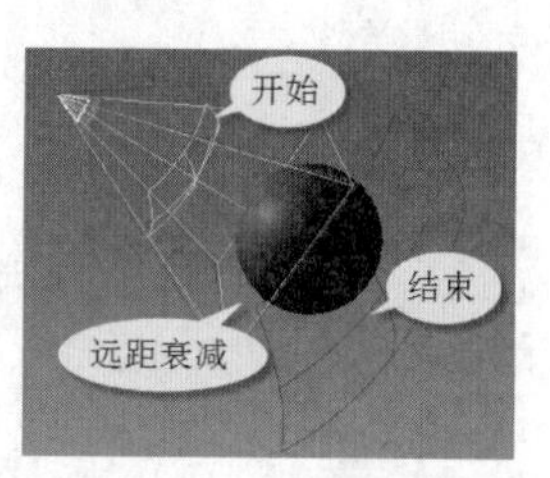

图6-18　远距衰减

(3) 【聚光灯参数】卷展栏。

【聚光灯参数】卷展栏的内容如图 6-19 所示，各主要参数的用法如表 6-7 所示。

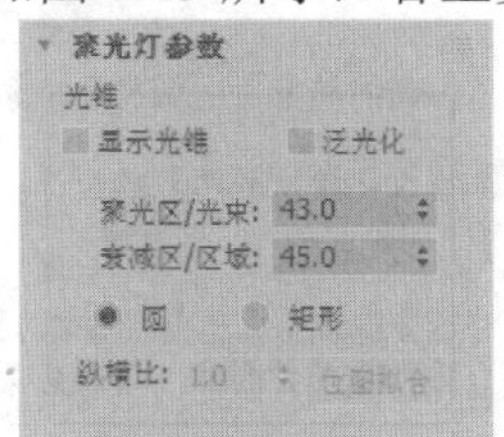

图6-19 【聚光灯参数】卷展栏

表 6-7 【聚光灯参数】卷展栏主要参数用法

参数	含义
显示光锥	启用或禁用圆锥体的显示，如图 6-20 所示
泛光化	启用泛光化后，在所有方向上投影灯光，但是投影和阴影只发生在其衰减圆锥体内
聚光区/光束	调整灯光圆锥体的角度。聚光区值以度为单位进行测量
衰减区/区域	调整灯光衰减区的角度。衰减区值以度为单位进行测量，如图 6-21 所示
圆/矩形	确定聚光区和衰减区的形状
纵横比	设置矩形光束的纵横比。使用 位图拟合 按钮可以使纵横比匹配特定的位图
位图拟合	如果灯光的投影纵横比为矩形，应设置纵横比以匹配特定的位图。当灯光用作投影灯时，该选项非常有用

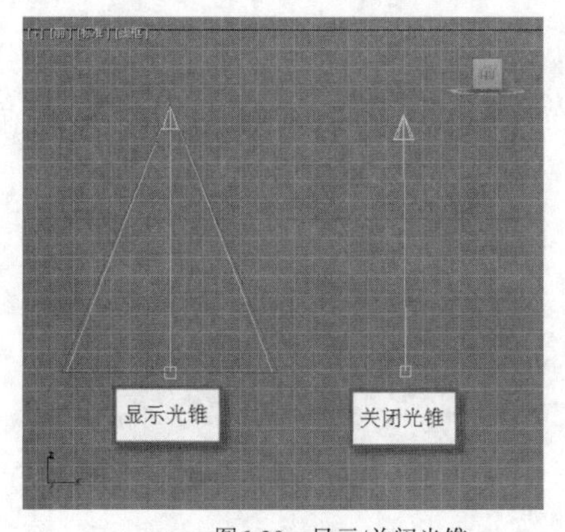

图6-20 显示/关闭光锥

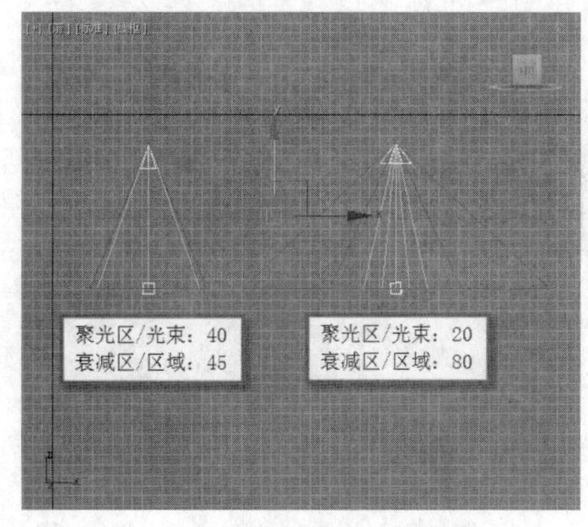

图6-21 灯光的衰减

(4) 【高级效果】卷展栏。

【高级效果】卷展栏的内容如图 6-22 所示，各主要参数的用法如表 6-8 所示。

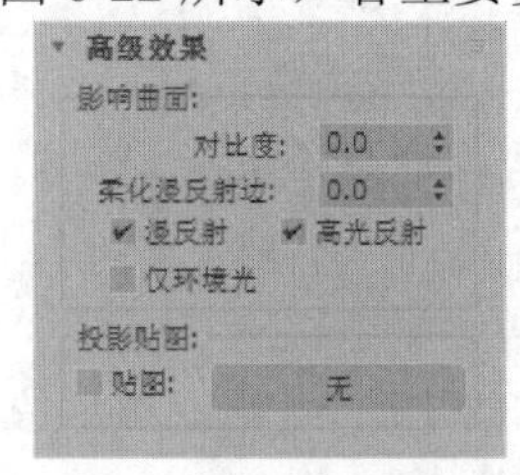

图6-22 【高级效果】卷展栏

表 6-8　　　　【高级效果】卷展栏主要参数用法

参数组	参数	含义
影响曲面	对比度	调整曲面的漫反射区域和环境光区域之间的对比度
	柔化漫反射边	增加【柔化漫反射边】的值，可以柔化曲面的漫反射部分与环境光部分之间的边缘
	漫反射	选择该复选项后，灯光将影响对象曲面的漫反射属性；取消选择该复选项后，灯光在漫反射曲面上没有效果
	高光反射	选择该复选项后，灯光将影响对象曲面的高光属性；取消选择该复选项后，灯光在高光属性上没有效果
	仅环境光	选择该复选项后，灯光仅影响照明的环境光组件
投影贴图	贴图	为阴影加载贴图
	无	单击该按钮，可以为投影加载贴图

六、 光度学灯光的种类

光度学灯光提供了诸如“白炽灯”和“荧光灯”等灯光类型，用户还可以直接导入照明制造商提供的特定光度学文件。

3ds Max 2020 提供了以下 3 种光度学灯光类型。

(1) 目标灯光。

目标灯光具有可以用于指向灯光的目标对象，可采用球形分布、聚光灯分布及 Web 分布方式，如图 6-23 所示。创建目标灯光时，系统自动为其指定注视控制器，且灯光目标对象指定为“注视”目标。

(2) 自由灯光。

自由灯光不具备目标子对象，也可采用球形分布、聚光灯分布及 Web 分布方式，如图 6-24 所示。

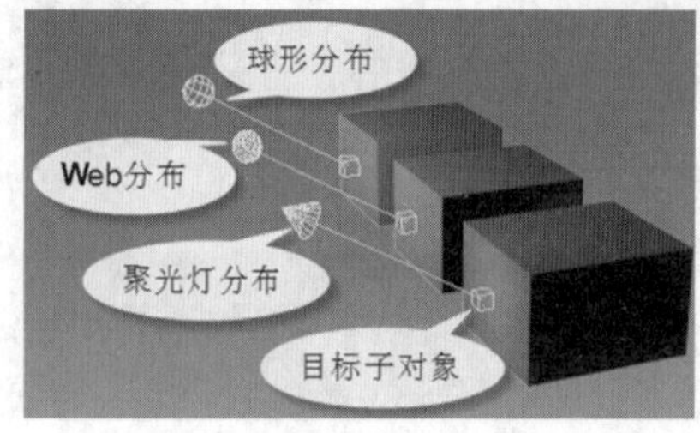

图6-23　目标灯光

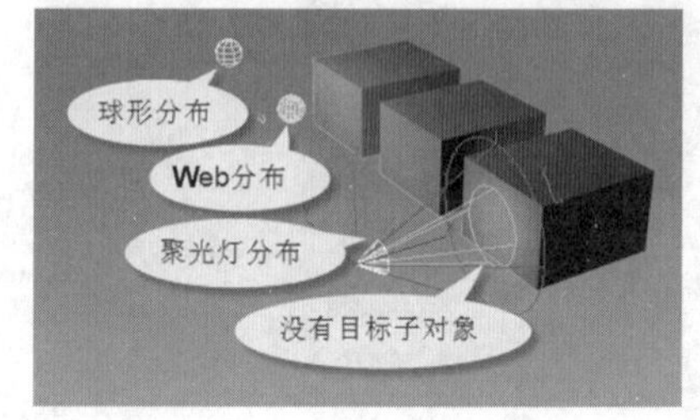

图6-24　自由灯光

(3) 太阳定位器。

太阳定位器用来模拟太阳在天空中不同位置产生的太阳光。

七、 光度学灯光常用设置

3ds Max 中的灯光具有多种参数，而且不同类型的灯光参数设置也不同。下面主要介绍光度学灯光的常用设置。

(1) 灯光模板。

在【模板】卷展栏的下拉列表中列出了一些常用灯值，用户可以方便地使用这些值作为定义光度学灯光的参考，如图 6-25 所示。

(2) 图形/区域阴影。

在这里可以选择用于生成阴影的灯光图形，共有 6 种形状，如图 6-26 所示。

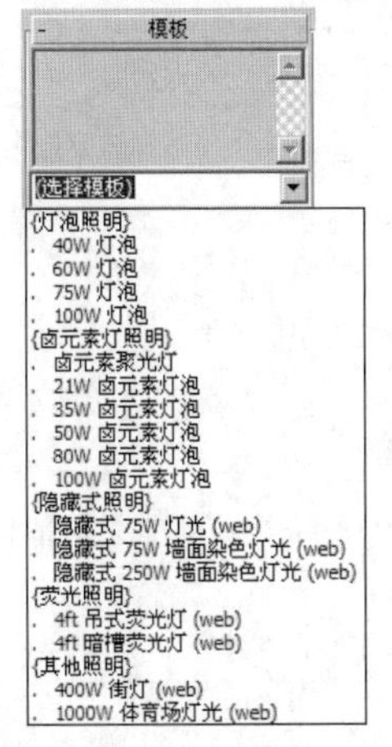

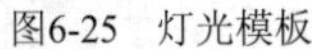

图6-25　灯光模板

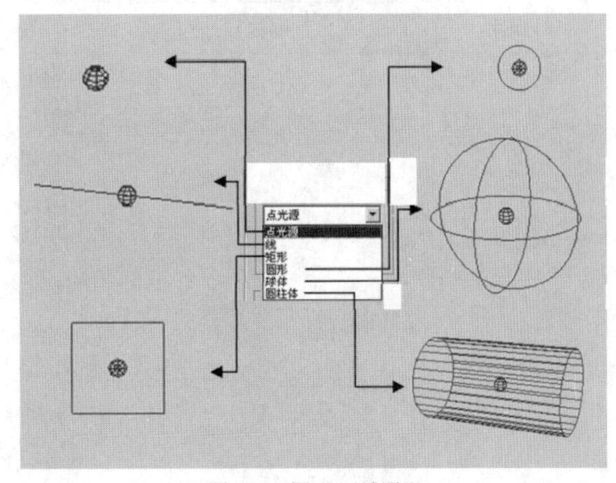

图6-26　图形/区域阴影

- 【点光源】：计算阴影时，如同点在发射灯光一样。
- 【线】：计算阴影时，如同线在发射灯光一样。线性图形提供了长度控件。
- 【矩形】：计算阴影时，如同矩形区域在发射灯光一样。区域图形提供了长度和宽度控件。
- 【圆形】：计算阴影时，如同圆形在发射灯光一样。圆图形提供了半径控件。
- 【球体】：计算阴影时，如同球体在发射灯光一样。球体图形提供了半径控件。
- 【圆柱体】：计算阴影时，如同圆柱体在发射灯光一样。圆柱体图形提供了长度和半径控件。

八、 光度学灯光参数

下面以“目标灯光”为例介绍光度学灯光的参数。目标灯光的基本参数如图 6-27 所示，主要参数的用法如表 6-9 所示。

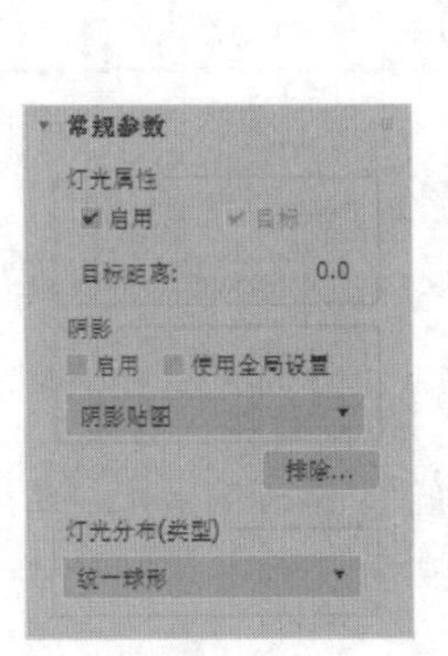

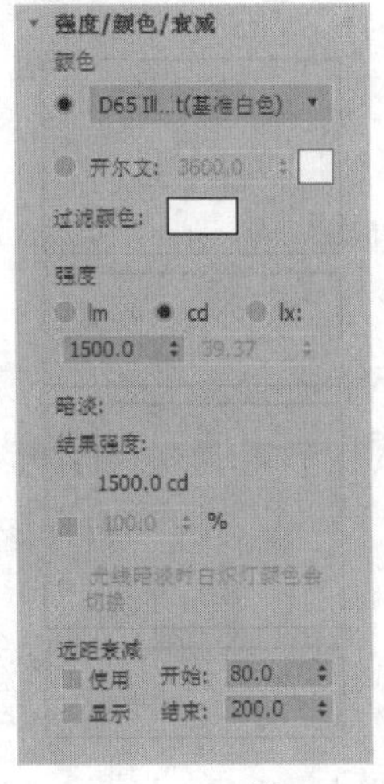

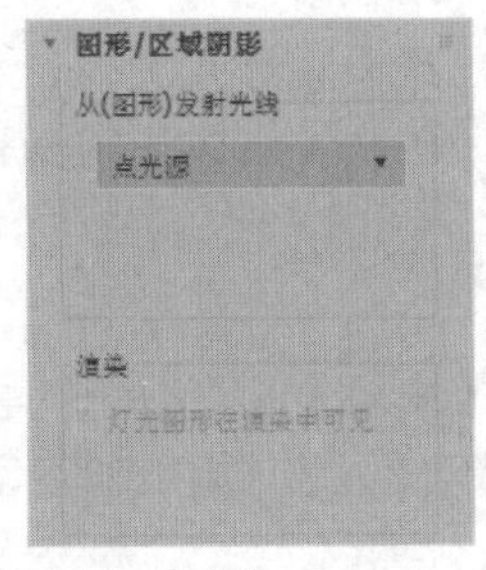

图6-27　【目标灯光】参数

表 6-9　　【目标灯光】卷展栏主要参数的用法

卷展栏	参数	含义
常规参数	目标	选择该复选项后，该灯光将具有目标；不选择该复选项之后，可使用变换指向灯光 通过切换，可将目标灯光更改为自由灯光，反之亦然
	使用全局设置	选择该复选项以使用该灯光投射阴影的全局设置，不选择该复选项以启用阴影的单个控件
	排除...	将选定对象排除于灯光效果之外 排除的对象仍在着色视图中被照亮。只有当渲染场景时“排除”效果才起作用
	灯光分布（类型）	通过此下拉列表可选择灯光分布的类型
强度/颜色/衰减	灯光列表	选取公用灯光的种类
	开尔文	通过调整色温微调器设置灯光的颜色。色温以开尔文度数显示
	过滤颜色	使用颜色过滤器模拟置于光源上的过滤色的效果
	暗淡（百分比）	设置该参数后，可以按照该数值降低灯光的“倍增”值
	光线暗淡时白炽灯颜色会切换	选择该复选项后，灯光可在暗淡时通过产生更多黄色来模拟白炽灯
图形/区域阴影	从(图形)发射光线	选择阴影生成的图形类型，包括【点光源】【线】【矩形】【圆形】【球体】和【圆柱体】
	灯光图形在渲染中可见	选择该复选项后，如果灯光对象位于视野内，则灯光图形在渲染中即会显示为自供照明（发光）的图形；取消选择该选项后，将无法渲染灯光图形，而只能渲染它投影的灯光
阴影贴图参数	偏移	更改阴影偏移。增加该值将使阴影移离投射阴影的对象
	大小	设置阴影贴图的大小。贴图大小是此值的平方。分辨率越高要求处理的时间越长，但会生成更精确的阴影
	采样范围	决定阴影内平均有多少个区域
	绝对贴图偏移	若选择该复选项，则阴影贴图的偏移是不标准化的，以一定固定比例来表示
	双面阴影	若选择该复选项，则计算阴影时物体的背面也将产生阴影

九、 日光系统和全局照明

光度学灯光与真实世界中的灯光类似，具有各种颜色特性，通过光度学（光能）值可以更加精确地定义灯光。日光系统可以模拟地球围绕太阳运行的效果，其位置和运动规律符合地日运动规律。

(1) 日光系统。

在【创建】面板的【系统】选项卡中单击 日光 按钮，如图 6-28 所示，弹出【创建日光系统】对话框，单击 是 按钮启动日光系统，如图 6-29 所示。

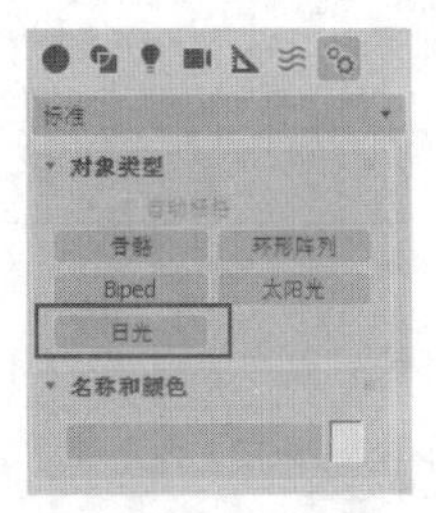

图6-28　启用日光系统

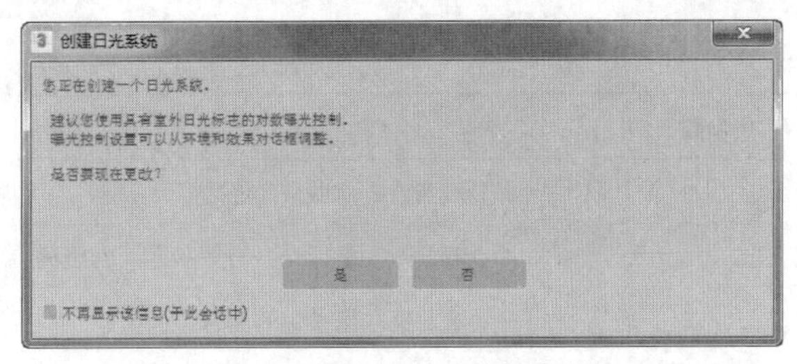

图6-29　【创建日光系统】对话框

拖动鼠标光标即可在场景中创建日光系统，如图 6-30 所示。使用日光系统，用户可以选择位置、日期、时间和指南针方向，也可以设置日期和时间的动画。日光系统参数面板如图 6-31 所示，主要参数的用法如表 6-10 所示。

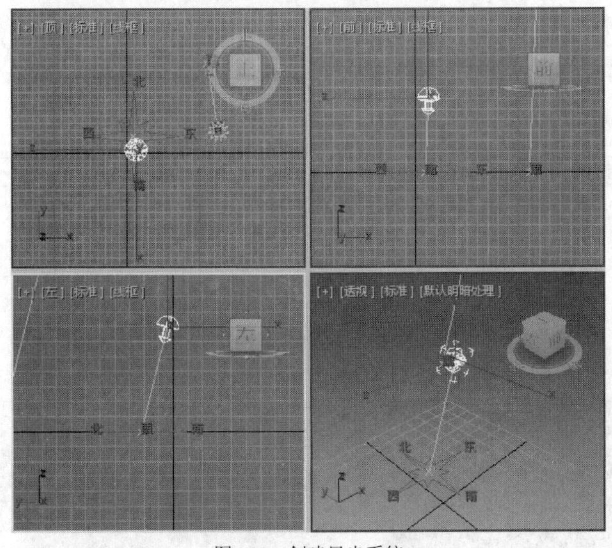

图6-30　创建日光系统

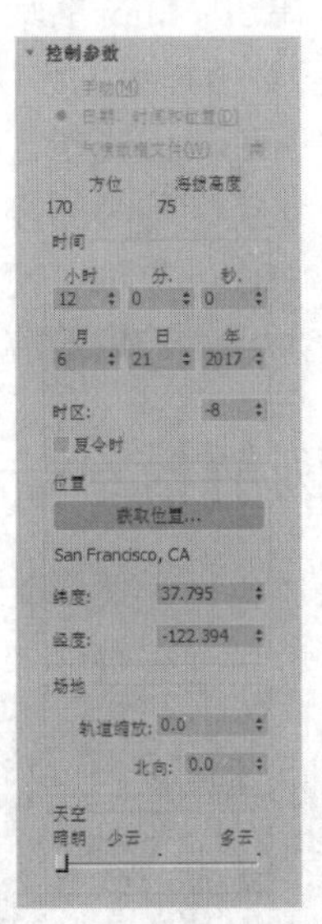

图6-31　【日光系统】参数

表 6-10　　日光系统主要参数及其用法

参数	含义
手动	手动设置日光系统参数
日期、时间和位置	通过日期、时间和位置参数设置的值来模拟日光系统
气候数据文件	通过气候数据文件设置的值来模拟日光系统
方位	显示太阳的当前方位。方位是太阳的罗盘方向
海拔高度	显示太阳的海拔高度。海拔高度是太阳距离海平面的高度
时间	设置当前时间：年/月/日/时/分/秒
时区	设置当前时区
夏令时	设置是否使用夏令时
获取位置...	单击此按钮，打开【地理位置】对话框，用户可以通过该对话框从地图或城市列表中选择一个位置来设置经度和纬度值
维度	显示当前选定城市的维度

续表

参数	含义
经度	显示当前选定城市的经度
轨道缩放	设置太阳（平行光）与罗盘之间的距离
北向	设置罗盘在场景中的旋转方向。默认情况下，北为 0 并指向地平面 y 轴的正向
天空	拖动滑块设置天空的晴朗状况

(2)　全局照明。

在现实世界中，光能从一个曲面反射到另一个曲面，使得阴影变得柔和，照明效果更加均匀。但是在 3ds Max 的默认情况下，光线并不反射，必须使程序生成反射照明的模型。由 mental ray 渲染器提供的方法称为全局照明。

全局照明使用的光子与用于渲染焦散的光子相同。实际上，全局照明和焦散都属于同一个总类别，该类别称为间接照明。

在场景中，用户可以使用全局照明来创建平滑、外观自然的照明，这样仅需用相对较少的光源和增加相对较短的渲染时间。

6.2　范例解析——制作“穿越动画”效果

自由摄影机由于使用非常灵活，所以方便用来制作摄影机的动画。本例将使用自由摄影机制作一个长城上穿越烽火台的动画，最终效果如图 6-32 所示。

图6-32　“穿越动画”效果

【操作步骤】

1.　创建自由摄影机对象。

(1)　打开场景模板，如图 6-33 所示。

①　打开素材文件“第 6 章\素材\穿越动画\穿越动画.max”。

②　场景中提供了本例所需的模型并赋予材质。

③　场景中绘制了一条用于摄影机路径的样条线“穿越路径”。

(2)　创建自由摄影机，如图 6-34 所示。

①　单击 + 按钮切换到【创建】面板。

②　单击 ■ 按钮切换到【摄影机】面板。

③　单击 目标 按钮。

④　在【顶视】窗口中按下鼠标左键并拖动鼠标光标，创建自由摄影机。

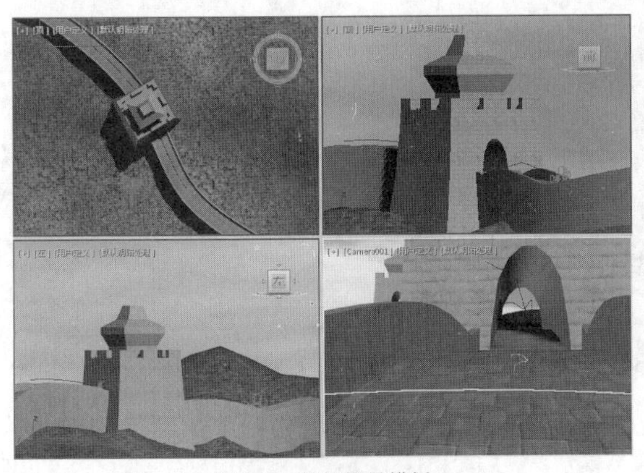

图6-33 打开场景模板

图6-34 创建自由摄影机

2. 制作摄影机路径约束动画。

(1) 为“Camera001”添加路径约束，如图 6-35 所示。

① 选中场景中的“Camera001”对象。

② 执行【动画】/【约束】/【路径约束】命令。

③ 单击场景中的“穿越路径”样条线。

④ 设置“Camera001”旋转参数，如图 6-36 所示。

⑤ 按 C 键切换到摄影机视图，单击▶按钮在摄影机视图中预览动画效果。

(2) 若预览效果满足预期，则按 F9 键进行渲染。

(3) 按 Ctrl+S 组合键保存场景文件到指定目录。本例制作完成。

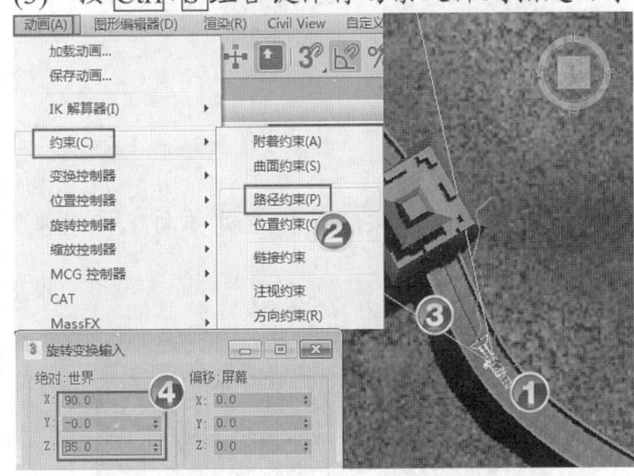

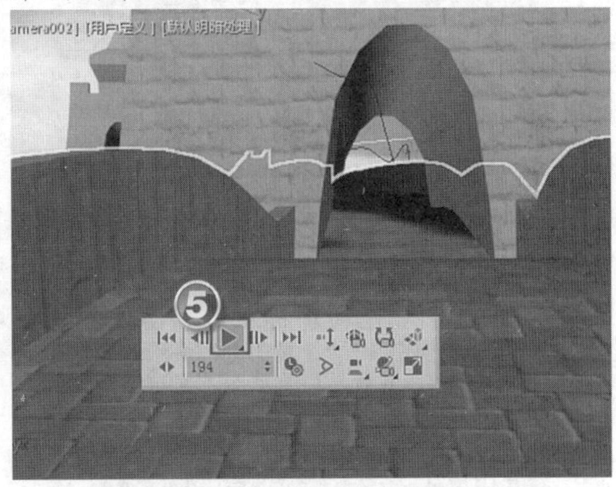

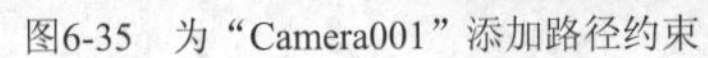

图6-35 为“Camera001”添加路径约束

图6-36 设置“Camera001”旋转参数

6.3 提高训练——制作“台灯照明”效果

本例将通过向场景中添加标准灯光模拟台灯的照明效果，最终效果如图 6-37 所示。

图6-37　“台灯照明”效果

1.　查看最初效果。

(1)　打开素材文件“第 6 章\素材\台灯照明\台灯照明.max”，如图 6-38 所示。

(2)　在工具栏中单击按钮渲染摄影机视图，得到图 6-39 所示的效果。

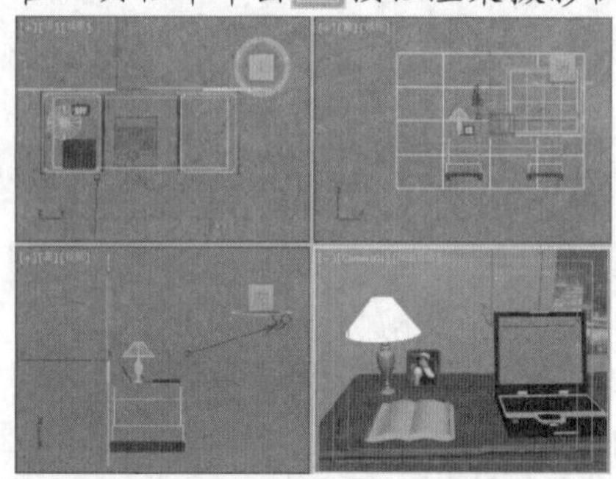

图6-38　打开场景文件

图6-39　初次渲染效果

2.　添加主光。

(1)　在【创建】面板中单击按钮。

(2)　在下拉列表中选择【标准】选项。

(3)　在【对象类型】卷展栏中单击 目标聚光灯 按钮，在左视图中按下鼠标左键并向下拖动鼠标光标，创建目标聚光灯。

(4)　同时选中灯光和目标点，移动位置到台灯模型中心，如图 6-40 所示。

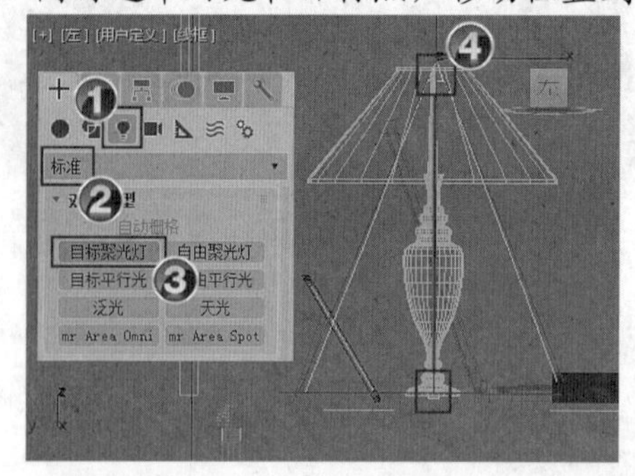

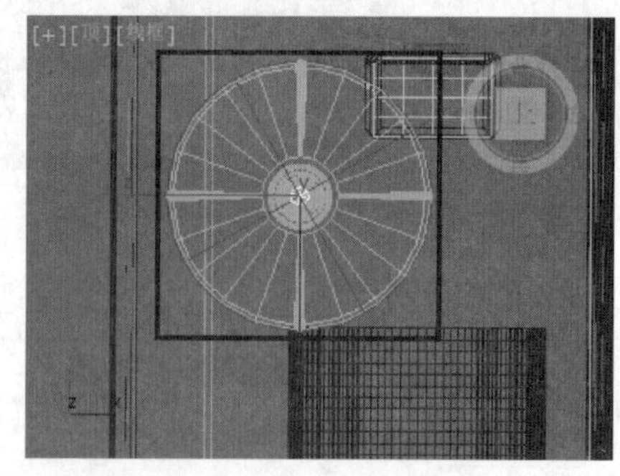

图6-40　添加主光

要同时选中灯光和目标点，可单击灯光与目标点之间的连接线进行快速选择。

(5)　单独选中灯光，在【修改】面板的【强度/颜色/衰减】卷展栏中单击【倍增】后的色块，设置灯光颜色的RGB值分别为“253”“238”“214”。

(6) 在【远距衰减】分组框中选择【使用】和【显示】复选项，设置【开始】值为“208”、【结束】值为“2800”，如图6-41所示。

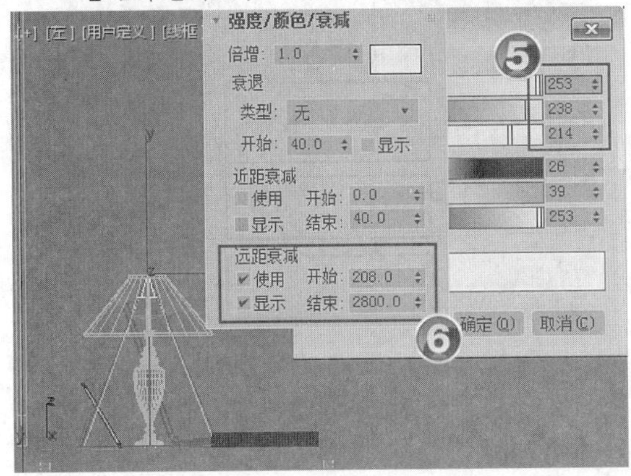

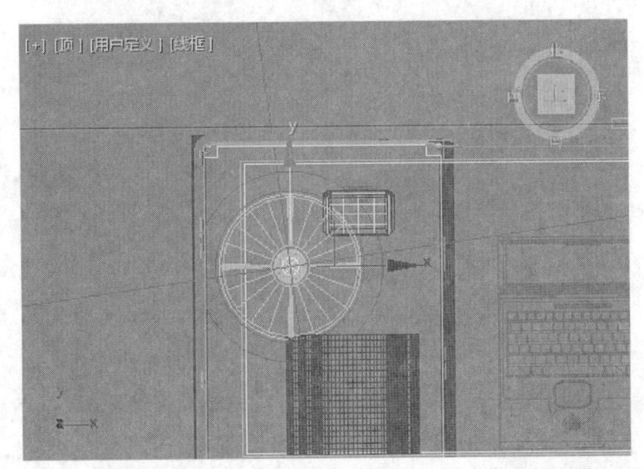

图6-41 设置灯光参数（1）

(7) 在【聚光灯参数】卷展栏中选择【显示光锥】复选项，设置【聚光区/光束】参数为“105”，设置【衰减区/区域】参数为“157”，如图6-42所示。

(8) 在【阴影贴图参数】卷展栏中设置【偏移】为“1.0”、【大小】为“512”、【采样范围】为“4.0”，再次渲染摄影机视图查看主光照明效果，如图6-43所示。

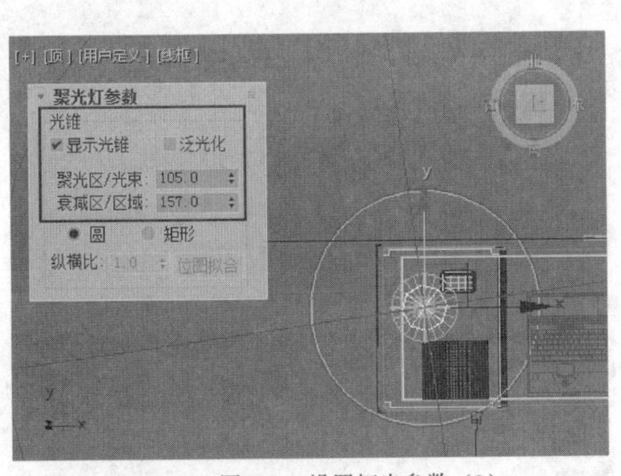

图6-42 设置灯光参数（2）

图6-43 设置灯光参数（3）

3. 添加辅光。

(1) 切换到【创建】面板，单击 泛光 按钮，在左视图中单击创建泛光灯，然后调整其位置到台灯模型的中心，如图6-44所示。

(2) 切换到【修改】面板，在【常规参数】卷展栏的【阴影】分组框中取消选择【启用】和【使用全局设置】复选项，使泛光灯不产生阴影。

(3) 在【强度/颜色/衰减】卷展栏中设置【倍增】参数为“0.5”，单击其后的色块，设置灯光颜色的RGB值分别为“252”“224”“181”。

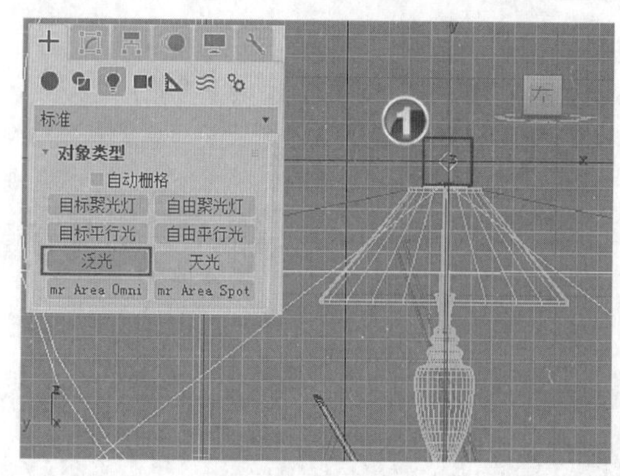

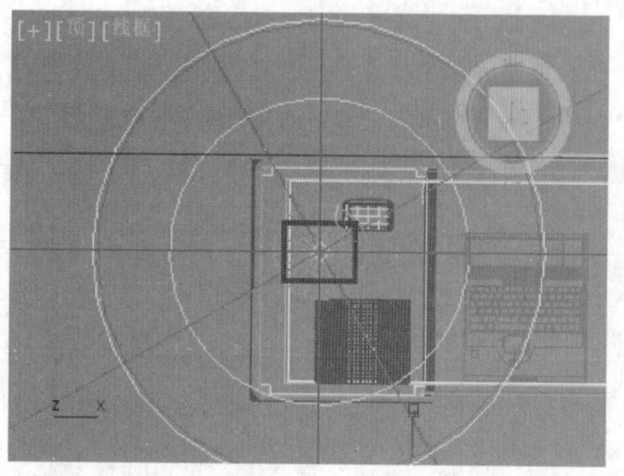

图6-44　创建泛光灯

(4)　在【远距衰减】分组框中选择【使用】和【显示】复选项，设置【开始】值为“140”、【结束】值为“805”，如图 6-45 所示。

(5)　渲染摄影机视图，得到图 6-46 所示的效果。

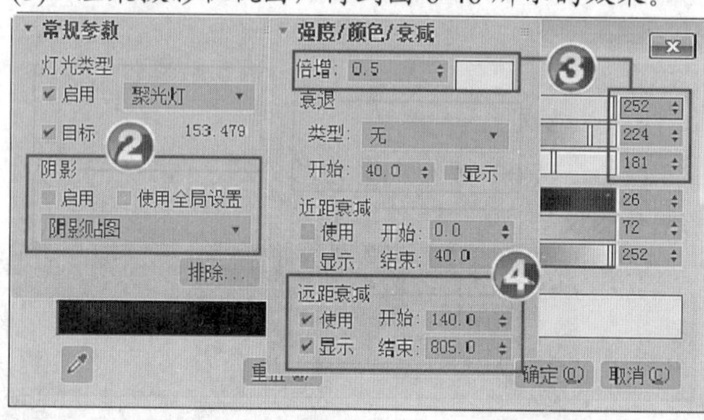

图6-45　修改灯光参数

图6-46　渲染效果（1）

(6)　切换到【创建】面板，单击 天光 按钮，在【天光参数】卷展栏中设置【倍增】参数为“0.2”，在左视图的任意位置单击鼠标左键，创建一个天光，如图 6-47 所示。

(7)　渲染摄影机视图，得到图 6-48 所示的效果。

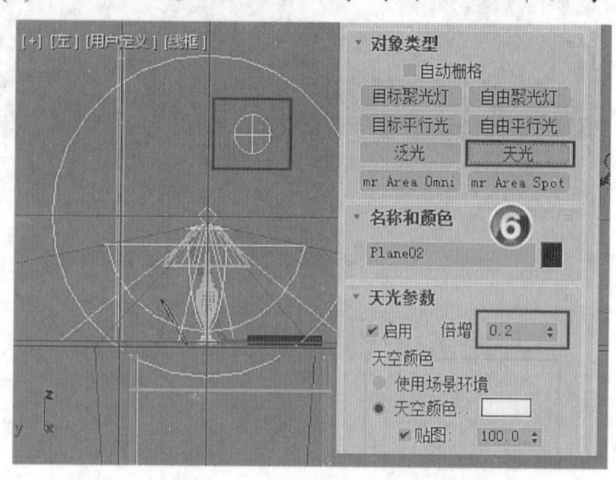

图6-47　创建天光

图6-48　渲染效果（2）

4.　渲染设置。

(1)　按 F10 键打开【渲染设置】窗口，进入【高级照明】选项卡，在【选择高级照明】下拉列表中选择【光跟踪器】选项，参数使用默认值，如图 6-49 所示。

(2)　渲染摄影机视图。最终效果如图 6-50 所示。

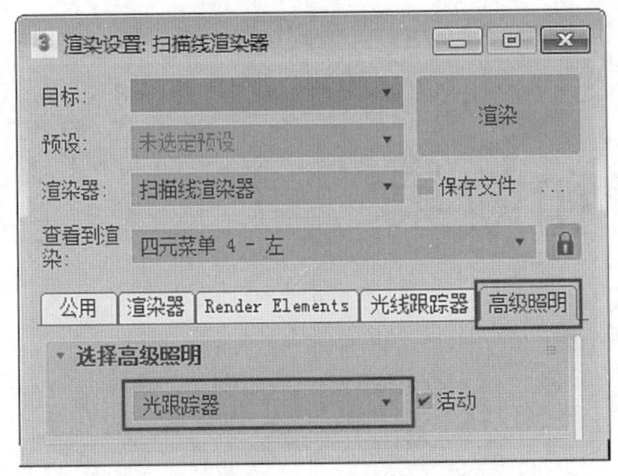

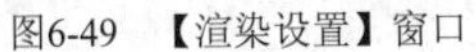
图6-49 【渲染设置】窗口

图6-50 最终渲染效果

6.4 习题

1. 简要说明透视图、灯光视图与摄影机视图的区别。
2. 摄影机的焦距和视野之间有什么联系？
3. 3ds Max 中主要使用了哪些灯光？
4. 灯光的阴影有哪些类型，各有什么特点？
5. 标准灯光与光度学灯光在用途上有什么不同？

第7章　环境和效果

【学习目标】

- 明确环境的主要要素及其应用。
- 明确效果的主要要素及其应用。
- 掌握大气效果的基本用法。
- 理解制作特效的基本原理和方法。

环境特效是制作三维效果中常用的一种效果，包含多种现实生活中常见的特效，如雾气、火焰等。利用 3ds Max 2020 的环境特效可以制作出很多真实的效果，如燃烧的火焰、爆炸时产生的火焰、弥漫的大雾及一些体积光特效等。

7.1　基础知识

在现实世界中，所有物体都不是孤立存在的，其周围都有一定的环境，例如闪电、风、沙尘、雾和光等。环境对场景的氛围起到很好的烘托作用。

一、【环境和效果】对话框

在 3ds Max 中，可以使用【环境】选项卡制作各种背景、雾效、体积光及火焰等，这些效果通常需要与其他功能配合使用。例如：

- 背景与材质编辑器共同使用。
- 雾效与摄影机配合使用。
- 体积光与灯光配合使用。
- 火焰与大气装置配合使用。

可以执行【渲染】/【环境】命令或按 8 键，打开【环境和效果】对话框，如图 7-1 所示。该对话框包括【环境】与【效果】两个选项卡。下面介绍【环境】选项卡，【效果】选项卡的用法将在稍后结合实例介绍。

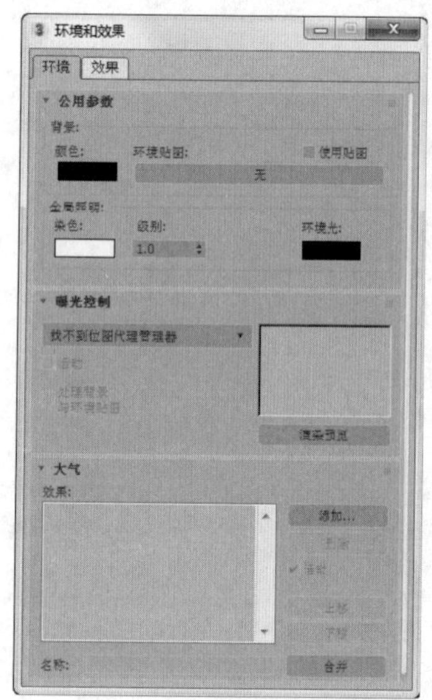

图7-1　【环境和效果】对话框

在【环境】选项卡中能实现以下设置。

- 制作静态或渐变的单色背景。
- 使用图像或贴图作为背景。例如使用【噪波】或【烟雾】贴图制作星空、蓝天等背景。
- 制作动态的环境光效果。

- 通过使用各种大气模块制作特殊的大气效果，包括燃烧、雾、体积雾及体积光，还可以引入第三方开发的其他大气模块。

【环境】选项卡中的主要参数及其功能如表 7-1 所示。

表 7-1　【环境】选项卡中的主要参数及其功能

参数组	参数	功能
背景	颜色	设置环境的背景颜色
	环境贴图	在贴图通道加载一张环境贴图作为背景
	使用贴图	使用一张贴图作为背景
全局照明	染色	场景中的所有灯光（环境光除外）将被染色为设定的颜色
	级别	增强或减弱场景中所有灯光的亮度。值为 1 时，灯光保持原始设置
	环境光	设置环境光的颜色
曝光控制（以自动曝光控制参数为例进行说明）	曝光控制种类列表	● 物理摄影机曝光控制：模拟物理曝光效果，可以调节曝光值、快门速度以及光圈等 ● 对数曝光控制：调节亮度和对比度，适合有天光照明的室外场景 ● 伪彩色曝光控制：一种照明分析工具，可以直观观察和计算场景中的照明级别 ● 线性曝光控制：可以从渲染效果中采样，最后将场景中的平均亮度映射为 RGB 值 ● 自动曝光控制：可以从渲染效果中采样，最后生成一个直方图
	活动	控制是否在渲染中开启曝光控制
	处理背景与环境贴图	选择该复选项后，场景中的背景贴图和环境贴图将受曝光控制的影响
	渲染预览	预览要渲染的缩略图
	亮度	调整转换颜色的亮度值。范围为 0~200，默认值为 50
	对比度	调整转换颜色的对比度值。范围为 0~100，默认值为 50
	曝光值	调整渲染的总体亮度。范围为 - 5~5，负值使图像变暗，正值使图像变亮
	物理比例	设置曝光控制的物理比例。用于非物理灯光中
	颜色校正	选择该复选项后，色样中的颜色将显示为白色
	降低暗区饱和度级别	选择该复选项后，渲染后图像颜色变暗
大气	效果	显示已经添加的效果名称
	名称	为列表中的效果自定义名称
	添加...	单击此按钮，打开【添加大气效果】对话框，利用该对话框添加大气效果
	删除	删除在【效果】列表框中选中的效果
	上移/下移	更改大气效果的应用顺序
	合并	合并其他场景文件中的效果

在环境中应用最多的是大气效果。利用大气效果功能，可以非常容易地在场景中模拟出燃烧、云雾和阳光的体积光等特效，从而使场景看上去更加真实、更加具有感染力。

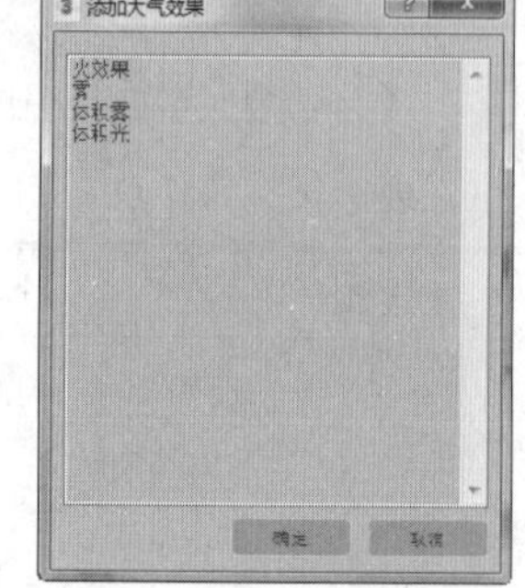

图7-2　大气效果

二、 常用大气效果

在 3ds Max 2020 中提供了火效果、雾、体积雾和体积光 4 种大气效果，如图 7-2 所示。

(1)　火效果。

火效果用于制作火焰、烟雾和爆炸等效果，如图 7-3 所示，其参数面板如图 7-4 所示，主要参数的介绍如表 7-2 所示。通过修改相关参数还可方便地制作出云层效果。

表 7-2　【火效果】参数介绍

参数	功能
拾取 Gizmo	单击拾取场景中要产生火效果的 Gizmo 对象
移除 Gizmo	移除选定的 Gizmo。移除后，Gizmo 仍在场景中，但是不再产生火效果
内部颜色	设置火焰最密集部分的颜色
外部颜色	设置火焰最稀薄部分的颜色
烟雾颜色	选中【爆炸】复选项后，用来设置爆炸时的烟雾颜色
火焰类型	● 火舌：沿着中心使用纹理创建带有方向的火焰，类似于篝火 ● 火球：圆形的爆炸火焰
拉伸	将火焰沿装置的 z 轴进行缩放，最适合于创建“火舌”火焰
规则性	修改火焰填充装置的方式。值为 0~1
火焰大小	装置越大，使用的火焰越大。最佳值通常在 15~30 之间
火焰细节	控制每个火焰中显示的颜色更改量和边缘的尖锐度值为 0~10
密度	设置火焰的不透明度和亮度
采样	设置火焰的采样率。值越大，生成的火焰效果越细腻，但会增加渲染时间
相位	控制火焰效果的速率
漂移	设置火焰沿火焰装置的 z 轴的渲染方式
爆炸	选中该复选项后，火焰将产生爆炸效果
设置爆炸...	单击此按钮，打开【设置爆炸相位曲线】对话框，利用该对话框设置爆炸的开始时间和结束时间
烟雾	设置爆炸时是否产生烟雾
剧烈度	改变“相位”参数的涡流效果

(2)　雾。

雾效果用于制作晨雾、烟雾、蒸汽等效果，分为标准雾和分层雾两种。

标准雾的深度由摄影机的环境范围来控制，要求场景中必须创建摄影机，其应用如图 7-5 所示。

分层雾在场景中具有一定的高度，而长度和宽度则没有限制，主要用于表现舞台和旷野中的雾效，其效果如图 7-6 所示。

【雾参数】面板如图 7-7 所示，主要参数的介绍如表 7-3 所示。

图7-3　火效果应用示例

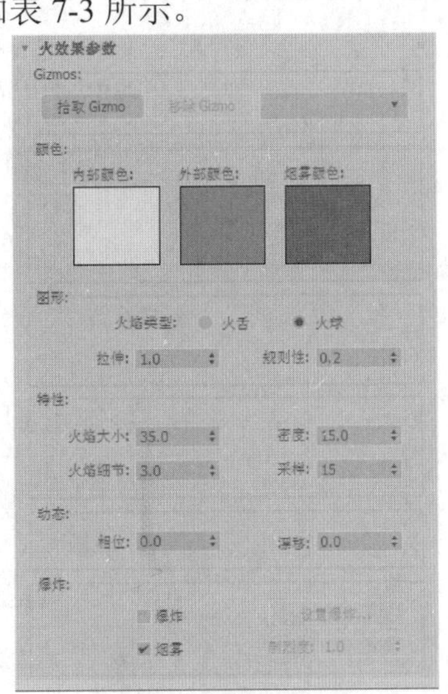

图7-4　【火效果参数】面板

图7-5　标准雾效果

图7-6　分层雾效果

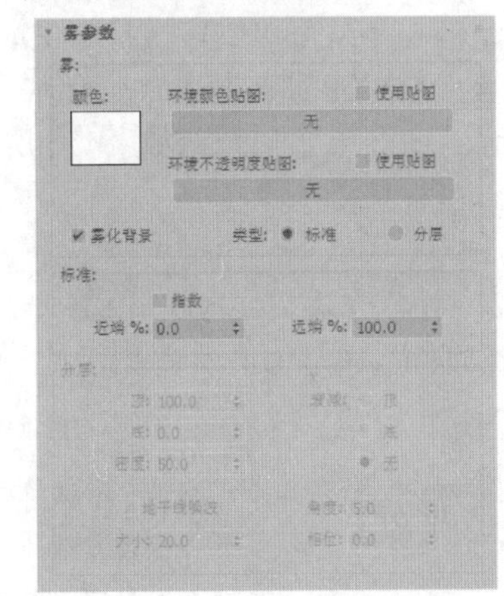

图7-7　【雾参数】面板

表 7-3　　【雾】参数介绍

参数		功能
颜色		设置雾的颜色
环境颜色贴图		从贴图中导出雾的颜色
使用贴图		使用贴图产生雾效果
环境不透明度贴图		使用贴图设置雾的密度
雾化背景		将雾应用于场景中的背景
类型	标准	使用标准雾
	分层	使用分层雾

续表

参数		功能
标准	指数	随距离增加按照指数规律增大雾的密度
	近端%	设置雾在近距离处的密度
	远端%	设置雾在远距离处的密度
分层	顶	设置雾层的上限（使用世界单位）
	底	设置雾层的下限（使用世界单位）
	密度	设置雾的总体密度
	衰减：顶/底/无	为雾添加指数衰减效果
	地平线噪波	启用【地平线噪波】系统。该系统仅影响雾层的地平线，以增强雾的真实感
	大小	设置噪波的缩放系数
	角度	设置雾与地平线的角度
	相位	设置噪波动画时使用

(3)　体积雾。

体积雾效果可以在场景中生成密度不均匀的三维云团，如图 7-8 所示。体积雾能够像分层雾一样使用噪波参数，适合制作可以被风吹动的云雾效果。【体积雾参数】面板如图 7-9 所示，主要参数的介绍如表 7-4 所示。

表 7-4　【体积雾】参数介绍

参数	功能
拾取 Gizmo	单击此按钮，拾取场景中要产生体积雾效果的 Gizmo 对象
移除 Gizmo	移除选定的 Gizmo。移除后，Gizmo 仍在场景中，但是不再产生体积雾效果
柔化 Gizmo 边缘	羽化体积雾效果的边缘。值越大，边缘越柔滑
颜色	设置体积雾的颜色
指数	随距离增加按照指数规律增大体积雾的密度
密度	控制体积雾的密度。值为 0~20
步长大小	确定无采样的粒度大小，即雾的细度
最大步数	限制采样量，使计算不会无休止地执行，适合于体积雾密度较小的场景
雾化背景	将体积雾应用于场景的背景
类型	选择体积雾的种类：【规则】【分形】【湍流】【反转】
噪波阈值	限制噪波效果。值为 0~1
级别	设置噪波迭代应用的次数。值为 1~6
大小	设置烟卷或雾卷的大小
相位	控制风的种子。当风力强度大于 0 时，可以产生体积雾动画效果
风力强度	调整风力强度大小
风力来源	定义风产生的方向

图7-8　体积雾应用示例

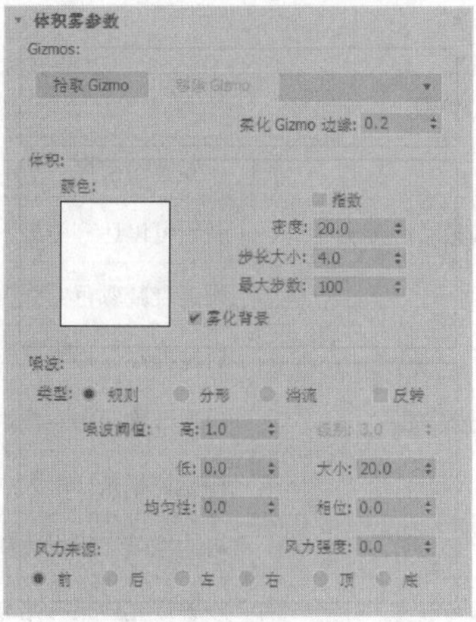

图7-9　【体积雾参数】面板

(4)　体积光。

体积光效果可以产生具有体积的光线，这些光线可以被物体阻挡，产生光线透过缝隙的效果，如图 7-10 所示。【体积光参数】面板如图 7-11 所示，主要参数的介绍如表 7-5 所示。

图7-10　体积光应用示例

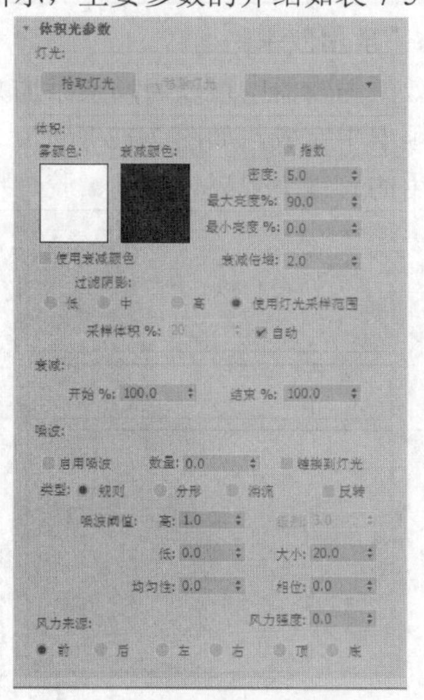

图7-11　【体积光参数】面板

表 7-5　【体积光】参数介绍

参数	功能
拾取灯光	单击此按钮，拾取场景中要产生体积光的光源
移除灯光	移除选定的光源，使之不再产生体积光效果
雾颜色	设置体积光产生的雾的颜色
衰减颜色	设置体积光随距离而衰减
使用衰减颜色	控制是否开启衰减颜色功能
指数	随距离增加按照指数关系增大体积光密度

续表

参数	功能
密度	设置雾的密度
最大亮度%/最小亮度%	设置可以达到的最大和最小光晕效果
衰减倍增	设置衰减颜色的强度
过滤阴影	通过提高采样率（但会增加渲染时间）来获得高质量的体积光效果。有高、中、低 3 个级别
使用灯光采样范围	根据灯光阴影参数中“采样范围”值的大小使体积光投射的阴影变模糊
采样体积%	控制体积采样率大小
自动	自动控制“采样体积%”参数值
开始%/结束%	设置灯光效果开始衰减和结束衰减的百分比
启用噪波	控制是否启用噪波效果
数量	设置应用于雾的噪波的百分比
链接到灯光	将噪波效果链接到指定的灯光对象

三、 常用效果

在效果编辑器中可以为场景添加并编辑各种特效效果，在【环境和效果】对话框的【效果】选项卡中完成，如图 7-12 所示。3ds Max 2020 提供了 9 种特效效果，如图 7-13 所示，其中常用的有镜头效果、模糊、胶片颗粒和景深等。

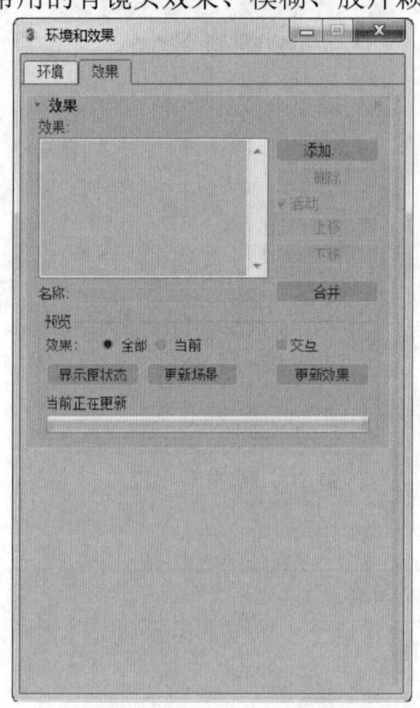

图7-12　【效果】选项卡

图7-13　【添加效果】对话框

(1) 镜头效果。

镜头效果用于模拟与镜头相关的各种真实效果，包括光晕、光环、射线、自动二级光斑、手动二级光斑、星形和条纹 7 种类型，如图 7-14 所示，其应用示例如图 7-15 所示。各种镜头效果的应用对比如表 7-6 所示。

图7-14　镜头效果类型

图7-15　镜头效果应用示例

表 7-6　　镜头效果的应用对比

效果类型	用途	应用示例
光晕	光晕用于在指定对象的周围添加光环。例如，对于爆炸粒子系统，给粒子添加光晕使它们看起来更明亮且更热	
光环	光环是环绕源对象中心的环形彩色条带	
射线	射线是从源对象中心发出的明亮的直线，为对象提供亮度很高的效果。使用射线可以模拟摄影机镜头元件的划痕	
自动二级光斑/手动二级光斑	二级光斑是可以正常看到的一些小圆，沿与摄影机位置相对的轴从镜头光斑源中发出。这些光斑由灯光从摄影机中不同的镜头元素折射而产生。随着摄影机的位置相对于源对象的更改，二级光斑也随之移动	
星形	星形比射线效果要大，由 0～30 个辐射线组成，而不像射线那样由数百个辐射线组成	
条纹	条纹是穿过源对象中心的条带，在实际使用摄影机时，使用失真镜头拍摄场景时会产生条纹	

【镜头效果全局】参数包括【参数】和【场景】两个选项卡，如图 7-16 和图 7-17 所示，主要参数的介绍如表 7-7 所示。

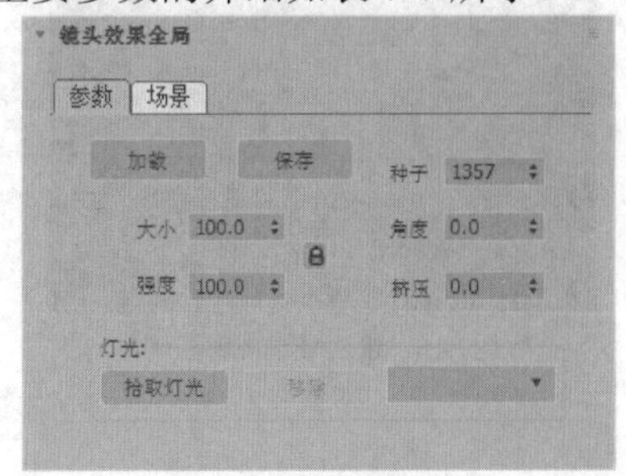

图7-16　【参数】选项卡

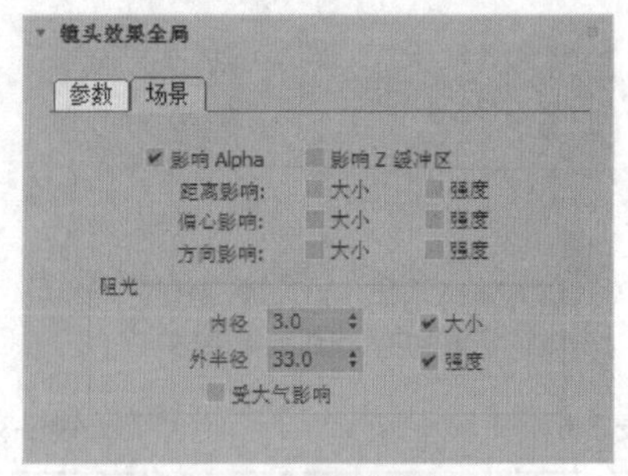

图7-17　【场景】选项卡

表 7-7　【镜头效果全局】参数介绍

选项卡	参数	功能
参数	加载	单击此按钮，打开【加载镜头效果文件】对话框，选择要加载的 lzv 文件
	保存	单击此按钮，打开【保存镜头效果文件】对话框，将结果保存为 lzv 文件
	大小	设置镜头效果的总体大小
	强度	设置镜头效果的总体亮度和不透明度。值越大，越亮越不透明
	种子	为随机数生成器设置不同的种子，以便创建有差异的镜头效果
	角度	当效果与摄影机的相对位置改变时，用于设置镜头效果的旋转量
	挤压	在水平方向或垂直方向上挤压镜头效果的总体大小
	拾取灯光	在场景中拾取灯光
	移除	移除选取的灯光
场景	影响 Alpha	当图像以 32 位格式渲染时，用于控制镜头效果是否影响图像的 Alpha 通道
	影响 Z 缓冲区	存储对象与摄影机之间的距离，Z 缓冲区用于设置光学效果
	距离影响	控制摄影机或视口的距离对光晕效果的大小和强度的影响
	偏心影响	控制摄影机或视口偏心效果的大小和强度
	方向影响	控制聚光灯相对于摄影机的方向，影响其大小和强度
	内径	设置效果影响范围的内径大小
	外半径	设置效果影响范围的外径大小
	大小	减小所阻挡的效果的大小
	强度	减小所阻挡的效果的强度
	受大气影响	控制是否允许大气效果阻挡镜头效果

(2)　模糊。

模糊特效提供了均匀型、方向型和径向型 3 种不同的方法使图像变模糊，如图 7-18 所示。

原始效果

均匀型

方向型

径向型

图7-18　模糊效果

【模糊参数】面板包括【模糊类型】和【像素选择】两个选项卡，如图 7-19 和图 7-20 所示，主要参数的介绍如表 7-8 所示。

图7-19　【模糊类型】选项卡

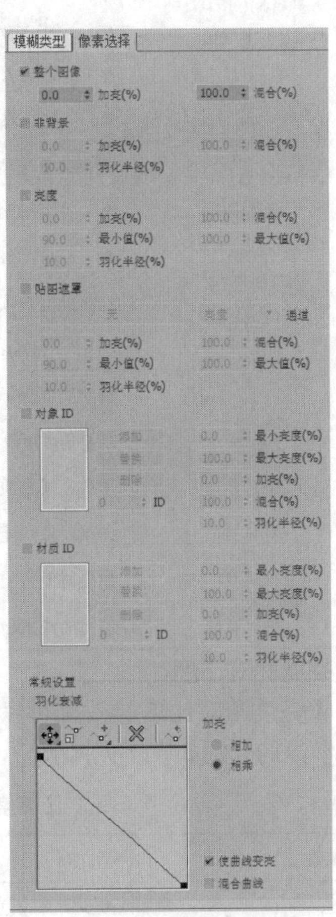

图7-20　【像素选择】选项卡

表 7-8　【模糊】参数介绍

选项卡	参数	功能
模糊类型	均匀型：将模糊效果均匀运用到整个渲染图像中	● 像素半径：设置模糊效果的半径 ● 影响 Alpha：选择此复选项后，可将模糊效果应用于 Alpha 通道
	方向型：按照参数指定的方向应用模糊效果	● U/V 向像素半径(%)：设置模糊效果的水平/垂直强度 ● U/V 向拖痕(%)：为 U/V 轴的某一侧分配更大的模糊权重 ● 旋转(度)：通过【U 向像素半径(%)】和【V 向像素半径(%)】设置模糊效果的 U 向和 V 向轴的旋转角度 ● 影响 Alpha：选择此复选项后，可将模糊效果应用于 Alpha 通道
	径向型：以径向方式应用模糊效果	● 像素半径：设置模糊效果的半径 ● 拖痕(%)：为模糊效果中心分配不同的模糊权重，为模糊效果添加方向性 ● X/Y 原点：以像素为单位，对渲染输出的尺寸指定模糊中心 ● 无：指定以中心作为模糊效果中心的对象 ● 清除：清除对象名称 ● 影响 Alpha：选择此复选项后，可将模糊效果应用于 Alpha 通道 ● 使用对象中心：选择此复选项后，可以指定对象将作为模糊效果的中心
像素选择	整个图像	选择此复选项后，模糊效果将影响整个渲染图像 ● 加亮(%)：加亮整个图像 ● 混合(%)：将模糊效果与原始图像进行混合
	非背景	选择此复选项后，模糊效果将影响除背景图像或动画移位外的所有元素 羽化半径(%)：设置应用于场景的非背景元素的羽化模糊效果的百分比
	亮度	影响亮度介于“最小值(%)”与“最大值(%)”之间的所有像素 最小值(%)/最大值(%)：设置每个像素要应用模糊效果所需的最小亮度值和最大亮度值
	贴图遮罩	通过在【材质/贴图浏览器】对话框中选择的通道已经应用的遮罩来应用模糊效果
	对象 ID	如果对象匹配过滤器设置，会将模糊效果应用于对象或对象中具有特定 ID 的部分
	材质 ID	如果材质匹配过滤器设置，会将模糊效果应用于该材质或材质中具有特定材质通道的部分
	羽化衰减	使用曲线来确定基于图形的模糊效果的羽化衰减区域

(3) 亮度和对比度。

使用【亮度和对比度】效果可以调整图像的亮度与对比度，其参数面板如图 7-21 所示，主要参数的介绍如表 7-9 所示。

表 7-9　【亮度和对比度】参数介绍

参数	功能
亮度	增加或减少所有颜色（红、绿和蓝色）的亮度。值为 0~1
对比度	压缩或扩展最大黑色与最大白色之间的范围。值为 0~1
忽略背景	设置是否将效果应用于除背景外的其他元素

(4) 色彩平衡。

使用【色彩平衡】效果可以通过调节“青—红”“洋红—绿”“黄—蓝”3 个通道来改变场景或图像的色调，其参数面板如图 7-22 所示，主要参数的介绍如表 7-10 所示。

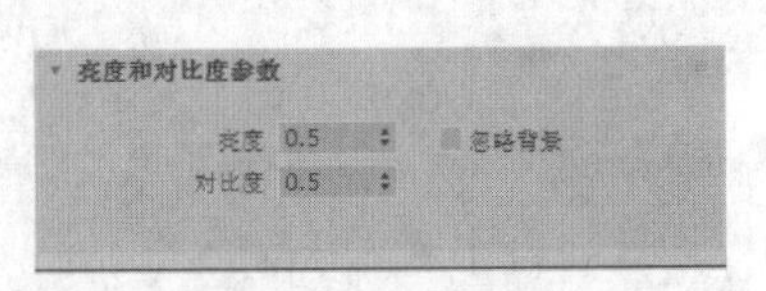

图7-21 【亮度和对比度参数】面板

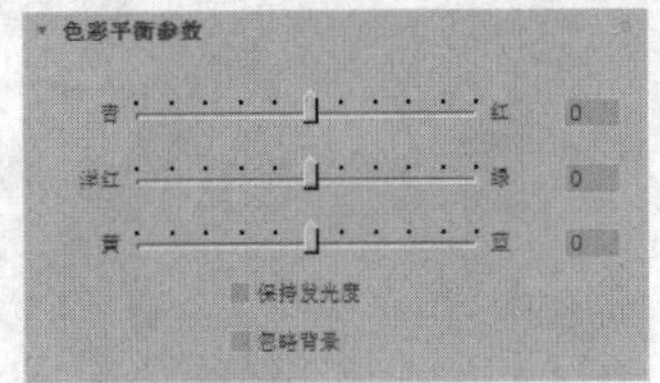

图7-22 【色彩平衡参数】面板

表 7-10 【色彩平衡】参数介绍

参数	功能
青—红	调整“青—红”通道
洋红—绿	调整“洋红—绿”通道
黄—蓝	调整“黄—蓝”通道
保持发光度	在修正颜色的同时保留图像的发光度
忽略背景	修正图像时不影响背景

(5) 胶片颗粒。

胶片颗粒用于在渲染场景中重新创建胶片颗粒的效果，同时可以作为背景的原材料与软件中创建的渲染场景相匹配，效果如图 7-23 所示。其参数面板如图 7-24 所示，主要参数的介绍如表 7-11 所示。

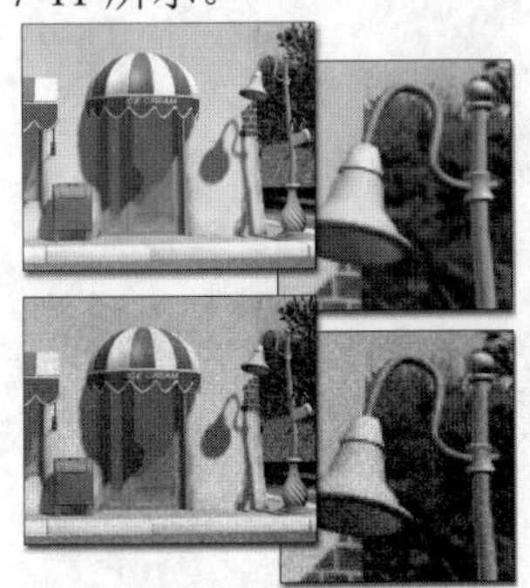
图7-23 胶片颗粒效果

图7-24 【胶片颗粒参数】面板

表 7-11 【胶片颗粒】参数介绍

参数	功能
颗粒	设置添加到图像中的颗粒数。值为 0~1
忽略背景	屏蔽背景，使颗粒仅应用于场景中的几何对象

(6) 景深。

景深效果模拟在通过摄影机镜头观看时，前景和背景场景元素的自然模糊。摄影机焦点平面的物体会很清晰，远离摄影机焦点平面的物体会模糊不清，示例如图 7-25 所示。

(7) 运动模糊。

模拟照相机快门打开过程中，拍摄物体出现相对运动时产生的模糊感，多用于表现速度感。拍摄时相机抖动或灯光发生运动也会产生运动模糊效果，示例如图 7-26 所示。

图7-25　景深效果

图7-26　运动模糊效果

7.2　范例解析——制作“烈日晴空”效果

本案例将通过添加各种效果模拟太阳光照，案例制作完成后的效果如图 7-27 所示。

图7-27　“烈日晴空”效果

1.　添加模糊效果。

(1)　打开制作模板。

①　打开素材文件“第 7 章\素材\烈日晴空\烈日晴空—素材.max”。

②　场景中制作有一片草地和一座风车。

③　场景中添加有摄影机和灯光。

④　模板场景及其渲染效果如图 7-28 所示。

图7-28　模板场景及渲染效果

(2) 添加模糊效果。

① 按8键打开【环境和效果】对话框。

② 进入【效果】选项卡。

③ 单击添加...按钮。

④ 双击【模糊】选项，如图 7-29 左图所示。

⑤ 渲染摄影机视图，获得的效果如图 7-29 右图所示。

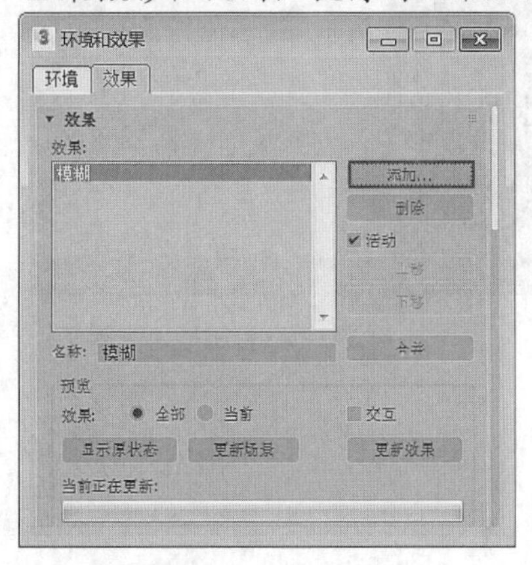

图7-29 添加模糊效果

(3) 设置模糊参数。

① 在【模糊参数】卷展栏中选择【像素选择】选项卡。

② 取消对【整个图像】复选项的选择。

③ 选择【亮度】复选项，设置【加亮(%)】和【混合(%)】参数，如图 7-30 左图所示。

④ 渲染摄影机视图，获得的效果如图 7-30 右图所示。

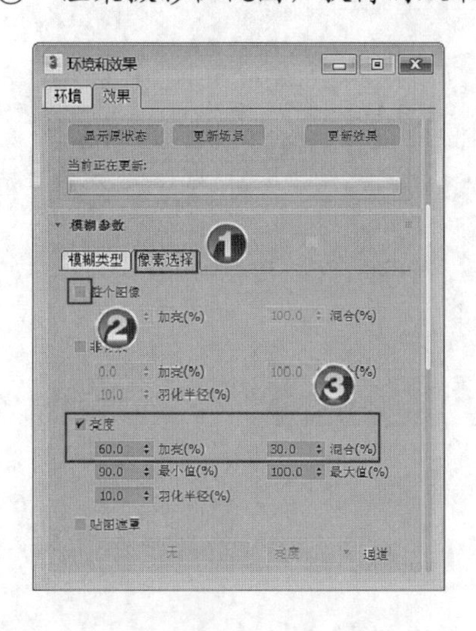

图7-30 设置模糊参数

(4) 调整亮度和对比度，如图 7-31 所示。

① 单击添加...按钮。

② 双击【亮度和对比度】选项，设置【亮度和对比度】参数。

③ 渲染摄影机视图，获得的效果如图 7-31 右图所示。

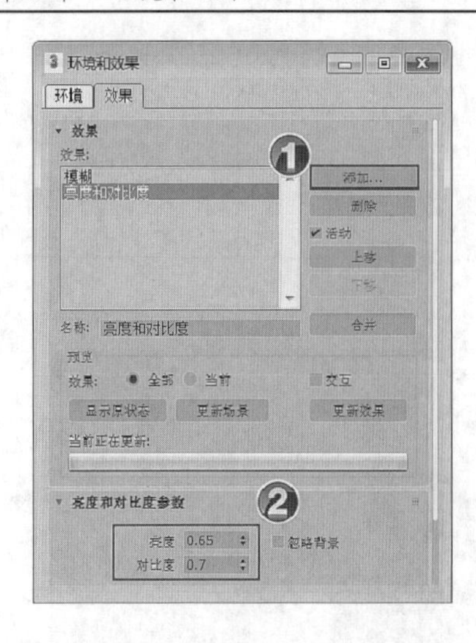

图7-31　调整亮度和对比度

2. 添加太阳光照效果。

(1) 添加镜头效果。

① 单击 添加... 按钮，双击【镜头效果】选项。

② 在【镜头效果全局】卷展栏中设置【大小】和【强度】参数。

③ 单击 拾取灯光 按钮。

④ 按 H 键打开【拾取对象】窗口，双击选中列表中的“Direct01”灯光，添加完参数后的面板如图 7-32 所示。

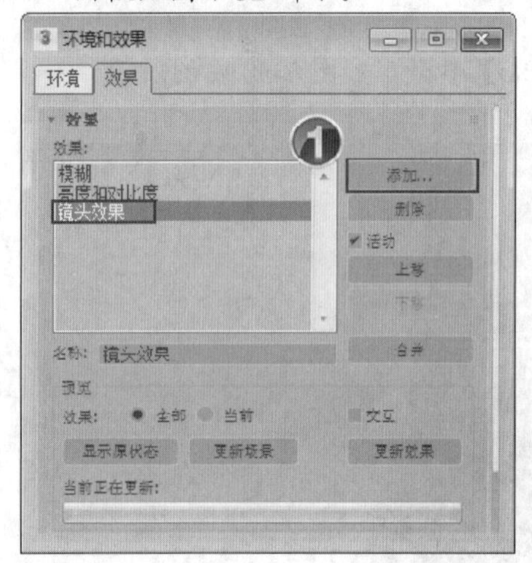

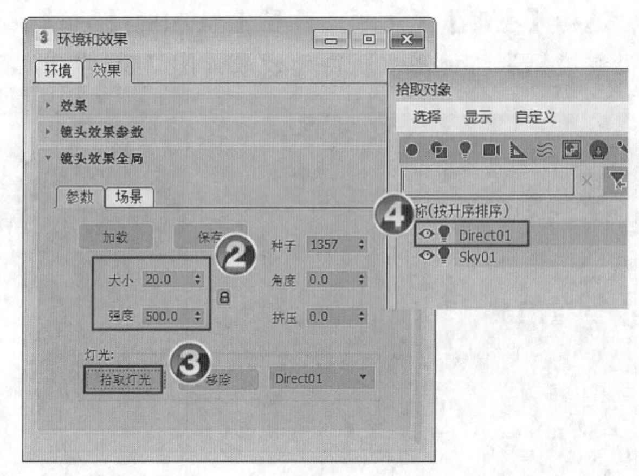

图7-32　添加镜头效果

(2) 添加光晕效果，如图 7-33 所示。

① 在【镜头效果参数】卷展栏左侧的列表框中选中【光晕】选项。

② 单击 > 按钮添加效果。

③ 单击【径向颜色】分组框中的第 1 个色块。

④ 设置颜色参数。

⑤ 单击 确定 按钮。

⑥ 单击第 2 个色块。

⑦ 设置颜色参数后，单击 确定 按钮。

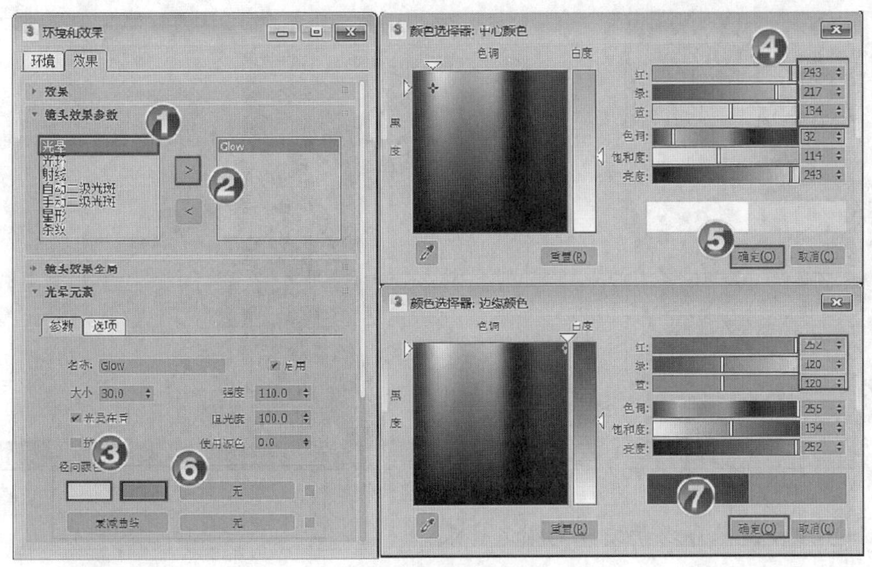

图7-33　添加光晕效果

(3) 添加射线效果，如图 7-34 所示。

① 添加【镜头效果】效果。

② 在【镜头效果参数】卷展栏左侧的列表框中选中【射线】选项。

③ 单击 > 按钮添加效果。

④ 渲染摄影机视图，获得的效果如图 7-34 右图所示。

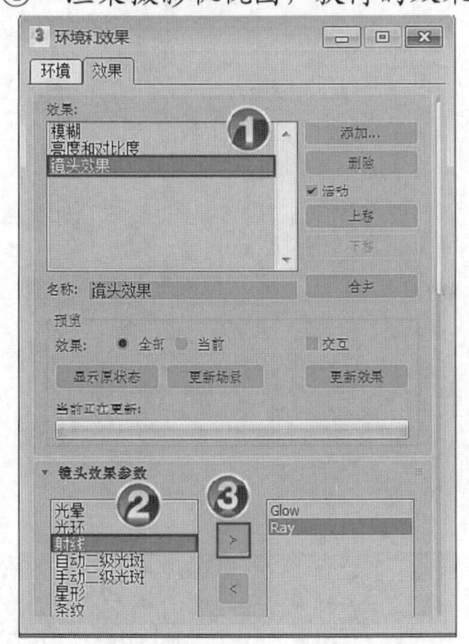

图7-34　添加射线效果

(4) 添加光斑效果，如图 7-35 所示。

① 添加【镜头效果】效果。

② 在【镜头效果参数】卷展栏左侧的列表框中选中【自动二级光斑】选项。

③ 单击 > 按钮添加效果。

④ 渲染摄影机视图，获得的效果如图 7-35 右图所示。

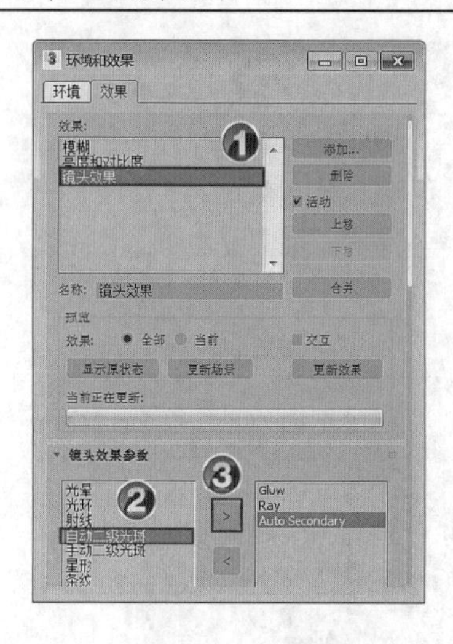

图7-35　添加光斑效果

3.　按 Ctrl+S 组合键保存场景文件到指定目录。

7.3　习题

1.　“雾”有哪些类型？各有什么用途？
2.　3ds Max 中常用的特效有哪些类型？
3.　3ds Max 中有哪些大气效果，如何在场景中添加大气效果？
4.　火效果主要有哪些用途？
5.　雾和体积雾效果有什么差异？

第8章　渲染

【学习目标】

- 掌握渲染的主要用途。
- 明确模型渲染的实质与质量控制手段。
- 掌握常用渲染器的选用与设置。
- 掌握模型渲染输出的设置方法与技巧。

渲染是动画制作的关键环节之一，是指依据指定的材质、使用的灯光、背景以及大气环境等基本设置，将在场景中创建的几何实体显示出来的过程。渲染的实质就是为创建的三维场景发布图片或录制动画。

8.1　基础知识

渲染就是对创建场景的各项程序进行运算，以获得最终设计结果的过程。对场景进行渲染操作后，将生成完全独立于 3ds Max 的影像作品。

一、　【渲染设置】窗口

渲染通常是 3ds Max 制作流程的最后一步。所谓渲染，就是给场景着色，将场景中的模型、材质、灯光及大气环境等设置处理成图像或动画的形式并保存。

渲染前，通常先设置渲染器参数。按 F10 键打开【渲染设置】窗口，使用系统默认的渲染器（扫描线渲染器）时，该窗口包含 5 个选项卡，其功能如表 8-1 所示。

表 8-1　【渲染设置】窗口中各选项卡的功能

选项卡	功能
公用	其中的参数适合于所有渲染器，在此可以设置渲染的一些通用操作，例如输出时间、输出内容及输出格式等。其中又包含【公用参数】【电子邮件通知】等 4 个卷展栏
渲染器	用于设置指定渲染器的各项参数。当指定的渲染器不同时，需要设置的参数也不相同
Render Elements	在这里能根据场景中不同种类的元素将其渲染为单独的图像文件，以便后期合成
光线跟踪器	对渲染时的光线跟踪效果进行设置，包括是否应用抗锯齿以及反射和折射参数等
高级照明	可根据渲染需要选择一个高级照明选项并对相应参数进行设置

选择的渲染器不同，选项卡的种类和数量也不相同，每个选项卡中又包含若干个参数卷展栏。

二、　指定渲染器

渲染时使用的工具叫作渲染器，渲染器的好坏直接影响到渲染图像或视频质量的高低。渲染器的实质是一套求解算法，渲染器之间的本质区别主要是渲染算法的不同。

3ds Max 提供了多种渲染模式，如图 8-1 所示。各种渲染模式的用法如表 8-2 所示。

3ds Max 2020 支持的渲染器非常多，在【渲染设置】窗口上部的【渲染器】下拉列表中可以为设定的模式选择渲染器，如图 8-2 所示。

内置的渲染器包括“扫描线渲染器”“Quicksilver 硬件渲染器”“ART 渲染器”“VUE 文件渲染器”和“Arnold”。各渲染器的特点和用法如表 8-3 所示。

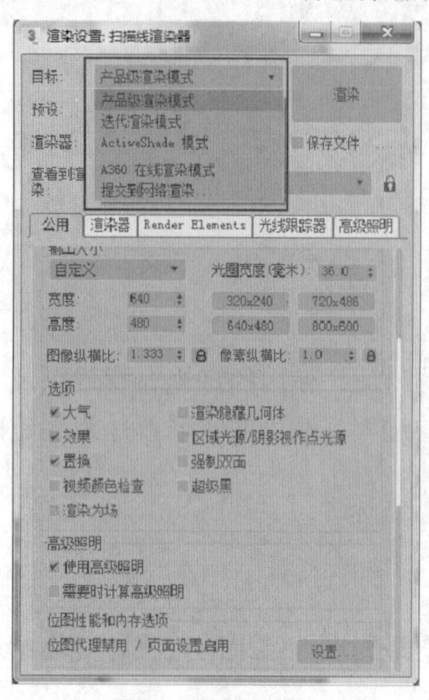

图8-1　选择渲染模式

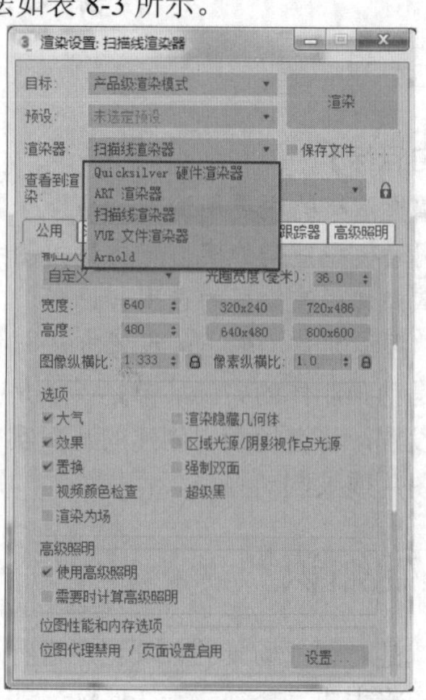

图8-2　指定渲染器

表 8-2　　不同渲染模式的用法

渲染模式	功能
产品级渲染模式	输出最终作品时使用的渲染模式
迭代渲染模式	一种快速渲染工具，可在已有图像上进行更新
ActiveShade（动态着色）模式	用于动态着色窗口中使用的渲染器，通常选用默认扫描线渲染器
A360 在线渲染模式	使用云渲染模式进行渲染
提交到网络渲染	把作品提交到网络进行渲染

表 8-3　　不同渲染器的用法

渲染器	功能
Quicksilver 硬件渲染器	采用 GPU 运算，渲染速度快，渲染效果较好，适合于实时渲染
ART 渲染器	一种适合于建筑室内和室外场景的专业渲染器
扫描线渲染器	最基本的渲染器，可以将场景渲染成一组水平线，渲染速度快，但是渲染质量不太高
VUE 文件渲染器	一种适合于景观的专业渲染器
Arnold	一种新型渲染器，支持即时渲染，节省内存，渲染质量高

三、 设置输出范围

在【渲染设置】窗口中，在【公用参数】卷展栏下的【时间输出】分组框中设置输出范围参数，用于确定要对哪些帧进行渲染，如图 8-3 所示。各选项的用法如表 8-4 所示。

表 8-4　输出范围设置

选项	功能
单帧	主要用于渲染静态效果。通常在查看固定的某一帧的效果时使用
活动时间段	用于渲染动画，使用该选项可以从时间轴开始的第 0 帧渲染动画，直至时间轴最后一帧
范围	该选项允许用户指定一个动画片段进行渲染，其格式为“开始帧”至“结束帧”
帧	渲染选定帧。使用该选项可以直接将需要渲染的帧输入其右侧的文本框中，单帧用“，”号隔开，时间段之间用“-”连接
每 N 帧	设置间隔多少帧进行渲染，例如输入 3，则渲染 1/4/7……帧。对于较长时间的动画，可以用这种方式来简略观察动画内容

四、 设置输出分辨率

在图 8-4 所示的【输出大小】分组框中设置输出图像的大小，在其中的【自定义】下拉列表中可以自定义图像大小。另外，系统还为用户提供了一些常用的图像尺寸，并以按钮的形式放置在面板上，只需单击相应的按钮即可定义图像的输出尺寸。各选项的用法如表 8-5 所示。

表 8-5　设置输出分辨率

选项	功能
光圈宽度	该选项只有在激活【自定义】选项后才可用，它不改变视口中的图像
高度	用于指定渲染图像的高度，单位为像素
宽度	用于指定渲染图像的宽度，单位为像素
预设分辨率按钮组	单击其中任意一个按钮可以将渲染图像的尺寸改变为指定的大小。在这些按钮上单击鼠标右键，可以打开【配置预设】对话框，通过该对话框可对图像的大小进行设置，如图 8-5 所示
图像纵横比	用于决定渲染图像的长宽比。通过设置图像的高度和宽度可以自动决定长度比，也可以通过设置图像的长宽比及高度或宽度中的某一个数值来决定另外一个选项的数值。长宽比不同得到的图像也不同
像素纵横比	用于决定图像像素本身的长宽比。如果渲染的图像将在非正方形像素的设备上显示，则应设置此选项。例如，标准 NTSC 电视机像素的长宽比为 0.9

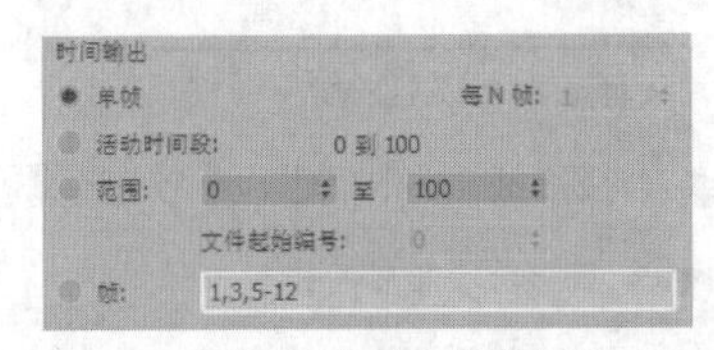

图8-3　【时间输出】分组框

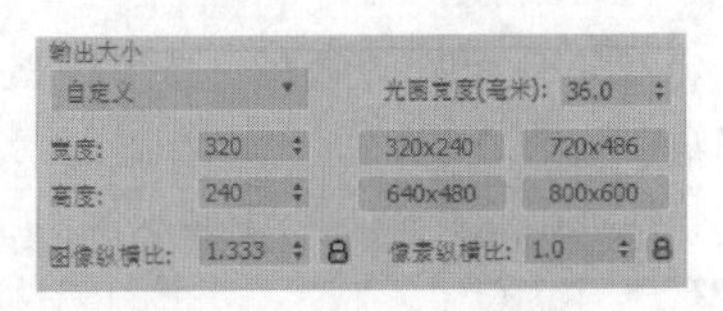

图8-4　【输出大小】分组框

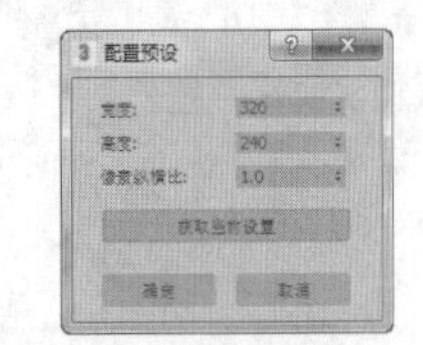

图8-5　【配置预设】对话框

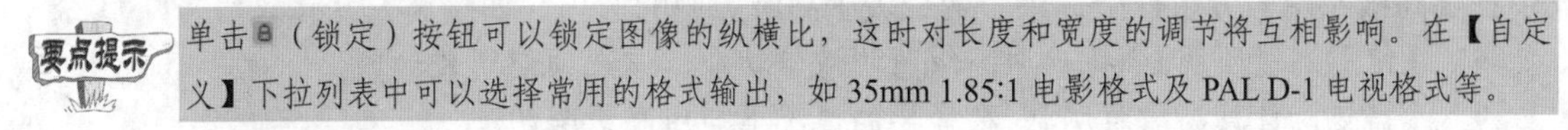

要点提示　单击（锁定）按钮可以锁定图像的纵横比，这时对长度和宽度的调节将互相影响。在【自定义】下拉列表中可以选择常用的格式输出，如 35mm 1.85:1 电影格式及 PAL D-1 电视格式等。

五、 设置输出内容

(1)　渲染区域。

在【要渲染的区域】分组框中设置将要渲染的图像区域，可以选择是否渲染所设置的大气效果。

在【要渲染的区域】下拉列表中可用 5 种方式控制渲染区域，其用法及分组框中的选项如

表 8-6 所示。

表 8-6　　　　　　　　　　　　渲染区域设置

选项	功能
视图	对当前激活视图中的全部内容进行渲染，是默认的渲染方式
选定对象	只对当前激活视图中的选定对象进行渲染
区域	只对当前激活视图中的指定区域进行渲染，此时会在视图中出现一个虚线框来设置渲染区域
放大	选择一个区域并将其放大到渲染尺寸后再进行渲染
裁剪	只渲染被选择的区域，并按照区域面积进行裁剪，产生与选框区域等比例的图像
选择的自动区域	选中该复选项后，当将渲染区域设置为【区域】【裁剪】和【放大】时，渲染的区域会自动定义为选定的对象；当将渲染区域设置为【视图】和【选定对象】时，则会自动切换到“区域”模式

“区域”渲染方式是在原效果图中切下一块进行渲染，但是渲染后尺寸不发生任何变化；“放大”渲染方式也将从原效果图中切下一块进行渲染，但是会将其尺寸放大到渲染时设置的尺寸。

(2)　渲染对象。

在【选项】分组框中可以选择是否渲染所设置的大气效果及是否渲染隐藏物体等，如图 8-6 所示。各选项的用法如表 8-7 所示。

表 8-7　　　　　　　　　　　　渲染对象设置

选项	功能
大气	如果不选择该选项，则不渲染雾和体积光等大气效果
效果	如果不选择该选项，则不渲染镜头光效、火焰等一些特效
置换	如果不选择该选项，则不渲染“置换”贴图
视频颜色检查	扫描渲染图像，寻找视频颜色之外的颜色。当选择该复选项后，将选择【首选项设置】对话框中【渲染】选项卡下的视频颜色检查选项
渲染为场	选择该复选项后，将渲染到视频场，而不是视频帧
渲染隐藏几何体	选择该复选项后，将渲染场景中隐藏的对象。如果场景比较复杂，则在建模时经常需要隐藏对象，而在渲染时又需要渲染这些对象，此时就应选择该复选项
区域光源/阴影视作点光源	将所有的区域光源或区域阴影都作为发光点来进行渲染，从而可以加速渲染过程
强制双面	选择该复选项将强制渲染场景中所有面的背面，这对法线有问题的模型非常有用
超级黑	选择该复选项则背景图像变为黑色。如果要合成渲染的图像，则该选项非常有用

(3)　高级照明。

在【高级照明】分组框中提供了两个关于高级照明的选项，如图 8-7 所示。

- 【使用高级照明】：将启用高级照明渲染功能，该选项使用较频繁。
- 【需要时计算高级照明】：在需要的情况下启用高级照明。

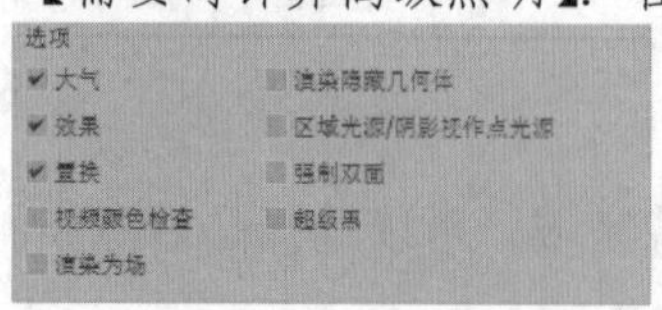

图8-6　【选项】分组框

图8-7　【高级照明】分组框

六、 渲染输出

【渲染输出】分组框用于设置渲染输出的文件格式。在该分组框中单击 文件... 按钮，打开【渲染输出文件】对话框，设置文件的保存路径，输入文件名并指定保存类型，如图8-8所示。在渲染时将把渲染好的图片或图片序列保存起来。

3ds Max可以以多种文件格式作为渲染结果进行输出和保持，包括静态图像和动态视频格式，其中常用的格式如表8-8所示。

表8-8　　常用的渲染输出格式

选项	功能
AVI 动画格式	这是 Windows 平台通用的图像格式，可以根据需要进行压缩。此外，AVI 格式文件还可以作为动画材质导入材质编辑器
JPEG 图像格式	这种图形具有高压缩比大、失真度较低的特点，广泛用于网络图像传输
PNG 图像格式	是一种专为互联网开发的静帧图像文件
RPF 图像格式	是一种支持任意图形通道的图像文件，目前已成为渲染带有合成和特效动画的首选格式
TGA 图像格式	是早期的真彩色文件格式，具有多种颜色级别，可以进行无损质量的文件压缩处理，广泛应用于单帧或序列图片
TIF 图像格式	是苹果系统和桌面印刷行业的标准图像格式，有黑白和真彩色之分，会自带 Alpha 通道

七、 渲染帧窗口

在工具栏中单击（渲染帧窗口）按钮，打开【渲染】窗口，如图8-9所示，这是一个用于显示渲染输出的窗口。该窗口中主要参数的用法如表8-9所示。

图8-8　【渲染输出文件】对话框

图8-9　【渲染】窗口

表8-9　　【渲染窗口】中主要参数的用法

选项	功能
要渲染的区域	其下拉列表中提供了【视图】【选定】【区域】【裁剪】和【放大】等选项来确定渲染区域

续表

选项	功能
（编辑区域）	单击此按钮后可以调整控制手柄来重新调整渲染区域的大小，如图 8-10 所示
（自动选定对象区域）	单击此按钮后系统会将【区域】【裁剪】和【放大】自动设置为当前选择
视口	显示当前渲染的是哪个视图，如透视图、顶视图、前视图或左视图
（锁定到视口）	单击该按钮，系统只渲染左侧【视口】列表中的视图
渲染预设	可以从下拉列表中选择与预设渲染相关的选项，主要包括渲染器的选择等
（渲染设置）	单击此按钮，打开【渲染设置】对话框
（环境和效果对话框（曝光控制））	单击此按钮，打开【环境和效果】对话框，在该对话框中可以调整曝光控制的类型
产品级/迭代	从【产品级】和【迭代】中选取一种渲染模式
渲染	单击此按钮，使用当前设置渲染场景
（保存图像）	单击此按钮，打开【保存图像】对话框，利用该对话框设置保存格式
（复制图像）	单击此按钮，可以将渲染后的图像复制到剪贴板上
（克隆渲染帧窗口）	单击此按钮，可以克隆一个渲染帧窗口。该操作可以用来对两次渲染效果进行对比，如图 8-11 所示
（打印图像）	打印渲染后的图像
（清除）	清除渲染帧窗口中显示的图像
（启用红色通道）	显示图像的红色通道，如图 8-12 所示
（启用绿色通道）	显示图像的绿色通道，如图 8-13 所示
（启用蓝色通道）	显示图像的蓝色通道，如图 8-14 所示
（显示 Alpha 通道）	显示图像的 Alpha 通道
（单色）	将图像以 8 位灰度模式显示
（切换 UI 叠加）	激活该按钮后，如果【区域】【裁剪】和【放大】区域中有一个被激活，则会显示表示相应区域的帧
（切换 UI）	激活该按钮后，则渲染帧窗口中的所有工具均能使用，否则将精简窗口上的工具

图8-10　编辑窗口区域

图8-11　克隆渲染帧窗口

图8-12 启用红色通道

图8-13 启用绿色通道

图8-14 启用蓝色通道

8.2 范例解析——制作“浪漫烛光”效果

本例通过添加镜头效果制作一个浪漫的心形烛光场景，制作完成后的效果如图 8-15 所示。

图8-15 “浪漫烛光”最终效果

【操作步骤】

1. 制作火焰效果。

(1) 打开制作模板。

① 打开素材文件“第 8 章\素材\浪漫烛光\浪漫烛光.max”。

② 场景中制作有一根蜡烛模型，如图 8-16 所示。

③ 在工具栏中单击按钮渲染模型，效果如图 8-17 所示。

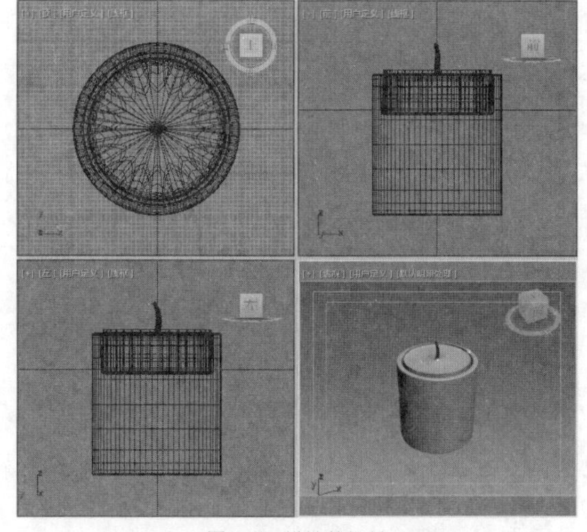

图8-16 设计的场景

图8-17 渲染效果

(2) 创建火焰容器，如图 8-18 所示。

① 在【创建】面板中单击按钮。

② 设置创建对象类型为【大气装置】。

③ 单击 球体 Gizmo 按钮。

④ 在【顶视图】中拖动鼠标光标绘制一个球体 Gizmo。

⑤ 设置【半径】参数为“20”。

(3) 调整火焰容器，如图 8-19 所示。

① 选中球体 Gizmo，在工具栏中用鼠标右键单击按钮，设置 z 轴缩放参数为“300”。

② 结合前视图和左视图，调整球体 Gizmo 的位置，使之位于烛芯处。

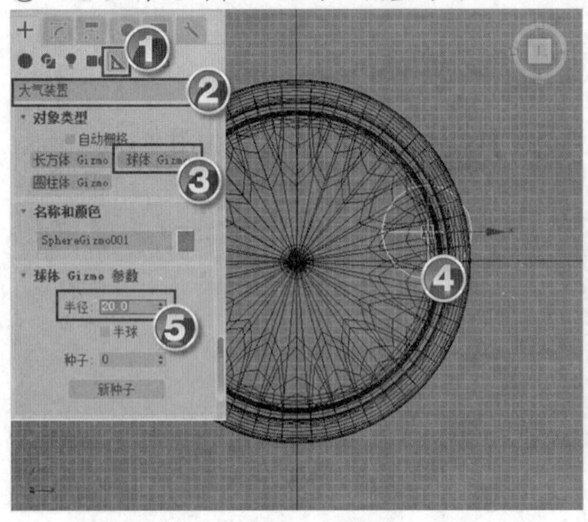

图8-18 创建火焰容器

图8-19 调整火焰容器

(4) 添加火效果，如图 8-20 所示。

① 按 8 键，打开【环境和效果】窗口。

② 在【大气】卷展栏中单击 添加... 按钮。

③ 在弹出的【添加大气效果】对话框中双击【火效果】选项。

④ 在【火效果参数】卷展栏中单击 拾取 Gizmo 按钮。

⑤ 在工具栏中单击按钮打开【拾取对象】对话框，选择球体 Gizmo 后单击 拾取 按钮。

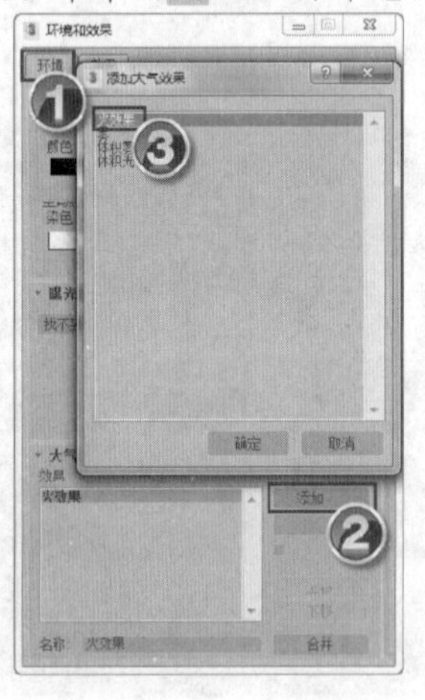

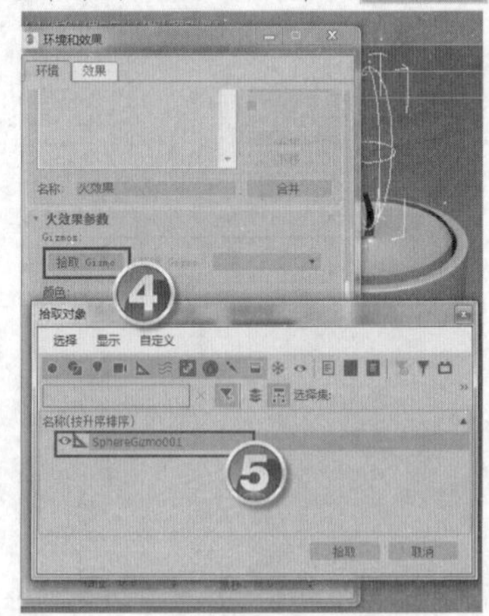

图8-20 添加火效果

(5) 调整火焰效果，如图 8-21 所示。

① 设置【图形】参数。

(6) 设置【特性】等参数。

再次渲染透视图，结果如图 8-22 所示。

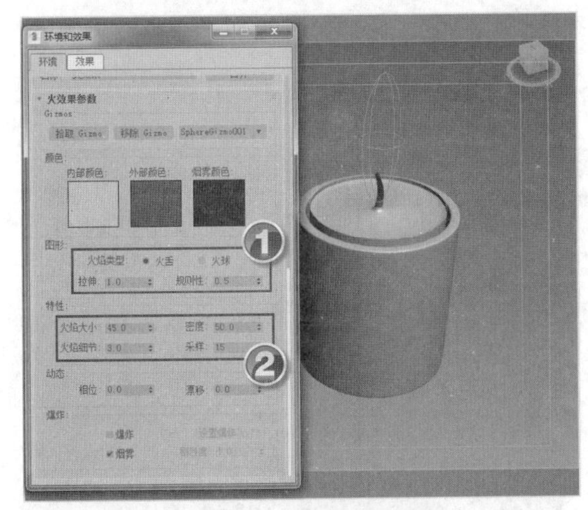

图8-21　调整火焰效果

图8-22　渲染结果

2. 制作灯光特效。

(1) 添加灯光，如图 8-23 所示。

① 在【创建】面板中单击按钮。

② 设置创建对象类型为【标准】。

③ 单击 泛光 按钮。

④ 在球体 Gizmo 的中心单击鼠标左键，创建一盏泛光灯，配合各视图调整其位置。

⑤ 在【强度/颜色/衰减】卷展栏中单击按钮，打开【颜色选择器：灯光颜色】对话框，将灯光颜色设置为橘黄色（255,144,0）。

⑥ 继续在【强度/颜色/衰减】卷展栏中设置参数。

⑦ 在【常规参数】卷展栏中设置【阴影】类型为【区域阴影】。

⑧ 在【区域阴影】卷展栏中设置灯光的相关参数。

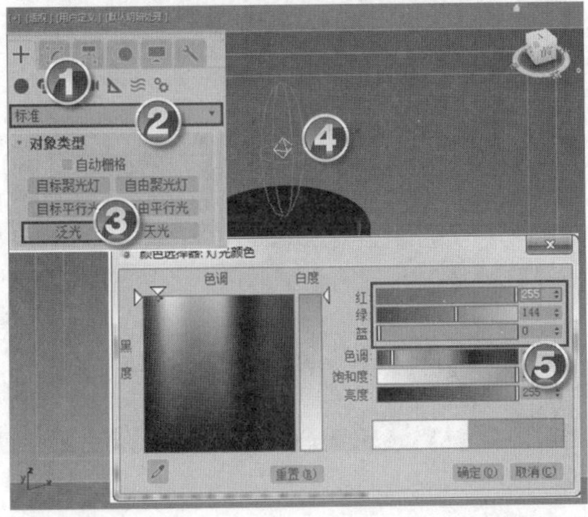

图8-23　添加灯光特效

(2) 添加镜头效果，如图 8-24 所示。

① 按8键打开【环境和效果】窗口，进入【效果】选项卡。
② 单击 添加... 按钮。
③ 在打开的【添加效果】对话框中双击【镜头效果】选项，效果如图8-24右图所示。

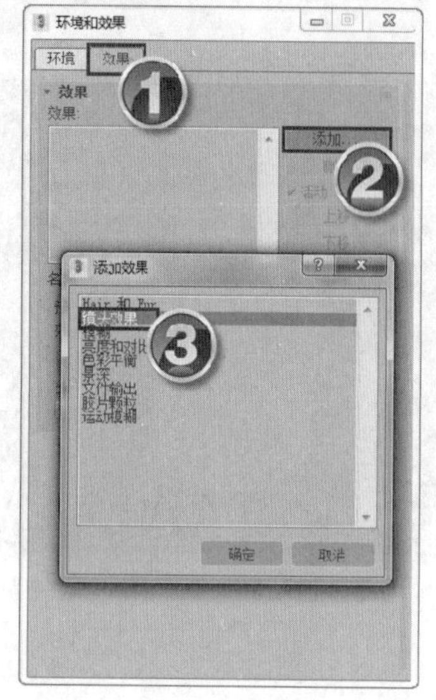

图8-24　添加镜头效果

(3) 设置镜头效果参数，如图8-25和图8-26所示。
① 在【镜头效果参数】卷展栏左侧的列表框中选中【星形】选项。
② 单击 > 按钮添加效果。
③ 单击 拾取灯光 按钮。
④ 按H键打开【拾取对象】对话框，双击选中列表中的灯光。
⑤ 设置【星形元素】参数。
⑥ 设置【镜头效果全局】参数。最后的渲染效果如图8-26右图所示。

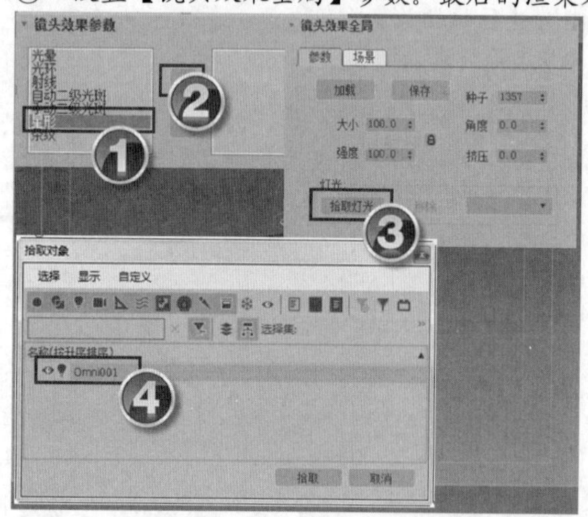

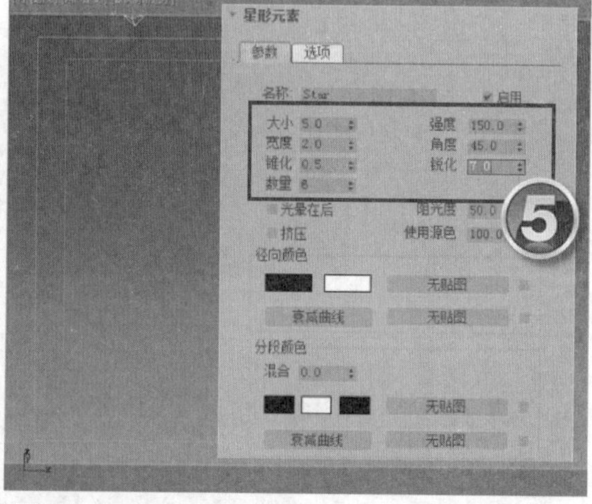

图8-25　设置镜头效果参数（1）

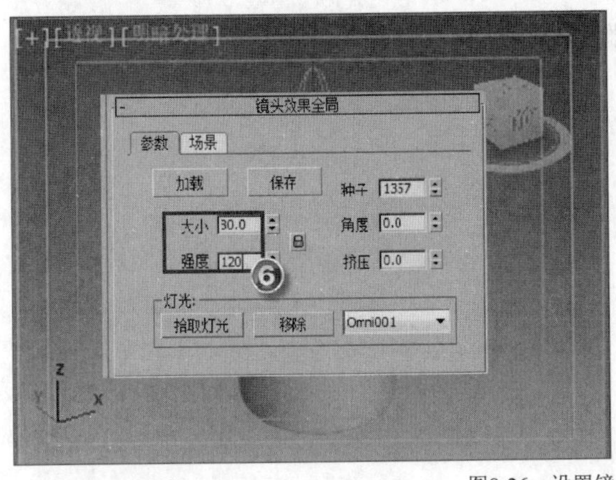

图8-26　设置镜头效果参数（2）

3.　调整最终效果。

(1)　复制蜡烛。

①　在【顶视图】中框选场景中的所有对象，按住 Shift 键不放，拖动选中对象进行复制，在弹出的【克隆选项】对话框中单击 确定 按钮完成复制，如图 8-27 所示。

②　继续进行复制并调整位置。最后获得的设计效果如图 8-28 所示。

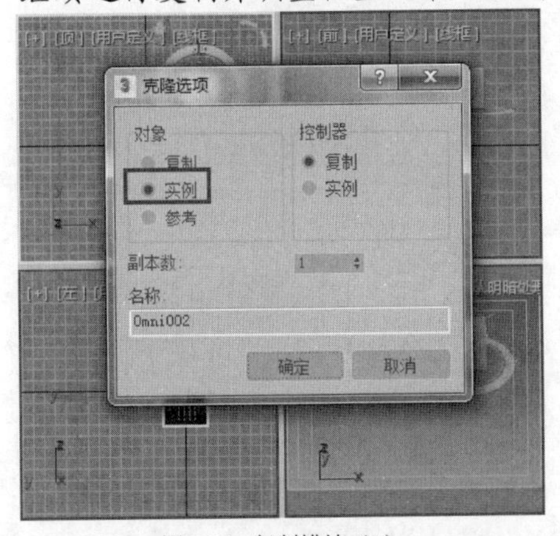

图8-27　复制蜡烛（1）

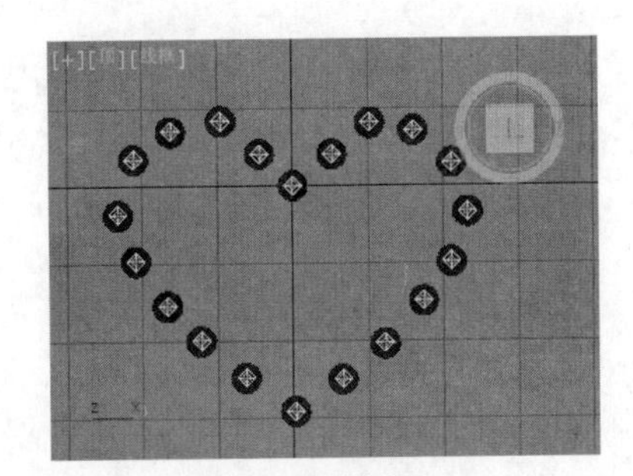

图8-28　复制蜡烛（2）

要点提示　在调整心形时，可先将复制出的对象摆放到几个特殊的位置，再对心形进行完善。

(2)　添加地板并调整视角。

①　在场景中单击鼠标右键，在弹出的快捷菜单中选择【全部取消隐藏】命令。

②　按 C 键切换到摄影机视图。

③　最终获得的设计效果如图 8-15 所示。

4.　按 Ctrl+S 组合键保存场景文件到指定目录。本案例制作完成。

8.3　习题

1.　什么是渲染，模型在渲染前后有什么本质区别？

2.　如何将作品渲染成视频格式文件？

3. 什么是渲染器，3ds Max 主要有哪些渲染器？
4. 3ds Max 可以将静态文件渲染成哪些格式，各有什么特点？
5. 渲染后产品质量高低与哪些因素密切相关？

第9章　材质和贴图

【学习目标】

- 明确材质对于三维模型的重要意义。
- 明确材质的种类和用途。
- 明确贴图的种类和用途。
- 掌握为模型设置材质和贴图的基本流程。

在现实世界中钻石比玻璃更有价值、更有吸引力，即使它们具有相同的体积、相同的外形，这是为什么呢？原因在于钻石具有比普通玻璃更加珍贵的材质。在三维世界里面没有被赋予材质的模型就像是橡皮泥，只有被赋予了材质的模型才有表现特定事物的功能，可见材质在三维设计中的重要性。

9.1　基础知识

材质是材料和质感的结合，也称为物体的质地。通过材质可以为模型表面加入色彩、光泽和纹理。三维软件中的材质都是虚拟的，材质的最终渲染效果与模型表面的材质特性、模型周围的光照以及模型周边环境有密切关系。

一、　材质

(1)　材质的概念。

材质是模型表面各种可视属性的集合，这些视觉属性来自于物体表面的色彩、纹理、光滑度、透明度、反射率、折射率及发光等属性。同一模型被赋予不同材质后，表现的质地完全不同，如图 9-1 所示。因为材质的存在，使三维世界创建的物体与现实世界一样多彩。

物体能够被人眼所看见都是反射光的缘故。光作为事物可见的源头，对事物的外观表达有着十分重要的作用。图 9-2 所示为物体被不同颜色光照射时的效果。

在彩色光照时物体自身的颜色很难区分，而在白色光照的情况下则很容易区分，所以要制作出高品质的效果图，使用正确的光来反映相应的材质是十分重要的。图 9-3 所示为物体被光照射时的各种反射和折射效果。

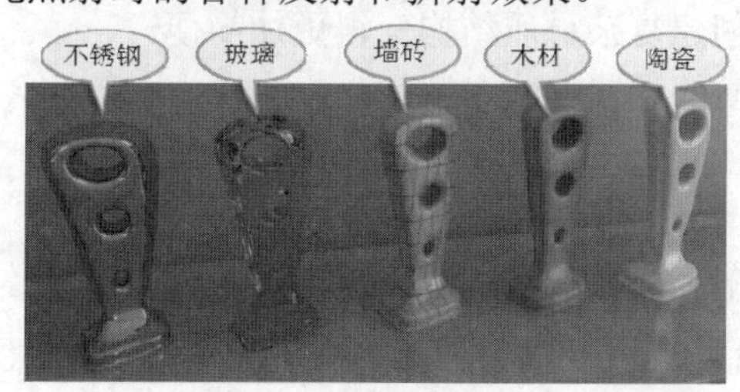

图9-1　不同物体的材质

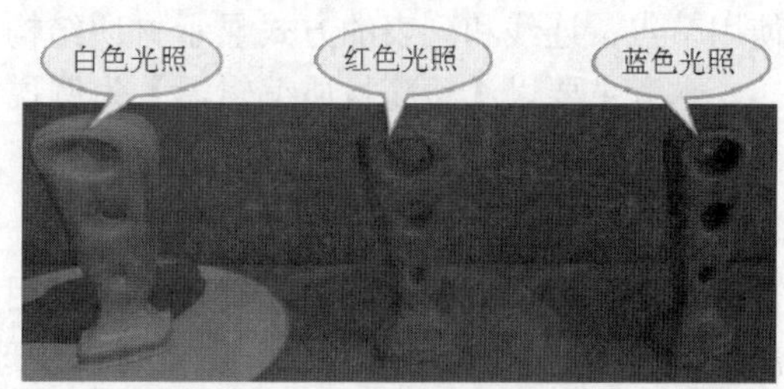

图9-2　不同颜色光照的效果

(2)　制作材质的基本流程。

制作新材质并将其应用到对象的基本流程如下。

- 选择材质类型。
- 对标准材质或光线跟踪材质，选择着色类型。
- 设置漫反射颜色、光泽度和不透明度等参数。
- 在指定的贴图通道设置贴图，并调整参数。
- 将材质应用于对象。
- 如果有必要，调整 UV 贴图坐标，以便正确定位对象的贴图。
- 保存材质。

二、　材质编辑器的种类

(1)　精简材质编辑器。

运行 3ds Max 2020 软件后，按 M 键打开【材质编辑器】窗口，这是软件提供的【精简材质编辑器】。编辑器窗口主要分为材质示例区、工具按钮区和参数控制区 3 大部分，如图 9-4 所示。

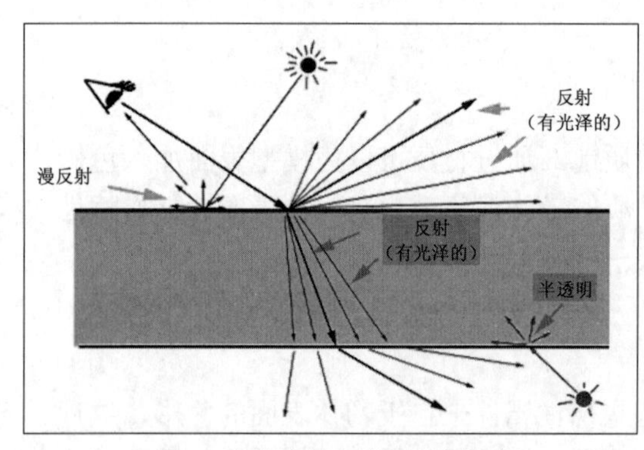

图9-3　物体被光照时的反射和折射

图9-4　【材质编辑器】窗口

本章针对本软件提供的标准材质进行讲解。只要熟练掌握就可以满足材质制作的要求。目前材质制作工具太多，读者可以在掌握好一种工具后再逐步深入学习其他工具。

(2)　Slate 材质编辑器。

在【材质编辑器】窗口中执行【模式】/【Slate 材质编辑器】命令，可以打开【Slate 材质编辑器】窗口。Slate 材质编辑器又称平板材质编辑器，如图 9-5 所示。这种材质编辑器使用节点、连线和列表的方式显示材质结构，使创建复杂材质结构变得更加简便。

本章主要以【精简材质编辑器】为例说明材质的设置方法。

三、精简材质编辑器

(1)　材质示例窗。

材质示例窗主要用于显示材质效果，用于直观观察材质的基本属性，如图 9-6 所示。双击任意一个材质球会弹出一个独立的材质球窗口，可以对该窗口进行缩小和放大操作来查看材质效果，如图 9-7 所示。

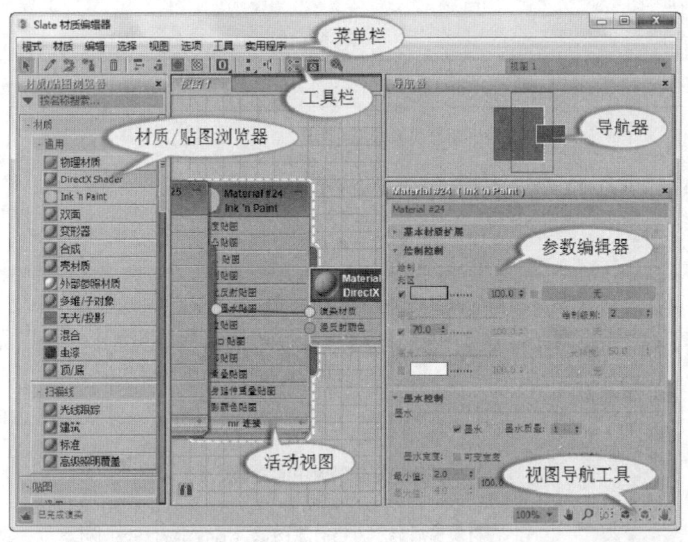

图9-5 【Slate 材质编辑器】窗口

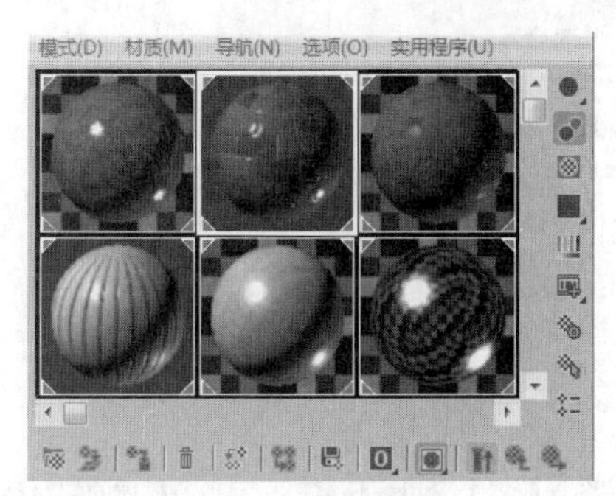

图9-6 材质示例窗

图9-7 单独打开的实例窗

(2) 控制工具按钮。

围绕材质示例区的纵横两排工具按钮（如图 9-6 所示）用来对材质进行控制。纵排按钮针对的是材质示例区中的显示效果，横排按钮用来为材质指定保存和层级跳跃。各个按钮的功能如表 9-1 所示。

表 9-1 **控制工具按钮的功能**

按钮	功能
（获取材质）	单击此按钮，打开【材质/贴图浏览器】窗口，通过此窗口选取材质
（将材质放入场景）	编辑好材质值，单击该按钮更新场景中已应用对象的材质
（将材质指定给选定对象）	将设置好的材质指定给场景中的选定对象
（重置贴图/材质为默认设置）	删除对材质所进行的属性修改，将其恢复到默认值
（生成材质副本）	在选定的示例图中创建当前材质的副本
（使唯一）	将实例化的材质设置为独立的材质
（放入库）	重新命名材质并将其保存到当前打开的库中

续表

按钮	功能
（材质 ID 通道）	为后期材质设置 ID 通道
（视口中显示明暗处理材质）	在视口对象上显示 2D 材质贴图
（显示最终结果）	在实例图中显示材质以及应用的所有层级
（转到父对象）	将当前材质向上移一个层级
（转到下一个同级项）	选择同一层级的下一个贴图或材质
（采样类型）	控制实例窗的显示类型，可选球形（默认）、圆柱体或长方体
（背光）	打开或关闭选定示例窗中的背景灯光
（背景）	在材质窗后显示方格背景图像，适合于观察透明材质
（采样 UV 平铺）	为实例窗中的贴图设置 UV 平铺显示
（视频颜色检查）	检查当前材质中在 NTSC 和 PAL 制式下不支持的颜色
（生成预览）	用于生成、浏览和保存材质预览渲染
（选项）	单击此按钮，打开【材质编辑器选项】对话框，利用此对话框进行材质动画、自定义灯光等设置
（按材质选择）	按照材质类型选择对象
（材质/贴图导航器）	单击此按钮，打开【材质/贴图导航器】窗口，该窗口显示当前材质的层级结构

四、标准材质

标准材质是 3ds Max 的默认材质，可以用来模拟各种材质，其参数面板如图 9-8 所示。该参数面板的用法如表 9-2 所示。

表 9-2　　标准材质参数面板的用法

卷展栏	参数组	参数	说明
明暗器基本参数 （图 9-9）	明暗器列表	各向异性	能产生长条形的反光区，适合模拟流线体的表面高光，可以表现毛发、玻璃以及被擦拭过的金属等材质
		Blinn	以比较平滑的方式来渲染物体表面，应用广泛
		金属	能提供强烈反光，适合表现金属材质
		多层	与【各向异性】明暗器相似，但是可以控制两个高光区
		Oren-Nayar-Blinn	适合于无光表面（如纤维、陶土），这类材质无反光或反光较弱
		Phong	可以平滑面与面的边缘，适合于玻璃、油漆等圆形高光的表面
		Strauss	与【金属】明暗器相似，适合于金属材质，参数更少
		半透明明暗器	可设置半透明效果，光线穿过物体时在内部形成散射效果

续表

卷展栏	参数组	参数	说明
明暗器基本参数（图 9-9）	线框		以线框模式渲染材质，可以在【扩展参数】卷展栏中设置线框的大小
	双面		将材质应用到选定表面，使之成为双面材质
	面贴图		将材质应用到几何体的各个面上
	面状		使对象产生不光滑的明暗效果，把对象的每个面作为平面来渲染，用于制作带有明显棱边的表面
Blinn 基本参数（图 9-10）	环境光		用来模拟间接光，也可以用来模拟光能传递
	漫反射		模拟在光照条件较高的情况下，物体反射出来的颜色，也就是物体本身的颜色
	高光反射		物体发光表面高亮显示部分的颜色
	自发光		模拟物体自发光的“白炽”效果
	不透明度		控制材质的不透明度
	高光级别		控制反射高光的强度。数值越大，强度越高
	光泽度		控制反光区域的大小。数值越大，反光区域越小
	柔化		设置反光区与无反光区衔接的柔和度。0 表示没有柔化，1 表示最显著柔化效果
扩展参数（图 9-11）	高级透明	衰减	内：由边缘向中心增加透明程度，类似玻璃 外：由中心向边缘增加透明程度，类似烟雾
		数量	指定衰减的程度大小
		类型	确定产生透明效果的方式 过滤：计算经过透明对象背面颜色倍增的过滤色 相减：根据背景色进行递减色彩处理 相加：根据背景色进行递增色彩处理
		折射率	设置透明贴图的折射率。空气为 1，玻璃为 1.5
	线框	大小	设置线框的大小
	反射暗淡	应用	选中该复选项后，将产生反射暗淡
		暗淡级别	设置对象被投影区域的反射强度。值为 0 时，反射贴图在阴影中全黑；值为 0.5 时，反射贴图为半暗淡；值为 1 时，反射贴图不进行暗淡处理
		反射级别	设置对象未被投影区域的反射强度，可以使反射强度倍增
超级采样（图 9-12）	使用全局设置		选中该复选项后，对材质使用【扫描线渲染器】卷展栏中设置的超级采样参数
	启用局部超级采样器		选中该复选项后，可将超级采样指定给材质，默认为禁用状态
	超级采样贴图		选中该复选项后，可以对材质的贴图进行超级采样，适合于凹凸贴图
	采样方式	自适应 Halton	按照离散分布沿 x 轴和 y 轴分隔采样，采样数量为 4~40
		自适应均匀	均匀分隔采样，采样数量为 4~36
		Hammersley	在 x 轴上均匀分隔采样，在 y 轴上按离散分布采样，采样数量为 4~40
		Max 2.5 星	在一个采样点周围平均环绕 4 个采样点

续表

卷展栏	参数组	说明
贴图 （图 9-13）	贴图通道	在不同通道中添加程序贴图来产生不同的贴图效果，如环境光颜色、光泽度等
	贴图类型	单击 无贴图 按钮，打开【材质/贴图浏览器】对话框，利用该对话框选择不同的贴图
	数量	控制贴图的影响程度，通常最大值为 100，凹凸、置换等贴图最大值可设置为 999

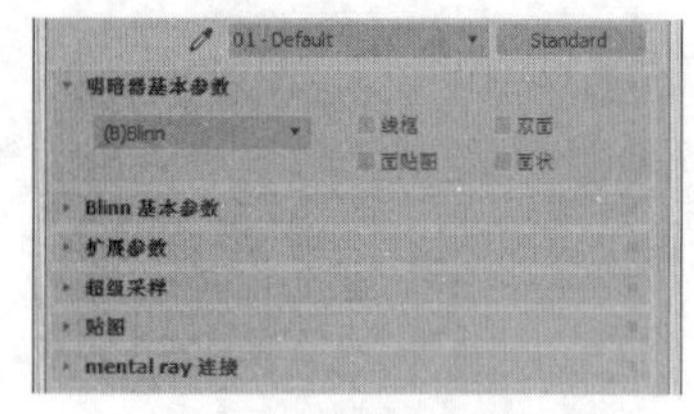

图9-8 标准材质参数

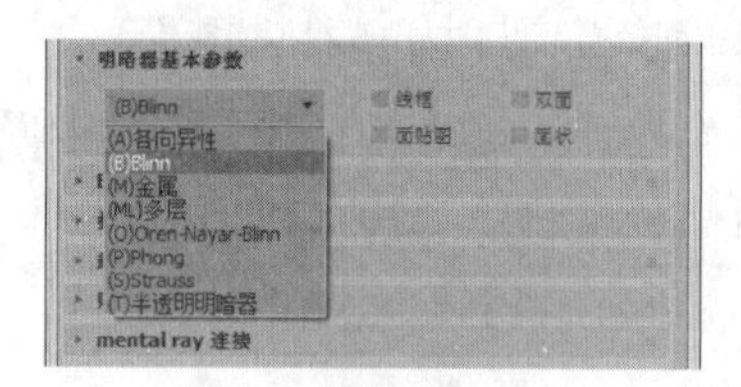

图9-9 明暗器基本参数

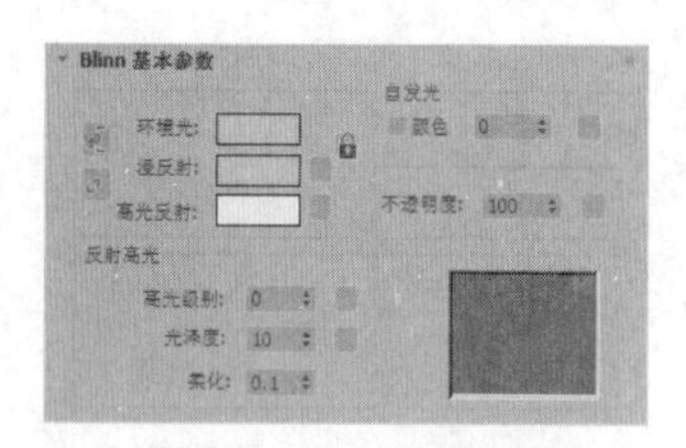

图9-10 Blinn 基本参数

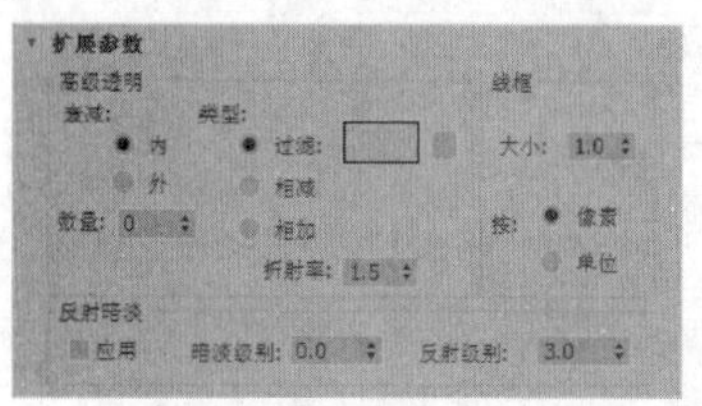

图9-11 扩展参数

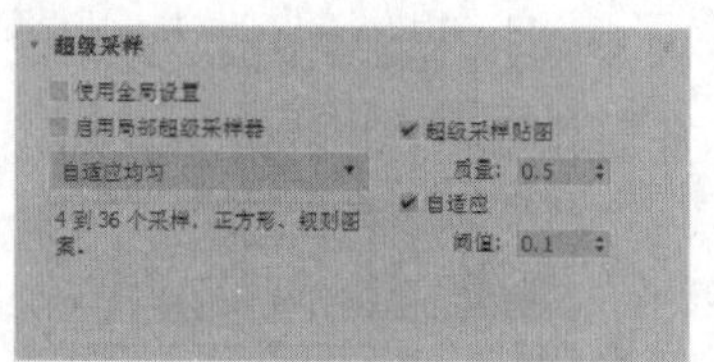

图9-12 超级采样参数

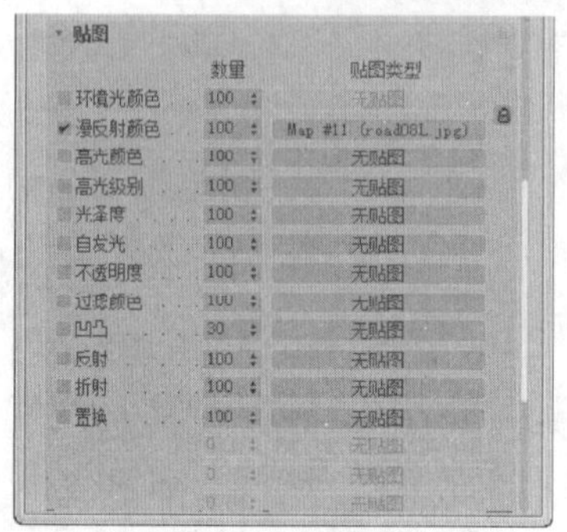

图9-13 贴图参数

Blinn 和 Phong 都是以光滑的方式表现渲染：Blinn 的高光点周围的光晕是旋转混合的，Phong 则是发散混合的。背光处，Blinn 的反光点形状近似圆形，Phong 则为梭形，且影响周围的区域较小。从色调上看，Blinn 趋于冷色，Phong 趋于暖色。

五、常用材质

(1) 【混合】材质。

混合材质可以将两种材质通过一定百分比进行混合，图 9-14 所示墙壁上斑驳的效果可以通过混合材质来实现，其参数设置面板如图 9-15 所示，参数用法如表 9-3 所示。

图9-14 混合材质应用示例

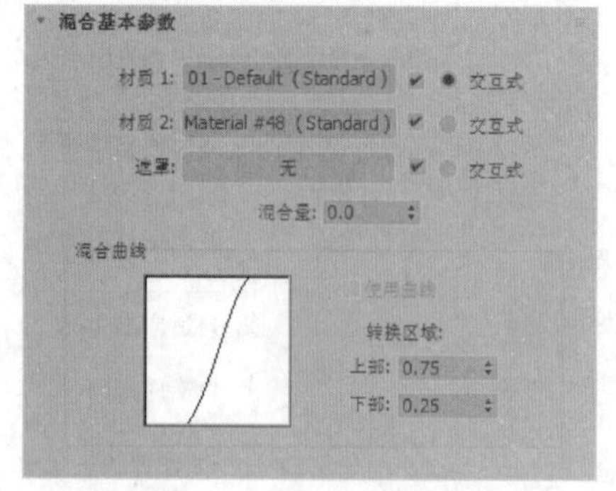

图9-15 【混合】材质参数

表 9-3　【混合】材质参数用法

参数	说明	
材质 1/材质 2	在其后的材质通道中指定两种材质并设置材质参数	
遮罩	选择一张贴图作为遮罩，利用贴图的灰度值决定材质 1 和材质 2 的混合情况	
混合量	控制两种材质混合的比例。如果使用遮罩，则该值将失效	
混合线曲	使用曲线	控制是否使用“混合曲线”调节混合效果
	上部	用于调节“混合曲线”上部轮廓
	下部	用于调节“混合曲线”下部轮廓

(2)　【多维/子对象】材质。

【多维/子对象】材质可以为几何体的子对象级别分配不同的材质，图 9-16 所示的卡通模型在不同部位设置了不同的材质，其参数设置面板如图 9-17 所示，参数用法如表 9-4 所示。

图9-16　多维/子对象材质应用示例

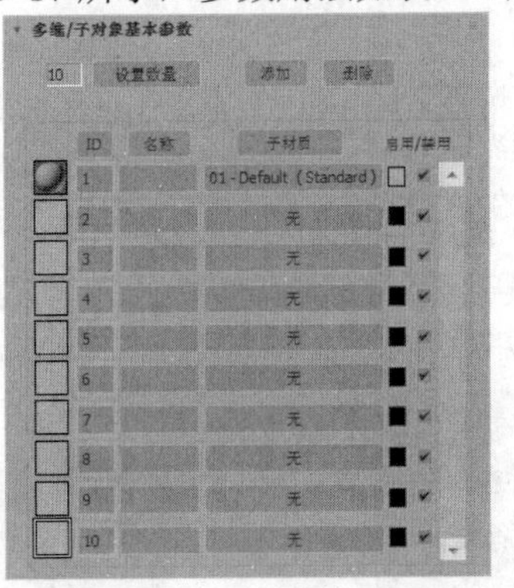

图9-17　【多维/子对象】材质参数

表 9-4　【多维/子对象】材质参数用法

参数	说明
数量 10	显示包含在材质中的数量
设置数量	单击此按钮，打开【设置材质数量】对话框，利用该对话框设置材质数量
添加	单击此按钮，添加材质
删除	单击此按钮，删除材质
ID	单击此按钮，按照 ID 号高低排序
名称	单击此按钮，按照名称排序
子材质	单击此按钮，按照子材质排序
启用/禁用	启用或禁用子材质
子材质列表	单击 无 按钮，创建或编辑子材质

(3)　【虫漆】材质。

【虫漆】材质将一种材质叠加到另一种材质上构成混合材质，通过参数控制其颜色混合程度，其应用示例如图 9-18 所示，参数设置面板如图 9-19 所示，用法如表 9-5 所示。

图9-18　虫漆材质应用示例

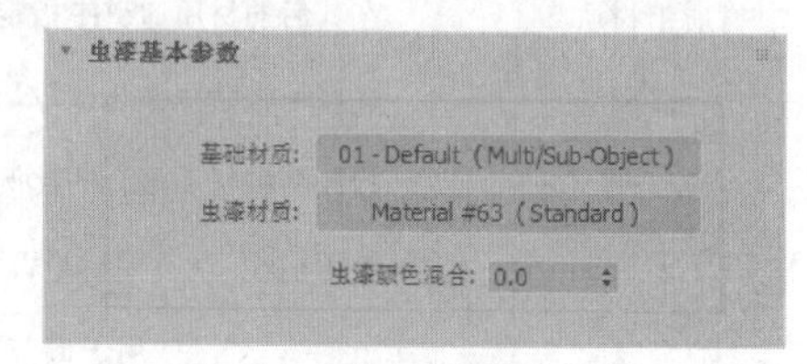

图9-19　【虫漆】材质参数

表 9-5　【虫漆】材质参数用法

参数	说明
基础材质	单击其右侧的按钮，选取或编辑基础材质。基础材质是被叠加的材质
虫漆材质	单击其右侧的按钮，选取或编辑虫漆材质。虫漆材质是叠加的材质
虫漆颜色混合	控制颜色混合量。值为 0 时，虫漆材料不起作用；随着值的提高，虫漆材质混合到基础材质的程度越来越高。该值没有上限

(4)　【双面】材质。

使用【双面】材质可以给对象的正面和背面指定不同材质，并可以控制其透明度，其应用示例如图 9-20 所示，参数设置面板如图 9-21 所示，参数用法如表 9-6 所示。

图9-20　双面材质应用示例

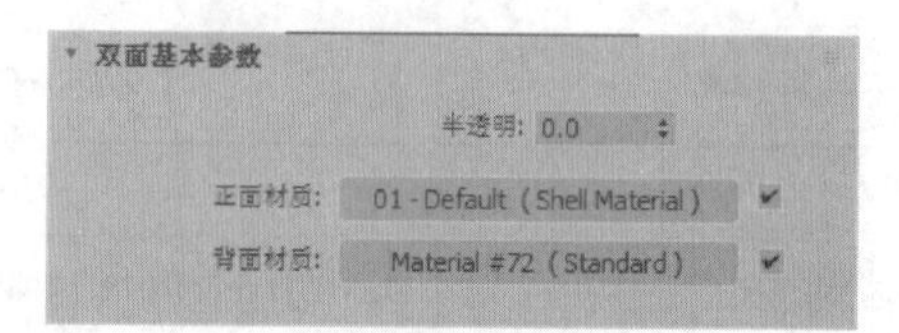

图9-21　【双面】材质参数

表 9-6　【双面】材质参数用法

参数	说明
半透明	设置一个材质在另一个材质上显示出的百分比效果，范围为 0~100。设置为 100 时，可以在内部面上显示外部材质，也可以在外部面上显示内部材质；设置为中间值时，显示比例将下降
正面材质	设置对象外表面（正面）的材质
背面材质	设置对象内表面（背面）的材质

(5)　【合成】材质。

【合成】材质可以合成 10 种材质，从上到下叠加，使用相加不透明、相减不透明来组合材质，也可以使用数量来混合材质。图 9-22 所示的生锈的铁轨可以通过合成材质来实现。合成材质的参数设置面板如图 9-23 所示，参数用法如表 9-7 所示。

图9-22　合成材料应用示例

图9-23　【合成】材质参数

表 9-7　【合成】材质参数用法

参数	说明
基础材质	指定基础材质，默认为标准材质
材质 1~材质 9	选择要进行合成的材质，前面的复选项用于控制是否使用该材质
A（相加不透明）	各个材质的颜色依据其不透明度进行相加作为最终材质颜色
S（相减不透明）	各个材质的颜色依据其不透明度进行相减作为最终材质颜色
M（基于数量混合）	各材质依据其数量进行混合
数量 100.0	控制混合数量 对于 A 和 S 混合：数量从 0~200。数量为 0 时，不混合，且下面材质不可见；数量为 100 时，完全混合；数量大于 100 时将“超载”，材质的透明部分将变得不透明 对于 M 混合：数量从 0~100。数量为 0 时，不混合，且下面材质不可见；数量为 100 时，完全混合，只有下面的材质可见

(6)　【顶/底】材质。

【顶/底】材质可以为对象指定两个材质，一个位于顶部，一个位于底部，在中间则产生两种材质的浸润效果。顶/底材质的参数设置面板如图 9-24 所示，参数用法如表 9-8 所示。

表 9-8　【顶/底】材质参数设置

参数	说明
顶材质	选取一种材质作为顶材质
底材质	选取一种材质作为底材质
交换	单击此按钮，交换顶材质与底材质
坐标	确定顶/底边界的坐标依据 世界：按照场景中的世界坐标，对象旋转时顶和底的边界不变 局部：按照场景中的局部坐标，对象旋转时材质随着对象旋转
混合	混合顶材质与底材质之间的边缘，范围为 0~100。值为 0 时，顶与底之间有明显界线；值为 100 时，顶与底之间彼此混合
位置	确定两种材质在对象上划分的位置，范围为 0~100。值为 0 时，划分位置在对象底部，只显示顶材质；值为 100 时，划分位置在对象顶部，只显示底材质。默认值为 50

(7)　【壳】材质。

【壳】材质是一种“渲染到纹理”材质，可以用于创建纹理烘焙贴图，其用法与【多维/子材质】类似，只是壳材质只包括两种材质（一种是普通材质，另一种是位图），可以将其烘焙到场景对象上，称为烘焙材质。壳材质的参数设置面板如图 9-25 所示，参数用法如表 9-9 所示。

表 9-9　【壳】材质参数用法

参数	说明
原始材质	显示和编辑原始材质，单击其下的按钮可以调整材质参数
烘焙材质	显示和编辑烘焙材质，单击其下的按钮可以调整材质参数
视口	设置哪种材质出现在实体视图中，上方代表原始材质，下方代表烘焙材质
渲染	设置渲染时使用哪种材质，上方代表原始材质，下方代表烘焙材质

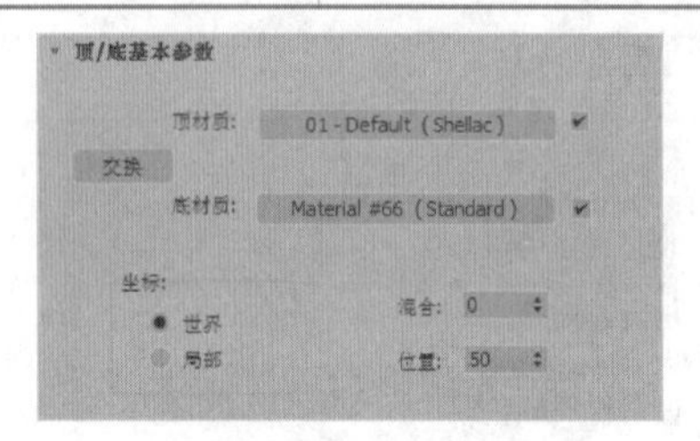

图9-24　【顶/底】材质参数

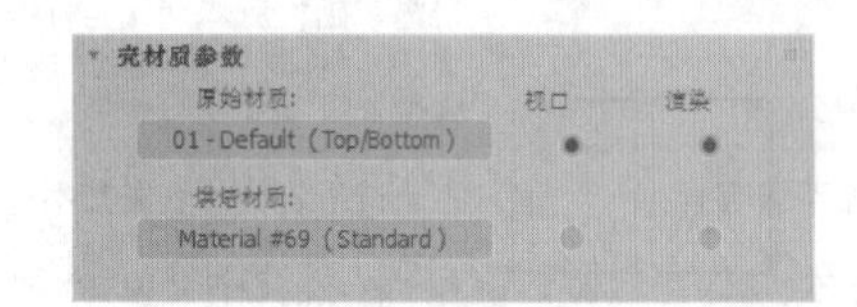

图9-25　【壳】材质参数

六、 材质的应用

(1)　制作“玻璃”材质。

仔细观察如图 9-26 所示两个玻璃水杯的效果，读者能够区分出哪个玻璃水杯的效果符合现实物理现象吗?

经过仔细观察，发现左边的玻璃水杯效果是正确的，而右边的是错误的，理由如下。

- 右边玻璃水杯中的液体没有发生液体折射到杯壁的现象。
- 右边玻璃杯水杯中的气泡看起来也不真实。

图9-26　玻璃水杯效果

制作玻璃、水、有色玻璃、磨砂玻璃、有色液体及玉石等透明或半透明的材质都可以使用【光线跟踪】材质。

只需通过设置不同的折射颜色、折射率或折射最大距离即可得到各种透明效果，如图 9-27 所示。

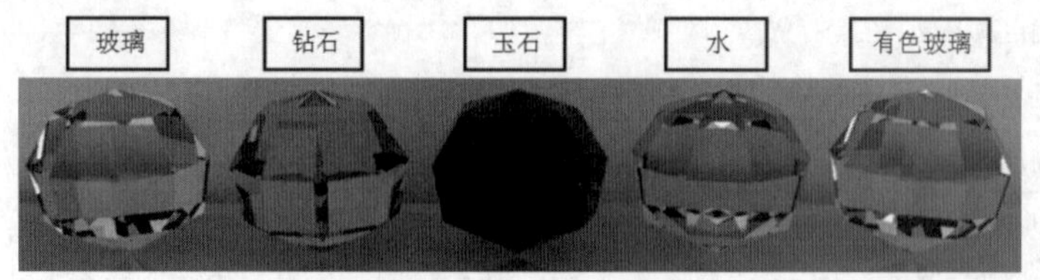

图9-27　各种透明或半透明材质

(2)　制作“金属”材质。

金属具有反射性，这意味着它们需要一些物体进行反射。图 9-28 所示为只有地板和天光环境下的金属对象，此时与地板能产生反射的面效果比较好，而其他的面效果则不理想。此时可以通过给环境贴一张 HDRI 环境贴图，得到图 9-29 所示的反射效果，现在的金属效果就非常好了。

仔细观察图 9-29 所示的效果，球体和环形节对象的金属效果非常真实，但是矩形块的效果就差了许多。这主要是由于在真实世界中完全的直角边是不存在的，而且越圆滑的曲面模型得到的金属效果越好，所以这里可以通过金属材质的【圆角】设置来给矩形块添加一个圆角效果，如图 9-30 所示。

图9-28　无环境贴图

图9-29　有环境贴图

图9-30　圆角金属效果

七、 2D 贴图

贴图在形体表现、静态效果及动画展示上都起着举足轻重的作用。一些栩栩如生、近乎真实的人物，一些梦幻唯美、让人神往的场景，一些豪华尊贵、超越现实的效果，都是通过基本贴图来完成的。3ds Max 2020 的贴图已经实现了高度的集中管理，使用简便、快捷。

3ds Max 2020 中的贴图分为 2D 贴图、3D 贴图及合成器贴图等。2D 贴图是二维图像，通常贴在几何对象的表面，或用作环境贴图来为场景创建背景。

(1) 2D 贴图的修改选项。

所有的 2D 贴图都有两大修改选项——【坐标】和【噪波】，当为材质添加了 2D 贴图后，这两大选项也随之出现。在【坐标】卷展栏中，通过调整坐标参数，可以相对于应用贴图的对象表面移动贴图，以实现其他效果，示例如图 9-31 所示。

噪波是用于创建外观随机图案的方式，非常复杂，但是应用广泛。主要是对原贴图进行扭曲变化，示例如图 9-32 所示。

(2) 位图 2D 贴图。

位图 2D 贴图是最为常用的一种贴图方式，可以用来创建多种材质，从木纹和墙面到蒙皮和羽毛，也可以使用动画或视频文件替代位图来创建动画材质，示例如图 9-33 所示。

图9-31　【坐标】卷展栏控制效果

图9-32　【噪波】卷展栏控制效果

图9-33　位图 2D 贴图

(3) 方格贴图。

方格贴图将两色的棋盘图案应用于材质。这里的两色可以是任意颜色，也可以是贴图，示例如图 9-34 所示。

(4) 渐变贴图。

渐变贴图是从一种颜色到另一种颜色进行明暗处理。为渐变指定两种或三种颜色，3ds Max Design 将插补中间值，示例如图 9-35 所示。

(5)　渐变坡度贴图。

渐变坡度贴图是与渐变贴图相似的 2D 贴图。它从一种颜色到另一种颜色进行着色。在这个贴图中，可以为渐变指定任何数量的颜色或贴图，并且几乎任何参数都可以设置动画，示例如图 9-36 所示。

(6)　平铺贴图。

使用平铺贴图，可以创建砖、彩色瓷砖或材质贴图，示例如图 9-37 所示。

图9-34　方格贴图

图9-35　渐变贴图

图9-36　渐变坡度贴图

图9-37　平铺贴图

八、 3D 贴图

3D 贴图是通过程序以三维方式生成的图案。例如，使用“大理石”贴图不但可以创建材质表面的大理石纹理，而且将对象切除一部分后，其内部依然有大理石纹理。

(1)　细胞贴图。

细胞贴图是一种程序贴图，生成用于各种视觉效果的细胞图案，包括马赛克瓷砖、鹅卵石表面甚至海洋表面，示例如图 9-38 所示。

(2)　凹痕贴图。

凹痕贴图是 3D 程序贴图，它根据分形噪波产生随机图案，图案的效果取决于贴图类型，示例如图 9-39 所示。

(3)　衰减贴图。

衰减贴图基于几何体曲面上面法线的角度衰减生成从白到黑的值，示例如图 9-40 所示。

图9-38　细胞贴图

图9-39　凹痕贴图

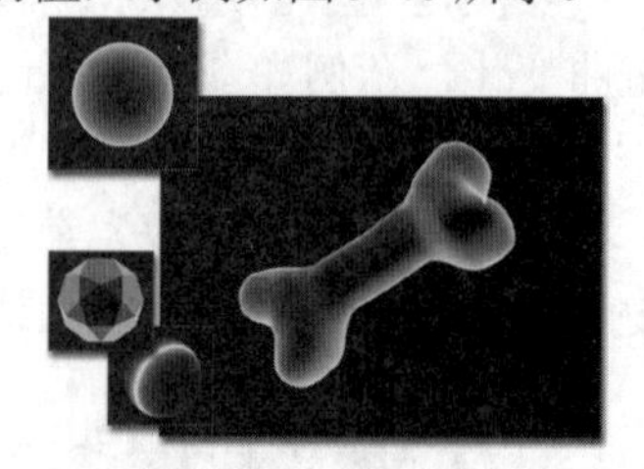

图9-40　衰减贴图

(4)　Perlin 大理石贴图。

Perlin 大理石贴图使用“Perlin 湍流”算法生成大理石图案，示例如图 9-41 所示。

(5)　斑点贴图。

斑点贴图是一个 3D 贴图，它生成斑点的表面图案，该图案用于漫反射贴图和凹凸贴图以创建类似花岗岩的表面，示例如图 9-42 所示。

(6)　木材贴图。

木材贴图是 3D 程序贴图，它将整个对象的体积渲染成波浪纹图案，可以控制纹理的方向、粗细和复杂度，示例如图 9-43 所示。

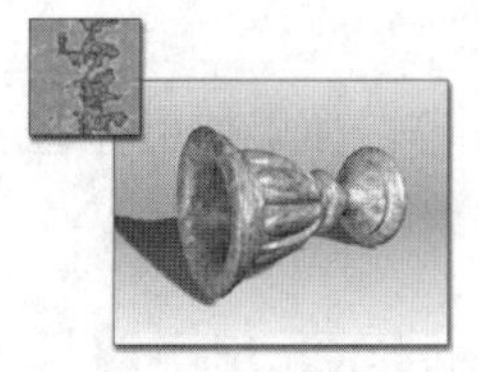

图9-41 Perlin 大理石贴图

图9-42 斑点贴图

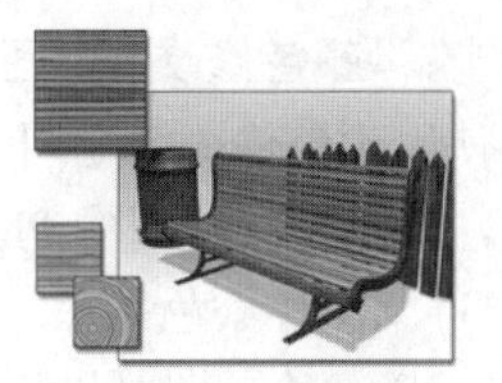

图9-43 木材贴图

九、 合成器贴图

在图像处理中，图像的合成是指将两个或多个图像以不同的方式进行混合。使用合成器贴图，能帮助用户创建更为真实可信的材质效果。

(1) 合成贴图。

合成贴图类型同时由几个贴图组成，并且可以使用Alpha 通道和其他方法将某层置于其他层之上。对于此类贴图，可使用已含 Alpha 通道的叠加图像，或使用内置遮罩工具仅叠加贴图中的某些部分，原理如图 9-44 所示。

(2) 遮罩贴图。

遮罩贴图通过使用一个黑白图像或灰度图像覆盖另一个图像上的部分区域，原理如图 9-45 所示。

图9-44 合成贴图

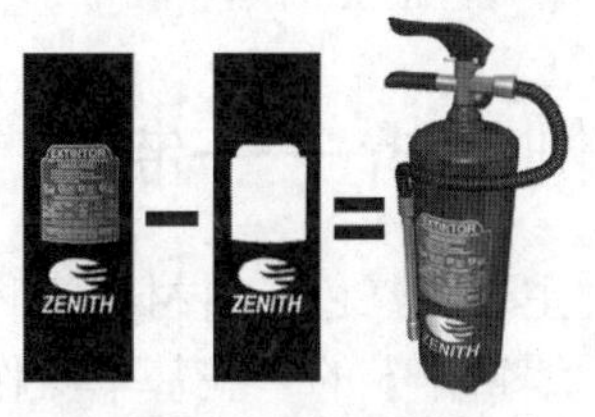

图9-45 遮罩贴图

默认情况下，浅色（白色）的遮罩区域不透明，显示贴图；深色（黑色）的遮罩区域透明，显示基本材质。

(3) 混合贴图。

混合贴图将两种颜色或材质合成在曲面的一侧，也可以将“混合数量”参数设为动画，然后画出使用变形功能曲线的贴图来控制两个贴图随时间混合的方式。混合贴图的原理如图 9-46 所示。

混合贴图和混合材质是一样的，只不过混合贴图是混合两个贴图通道，而混合材质是混合两种不同的材质。它们的卷展栏也很相似。

(4) RGB 相乘贴图。

RGB 相乘贴图是将两个贴图颜色的 RGB 值进行相乘计算，通常用于凹凸贴图，在此可能要组合两个贴图，以获得正确的效果，原理如图 9-47 所示。

图9-46 混合贴图

图9-47 RGB 相乘贴图

十、 颜色修改器贴图

使用颜色修改器贴图可以调整贴图的色彩、亮度、颜色的均衡度等。如果使用好这部分贴图，就不需要使用像 Photoshop 等软件在后期处理图片的饱和度和颜色了。

(1) RGB 染色贴图。

RGB 染色贴图可以调整贴图中的红、绿、蓝 3 种颜色，原理如图 9-48 所示。

(2) 顶点颜色贴图。

顶点颜色贴图应用于可渲染对象的顶点颜色，可以使用顶点绘制修改器、指定顶点颜色工具指定顶点颜色，也可以使用可编辑网格顶点控件、可编辑多边形顶点控件指定顶点颜色，原理如图 9-49 所示。

图9-48　RGB 染色贴图

图9-49　顶点颜色贴图

9.2 范例解析——制作“中国结”效果

中国结主要以红色布料材质来体现真实的质感，渲染效果如图 9-50 所示。该案例主要讲解【材质编辑器】的一些基本操作，从而让读者对【材质编辑器】有一个初步的认识和了解，并熟悉材质的一般制作流程。

【操作步骤】

1. 赋予材质并设置材质类型。

(1) 打开素材文件“第 9 章\素材\中国结\中国结.max”，如图 9-51 所示。

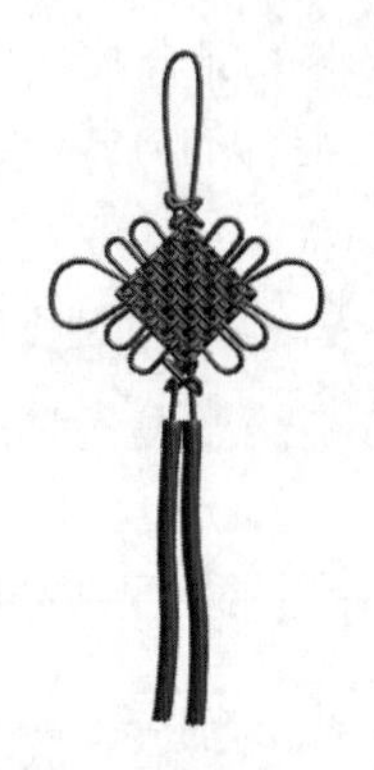

图9-50　“中国结”效果

图9-51　打开场景文件

(2) 单击选中场景中的“中国结”对象。

(3) 赋予材质，如图 9-52 和图 9-53 所示。

① 单击工具栏中的按钮，打开【材质编辑器】窗口。

② 单击选中 1 个空白材质球，然后单击按钮将当前材质赋予“中国结”对象。

③ 单击 Arch & Design 按钮。

④ 在弹出的【材质/贴图浏览器】对话框中选中【标准】选项，然后单击 确定 按钮。

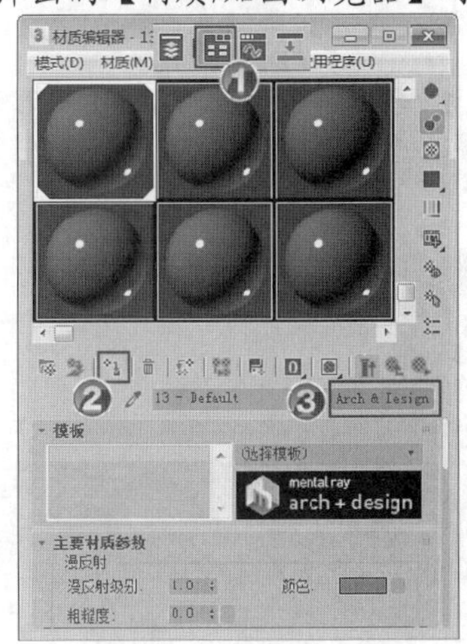

图9-52 【材质编辑器】窗口

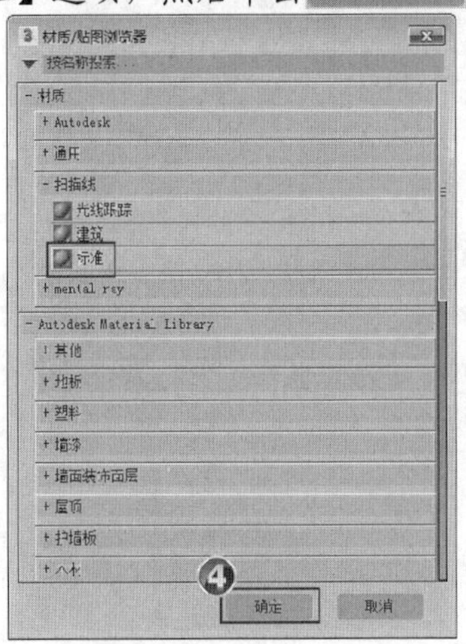

图9-53 选择材质类型

2. 设置材质参数。

(1) 将材质命名为“中国结”，然后在【Blinn 基本参数】卷展栏的【反射高光】分组框中设置【高光级别】为“60”、【光泽度】为“20”、【柔化】为“0.5”，如图 9-54 所示。

(2) 展开【贴图】卷展栏，单击【漫反射颜色】通道右侧的 无贴图 按钮，如图 9-55 所示。

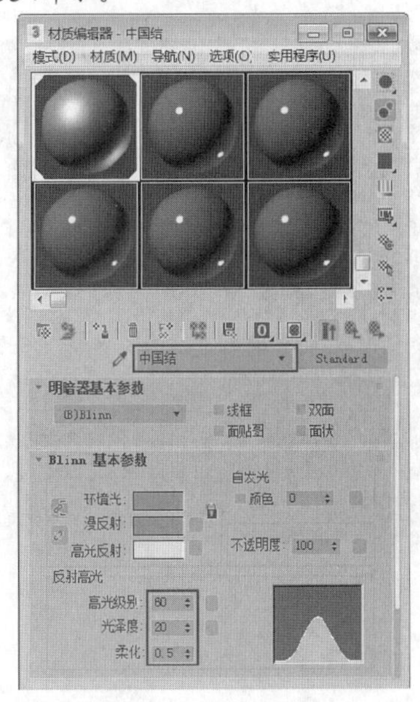

图9-54 设置材质参数

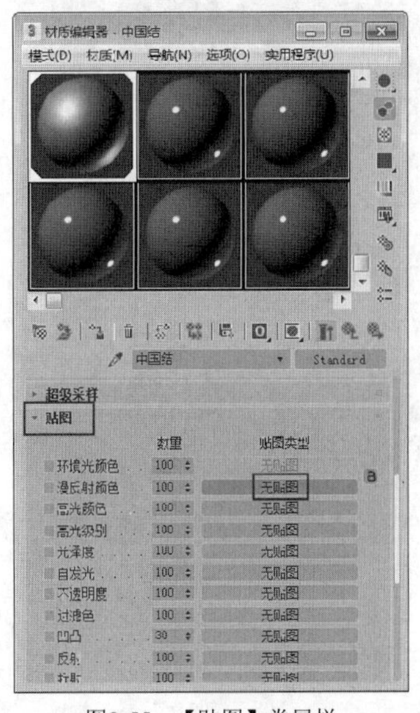

图9-55 【贴图】卷展栏

(3) 在弹出的【材质/贴图浏览器】对话框中选中【位图】选项，然后单击 确定 按钮，如图 9-56 所示，打开【选择位图图像文件】对话框。

(4) 在对话框中选择素材文件“第 9 章\素材文件\中国结\maps\红色布料.jpg”，然后单击 打开(O) 按钮，如图 9-57 所示。

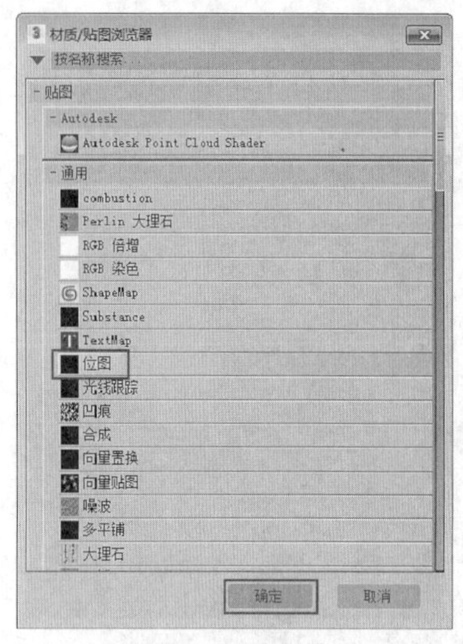

图9-56　选择位图

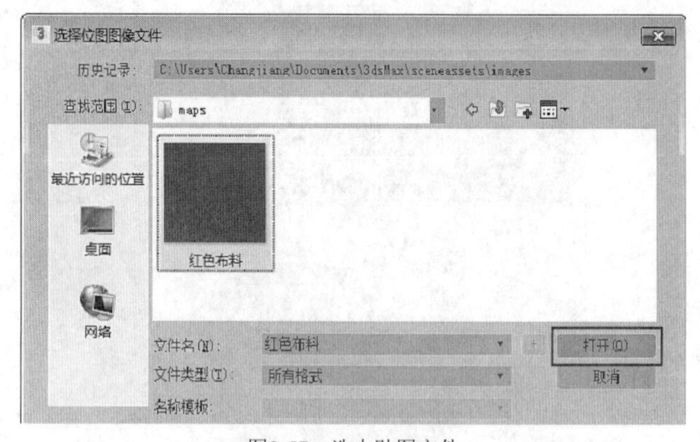

图9-57　选中贴图文件

(5)　单击如图 9-58 所示的按钮，在视口中显示贴图效果，如图 9-59 所示。最终渲染效果如图 9-50 所示。

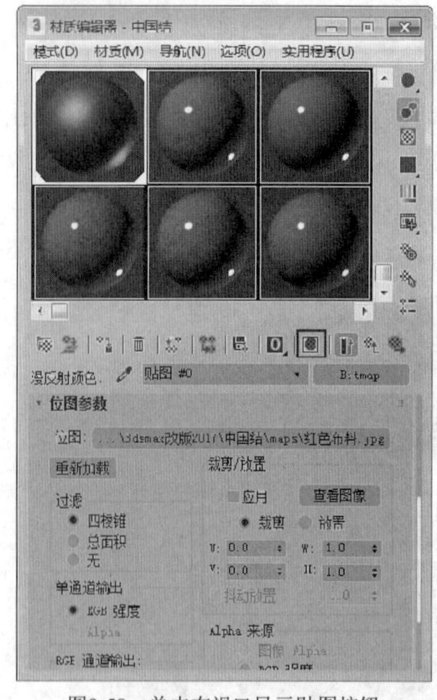

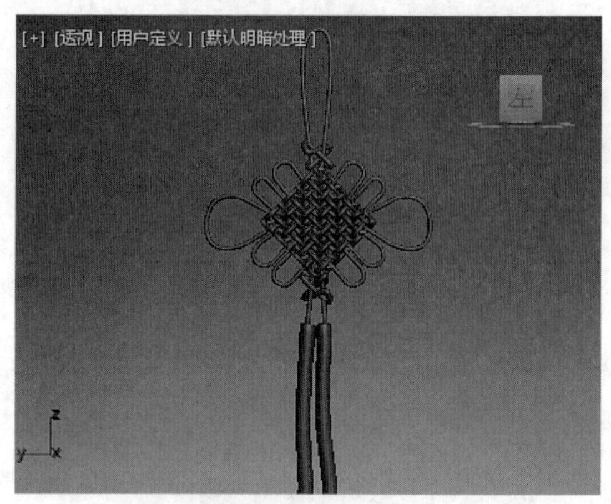

图9-58　单击在视口显示贴图按钮

图9-59　赋予的材质效果

9.3　习题

1.　材质主要模拟了物体的哪些自然属性？
2.　材质和贴图有什么区别和联系？
3.　什么是贴图通道，有什么用途？
4.　混合材质与合成材质有什么区别？
5.　在创建材质时，灯光的布局有什么重要意义？

第10章 粒子系统与空间扭曲

【学习目标】

- 明确粒子系统的种类和用途。
- 明确空间扭曲的种类和用途。
- 掌握使用典型粒子系统制作动画的一般过程。
- 明确力空间扭曲在粒子动画中的用途。

3ds Max 2020 拥有强大的粒子系统，可以用于创建暴风雪、水流或爆炸等动画效果，常用于制作影视片头动画、影视特效、游戏场景特效及广告等。空间扭曲常配合粒子系统完成各种特效任务，没有空间扭曲，粒子系统将失去意义。

10.1 基础知识

粒子系统可以用来控制密集对象群的运动效果，常用于制作云、雨、风、火、烟雾、暴风雨及爆炸等效果，为动画场景增加更生动逼真的自然特效。

粒子系统作为单一的实体来管理特定的成组对象，可以将所有粒子对象组合为单一的可控系统，方便使用统一参数修改所有对象，具有良好的“可控性”和“随机性”。粒子系统与时间和速度关系比较密切，通常用来表现动态的效果，用于制作动画。

一、 粒子系统概述

3ds Max 2020 提供有喷射、雪、超级喷射、暴风雪、粒子阵列和粒子云等粒子系统，以便模拟雪、雨、尘埃等效果，示例如图 10-1 所示。

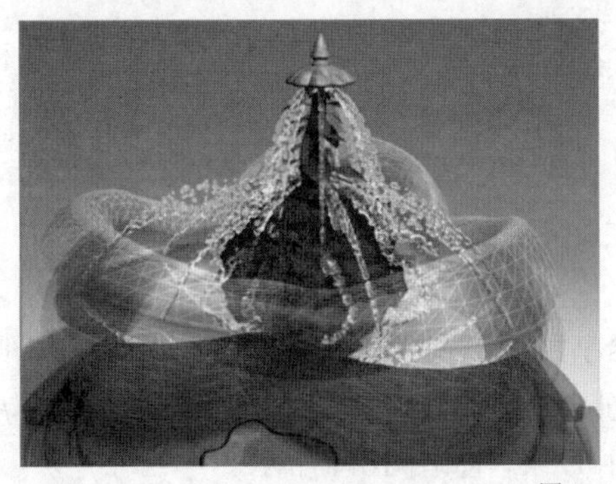
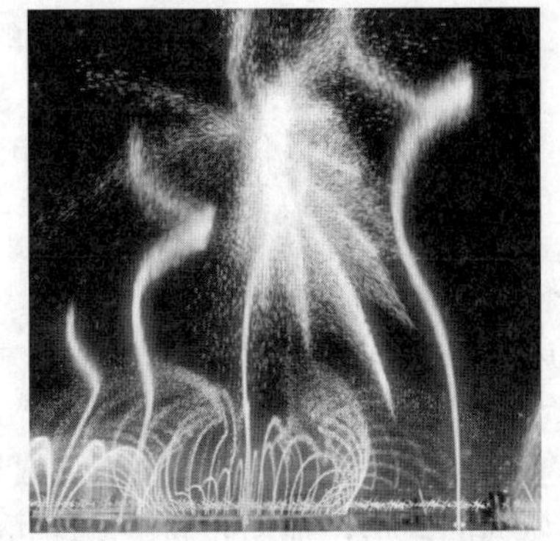

图10-1 粒子系统应用示例

(1) 工具。

在【创建】面板中选中【几何体】选项卡，在其下的下拉列表中选择【粒子系统】选项，如图 10-2 所示，可以创建 7 种常见的粒子系统，如图 10-3 所示。

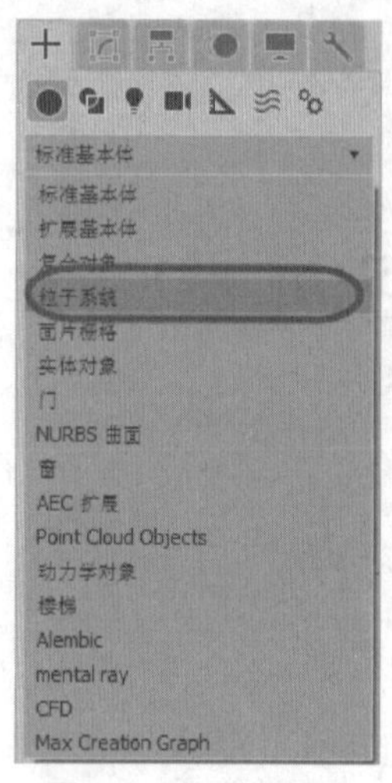

图10-2　打开粒子系统

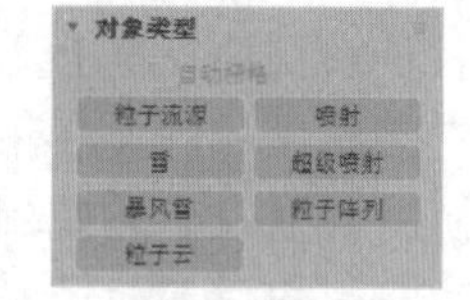

图10-3　粒子系统的基本工具

(2)　表现。

使用粒子系统时往往可以结合以下工具以增强表现效果。

- 可以为粒子设置材质，系统还专门提供有【粒子年龄】和【粒子运动模糊】两种贴图可供使用。
- 运动粒子常常需要进行模糊处理，可以使用【对象模糊】和【场景模糊】进行处理，有些粒子系统自身带有模糊参数。
- 粒子空间扭曲可以对其造成【风力】【重力】【阻力】和【爆炸】等影响。
- 配合【效果】或 Video Post 合成器，可以为粒子系统加入特效处理，使粒子产生发光或闪烁等效果。

(3)　属性。

不同粒子系统的参数不同，但是通常具有以下共同属性。

- 发射器：用于发射粒子，是粒子产生的源头。发射器的位置、面积和方向决定了粒子最终的效果差异，在视图中显示为橙黄色，不可以被渲染。
- 计时：控制粒子的时间参数，主要包括粒子的产生时间和消失时间、粒子存在的时间（寿命）、粒子运动的速度和加速度等。
- 粒子特征参数：粒子的大小、形状和速度等。
- 渲染特性：控制粒子在视图中渲染时分别表现出的形态。渲染前粒子通常以简单的点、线或“×”来显示，渲染后则按照真实设定的类型进行着色显示。

二、　常用粒子系统

(1)　粒子流源。

粒子流源是一种基础和通用的粒子系统，它参数丰富，变化多端。在图 10-3 中单击 粒子流源 按钮，在任意视图中拖动鼠标光标即可创建一个粒子流源系统，其图标显示为带有中心徽标的矩形，拖动时间滑块即可看到粒子发射效果，如图 10-4 所示。

进入【修改】面板，可以查看更多的粒子流源参数，其中包括 5 个卷展栏，如图 10-5 所示。粒子流源的主要参数用法如表 10-1 所示。

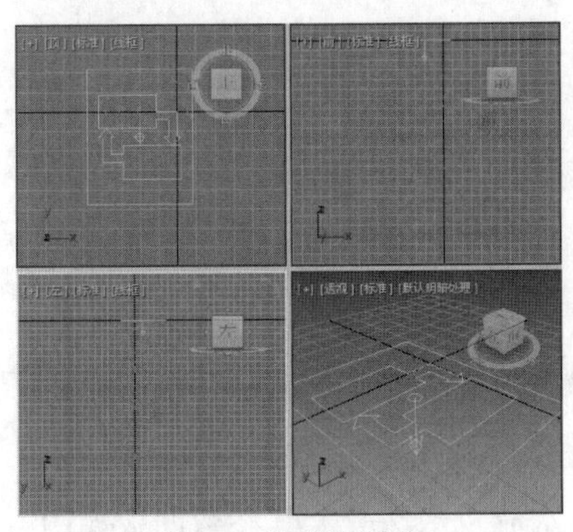

图10-4　粒子流源系统

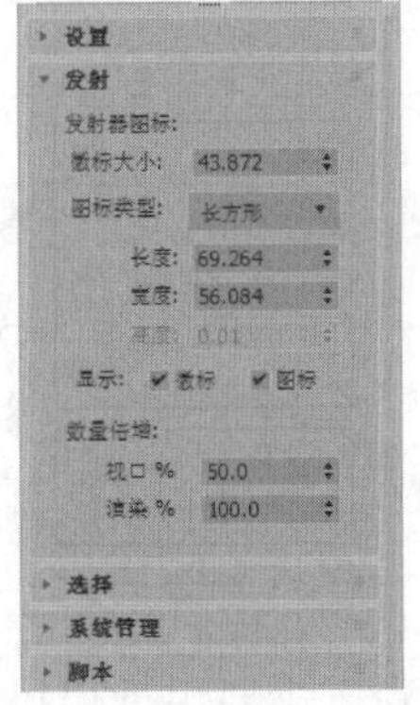

图10-5　【粒子流源】参数面板

表 10-1　【粒子流源】主要参数用法

卷展栏	参数	说明
设置	启用粒子发射	选择此复选项后，将开启粒子系统
	粒子视图	单击此按钮，打开【粒子视图】对话框，利用该对话框可以进行更丰富的粒子事件操作
发射	徽标大小	设置粒子流中心徽标大小，但对粒子发射本身并无影响
	图标类型	在徽标周围可设置一个长方形、长方体、圆形或球形图标，默认为长方形
	长度	定义图标长度。将徽标设置为长方形或长方体时，显示长度参数；设置为圆形或球形时，显示直径参数
	宽度	定义图标宽度
	高度	定义图标高度
	显示	控制是否显示徽标或图标
	视口%	设置当前视口中显示的粒子数量百分比。该值不会直接影响最终渲染的粒子数量，范围为 0~10000
	渲染%	设置最终渲染的粒子数量百分比。该值将直接影响最终渲染的粒子数量，范围为 0~10000
选择	粒子	按下激活该按钮，可以在场景中选择粒子
	事件	按下激活该按钮，可以在场景中按照事件选择粒子
	ID	设置要选择粒子的 ID 号。每次只能设置一个数字，每个粒子都有唯一的 ID 号
	添加	设置要选择粒子的 ID 号后，单击该按钮将其添加到选择中
	移除	设置要取消选择粒子的 ID 号后，单击该按钮将其移除
	清除选定内容	选择此复选项后，单击 添加 按钮选择粒子会取消选择已有的其他粒子
	从事件级别获取	单击该按钮，可将“事件”级别选择转换为“粒子”级别
	按事件选择	列表中显示粒子流中的所有事件，并高亮显示选定事件
系统管理	上限	限制粒子的最大数量。取值为 0~10000000，默认值为 10000000
	视口	设置视口中动画回放的步幅大小
	渲染	设置渲染时的步幅大小

续表

卷展栏	参数	说明
脚本	每步更新：在每个积分步长的末尾进行更新	启用脚本：启用“每步更新”或“最后一步更新”脚本 编辑：单击此按钮，打开当前脚本的文本编辑对话框
	最后一步更新：完成最后一个积分步长后进行更新	使用脚本文件：选择此复选项后，可以通过单击来加载脚本文件 无：单击此按钮，打开【打开】对话框，选择要从磁盘加载的脚本文件

(2)　喷射。

【喷射】粒子主要用于模拟飘落的雨滴、喷射的水流及水珠等，其参数面板如图 10-6 所示，主要参数用法如表 10-2 所示。

表 10-2　　　　【喷射】主要参数用法

参数组	参数	说明
粒子	视口计数	在指定帧处，设置视口中显示的最大粒子数量
	渲染计数	渲染指定帧时，设置可以显示的最大粒子数量
	水滴大小	设置水滴粒子的大小
	速度	设置每个粒子离开发射器时的初始速度
	变化	设置粒子的初始速度和方向。值越大，喷射效果越强，喷射范围越广
	水滴/圆点/十字叉	设置粒子在视图中显示的形状
渲染	四面体	将粒子渲染为四面体形状
	面	将粒子渲染为正方形面
计时	开始	设置第 1 个粒子出现的帧的编号
	寿命	设置每个粒子的寿命（存在时间）
	出生速率	设置每一帧产生的粒子数
	恒定	选择此复选项后，【出生速率】选项不可用
发射器	宽度/长度	设置发射器的宽度和长度
	隐藏	选择此复选项后，发射器将不显示在视图中

(3)　雪。

【雪】粒子可以模拟雪花及纸屑等飘落现象。【雪】粒子的部分参数与【喷射】相似，如图 10-7 所示。其他具有差异的参数的用法如表 10-3 所示。

(4)　超级喷射。

【超级喷射】是喷射粒子的升级，可用于制作暴雨、喷泉等效果。超级喷射的图标箭头指示方向为粒子喷射的初始方向，如图 10-8 所示。将超级喷射绑定到【路径跟随】空间扭曲上还可以生成瀑布效果。超级喷射的参数面板如图 10-9 所示，主要参数的用法如表 10-4 所示。

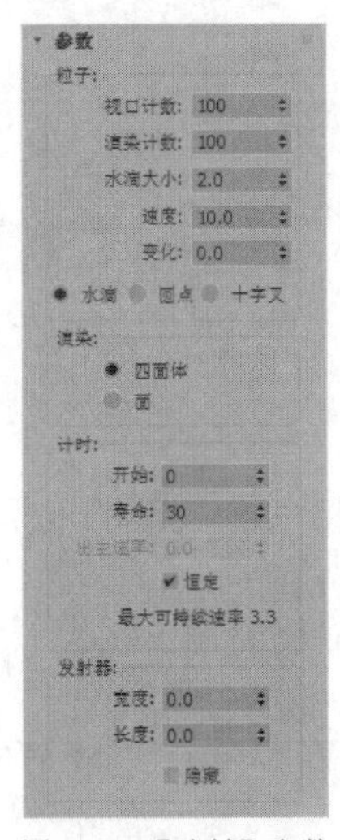

图10-6 【喷射】参数

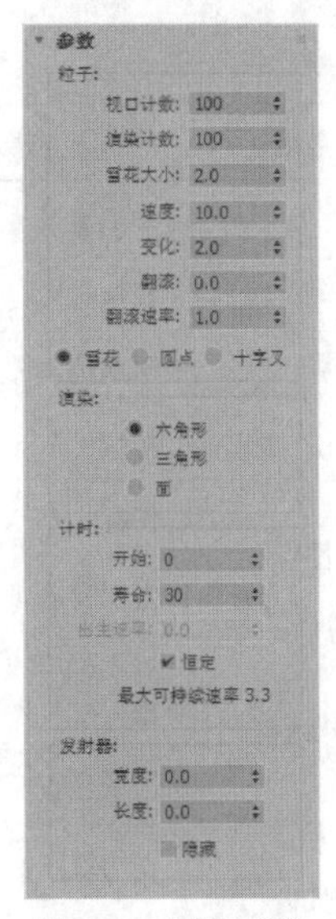

图10-7 【雪】参数

表 10-3 【雪】主要参数用法

参数	说明
雪花大小	设置雪粒子的大小
翻滚	设置雪粒子的随机旋转量
翻滚速率	设置雪粒子的旋转速度
雪花/圆点/十字叉	设置雪粒子在视图中的显示形状
六角形	将雪粒子渲染为六角形
三角形	将雪粒子渲染为三角形
面	将雪粒子渲染为正方形面

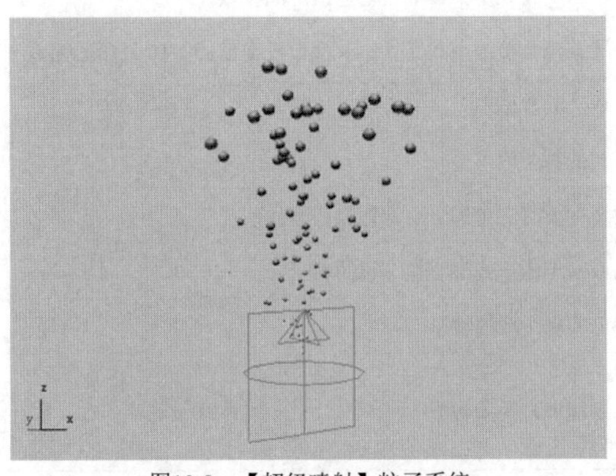

图10-8 【超级喷射】粒子系统

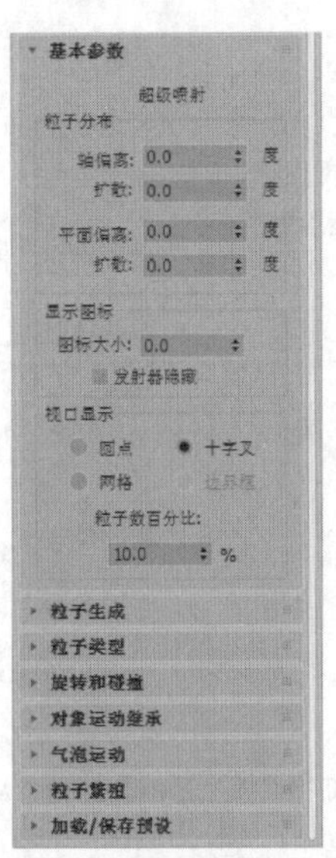

图10-9 【超级喷射】参数

表 10-4　　　　　　　　　　　　【超级喷射】主要参数用法

卷展栏	参数组	参数	说明
基本参数	粒子分布	轴偏离	设置粒子流与 z 轴的夹角
		扩散	设置粒子远离发射方向时的扩散效果
		平面偏离	设置粒子绕 z 轴的发射角度
		扩散	设置粒子绕“平面偏离”轴的扩散效果
	显示图标	图标大小	设置粒子图标大小
		发射器隐藏	选择此复选项后，将在视图中隐藏发射器图标
	视口显示	圆点/十字叉/网格/边界框	设置粒子在视图中的显示方式
		粒子数百分比	设置粒子在视图中显示的百分比
粒子生成	粒子数量	使用速率	指定每帧发射的固定粒子数
		使用总数	指定在系统使用寿命内产生的总粒子数
	粒子运动	速度	设置粒子出生时沿发射方向的速度
		变化	对每个粒子的发射速度设置一个变化百分比，使其具有速度差异
	粒子计时	发射开始/发射停止	设置粒子在场景中出现和停止的帧
		显示时限	指定所有粒子均消失的帧
		寿命	设置每个粒子的寿命
		变化	指定每个粒子的寿命可以从标准值变化的帧数
		子帧采样	启动其中 3 个选项之一后，可以以较高的子帧分辨率对粒子进行采样，有助于避免粒子膨胀
		创建时间	允许向防止随时间发生膨胀的运动添加时间偏移
		发射器平移	如果发射器在空间移动，在沿几何体路径上可以整数倍创建粒子
		发射器旋转	启用发射器旋转后，可以避免粒子膨胀，并产生平滑的螺旋形效果
	粒子大小	大小	根据粒子的类型指定系统中所有粒子的目标大小
		变化	设置每个粒子的大小可从标准值变化的百分比
		增长耗时	设置粒子增到【大小】参数设定值经历的帧数
		衰减耗时	设置粒子在消亡前缩小到【大小】参数设定值的 1/10 经历的帧数
	唯一性	新建	随机生成新的种子值
		种子	设置特定的种子值
粒子类型	粒子类型	标准粒子	标准粒子主要有三角形、立方体和四面体
		变形球粒子	以水滴或粒子流形式混合在一起的粒子
		实例几何体	使用对象实例生成的粒子
	标准粒子	三角形/立方体/特殊/面/恒定/四面体/六角形/球体	选择一种标准粒子的类型

续表

卷展栏	参数组	参数	说明
粒子类型	变形球粒子参数	张力	设置粒子间聚合的紧密度。值越大，聚合越难
		变化	指定张力效果变化的百分比
		渲染	设置渲染场景中粒子的粗糙度
		视口	设置视口显示的粗糙度
		自动粗糙	选择此复选项后，将根据粒子大小自动设置渲染粗糙度
		一个相连的水滴	选择此复选项后，仅计算和显示彼此相连或邻近的粒子
	实例参数	对象	显示拾取对象的名称
		拾取对象	单击在视图中选择作为粒子使用的对象
		且使用子树	选择此复选项后，可将拾取对象的链接子对象包括在粒子中
		动画偏移关键点	设置动画时，用于指定粒子动画的计时
		无	所有粒子动画的计时均相同
		出生	第一个出生的粒子是粒子出生时源对象当前动画的实例
		随机	每个粒子出生时使用的动画都与源对象出生时使用的动画相同
	材质贴图与来源	时间	指定从粒子出生到开始完成粒子一个贴图需要的帧数
		距离	指定从粒子出生到开始完成粒子一个贴图需要的距离
		材质来源:	更新粒子系统携带的材质
		图标	粒子使用当前为粒子系统图标指定的材质
		实例几何体	粒子使用为实例几何体指定的材质

(5) 暴风雪。

【暴风雪】粒子系统由一个面发射受控制的粒子喷射，且只能以自身的图标为发射器对象，可以产生变化更为丰富的雪粒子效果，是“雪”粒子的升级版，如图 10-10 所示。暴风雪粒子系统的参数面板如图 10-11 所示，主要参数的用法与【超级喷射】类似。

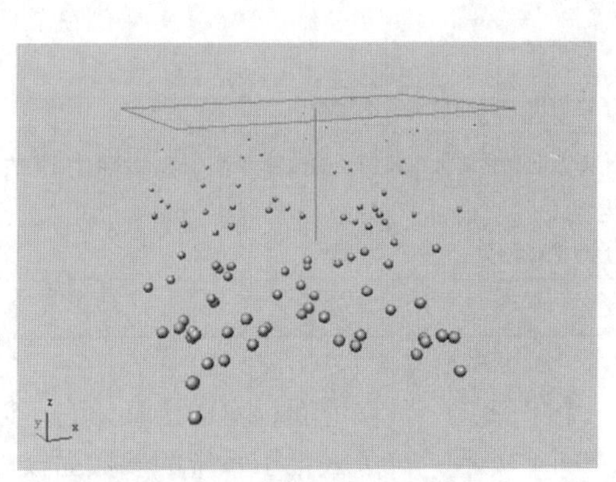

图10-10 【暴风雪】粒子系统

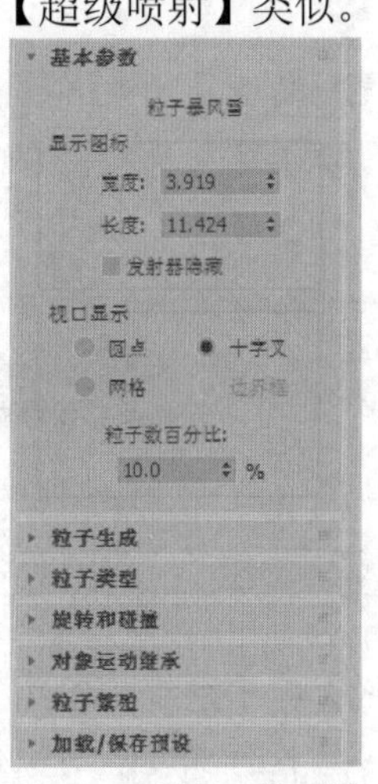

图10-11 【暴风雪】面板

"超级喷射"是"喷射"的一种更强大、更高级的版本，"暴风雪"同样也是"雪"的一种更强大、更高级的版本，它们都提供了后者的所有功能及其他一些特性。

(6) 粒子阵列。

【粒子阵列】粒子系统可将粒子按不同方式分布在几何体对象上，如图 10-12 所示。粒子阵列粒子系统的参数面板如图 10-13 所示，主要参数的用法与【超级喷射】类似，表 10-5 中列出了部分重要参数的用法。

要点提示 一个"粒子阵列"粒子系统只能使用一种粒子。不过，一个对象可以绑定多个粒子阵列，每个粒子阵列可以发射不同类型的粒子。

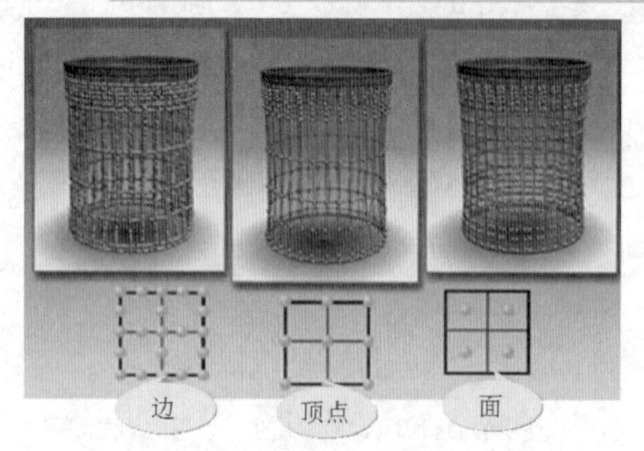

图10-12　【粒子阵列】粒子系统

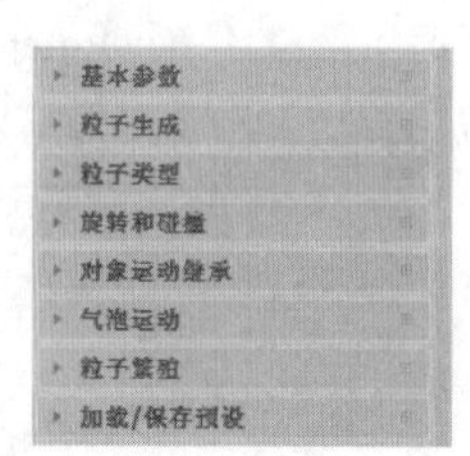

图10-13　【粒子阵列】参数面板

表 10-5　【粒子阵列】粒子系统重要参数用法

参数组	参数	说明
基本参数	粒子分布	此分组框中的选项用于确定标准粒子在基于对象的发射器曲面上最初的分布方式。如果在【粒子类型】卷展栏中选择了【对象碎片】单选项，则这些控件不可用
粒子类型	变形球粒子	彼此接触的球形粒子将互相融合，主要用于制作液体效果
	对象碎片	使用发射器对象的碎片创建粒子。只有粒子阵列可以使用对象碎片，主要用于创建爆炸或破碎动画
	实例几何体	拾取场景中的几何体作为粒子，实例几何体粒子对创建人群、畜群或非常细致的对象流非常有效
粒子繁殖	碰撞后消亡	粒子在碰撞到绑定的导向器（如导向球）时消失
	碰撞后繁殖	在与绑定的导向器碰撞时产生繁殖效果
	消亡后繁殖	在每个粒子的寿命结束时产生繁殖效果
	繁殖拖尾	在每帧处，从已有粒子繁殖新粒子，但新生成的粒子并不运动
	方向混乱	指定繁殖粒子的方向可以从父粒子的方向变化的量。将粒子的数量设置大些，此项目效果的观察将很明显
	速度混乱	可以随机改变繁殖的粒子与父粒子的相对速度
	缩放混乱	对粒子应用随机缩放

(7) 粒子云。

【粒子云】粒子系统可以用于创建一群鸟、一个星空或一队在地面行军的士兵，它可以使用场景中任意具有深度的对象作为体积，如图 10-14 所示。粒子云粒子系统的参数面板如图 10-15 所示，主要参数的用法与【超级喷射】类似，这里不再赘述。

图10-14 【粒子云】粒子系统

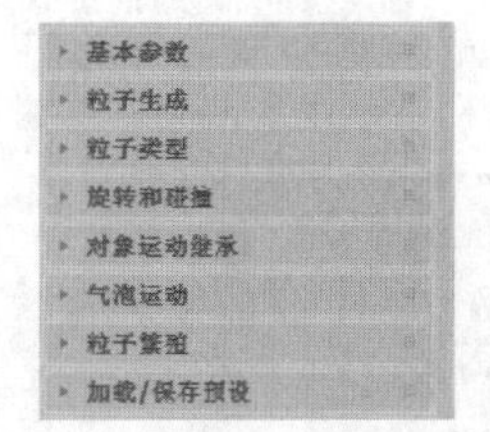

图10-15 【粒子云】参数面板

三、 空间扭曲

空间扭曲是一种控制对象运动的无形力量，例如“重力”“风力”等，如图 10-16 所示，它通常与粒子系统配合使用。在【创建】面板的【空间扭曲】选项卡中使用空间扭曲工具，如图 10-17 所示。

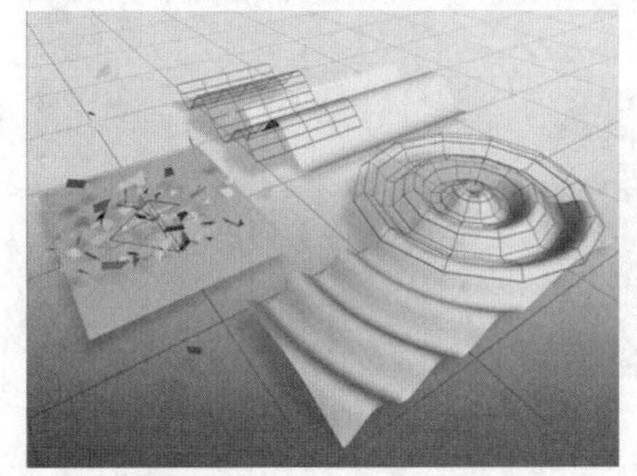

图10-16 【空间扭曲】应用

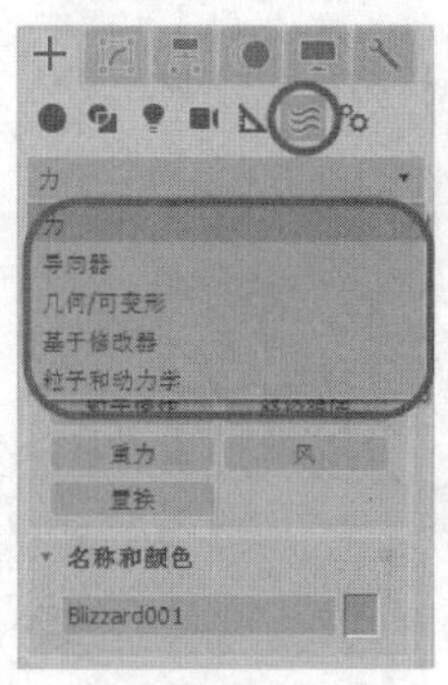

图10-17 【空间扭曲】工具

(1) 【力】空间扭曲。

【力】空间扭曲可以模拟环境中的各种“力”效果，能创建使其他对象变形的力场，从而创建出爆炸、涟漪、波浪等效果。系统提供有 10 种不同【力】空间扭曲，用不同图标表示，如图 10-18 所示。

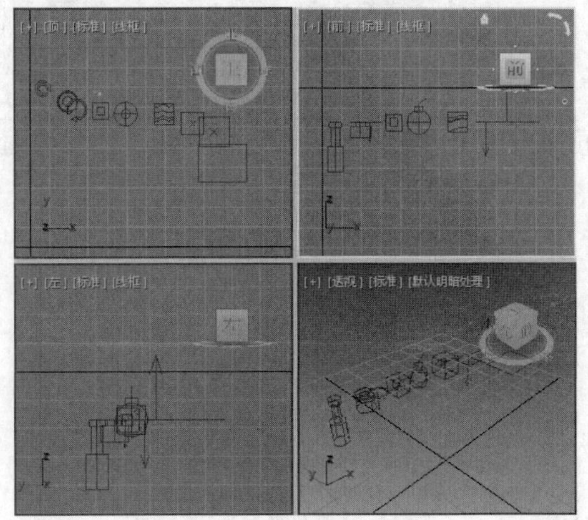

图10-18 不同【力】空间扭曲

不同【力】空间扭曲的种类和用途如表 10-6 所示。

表 10-6　　　　【力】空间扭曲的种类及用途

种类	推力	马达	旋涡
用途	为粒子运动产生正向或负向均匀的单向力，使粒子在某一方向上加速或减速	工作方式类似于推力，但“马达”对受影响的粒子或对象应用的是转动扭矩而不是定向力	使粒子在急转的旋涡中旋转，还能成一个长而窄的喷流或旋涡井，可以用于创建黑洞、涡流、龙卷风和其他漏斗状对象
图例	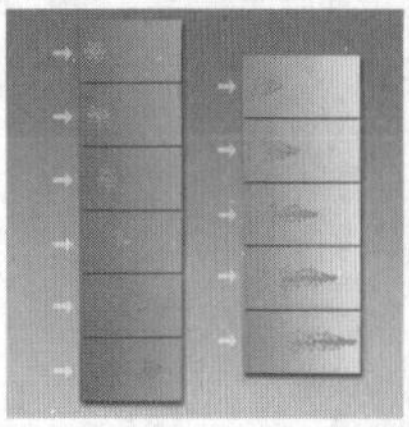	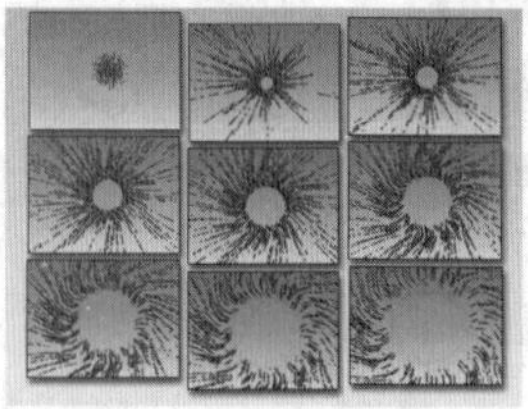	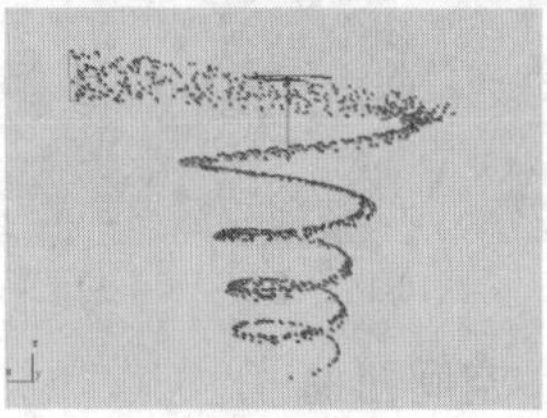
种类	阻力	粒子爆炸	路径跟随
用途	是一种在指定范围内按照指定量降低粒子速率的阻尼器，常用于模拟风阻、致密介质（如水）中的移动、力场的影响及其他类似的情景	能创建一种粒子系统爆炸的冲击波，尤其适合于“粒子阵列”系统。该空间扭曲还会将冲击作为一种动力学效果加以应用	可以强制粒子对象沿螺旋形路径运动
图例	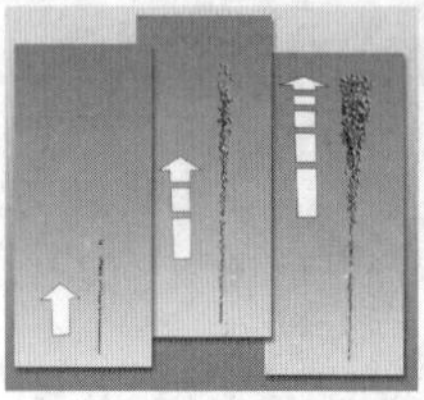		
种类	重力	风	置换
用途	可以在粒子系统所产生的粒子上对自然重力的效果进行模拟，从而使物体产生由于自重而下坠的效果	可以模拟风吹动粒子系统所产生的粒子运动路径改变效果	以力场的形式推动和重塑对象的几何外形。置换对几何体（可变形对象）和粒子系统都会产生影响
图例	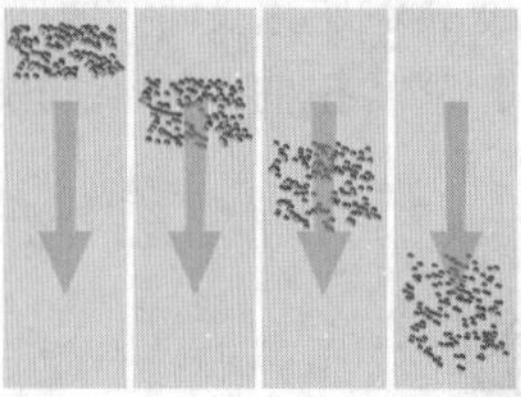		

表 10-7 以【风】空间扭曲为例对其主要参数进行介绍，其参数面板如图 10-19 所示。

表 10-7　　　　【风】空间扭曲主要参数介绍

参数名称	功能
强度	增加【强度】值会增加风力效果。小于“0.0”的强度会产生吸力
衰退	设置【衰退】值为“0.0”时，风力扭曲在整个世界空间内有相同的强度。增加【衰退】值会导致风力强度从风力扭曲对象的所在位置开始随距离的增加而减弱
平面	风力效果的方向与图标箭头方向相同，且此效果贯穿于整个场景
球形	风力效果为球形，以风力扭曲对象为中心向四周辐射
湍流	使粒子在被风吹动时随机改变路线

续表

参数名称	功能
频率	当设置大于“0.0”时，会使湍流效果随时间呈周期变化。这种微妙的效果可能无法看见，除非绑定的粒子系统生成的粒子数量很大
比例	缩放湍流效果。当【比例】值较小时，湍流效果会更平滑、更规则；当【比例】值增加时，湍流效果会变得更不规则、更混乱
范围指示器	当【衰退】值大于“0.0”时，可用此功能在视图中指示风力为最大值一半时的范围
图标大小	控制风力图标的大小。该值不会改变风力效果

(2) 【导向器】空间扭曲。

水流等粒子系统在重力作用下流动时会碰到岩石等障碍物，使流动受到阻碍。【导向器】空间扭曲可以为粒子运动设置类似的障碍。导向器的种类如图 10-20 所示，其用途如表 10-8 所示。

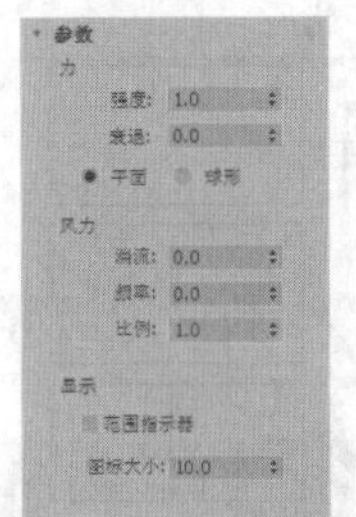

图10-19 【风】参数面板

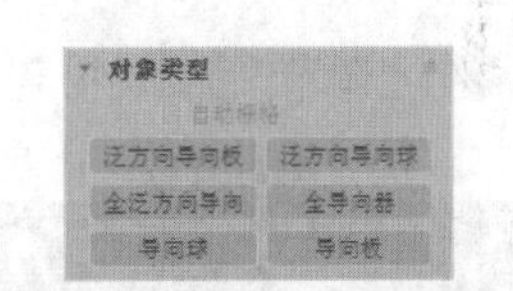

图10-20 【导向器】参数面板

表 10-8 【导向器】空间扭曲种类及其应用

参数名称	功能
泛方向导向板	一种平面泛方向导向器，能提供比【导向板】更强大的功能，如折射和繁殖能力等
泛方向导向球	一种球形泛方向导向器，能提供比【导向球】更强大的功能
全泛方向导向	比全【导向器】功能更强大，可以使用任意几何对象作为粒子导向器
全导向器	能让用户使用任意对象作为粒子导向器，在场景中选取任意几何体作为导向器对象后，粒子运动与之发生碰撞后都会产生反弹等现象，如图 10-21 所示
导向球	起球形粒子导向器的作用，粒子碰撞到导向器的球形图标后便会产生相应的运动变化（如反弹或改变路径等），如图 10-22 所示
导向板	平面状导向器，能让粒子对动力学状态下的对象运动产生影响

表 10-9 以【全导向器】空间扭曲为例，对主要参数进行介绍，其参数面板如图 10-23 所示。

图10-21 【全导向器】空间扭曲

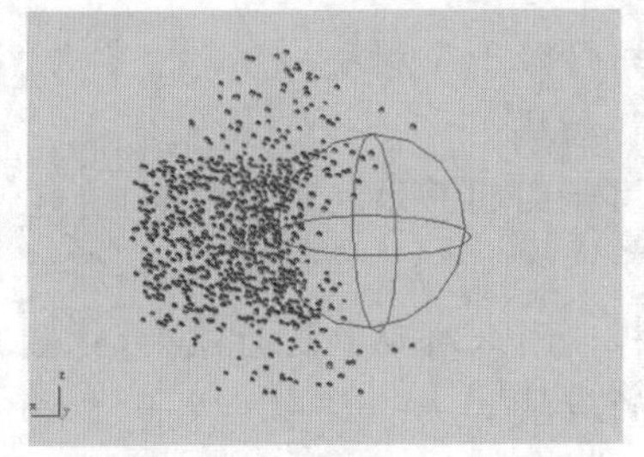

图10-22 【导向球】空间扭曲

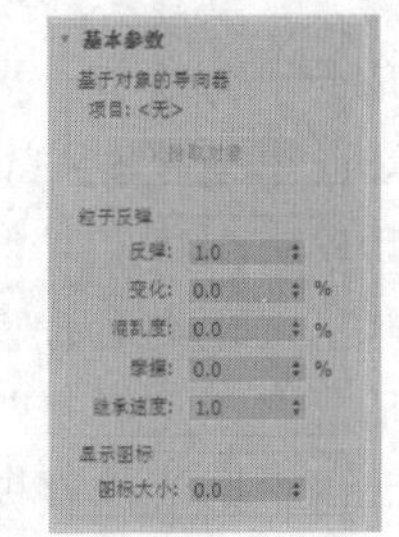

图10-23 【全导向器】参数

表 10-9　【全导向器】空间扭曲主要参数介绍

参数名称	功能
项目	显示选定对象的名称
拾取对象	单击该按钮，然后单击要用作导向器的任何可渲染网格对象
反弹	决定粒子从导向器反弹的速度。值为“1.0”时，粒子以与接近导向器时相同的速度反弹；值为“0”时，它们根本不会偏转
变化	每个粒子所能偏离【反弹】设置的量
混乱度	偏离完全反射角度（当将【混乱度】设置为“0.0”时的角度）的变化量。设置为 100%时，会导致反射角度的最大变化为 90
摩擦	粒子沿导向器表面移动时减慢的量
继承速度	值大于“0”时，导向器的运动会与其他设置一样对粒子产生影响
图标大小	控制导向器图标的大小，该值不会改变导向器效果

10.2　范例解析——制作“蜡烛余烟”效果

本案例将通过调节“超级喷射”粒子的数量、速度及大小等参数产生烟雾形状的粒子发射，并在“风”空间扭曲的作用下，使烟雾产生飘散效果，如图 10-24 所示。

图10-24　“蜡烛余烟”效果

【操作步骤】

1. 创建“烟”效果。

(1) 打开制作模板，场景如图 10-25 所示。

① 打开素材文件“第 10 章\素材\蜡烛余烟\蜡烛余烟.max”。

② 场景中创建有墙壁、托盘和蜡烛。

③ 场景中为墙壁、托盘和蜡烛赋予了材质。

④ 场景中创建有一个“烟”材质。

⑤ 场景中创建有 4 盏灯光用于照明并烘托环境。（灯光已隐藏，读者可在【显示】面板中取消灯光类别的隐藏。）

⑥ 场景中创建有一架摄影机，用来对动画进行渲染。（摄影机已隐藏，读者可在【显示】面板中取消摄影机类别的隐藏。）

(2) 创建“烟”，如图 10-26 所示。

① 设置【创建】面板的创建类别为【粒子系统】，单击 超级喷射 按钮。

② 在顶视图中创建超级喷射。

③ 将“超级喷射”对象重命名为“烟”。

④ 在【移动变换输入】对话框中设置位置参数。

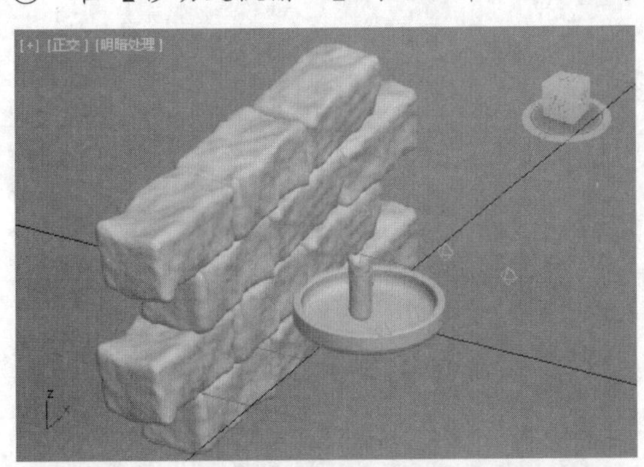

图10-25 打开制作模板

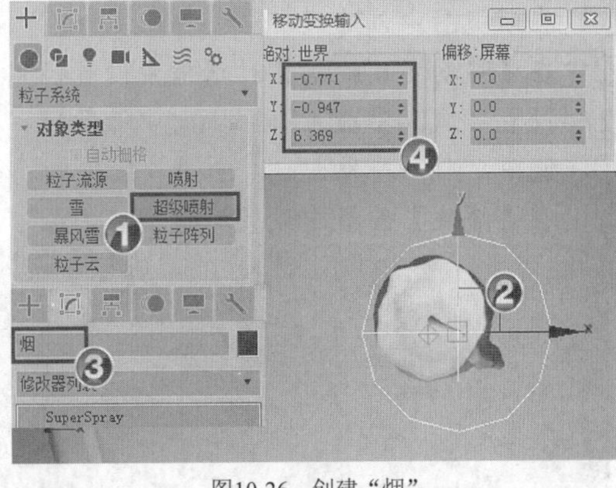

图10-26 创建“烟”

要点提示 在顶视图中创建超级喷射时，会无法看到所创建的图标，这是由于图标被托盘遮挡。为避免造成“丢失”，读者创建完成后可直接使用移动工具将其移出。

(3) 设置“烟”的参数，如图 10-27 所示。

① 选中“烟”对象。

② 在【修改】面板中设置【基本参数】。

③ 设置【粒子生成】参数。

④ 设置【粒子大小】和【粒子类型】参数。

⑤ 设置【旋转和碰撞】参数。

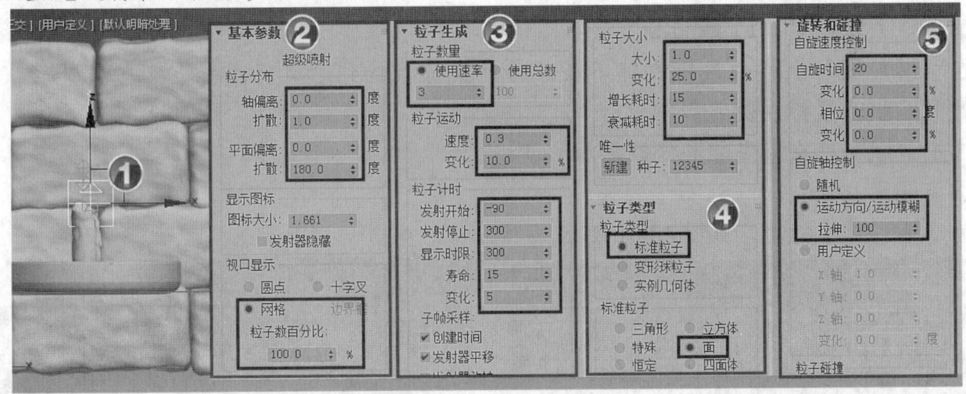

图10-27 设置“烟”的参数

要点提示 在制作烟、火等粒子动画时，常将粒子类型设为“面”，为粒子发射的面贴图形成所需特效。本案例已将“烟”材质给出，读者可细细研究其原理。

“超级喷射”粒子系统的图标大小相关问题：在创建超级喷射时改变图标大小，仅仅影响图标本身的大小，与所发射的粒子无关，但是创建并修改粒子发射相关参数后再改变图标大小，则会造成所发射粒子的形态也跟着改变。读者应注意这一点。

2.　创建“风”效果。

(1)　创建“风”，如图 10-28 所示。

①　设置【创建】面板的创建类别为【力】。

②　单击 风 按钮。

③　在顶视图中创建风。

④　在【移动变换输入】对话框中设置位置参数。

(2)　设置“风”参数，如图 10-29 所示。

①　选中“风”对象。

②　在【修改】面板中设置参数。

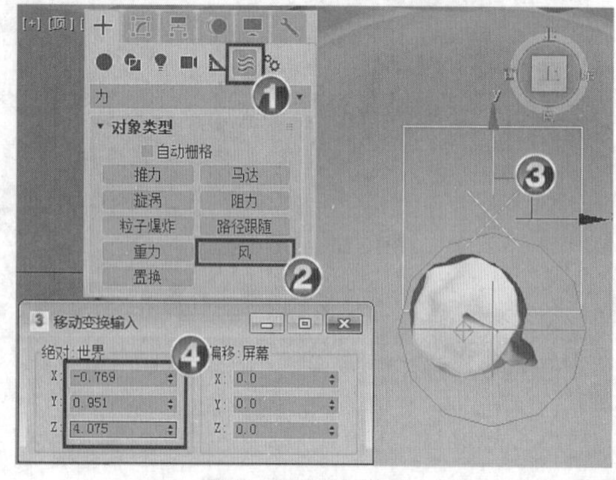

图10-28　创建“风”

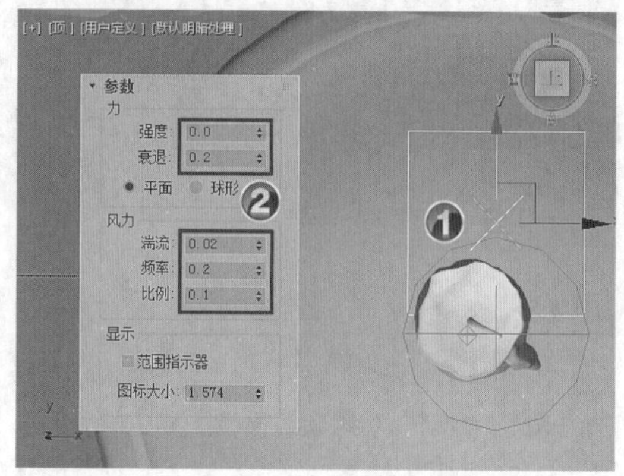

图10-29　设置“风”参数

要点提示　在设置“风”参数时，将【强度】参数设为“0”，是为了不使其对粒子有吹动作用，但这并不影响“风”的湍流效果。事实上，本案例只需要“风”的湍流作用。

(3)　绑定“烟”到“风”，如图 10-30 所示。

①　单击主工具栏左侧的按钮。

②　在“烟”图标上按住鼠标左键不放，移动鼠标指针到“风”图标上，当指针形状变为时，松开鼠标左键完成绑定。

③　选中“烟”对象，查看其修改器堆栈状态。

3.　渲染设置。

(1)　为“烟”赋予材质，如图 10-31 所示。

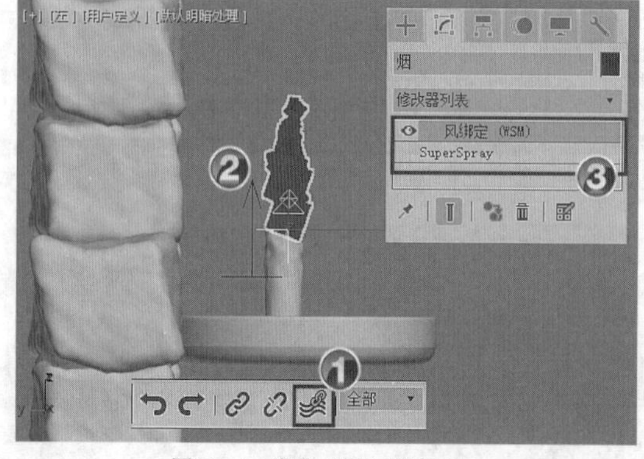

图10-30　绑定“烟”到“风”

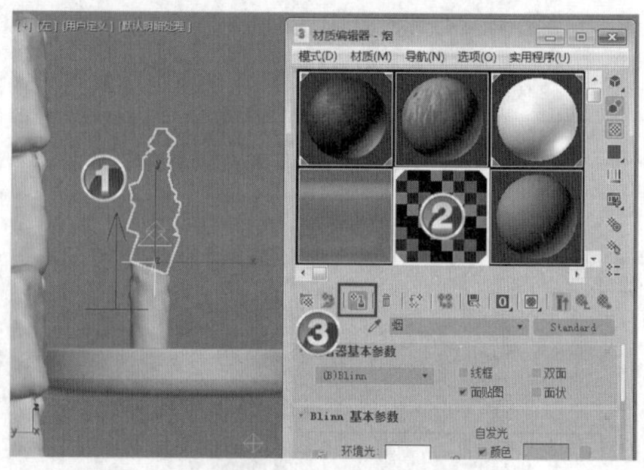

图10-31　为“烟”赋予材质

① 选中“烟”对象。
② 选中【材质编辑器】窗口中的“烟”材质球。
③ 单击按钮将“烟”材质赋予“烟”对象。
(2) 取消灯光类别的隐藏，如图 10-32 所示。
① 单击按钮打开【显示】面板。
② 取消对【灯光】复选项的选择，显示灯光效果。

要点提示 场景中的灯光是在模板中已给出的，这里将灯光显示出来是为设置灯光对“烟”的照射，这里只需要其中一盏灯光对“烟”产生影响，下面将对此进行设置。

(3) 为灯光设置排除，如图 10-33 和图 10-34 所示。
① 选中“Omin01”对象。
② 单击按钮进入【修改】面板。
③ 单击排除...按钮打开【排除/包含】对话框。
④ 在对话框左侧的列表框中选中“烟”对象。
⑤ 单击»按钮完成排除。
⑥ 使用同样的方法为其他灯光设置排除。

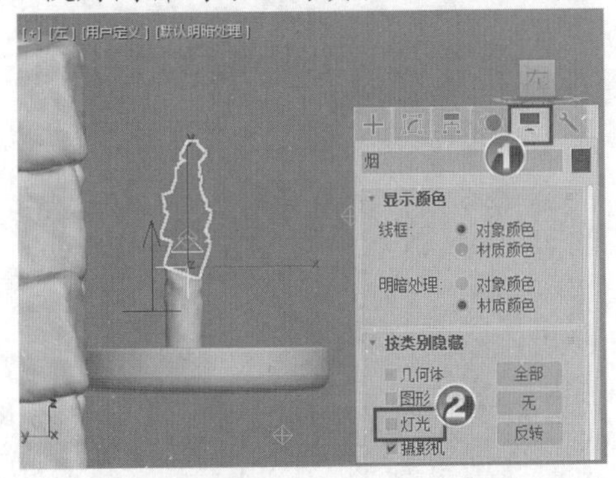

图10-32 取消灯光类别的隐藏

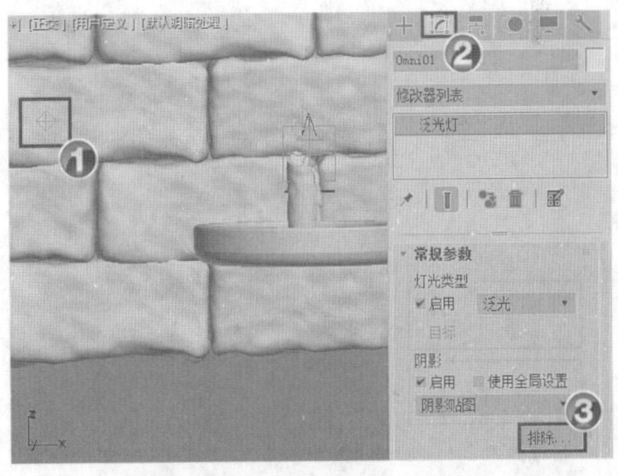

图10-33 设置“Omin01”的排除

要点提示 为灯光设置排除后，灯光将不予照射所排除对象。

(4) 使用“Camera01”摄影机渲染视图，得到图 10-35 所示的动画效果。

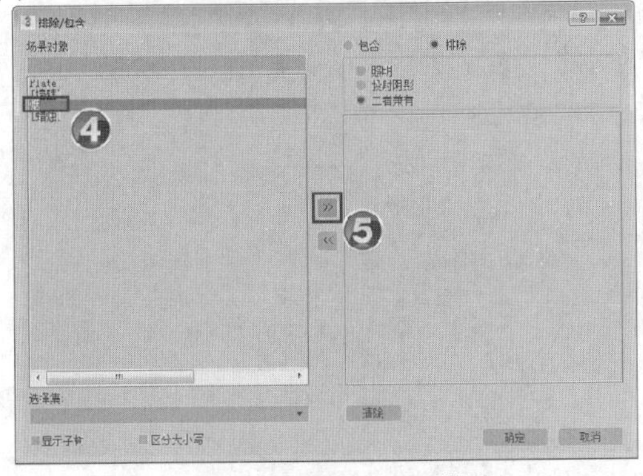

图10-34 为其他灯光设置排除

图10-35 设计效果

4. 按 Ctrl+S 组合键保存场景文件到指定目录。本案例制作完成。

10.3　习题

1. 简要说明空间扭曲的特点和应用。
2. 粒子系统主要有哪些类型，各有什么用途？
3. 在不同视图中创建的“风”有什么显著区别？
4. 制作烟雾、火焰和喷泉时，应分别使用哪种粒子系统？
5. 如何将粒子系统绑定到空间扭曲对象上？

第11章 制作基础动画

【学习目标】

- 理解动画制作的基本原理。
- 掌握关键点动画的制作方法。
- 了解轨迹视图的用法。
- 掌握基础动画制作的一般步骤。

动画是影视特效及三维展示的重要手段，目前，国内外很多三维动画片是使用 3ds Max 来完成的。3ds Max 为设计师提供了丰富多样的动画设计工具和动画控制器，使用这些工具可以创建出风格各异的动画作品。

11.1 基础知识

在 3ds Max 中提供了众多动画制作方案和大量实用动画设计工具，几乎可以对任何对象的任何参数变化设置动画效果。

一、 动画的原理

动画是连续播放的一系列静止画面。在 3ds Max 中可以将对象的参数变换设置为动画，这些参数随着时间的推移发生改变就产生了动画效果。

如果快速查看一系列相关的静态图像，就会感觉到这是一个连续的运动。每一个单独的图像称为一帧，如图 11-1 所示。3ds Max 的动画制作原理与制作电影一样，就是将每个动作分成若干个帧，然后将所有帧连起来播放，在人的视觉中就形成了动态的视觉效果。

使用 3ds Max 创建动画时，只需要记录动画的起始、结束以及其中起关键作用的重要帧，这些帧成为关键帧（或关键点），关键帧之间的其他帧则由软件自动计算完成。3ds Max 的动画功能非常强大，既可以通过记录摄影机、灯光、材质的参数变化来制作动画，也可以用动力学系统来模拟各种物理动画，如图 11-2 所示。

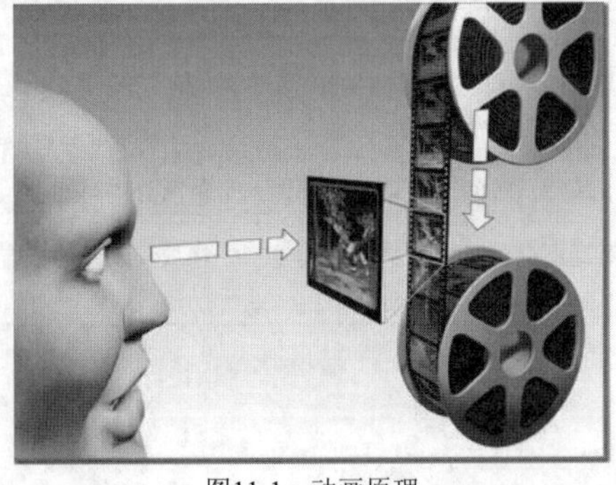

图11-1 动画原理

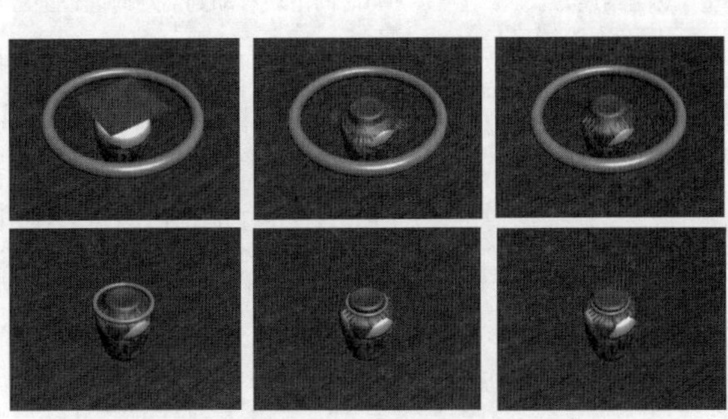

图11-2 模拟物理现象

二、 动画制作工具

软件界面右下角是用来设置动画关键帧的相关工具，如图 11-3 所示。

图11-3　动画制作工具

动画制作工具中主要工具的用途如下。

- 时间线/时间线滑块：图中标记有 10、20 数字的标尺线称为时间线，其上的每个数字代表一帧，0 / 100 为时间线滑块，其上两个数字分别表示当前帧和总帧数。拖动时间线滑块可以切换到不同帧，然后对其上的对象进行编辑操作。
- 自动关键点：单击该按钮或按下 N 键可以自动记录关键帧。在该模式下，物体的模型、材质、灯光及渲染等参数的改变都将被记录为不同属性的动画。在该模式下，时间尺会变为红色。
- 设置关键点：在该模式下，可以使用【设置关键点】工具 和【关键点过滤器】为选定的关键点创建动画，未被选中的关键点则不创建动画。
- 选定对象：使用【设置关键点】模式时，在这里可以快速访问已经创建并命名的选择集合以及轨迹集合。
- 关键点过滤器...：打开【设置关键点过滤器】对话框，在其中选取要设置关键点的轨迹，如图 11-4 所示。
- 动画控制按钮组：用来控制动画的播放和帧的移动，具体用法如表 11-1 所示。

表 11-1　动画控制按钮组的用法

选项	功能介绍
（转至开头）	将时间滑块移动到活动时间段的第 1 帧
（上一帧）	将时间滑块向前移动一帧
（播放动画）/ （播放选定对象）	单击 按钮可以播放场景中的所有动画；单击 按钮只播放当前选定对象的动画，未选中的对象将静止不动
（下一帧）	将时间滑块向后移动一帧
（转至结尾）	将时间滑块移动到活动时间段的最后一帧
（关键点模式切换）	单击该按钮可以切换到关键点设置模式。此时图标 （上一帧）和 （下一帧）将切换为 （上一关键点）和 （下一关键点），单击一次移动一个关键点
63	显示时间滑块当前所处的时间。在此输入数值后，时间滑块可以跳到输入数值所处的时间上
（时间配置）	单击该按钮打开【时间配置】对话框。该对话框提供了帧速率、时间显示、播放和动画的设置参数，如图 11-5 所示

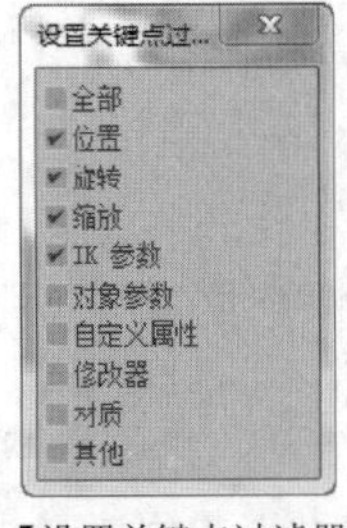

图11-4　【设置关键点过滤器】对话框

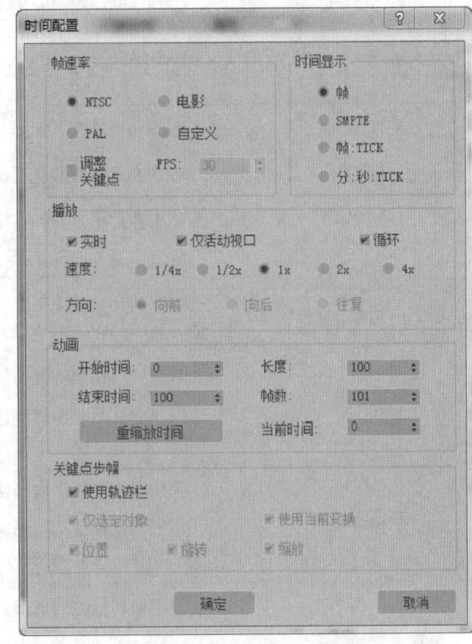

图11-5　【时间配置】对话框

三、 认识关键帧

关键帧是指用户设置的动画帧。设置好动画的起始和终止两个关键帧及中间的动作方式后，关键帧之间的所有动画就会由 3ds Max 自动生成。

创建关键点动画后，在时间滑块上将显示关键帧标记，关键帧标记会根据类型的不同用不同的颜色进行显示，红色代表位置信息、绿色代表旋转信息、蓝色代表缩放信息，如图 11-6 所示（颜色请见软件界面），关键帧的相关操作如表 11-2 所示。

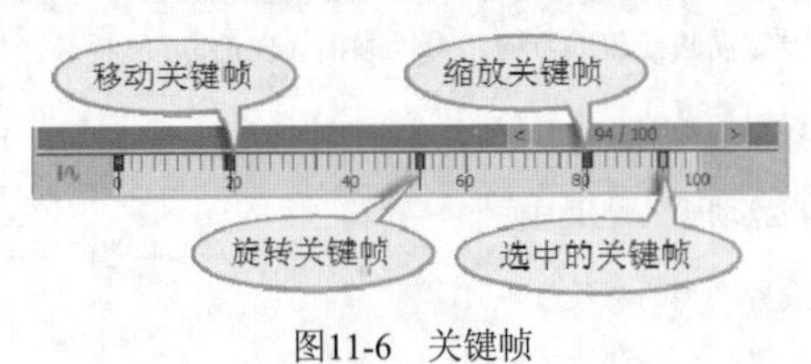

图11-6　关键帧

表 11-2　　键帧相关操作

选项	采用方法
移动关键帧	选中需要移动的关键帧，按住鼠标左键并拖曳鼠标指针即可进行移动
复制关键帧	选中需要复制的关键帧，按住 Shift 键并按住鼠标左键拖动鼠标指针，然后进行复制
删除关键帧	选中需要删除的关键帧，按 Delete 键进行删除

在遇到多个参数的关键帧时，可以选中关键帧后单击鼠标右键，然后在弹出的快捷菜单中对需要改变的关键帧进行相应操作。

四、 时间配置

在图 11-5 所示的【时间配置】对话框中可以设置时间配置，具体如表 11-3 所示。

表 11-3　　【时间配置】对话框的用法

参数组	参数	含义
帧速率	NTSC	美国和日本视频标准，帧速率为 30 帧/s
	PAL	我国和欧洲视频标准，帧速率为 25 帧/s
	电影	电影胶片标准，帧速率为 24 帧/s
	自定义	选中该单选项后，可以在下面的【FPS】文本框中自定义帧速率
	FPS（每秒帧数）	采用每秒帧数来设置动画的帧速率。视频通常使用 30FPS 的帧速率，电影通常使用 24FPS 的帧速率，Web 和媒体动画则使用更低的帧速率
时间显示	帧	完全使用帧显示时间 这是默认的显示模式。单个帧代表的时间长度取决于所选择的当前帧速率。例如，在 NTSC 视频中每帧代表 1/30s
	SMPTE	使用电影电视工程师协会格式显示时间 这是一种标准的时间显示格式，适用于大多数专业的动画制作。SMPTE 格式从左到右依次显示分、秒和帧
	帧:TICK	使用帧和程序的内部时间增量（称为“tick”）显示时间 每秒包含 4800tick，所以实际上可以访问最小为 1/4800s 的时间间隔
	分:秒:TICK	以分（min）、秒（s）和 tick 显示时间，其间用冒号分隔。例如，02:16:2240 表示 2min、16s 和 2240tick
播放	实时	使视图中播放的动画与当前设置的帧速率一致
	仅活动视口	播放操作只在活动视口中进行
	循环	控制动画只播放一次或循环播放
	速度	设置动画的播放速度，可以设置慢放（1/4×，1/2×）、原速（1×）和快进（2×、4×）
	方向	设置动画播放的方向，可以顺播（向前）、倒播（向后）及循环播放（往复）
动画	开始时间	设置动画的开始时间
	结束时间	设置动画的结束时间
	长度	设置动画的总长度
	帧数	设置可渲染的总帧数。等于动画的时间总长度加 1
	当前时间	设置时间滑块当前所在的帧
	重缩放时间	单击该按钮，弹出【重缩放时间】对话框，利用该对话框可以在改变时间长度的同时，把动画的所有关键帧通过增加或减少中间帧的方式缩放到修改后的时间内
关键点步幅	使用轨迹栏	使关键点模式遵循轨迹栏中的所有关键点的设置规律
	仅选定对象	使用【关键点步幅】模式时，仅考虑选定对象的变换
	使用当前变换	禁用位置/旋转/缩放变换时，可以在关键点模式中使用当前变换
	位置/旋转/缩放	指定关键点模式允许使用的变换方式

NTSC 制式也称为“国家电视标准委员会”制式，在大部分美洲国家和日本等使用；PAL 制式也称为“相位交替线”制式，大部分欧洲国家和我国使用这种制式。

下面简要说明使用【自动关键点】模式和【设置关键点】模式制作动画的方法。

1. 自动关键点模式。

(1) 在场景中创建一个小球，然后赋予地球的贴图材质（也可以打开素材文件“第 11 章\素材\案例\小汽车”）。

(2) 在主界面右下方的动画控制区中单击自动关键点按钮，开启动画记录模式，如图 11-7 所示。

(3) 将时间滑块拖曳到第 60 帧，将小汽车绕 z 轴旋转 180°，如图 11-8 所示。

图11-7 开启自动关键点模式

图11-8 旋转对象

(4) 在时间控制区中单击▶按钮，播放动画，观看动画效果。

单击自动关键点按钮后，当前激活的视图以红色边框显示，表示已经开启自动关键点模式，将时间滑块拖曳到一个帧上，然后对模型进行移动、旋转等操作，系统会自动将模型的变化记录为动画。

2. 设置关键点模式。

(1) 重新打开“自动关键点模式”中的小球素材。

(2) 在动画控制区中单击设置关键点按钮，设置关键点模式，如图 11-9 所示。

(3) 选中小汽车对象，在第 0 帧处单击+按钮创建一个关键帧。

(4) 将时间滑块拖曳到第 30 帧，沿 x 轴将小汽车移动一段距离。

(5) 将时间滑块拖曳到第 60 帧，沿 y 轴将小汽车移动一段距离，然后单击+按钮创建一个关键帧，如图 11-10 所示。

图11-9 开启设置关键点模式

图11-10 移动对象

(6) 在时间控制区中单击▶按钮，播放动画，可以看到第 30 帧处的动画并没有被记录下来。

单击设置关键点按钮后，开启了设置关键点模式，它能够在独立轨迹上创建关键帧，当一个对象的状态调整至理想状态时，可以使用该项状态创建关键帧。如果移动到另一个时间而没有设置关键帧（未按下+按钮），则该状态将被放弃。

五、 轨迹视图—曲线编辑器

【曲线编辑器】是用来制作动画的专用编辑器，用户可以通过快速地调节曲线形状来控制物体的运动状态。单击主工具栏中的【曲线编辑器(打开)】按钮，打开【轨迹视图-曲线编辑器】对话框，如图 11-11 所示。

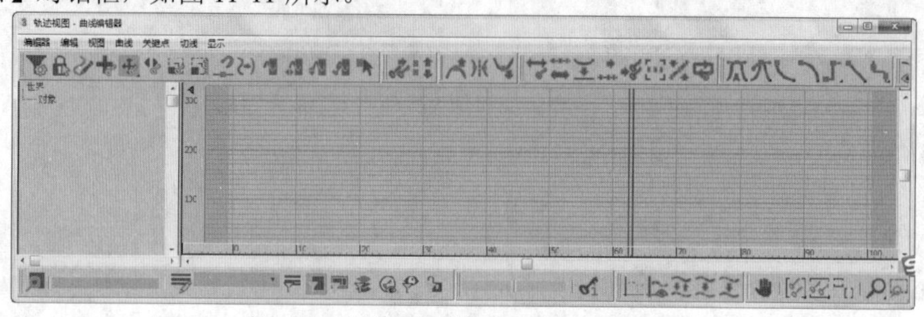

图11-11　【轨迹视图-曲线编辑器】对话框（1）

为对象设置动画后，在【轨迹视图-曲线编辑器】对话框中会显示与之对应的曲线，通常 x 轴使用红色曲线显示，y 轴使用绿色曲线显示，z 轴使用紫色曲线来显示，如图 11-12 所示。

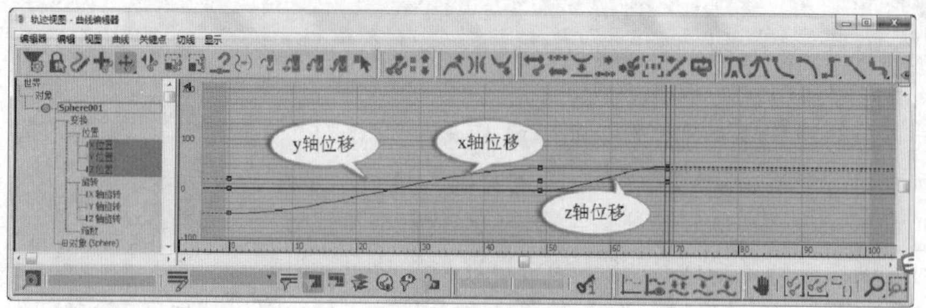

图11-12　【轨迹视图-曲线编辑器】对话框（2）

如果某条曲线为一条水平线，表示对象在该方向没有产生运动；如果某条曲线为一条抛物线，表示对象在该方向上处于加速运动状态；如果某条曲线为一条斜线，表示对象在该方向上处于匀速运动状态。

【轨迹视图-曲线编辑器】对话框上方是关键点控制工具栏，用于调整曲线形状，也可以插入关键点，其中主要工具的用法如表 11-4 所示。

表 11-4　　　　关键点控制主要工具的用法

工具组	工具	用途
关键点控制	移动关键点	在轨迹曲线上沿任意、水平或垂直方向移动关键点
	绘制曲线	用于绘制新曲线
	添加/移除关键点	向曲线上添加关键点，按住 Shift 键则可以移除关键点

续表

工具组	工具	用途
关键点控制	滑动关键点	拖动关键点沿时间轴滑动，用来调整运动的快慢
	缩放关键点	拖动关键点对其进行缩放操作，将同步显示缩放比例
关键点切线	将切线设置为自动	按照关键点附近的曲线形状自动设置切线形状。其下拉工具组中的工具将内侧线设置为自动，使其仅影响传入切线；工具将外侧线设置为自动，使其仅影响传出切线
	将切线设置为样条线	将选定的关键点设置为样条线切线。样条线具有控制柄，可以对其拖曳进行编辑
	将切线设置为快速	将关键点切线设置为快，可以获得最快的运动加速度
	将切线设置为慢速	将关键点切线设置为慢，可以获得最慢的运动加速度
	将切线设置为阶梯式	将关键点切线设置为阶跃形式，按照设定的步长进行速度调整
	将切线设置为线性	将关键点切线设置为线性变化
	将切线设置为平滑	将关键点切线设置为平滑变化
切线动作	显示切线切换	单击该按钮将在关键点上显示切线控制柄，如图 11-13 所示，拖动该句柄可以调整关键点两侧曲线形状
	断开切线	将两条切线（控制柄）连接到一个关键点，使其能够独立移动，以便不同的运动能进出关键点
	统一切线	统一切线后，沿任意方向移动控制柄，可以让控制柄之间保持最小角度

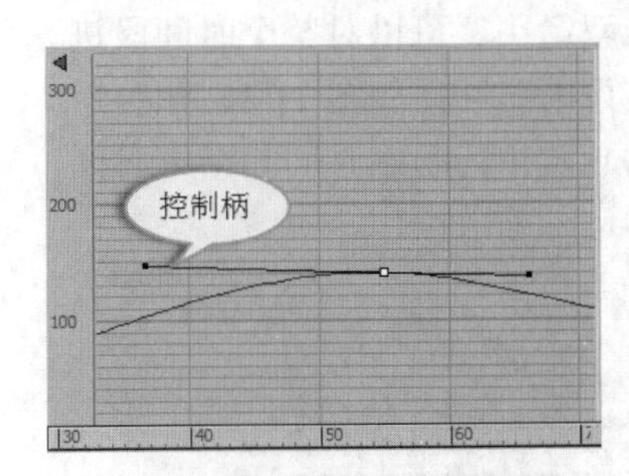

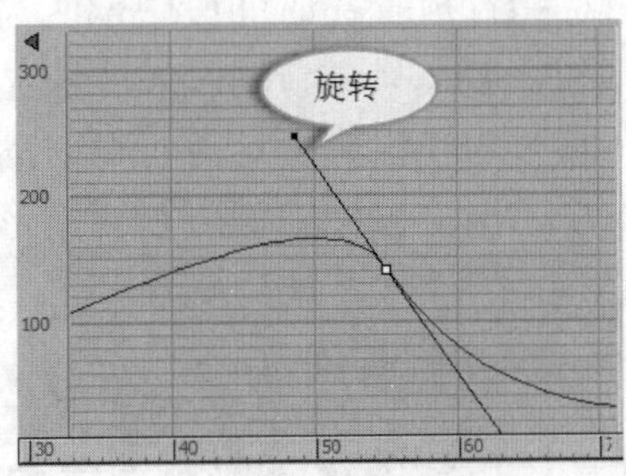

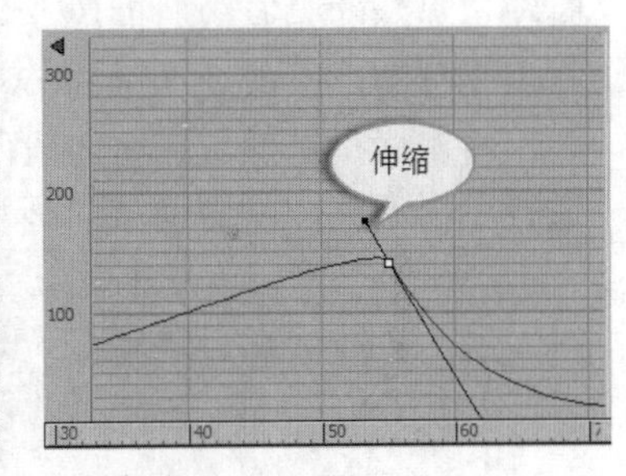

图11-13 显示切线切换

六、 轨迹视图—摄影表

在摄影表模式下，可以自由操作所有关键帧，可以选定部分帧并将其移动到其他时间上，还可以对选定的一组帧在时间上进行缩放。执行【图形编辑器】/【轨迹视图-摄影表】命令，打开【轨迹视图-摄影表】对话框，如图 11-14 所示。

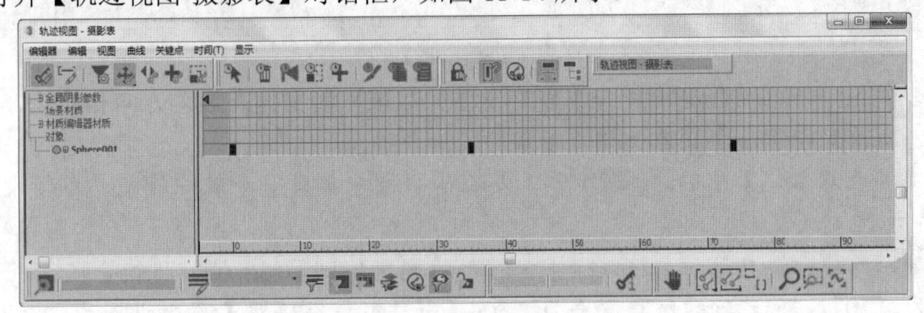

图11-14 【轨迹视图-摄影表】对话框

(1)　【编辑关键点】模式。

在【轨迹视图-摄影表】对话框工具栏的左侧单击按钮，进入【编辑关键点】模式。在该模式下，栅格背景代表所有的时间格，水平方向上的一格代表一帧，彩色方格则代表关键帧。通常位置关键帧用红色表示，旋转关键帧用绿色表示，缩放关键帧用蓝色表示，其他关键帧以黄色表示，如图 11-15 所示。

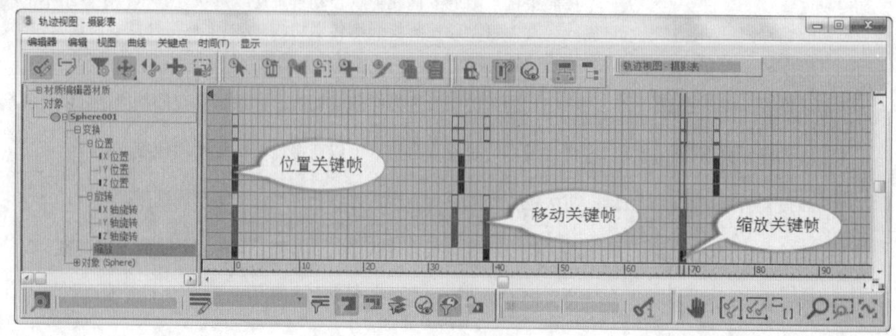

图11-15　【编辑关键点】模式

可以单击选中一个关键帧，也可以框选一组关键帧。选中关键帧后，即可对其进行移动、复制等操作。移动关键帧可以改变该动作发生的时间，向左移动将发生时间提前，向右移动把发生时间延后。复制关键帧可以让某一动作重复发生。

(2)　【编辑范围】模式。

在【轨迹视图-摄影表】对话框工具栏的左侧单击按钮，进入【编辑范围】模式。此时窗口显示的是有效时间段。鼠标指针放置在时间段中部时为双箭头，可以对整个时间段进行水平移动，不改变动画的节奏和长度，只调节动画发生和结束的时间，如图 11-16 所示。

将鼠标指针放置在时间段两端时为单箭头，这时可以对动画发生的起始时间和结束时间进行单向调整，从而调节动画长度。滚动鼠标中键可以对图形进行缩放操作。

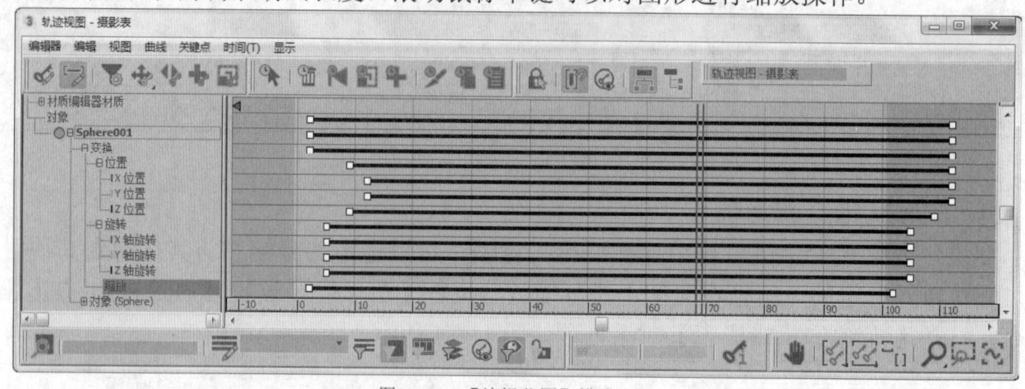

图11-16　【编辑范围】模式

在轨迹视图中，可以通过设置关键点的属性参数来控制物体的运动方向和轨迹。在介绍这些工具之前首先创建一个简单的动画场景。

1. 使用【扩展基本体】中的 软管 工具在透视图中创建一个软管模型，参数设置如图 11-17 所示。
2. 单击 自动关键点 按钮启动动画记录模式，移动时间滑块到第 30 帧，将软管在 x 轴的位移设置为“70”，将 z 轴的位移设置为“50”，并将软管【高度】参数设置为“80”，如图 11-18 所示。

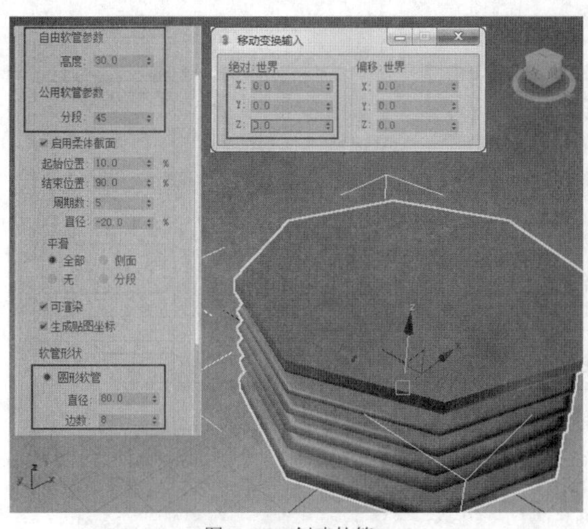

图11-17　创建软管

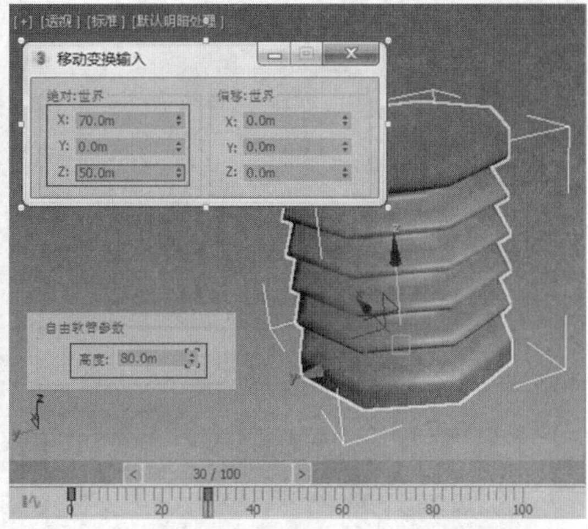

图11-18　设置第 30 帧处的参数

3. 移动时间滑块到第 60 帧，将 x 轴和 z 轴的位移分别改为“120”和“0”，将【高度】改为“30”，如图 11-19 所示。
4. 关闭动画记录模式。执行【图形编辑器】/【轨迹视图-曲线编辑器】命令，打开【轨迹视图 - 曲线编辑器】窗口，在编辑框中可以看到两条功能曲线，红色代表 x 轴的位移，蓝色代表 z 轴的位移，如图 11-20 所示。

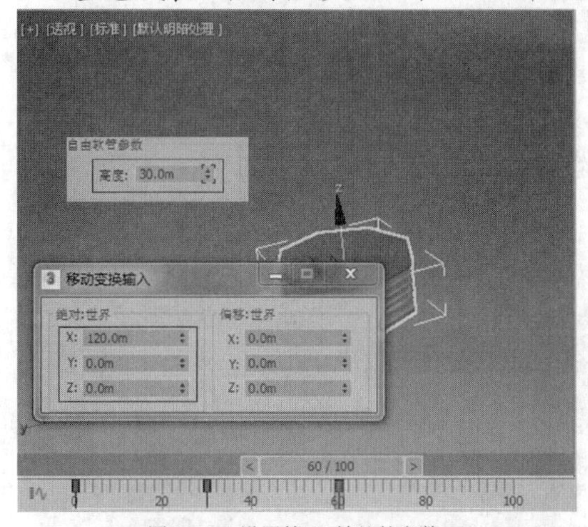

图11-19　设置第 60 帧处的参数

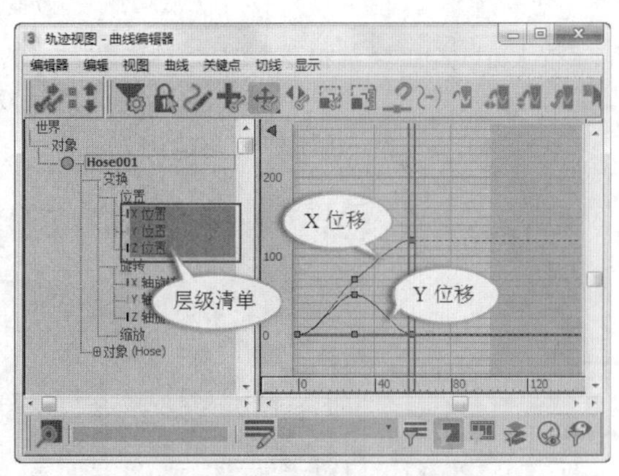

图11-20　【轨迹视图-曲线编辑器】窗口

进入【轨迹视图-曲线编辑器】窗口的另一种简单方法为：选中需要编辑的对象，单击鼠标右键，在弹出的快捷菜单中选择【曲线编辑器】命令。

5. 在级别清单中按住 Ctrl 键选择软管的【X 位置】和【Z 位置】两个选项，滚动鼠标中键适当缩放图形，框选功能曲线上的所有关键点，在工具栏中单击按钮，这时曲线没有变化，如图 11-21 所示，因为这是功能曲线的默认方式。
6. 单击按钮，这时关键点的控制手柄可用于编辑。选择【X 位置】，使用曲线上中间关键点的控制手柄进行调整，如图 11-22 所示。设置完成后，拖动时间滑块观察，可以发现软管在运动到第 30 帧处，缓冲一下再往前运动。

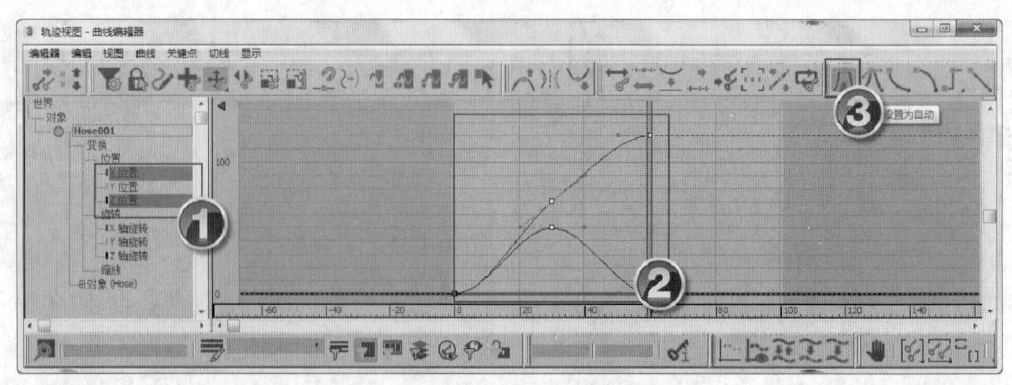

图11-21　软管高度的功能曲线轨迹

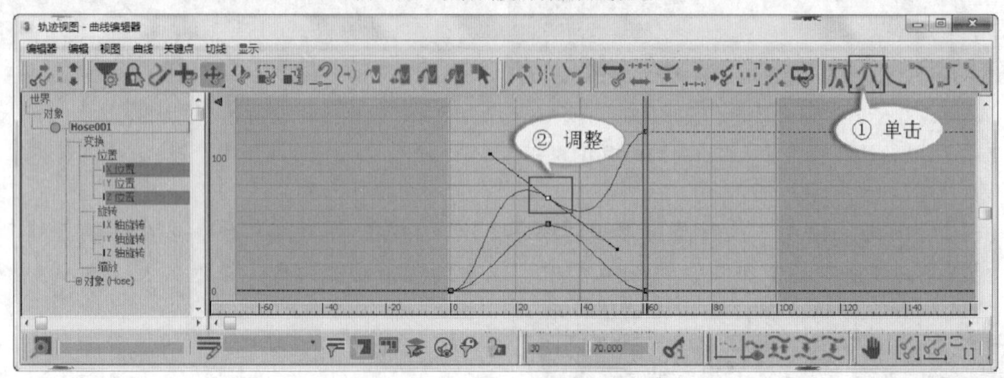

图11-22　设置功能曲线为自定义状态

7. 按 Ctrl+Z 组合键撤销操作，单击按钮，将关键点的功能曲线设置为线性曲线，如图 11-23 所示，操作完成后，拖动时间滑块观察软管运动的状态，从第 0 帧～第 30 帧，从第 30 帧～第 60 帧都做匀速运动。

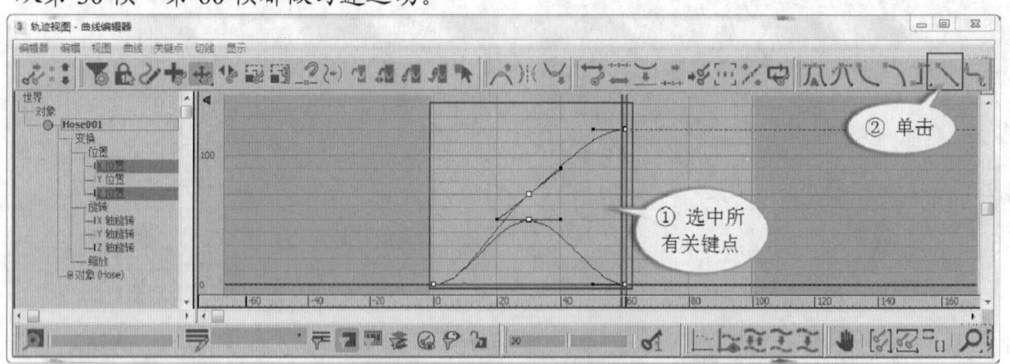

图11-23　设置功能曲线为线性状态

七、 使用约束

约束就是将对象的运动限制在一个特定范围内，或者将两个或多个对象绑定在一起，可以对对象的位置、旋转和缩放等进行约束控制。

执行【动画】/【约束】命令，查看约束方式如图 11-24 所示，各约束方式介绍如下。

(1)　附着约束。

附着约束是一种位置约束，可以将一个对象的位置附着到另一个对象的表面上，其参数面板如图 11-25 所示，常用参数的用法如表 11-5 所示。

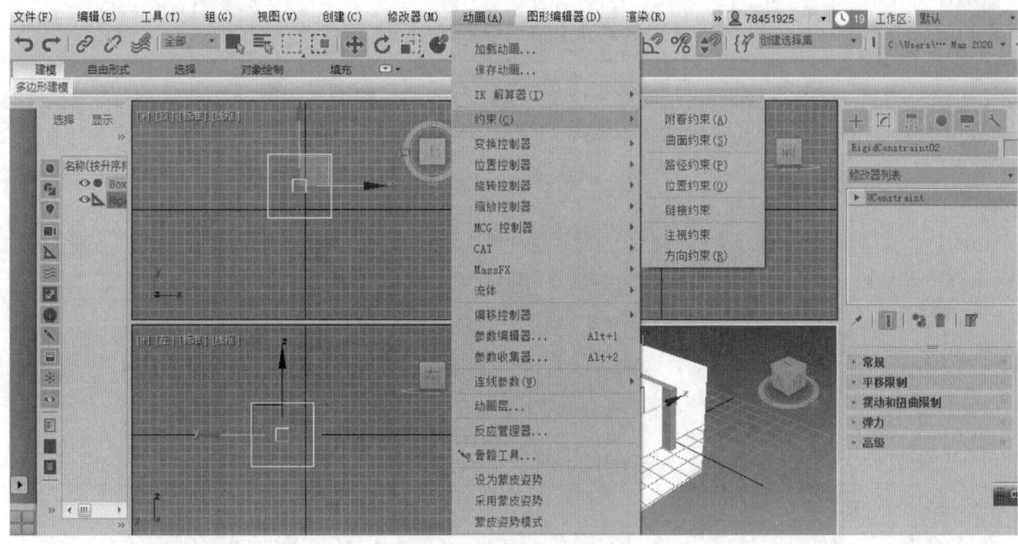

图11-24 常用约束类型

表 11-5 【附着约束】常用参数的用法

参数组	工具	用途
附加到	对象名称	显示要附着的目标对象
	拾取对象	在视图中拾取要附着的目标对象
	对齐到曲面	选中该复选项后，将附着对象的方向固定在其指向的表面上
更新	更新	单击此按钮，更新显示附着效果
	手动更新	选中该复选项后，更新按钮可用
关键点信息	< >	显示当前关键点编号，单击可以前后移动到其他关键点
	时间	显示当前帧，并可以将当前关键帧移动到不同帧中
位置	面	提供对象所附着到的面的索引
	A/B	设置面上附着对象的位置的重心坐标
	显示窗口	在附着面内部显示源对象的位置
	设置位置	在目标对象上调整源对象的位置
TCB	张力	设置控制器的张力大小。范围为 0~50
	连续性	设置控制器的连续性数值。范围为 0~50
	偏移	设置控制器的偏移量数值。范围为 0~50
	缓入	设置控制器的缓入位置。范围为 0~50
	缓出	设置控制器的缓出位置。范围为 0~50

(2) 曲面约束。

曲面约束可以将一个对象限制在另一个对象的表面上，其参数面板如图 11-26 所示，常用参数的用法如表 11-6 所示。

表 11-6　　　　　　　　　　【曲面约束】常用参数的用法

参数组	工具	用途
当前曲面对象	对象名称	显示选定对象的名称
	拾取曲面	单击此按钮，在视图中拾取曲面对象
曲面选项	U 向位置	调整控制对象在曲面 U 坐标轴上的位置
	V 向位置	调整控制对象在曲面 V 坐标轴上的位置
	不对齐	选择该复选项后，不会重定向对象在曲面上的位置
	对齐到 U	将控制对象的局部 z 轴对齐到曲面法线，x 轴对齐到曲面的 U 轴
	对齐到 V	将控制对象的局部 z 轴对齐到曲面法线，x 轴对齐到曲面的 V 轴
	翻转	翻转控制对象局部 z 轴的对齐方式

(3)　路径约束。

路径约束可以对一个对象沿着一条样条线或沿着多条样条线间的平均距离的移动进行限制，其参数面板如图 11-27 所示，常用参数的用法如表 11-7 所示。

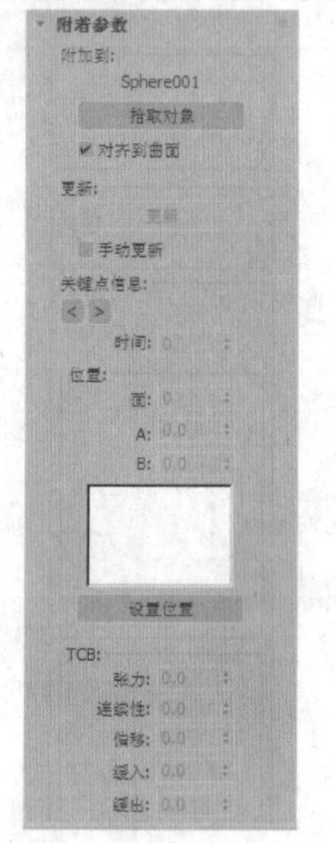

图11-25　附着约束参数

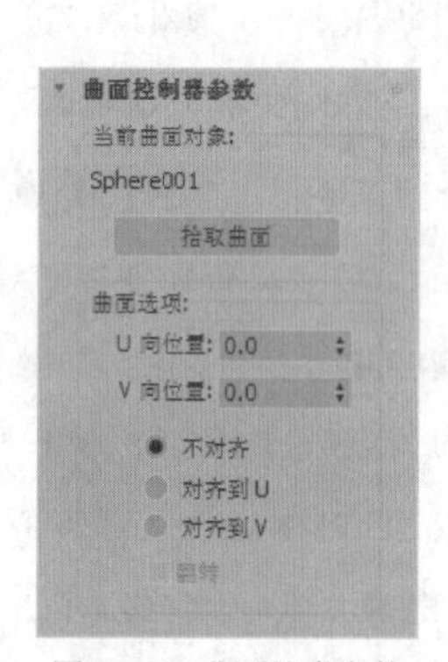

图11-26　曲面约束参数

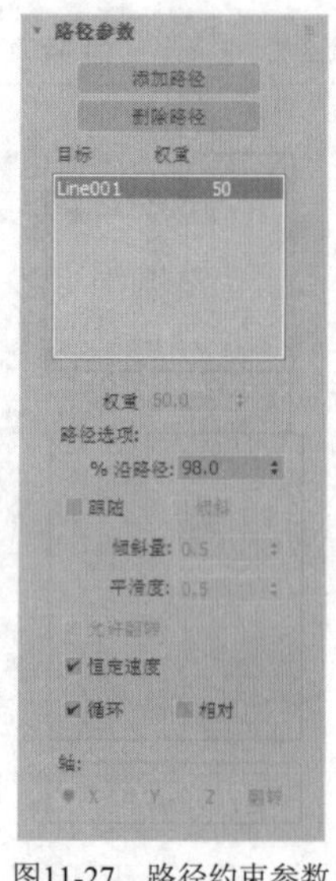

图11-27　路径约束参数

表 11-7　　　　　　　　　　【路径约束】常用参数的用法

工具	用途
添加路径	添加一条新的样条线路径，使之对约束对象产生影响
删除路径	从目标列表中删除选定的路径
【目标/权重】列表框	显示样条线路径及其权重大小
权重	为选定的目标设置权重。权重表示该路径对对象运动影响程度的大小
%沿路径	设置对象沿路径的百分比
跟随	对象跟随轮廓运动的同时将对象指向运动轨迹
倾斜	对象通过样条线的曲线时允许对象倾斜

续表

工具	用途
倾斜量	设置倾斜量大小
平滑度	设置对象在经过路径的转弯处翻转角度改变的快慢
允许翻转	选择该复选项后，允许对象在转弯处翻转
恒定速度	选择该复选项后，允许对象沿路径以恒速运动
循环	选择该复选项后，允许对象沿路径循环运动
相对	选择该复选项后，可以保持约束对象的原始位置
轴	定义对象沿 x 轴、y 轴、z 轴与路径轨迹对齐

路径约束可以将对象约束到运动路径上。运动路径可以是任意类型的样条线，也可以是多个样条线，使用多个样条线是控制运动对象在这些样条线的平均距离上的运动。

1. 打开素材文件“第 11 章\素材\路径约束\路径约束.max”，该场景中有一个皮球和两条路径。
2. 选中“皮球”对象，执行【动画】/【约束】/【路径约束】命令，然后单击“路径 01”（左侧路径）对象。这时活动时间段上会自动生成两个关键点，播放动画，皮球已经沿着路径运动，如图 11-28 所示。
3. 通过观察可以发现，皮球的运动还有些呆板。在【运动】面板的【路径参数】卷展栏中选择【跟随】复选项，并选中【Y】单选项，如图 11-29 所示。再次播放动画，可以此时皮球会跟随路径的变化自动调整自身的位置。

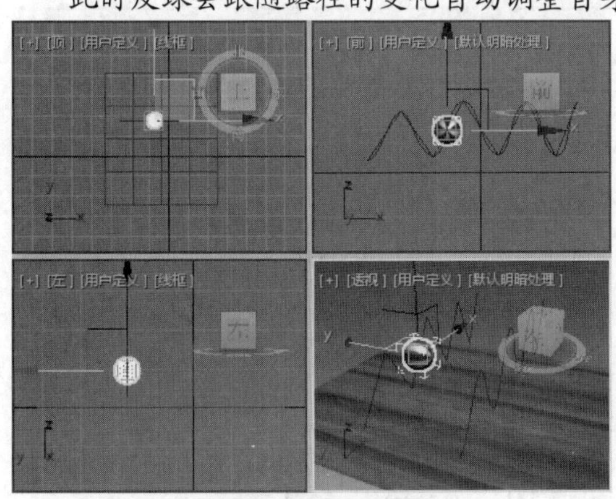

图11-28　选择“路径 01”制作动画

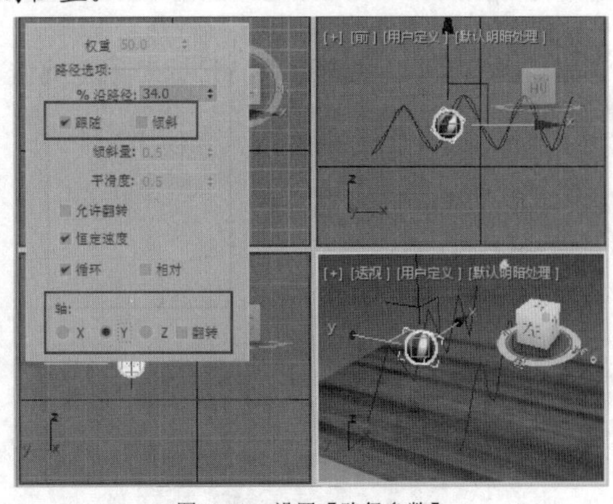

图11-29　设置【路径参数】

4. 使用多个路径约束对象。在【路径参数】卷展栏中单击 添加路径 按钮，然后在视图中选取“路径 02”路径（右侧路径），可见皮球在两条路径中间运动，如图 11-30 所示。
5. 在【路径参数】卷展栏中有个【权重】选项，它可以控制路径对皮球的影响程度。在【目标 权重】分组框中选择“路径 01”，然后设置其【权重】值为“20”；再选择“路径 02”，设置其【权重】值为“100”。再次观察效果，如图 11-31 所示。

(4) 位置约束。

位置约束可以控制一个对象跟随另一个对象的位置或跟随几个对象的权重平均位置，其参数面板如图 11-32 所示，常用参数的用法如表 11-8 所示。

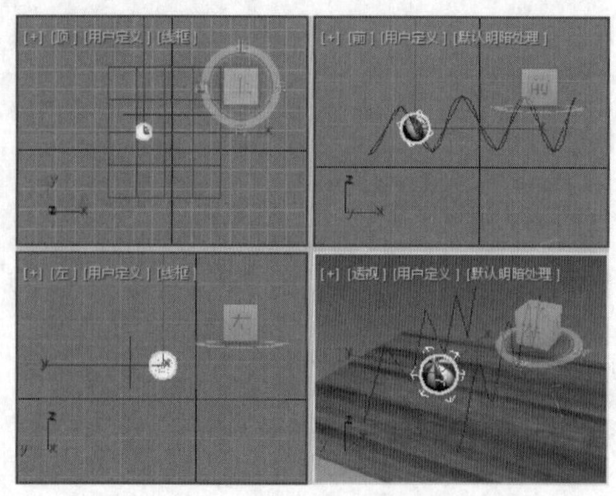

图11-30　选择“路径 02”

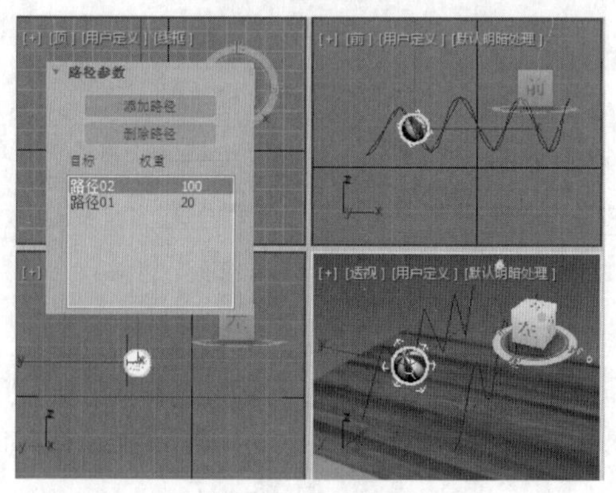

图11-31　设置权重

表 11-8　【位置约束】常用参数的用法

工具	用途
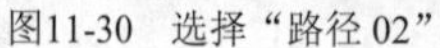 添加位置目标	添加影响受约束对象位置的新目标对象
删除位置目标	移除选定的目标对象，使其不再影响受约束对象
【目标/权重】列表框	显示目标对象及其权重值
权重	为选定的目标设置权重
保持初始偏移	选择该复选项后，可以保存受约束对象与目标对象间的原始距离

(5)　链接约束。

链接约束可以创建对象与目标对象之间彼此链接的动画，其参数面板如图 11-33 所示，常用参数的用法如表 11-9 所示。

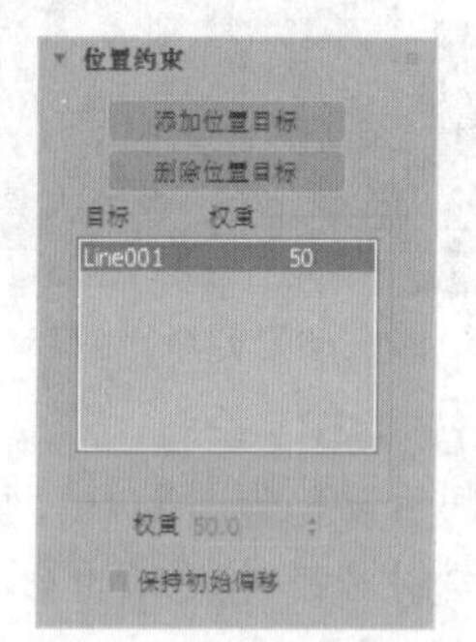

图11-32　【位置约束】参数

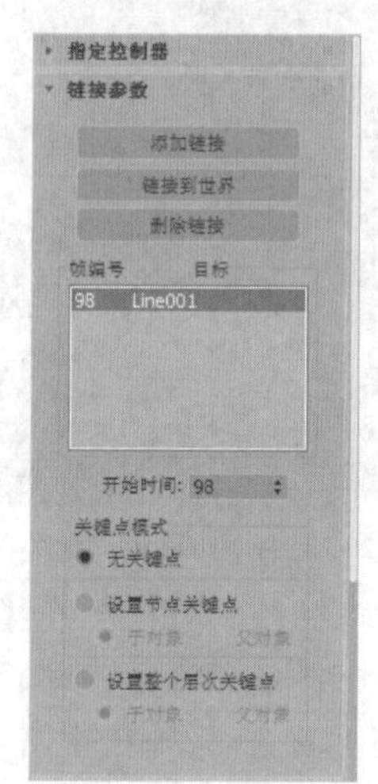

图11-33　【链接约束】参数

表 11-9　【链接约束】常用参数的用法

工具	用途
添加链接	添加一个新的链接目标
链接到世界	将对象链接到整个场景

续表

工具	用途
删除链接	从目标列表中删除选定的链接目标
开始时间	指定或编辑目标的帧值
无关键点	选择该单选项后，在约束对象或目标中不会写入关键点
设置节点关键点	选择该单选项后，可以将关键帧写入指定的选项，包含“子对象”和“父对象”两种
设置整个层次关键点	用指定选项在层次上部设置关键帧，包含“子对象”和“父对象”两种

(6) 注视约束。

注视约束可以控制对象的运动方向，使其在运动中一直注视另一个对象，其参数面板如图 11-34 所示，常用参数的用法如表 11-10 所示。

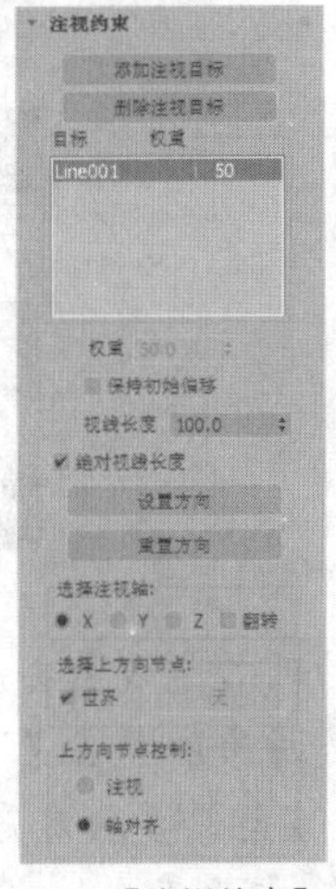

图11-34 【注视约束】参数

表 11-10 【注视约束】常用参数的用法

工具	用途
添加注视目标	添加影响约束对象的新目标
删除注视目标	从目标列表中删除选定的注视目标
权重	为每个目标设置权重值
保持初始偏移	将约束对象的原始方向保持为相对于约束方向上的一个偏移
视线长度	定义从约束对象轴到目标对象轴的视线长度
绝对视线长度	选择该复选项后，仅使用【视线长度】参数设置主视线的长度
设置方向	允许对约束对象的偏移方向进行手动定义
重置方向	将约束对象的方向重置为默认值
选择注视轴	定义注视目标的轴
选择上方向节点	选择注视的上方向节点，默认为【世界】
上方向节点控制	允许在注视的上方向节点控制器与轴对齐之间快速翻转

续表

工具	用途
源轴	选择与上方向节点轴对齐的约束对象的轴
对齐到上方向节点轴	选择与选中的源轴对齐的上方向节点轴

注视约束会控制对象的方向使它一直注视另一个对象，同时它会锁定对象的旋转度，使对象一个轴点朝向目标对象。例如，控制摄影机环绕某个对象进行旋转等。

1. 打开素材文件“第 11 章\素材\注视约束\注视约束.max”。该场景中有一个平面、一个茶壶和一个小球，如图 11-35 所示。
2. 选择“茶壶”对象后，执行【动画】/【约束】/【注视约束】命令，然后单击“小球”对象，如图 11-36 所示。

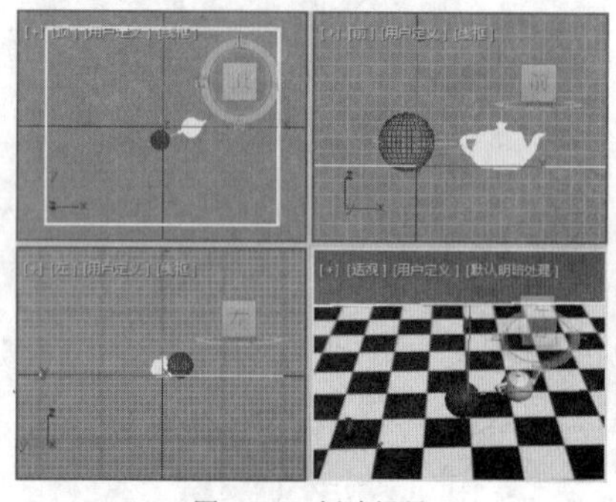
图11-35　创建场景

图11-36　设置注视约束

3. 在添加注视约束之后，茶壶和小球的轴心连线上会出现一条浅蓝色的线，表示已经应用约束，不过这时茶壶反转了方向，这是因为系统在【运动】面板的【注视约束】卷展栏中选择了【翻转】复选项，用户可以根据实际需要决定是否选中该选项，如图 11-37 所示。
4. 观察图 11-37 可以发现，茶壶已经不在平面上，并有一个向上的偏移角度。选中茶壶，进入【层次】面板，在【调整轴】卷展栏中单击 仅影响轴 按钮，然后单击 居中到对象 按钮，将轴的中心移动到茶壶的中心，如图 11-38 所示。

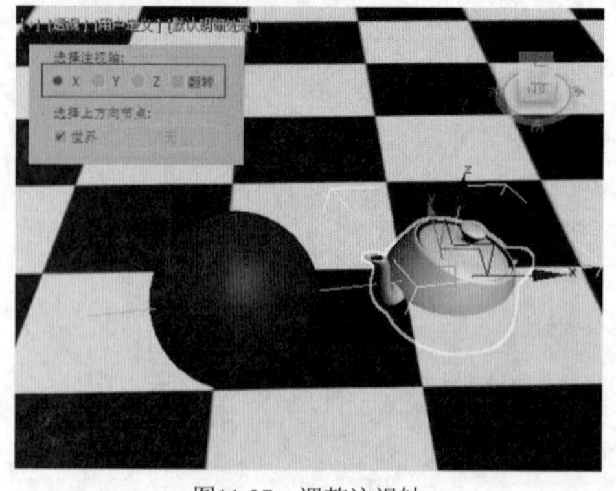

图11-37　调整注视轴

图11-38　调整茶壶本身的轴

5. 移动小球，可以观察注视约束的动画效果，茶壶始终“注视”着小球的移动。

(7)　方向约束。

方向约束可以使选定对象的运动方向沿着另一个对象的运动方向或若干对象的平均方向，其参数面板如图 11-39 所示，常用参数的用法如表 11-11 所示。

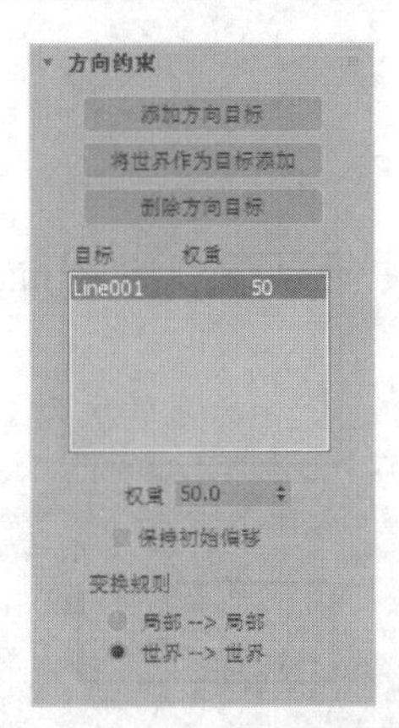

图11-39 【方向约束】参数

表 11-11 【方向约束】常用参数的用法

工具		用途
添加方向目标		添加影响约束对象的新目标
将世界作为目标添加		将受约束对象与世界坐标轴对齐
删除方向目标		从目标列表中删除选定的方向目标
权重		为每个目标设置权重值
保持初始偏移		选择该复选项后，保留受约束对象的初始方向
变换规则	局部→局部	将局部节点变换用于方向约束
	世界→世界	将父变换或世界变换用于方向约束

11.2 范例解析——制作“连杆运动”效果

本案例将利用 3ds Max 2020 中的交互式 IK 和应用式 IK 模拟柴油机中连杆的运动效果，效果如图 11-40 所示。

图11-40 “连杆运动”效果

在正向动力学系统中，轴点位置定义了链接对象的连接关节，并且按照从父层级到子层级的顺序继承位置、旋转和缩放变换。当父对象移动时，其子对象将跟随移动。正向动力学系统的主要操作是使用链接工具在两个对象之间建立父对象和子对象的层级关系。三维空间反向运动学系统简称IK，是在层次链接概念基础上创建的定位和动画方法。只需调整层次链接中的单一体就可以使整个物体或物体的一部分出现复杂的运动，这种系统大量运用在角色动画的制作之中。

【操作步骤】

1. 链接对象之间的关系。

(1) 打开制作模板，如图 11-41 所示。

① 打开素材文件“第 11 章\素材\连杆运动\连杆运动.max”。

② 场景中对所有的对象设置了材质。

③ 场景中创建有一架摄影机，用于对连杆和活塞的运动效果进行动画渲染。

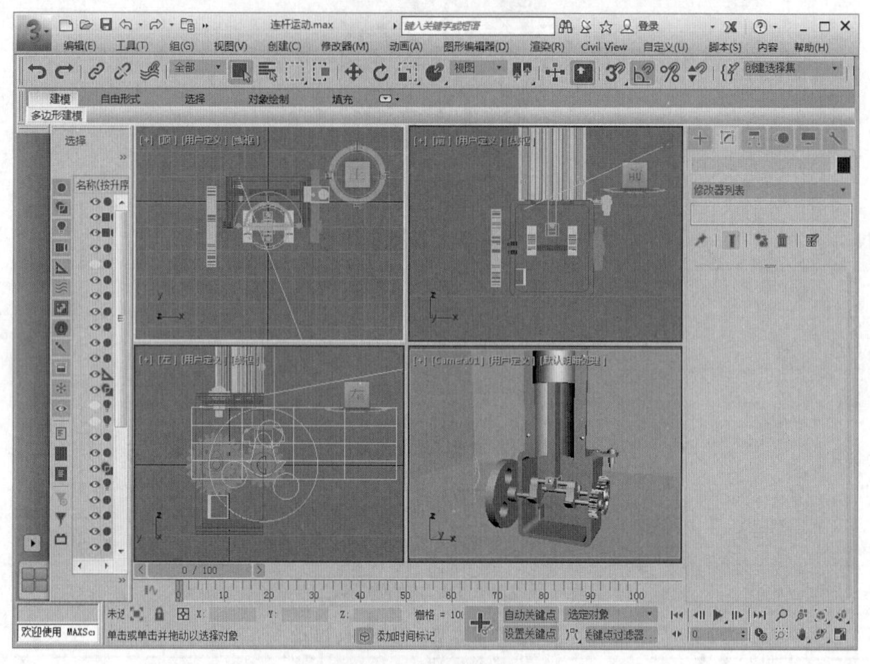

图11-41　打开场景

> **要点提示** 本模板中已经将齿轮的参数关联设置好，读者可以转动大齿轮或小齿轮进行效果观看。本案例主要制作连杆和活塞的运动效果。

(2) 将“连杆”对象链接到“活塞”对象，如图 11-42 所示。

① 选中“连杆”对象。

② 单击按钮。

③ 按住鼠标左键，将“连杆”对象拖动到“活塞”对象上。

(3) 将“Dummy01”对象链接到“连杆”对象，如图 11-43 所示。

① 选中“Dummy01”对象。

② 单击按钮。

③ 按住鼠标左键，将“Dummy01”对象拖动到“连杆”对象上。

(4) 将“Dummy01”对象绑定到跟随对象，如图 11-44 所示。

① 选中“Dummy01”对象。

② 在【层次】面板中单击 IK 按钮。

③ 在【对象参数】卷展栏中单击 绑定 按钮。

④ 按住鼠标左键，将“Dummy01”对象拖动到“曲轴”（Cylinder06）对象上。

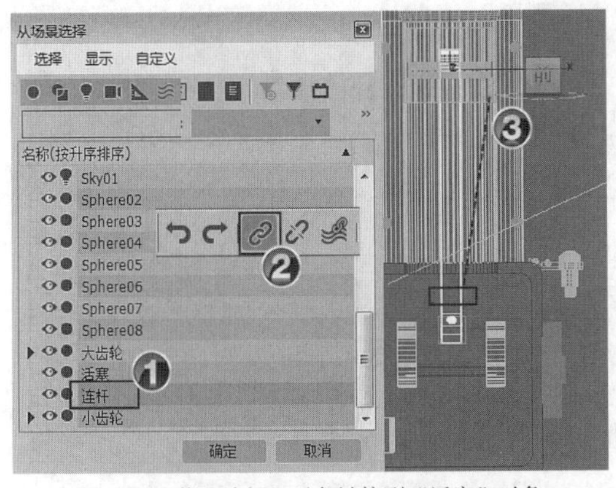

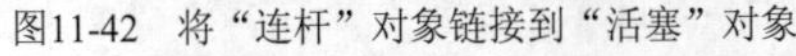
图11-42　将“连杆”对象链接到“活塞”对象

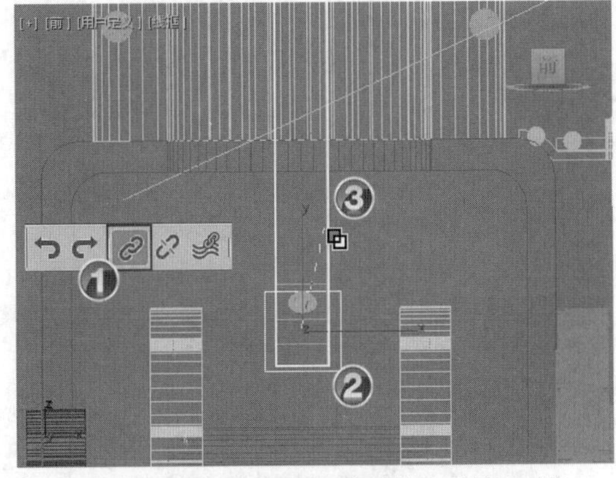

图11-43　将“Dummy01”对象链接到“连杆”对象

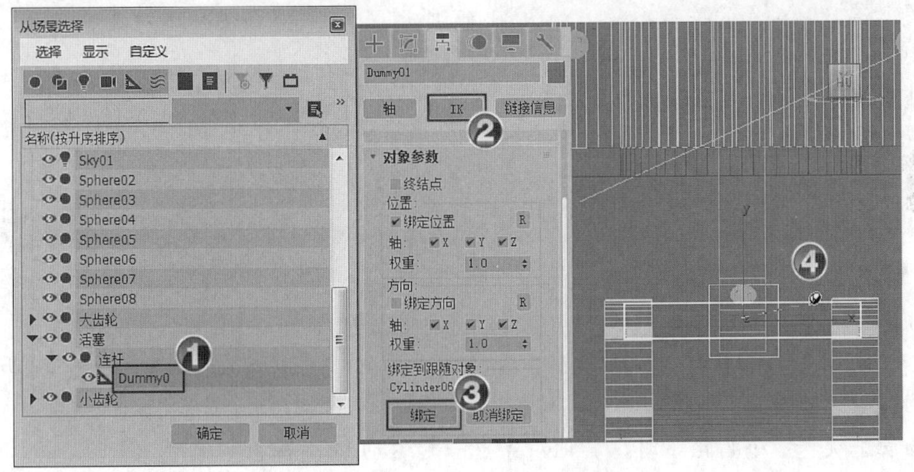

图11-44　将“Dummy01”对象绑定到跟随对象

2.　设置对象的关节参数。

(1)　为“活塞”对象指定位置控制器，如图 11-45 所示。

①　选中“活塞”对象。

②　在【运动】面板中单击 参数 按钮。

③　在【指定控制器】卷展栏中选中【位置：位置 XYZ】选项。

④　单击✓按钮。

⑤　双击【TCB 位置】选项。

要点提示　通过分析可知，“活塞”只在 z 轴方向上下活动，需要对其滑动关节进行调整，而“活塞”对象在默认情况下没有滑动关节这项参数栏。解决方法是调整它的位置控制器为“TCB 位置”。

(2)　设置“活塞”对象的关节参数，如图 11-46 所示。

①　选中“活塞”对象。

②　在【层次】面板中单击 IK 按钮。

③　在【滑动关节】卷展栏的【Z 轴】分组框中选择【活动】复选项。

④　在【转动关节】卷展栏中取消选择所有轴向的【活动】复选项。

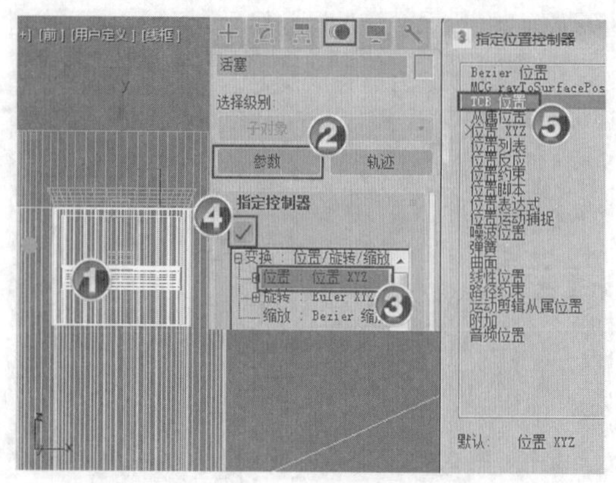

图11-45　为“活塞”对象指定位置控制器

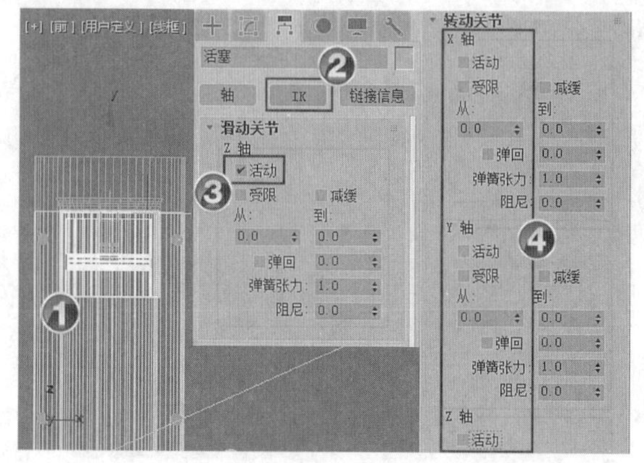

图11-46　设置“活塞”对象的关节参数

(3) 设置“连杆”对象的关节参数，如图 11-47 所示。

① 选中“连杆”对象。

② 在【层次】面板中单击 IK 按钮。

③ 在【转动关节】卷展栏的【Y 轴】分组框中选择【活动】复选项。

④ 取消选择【X 轴】和【Z 轴】分组框中的【活动】复选项。

要点提示　经过多次测试，这里只有选择【Y 轴】分组框中的【活动】复选项才能保证运动的正确性，读者在模仿实例时应加倍注意。

(4) 预览运动效果，如图 11-48 所示。

① 在【层次】面板中单击 IK 按钮，在【反向运动学】卷展栏中单击 交互式 IK 按钮。

② 在场景中旋转“小齿轮”时，其他对象也一起运动。

要点提示　在预览运动效果的同时，检查运动的正确性。如果运动效果不正确，要检查关节参数是否设置合理并及时调整，直到运动的效果符合要求为止。还有一点值得注意：在预览完成后一定要返回预览前的状态，这样可以方便后期应用 IK 产生动画效果。

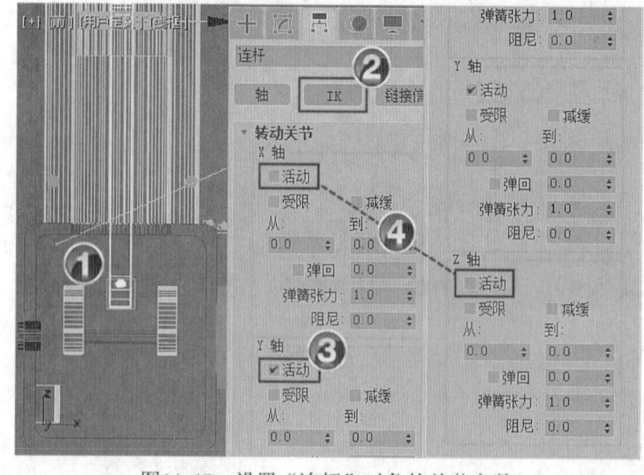

图11-47　设置“连杆”对象的关节参数

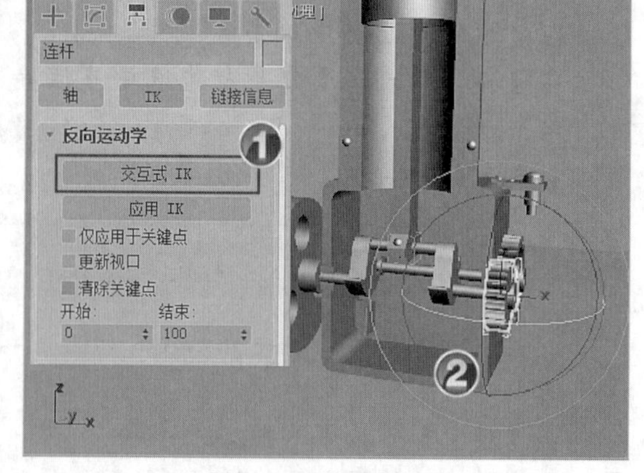

图11-48　预览运动效果

3. 应用 IK。

(1) 设置“小齿轮”对象第 100 帧处的旋转参数，如图 11-49 所示。

① 选中“小齿轮”对象。

② 单击自动关键点按钮启动动画记录模式。

③ 移动时间滑块到第 100 帧。

④ 向下拖动黄色的旋转轴，直到旋转角度为 720° 为止，然后单击自动关键点按钮关闭动画记录模式。

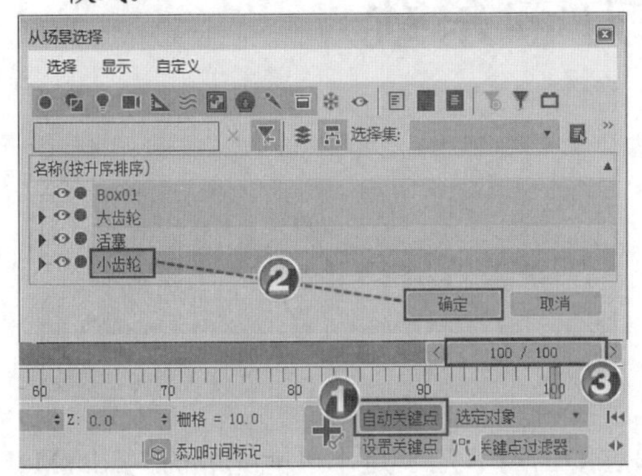

图11-49 设置“小齿轮”对象第 100 帧处的旋转参数

(2) 设置动画轨迹为线性，如图 11-50 所示。

① 单击按钮，打开【轨迹视图-曲线编辑器】窗口。在此窗口中选择“小齿轮”对象的“X 轴旋转 动画”功能曲线。

② 按住 Ctrl 键同时选中第 1 帧和第 100 帧。

③ 单击按钮将切线设置为线性。

(3) 在【层次】面板中单击 IK 按钮，在【反向运动学】卷展栏中单击 应用 IK 按钮，连杆和活塞将自动生成关键帧，将交互式 IK 应用到关联对象上，如图 11-51 所示。

4. 按 Ctrl+S 组合键保存场景文件到指定目录。本案例制作完成。

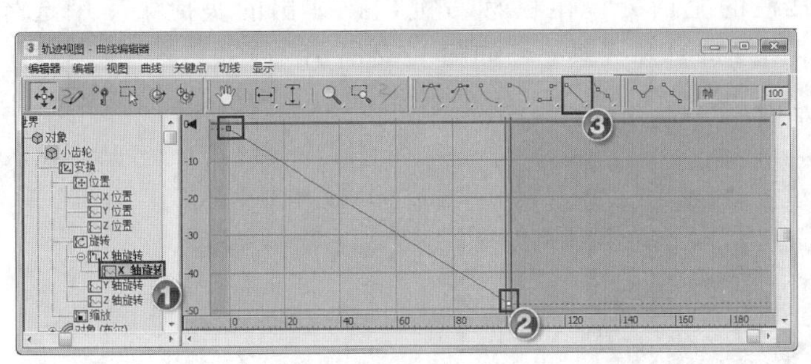

图11-50 设置动画轨迹为线性

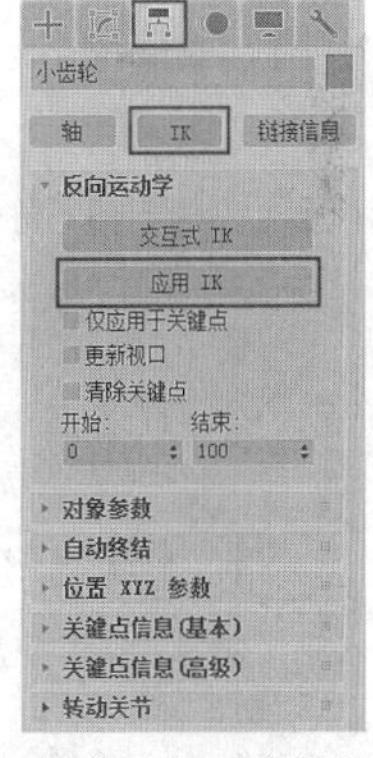

图11-51 将交互式 IK 应用到关联对象

11.3 习题

1. 简要说明制作动画的基本原理。
2. 简要说明“自动关键点”模式与“设置关键点”模式在用途上的差异。
3. 什么是关键帧，在动画制作中关键帧有什么用途？
4. 轨迹视图在动画制作中有什么用途？
5. 渲染动画作品时，应该如何设置渲染参数？

第12章　动力学系统

【学习目标】

- 明确动力学系统的基本特点。
- 明确 MassFX 工具的用途和用法。
- 了解约束工具的用途和用法。
- 明确制作动力学动画的基本原理和步骤。

在 3ds Max 中，要做出真实的运动碰撞，通过手工调节几乎是不可能完成的。3ds Max 2020 提供了计算真实运动的方法——使用动力学系统。该系统不仅能模拟出准确的动力学效果，而且运算速度快、功能强大。

12.1　基础知识

动力学可以用于定义物体的属性和外力，当对象遵循物理定律进行相互作用时，可以通过动力学计算生成符合真实运动规律的动画效果。

一、 认识 MassFX 工具

3ds Max 早期版本通常使用 Reactor 来制作动力学动画，但是该工具有很多漏洞，渲染时容易出错。3ds Max 2020 使用新的刚体动力学工具——MassFX。

如图 12-1 所示，在主工具栏的空白处单击鼠标右键，在弹出的快捷菜单中选择【MassFX 工具栏】命令，即可调出 MassFX 工具栏，如图 12-2 所示。

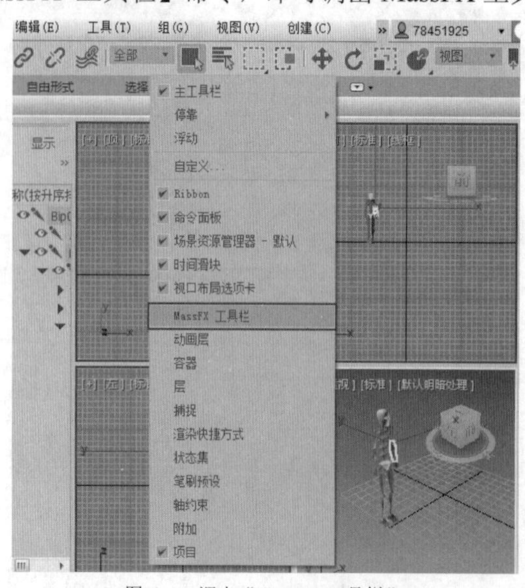

图12-1　调出“MassFX 工具栏”

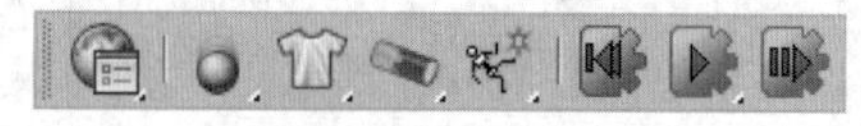

图12-2　MassFX 工具栏

在 MassFX 工具栏中单击按钮，打开【MassFX 工具】窗口，如图 12-3 所示，该窗口包含以下 4 个选项卡。

(1) 【世界参数】选项卡。

【世界参数】选项卡如图 12-4 所示，它包括【场景设置】【高级设置】和【引擎】3 个卷展栏，其参数用法如表 12-1 所示。

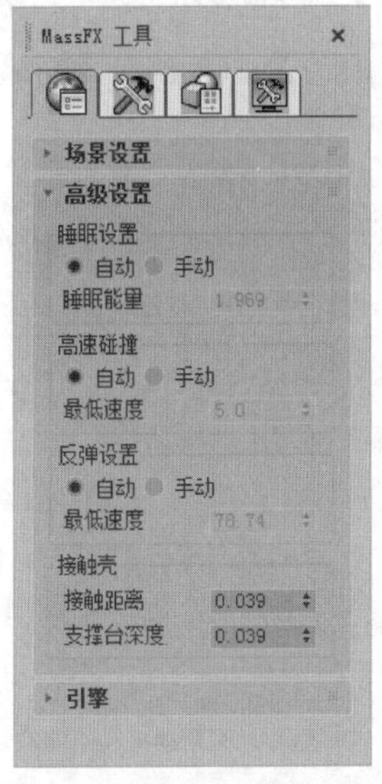

图12-3 【MassFX 工具】窗口

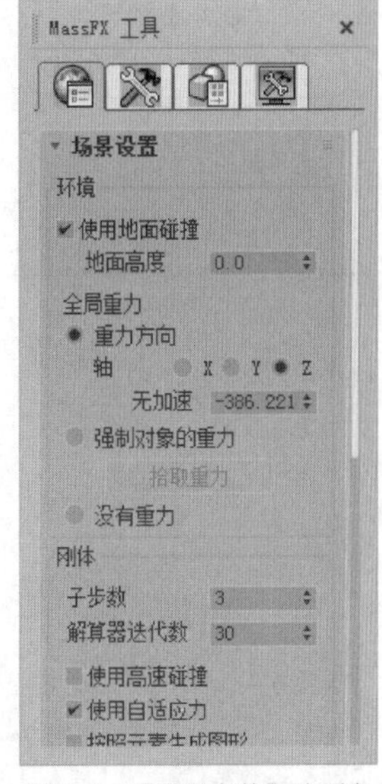

图12-4 【世界参数】选项卡

表 12-1 【世界参数】选项卡中的参数用法

卷展栏	参数组	参数	含义
场景设置	环境	使用地面碰撞	选择该复选项后，MassFX 将使用无限静态刚体（即 z=0），刚体与主栅格共面，其摩擦力和反弹力值为固定值
		重力方向	若选择该单选项，则被应用的所有刚体都将受到重力的影响
		轴	设置应用重力的方向，一般为 z 轴
		无加速	设置重力的加速度。使用 z 轴时，正值使重力将对象向上拉，反之向下拉
		强制对象的重力	可以使用重力空间扭曲将重力应用于刚体。首先将空间扭曲添加到场景中，然后单击 拾取重力 按钮，将其指定为在模拟中使用
		拾取重力	拾取要作为全局重力的重力对象
		没有重力	若选择该单选项，则重力不会影响模拟
	刚体	子步数	设置每个图形更新之间执行的模拟步数
		解算器迭代数	设置全局约束解算器强制执行碰撞和约束的次数
		使用高速碰撞	设置全局用于切换连续的碰撞检测
		使用自适应力	若选择该复选项，则 MassFX 会根据需要收缩组合防穿透力来减少堆叠和紧密聚合刚体中的抖动
		按照元素生成图形	若选择该复选项，并将【MassFX 刚体】修改器运用于对象后，MassFX 会为对象中的每一个元素创建一个单独的物理图形。禁用时，MassFX 会为整个对象创建单个物理图形

续表

卷展栏	参数组	参数	含义
高级设置	睡眠设置	自动	MassFX 自动计算合理的线速度和角速度睡眠阈值，高于该阈值即应用睡眠
		手动	若选择该单选项，则可以覆盖速度和自旋的试探式值
		睡眠能量	在模拟中，移动速度低于某个速度的刚体会自动进入“睡眠”模式并停止移动
	高速碰撞	自动	MassFX 将使用试探式算法来计算合理的速度阈值，高于该阈值即应用高速碰撞方法
		手动	若选择该单选项，则可以覆盖速度的自动值
		最低速度	在模拟中，移动速度高于该速度的刚体将自动进入高速碰撞模式
	反弹设置	自动	MassFX 将使用试探式算法计算合理的最低速度阈值，高于该值即应用反弹
		手动	若选择该单选项，则可以覆盖速度的试探式值
		最低速度	在模拟中，移动速度高于该速度的刚体将相互反弹
	接触壳	接触距离	允许移动刚体重叠的距离
		支撑台深度	允许支撑体重叠的距离
引擎	选项	使用多线程	若选择该复选项，则 CPU 可以执行多线程（如果 CPU 具有多个内核），以加快模拟的计算速度
		硬件加速	若选择该复选项，则可通过计算机的“硬件加速”功能提高执行速度
	版本	关于 MassFX	单击该按钮可以打开【About MassFX】对话框，该对话框中显示了 MassFX 的基本信息

(2) 【模拟工具】选项卡。

【模拟工具】选项卡如图 12-5 所示，它包括【模拟】【模拟设置】和【实用程序】3 个卷展栏，其参数用法如表 12-2 所示。

表 12-2　【模拟工具】选项卡中的参数用法

卷展栏	参数组	参数	含义
模拟	播放	重置模拟	单击该按钮可以停止模拟，并将时间线滑块移动到第 1 帧，同时将任意动力学刚体设置为其初始变换
		开始模拟	从当前帧开始模拟，时间线滑块为每个模拟步长前进一帧，从而让运动学刚体作为模拟的一部分进行移动
		开始没有动画的模拟	当模拟运行时，时间线滑块不会前进，这样可以使动力学刚体移动到固定点
		逐帧模拟	运行一个帧的模拟，并使时间线滑块前进相同的量
	模拟烘焙	烘焙所有	将所有动力学刚体的变换存储为动画关键帧时重置模拟
		烘焙选定项	与“烘培所有”类似，不同点是仅应用于选定的动力学刚体
		取消烘焙所有	删除烘培时设置为动力学的所有刚体的关键帧，从而将这些刚体恢复为动力学刚体
		取消烘焙选定项	与“取消烘焙所有”类似，不同之处是仅应用于选定的适用刚体
	捕获变换	捕获变换	将每个选定的动力学刚体的初始变换设置为变换

续表

卷展栏	参数组	参数		含义
模拟设置	在最后一帧	继续模拟		即使时间线滑块达到最后一帧也继续运行模拟
		停止模拟		当时间线滑块达到最后一帧时停止模拟
		循环动画并且	重置模拟	当时间线滑块达到最后一帧时，重置模拟且动画循环播放到第1帧
			继续模拟	当时间线滑块达到最后一帧时，模拟继续运行，但动画循环播放到第1帧
实用程序	MassFX场景	浏览场景		单击该按钮，打开【场景资源管理器-MassFX资源管理器】对话框，利用该对话框查看模拟内容
		验证场景		单击该按钮，打开【验证PhysX场景】对话框，在该对话框中可以验证各种场景元素是否违反模拟要求
		导出场景		单击该按钮，打开【选择要导出的文件】对话框，在该对话框中可以导出PhysX和APFX文件，以使模拟用于其他程序

(3) 【多对象编辑器】选项卡。

【多对象编辑器】选项卡如图12-6所示，它包括【刚体属性】【物理材质】【物理材质属性】【物理网格】【物理网格参数】【力】和【高级】7个卷展栏。其参数用法如表12-3所示。

表12-3 【多对象编辑器】选项卡中的参数用法

卷展栏	参数	含义
刚体属性	刚体类型	设置刚体的模型类型，包含【动力学】【运动学】和【静态】3种类型
	直到帧	设置【刚体类型】为【动力学】时该选项才可用。若选择该复选项，则MassFX会在指定帧处将选定的运动学刚体转换为动态刚体
	烘焙	将未烘培的选定刚体的模拟运动转换为标准动画关键帧
	使用高速碰撞	若选择该复选项，同时又在【世界参数】选项卡的【刚体】卷展栏中选择【使用高速碰撞】复选项，那么【高速碰撞】设置将应用于选定刚体
	在睡眠模式中启动	若选择该复选项，则选定刚体将使用全局睡眠设置，同时以睡眠模式开始模拟
	与刚体碰撞	若选择该复选项，则选定刚体将与场景中的其他刚体发生碰撞
物理材质	预设	从右侧下拉列表中选择预设的材质类型
	创建预设	基于当前值创建新的物理材质预设
	删除预设	从列表中移除当前预设
物理材质属性	密度	设置刚体的密度
	质量	设置刚体的质量
	静摩擦力	设置两个刚体开始互相滑动的难度系数（静摩擦力大小）
	动摩擦力	设置两个刚体保持互相滑动的难度系数（动摩擦力大小）
	反弹力	设置对象撞击到其他刚体时反弹的轻松程度和高度
物理网格	网格类型	选择刚体物理网格的类型，包含【球体】【长方形】【胶囊】【凸面】【凹面】【原始】和【自定义】7种类型

续表

卷展栏	参数		含义
物理网格参数	该卷展栏中的内容取决于“网格类型”，当用户选择不同的网格类型时，卷展栏中的内容也不同		
力	使用世界重力		若选择该复选项，则刚体将使用全局重力设置；若不选择该复选项，则选定的刚体将使用在此处应用的力，并忽略全局重力设置
	应用的场景力		列出场景中对选定刚体施加影响的力空间扭曲
	添加		将场景中的力空间扭曲应用到模拟中选定的刚体。将空间扭曲添加到场景后，单击此按钮，然后单击视口中的空间扭曲
	移除		可防止应用的空间扭曲影响选择。首先在列表中将其高亮显示，然后单击此按钮
高级	模拟	覆盖解算器迭代次数	若选择该复选项，则将为选定刚体使用在此处指定的解算器迭代次数设置，而不使用全局设置
		启用背面碰撞	仅可用于静态刚体。为凹面静态刚体指定原始图形类型时，选择该复选项，可确保模拟中的动力学对象与其背面碰撞
	接触壳	覆盖全局	若选择该复选项，则 MassFX 将为选定刚体使用在此处指定的碰撞重叠设置，而不是使用全局设置
		接触距离	允许移动刚体重叠的距离。如果此值过大，将导致对象明显地互相穿透；如果此值过小，将导致抖动
		支撑台深度	允许支撑体重叠的距离
	初始运动	绝对/相对	只适用于开始时为运动学类型（通常已设置动画）
		初始速度	刚体在变为动态类型时的起始方向和速度（每秒单位数）
		初始自旋	刚体在变为动态类型时旋转的起始轴和速度（每秒度数）
	质心	从网格计算	根据刚体的几何体自动为该刚体确定适当的重心
		使用轴	将对象的轴用作其重心
		局部偏移	可以设定 x 轴、y 轴和 z 轴距对象轴的距离，以用作重心
	阻尼	线性	为减慢移动对象的速度所施加的力大小
		角度	为减慢旋转对象的旋转速度所施加的力大小

(4)　【显示选项】选项卡。

【显示选项】选项卡如图 12-7 所示，它包括【刚体】和【MassFX 可视化工具】两个卷展栏，其参数用法如表 12-4 所示。

表 12-4　【显示选项】选项卡中的参数用法

卷展栏	参数	含义
刚体	显示物理网格	若选择该复选项，则物理网格显示在视口中，且可以使用【仅选定对象】复选项
	仅选中对象	若选择该复选项，则仅选定对象的物理网格显示在视口中。仅在启用【显示物理网格】复选项时可用
MassFX 可视化工具	启用可视化工具	若选择该复选项，则此卷展栏中的其余设置生效
	缩放	基于视口的指示器（如轴）的相对大小

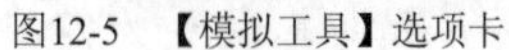
图12-5 【模拟工具】选项卡

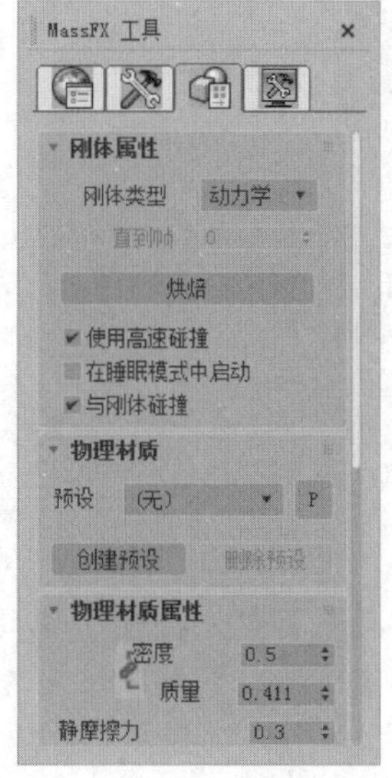

图12-6 【多对象编辑器】选项卡

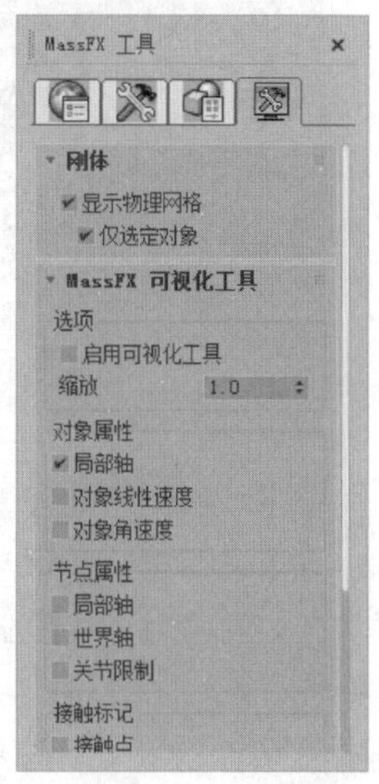

图12-7 【显示选项】选项卡

二、 创建刚体

在 MassFX 工具栏中长按按钮，用户可以使用以下 3 种工具创建刚体，如图 12-8 所示。

(1) 将选定项设置为动力学刚体。

使用该工具可以将未实例化的“MassFX Rigid Body（MassFX 刚体）”修改器应用到选定对象，将刚体类型设置为“动力学”，并为每个对象创建一个凸面物理网格。

“MassFX 刚体”修改器参数分为【刚体属性】【物理材质】【物理图形】【物理网格参数】【力】和【高级】6 个卷展栏，如图 12-9 所示。各选项的用途及参数用法与表 12-3 中的参数用法相近，这里不再赘述。

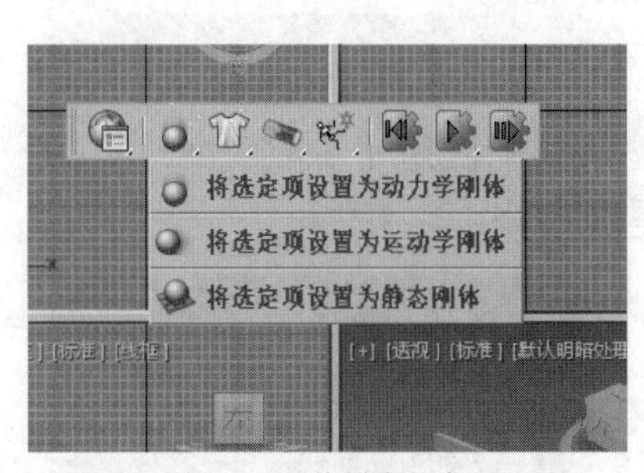

图12-8 刚体创建方法

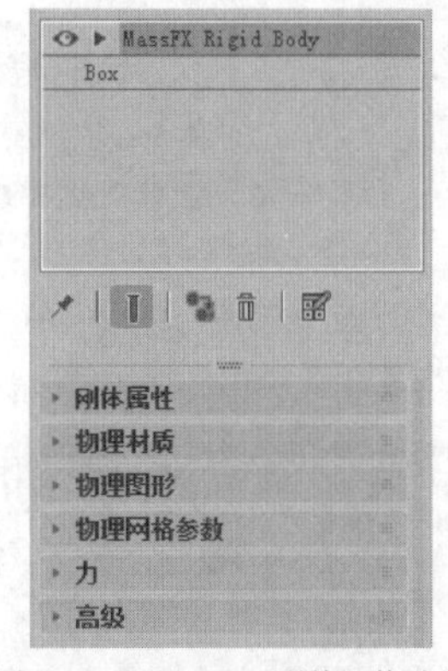

图12-9 “MassFX 刚体”修改器

制作一个刚性小球掉落到地面与地面碰撞后弹起的动画步骤如下。

1. 创建一个小球和一个地面物体，调整小球的位置，使之位于地面正上方，如图 12-10 所示。
2. 在主工具栏的空白处单击鼠标右键，在弹出的快捷菜单中选择【MassFX 工具栏】命令，调出 MassFX 工具栏。选中小球物体，长按按钮如图 12-11 所示将其设置为动力学刚体。

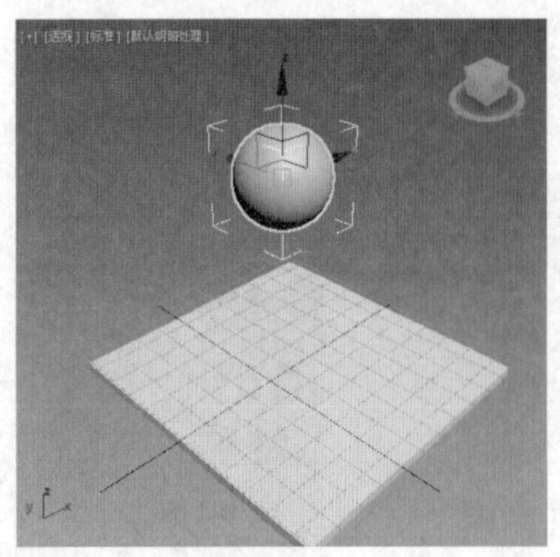

图12-10 创建小球和地面

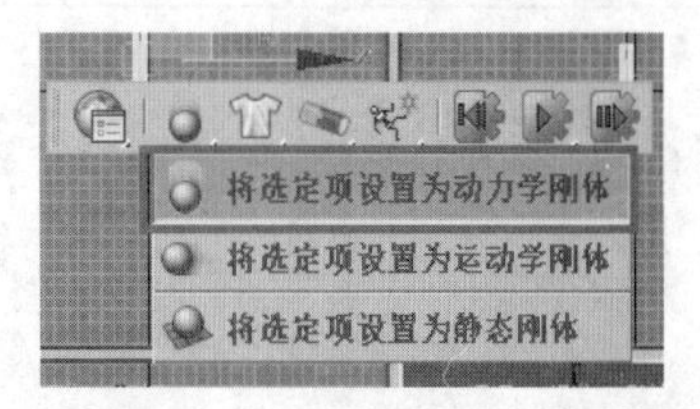

图12-11 将小球设置为动力学刚体

3. 单击按钮打开【MassFX 工具】窗口，接受小球的默认参数设置，切换到【多对象编辑器】( ) 选项卡，将其【反弹力】参数设置为“1.0”，使之碰撞到地面时具有最大反弹效果，如图 12-12 所示。
4. 选中地面物体，长按按钮后选中按钮，按照如图 12-13 所示将其设置为静态刚体，这样在碰撞时地面将不产生运动。

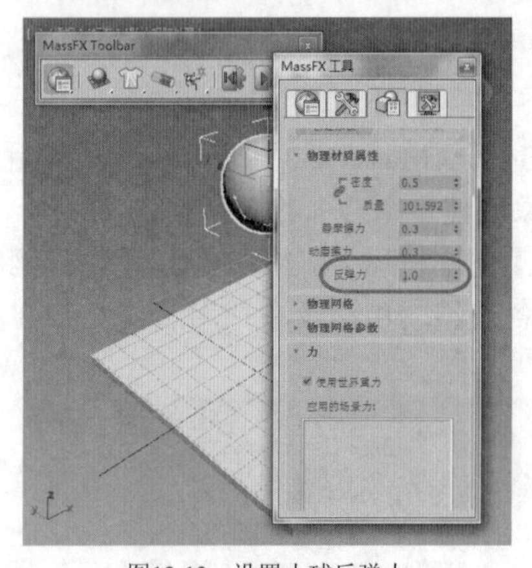

图12-12 设置小球反弹力

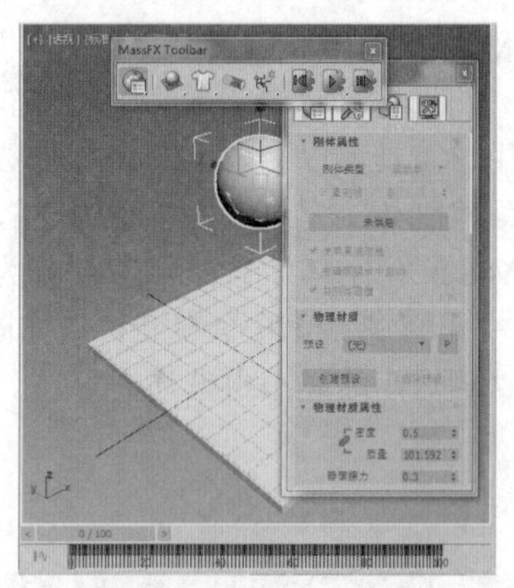

图12-13 将地面设置为静态刚体

5. 选中小球，单击按钮打开【MassFX 工具】窗口，切换到【多对象编辑器】( ) 选项卡，单击 烘焙 按钮生成关键帧动画，如图 12-14 所示。

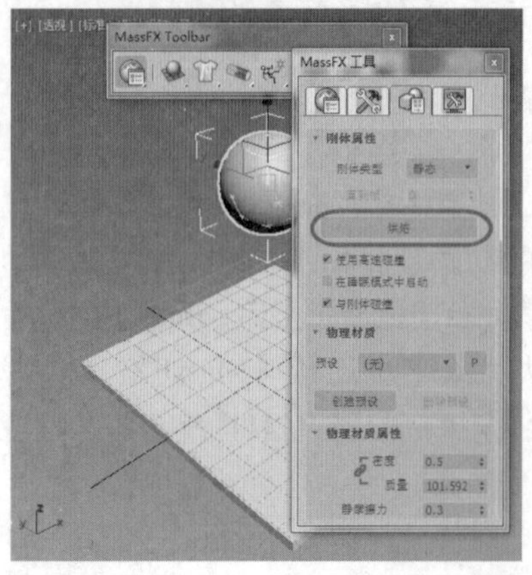

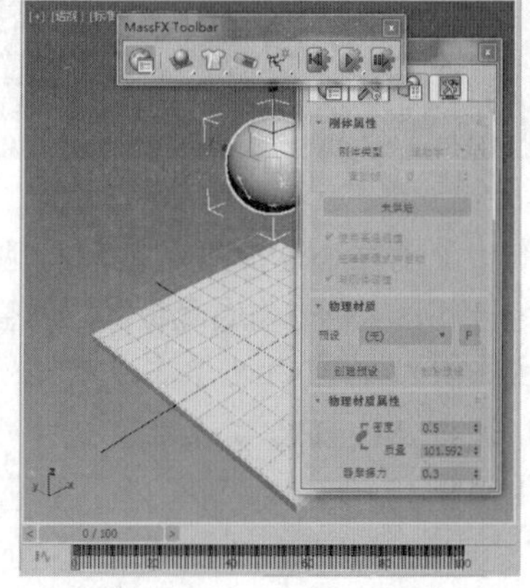

图12-14 生成关键帧动画

6. 单击动画播放按钮▶观看动画，可以看到小球落下后碰到地面多次弹起的效果，如图12-15所示。

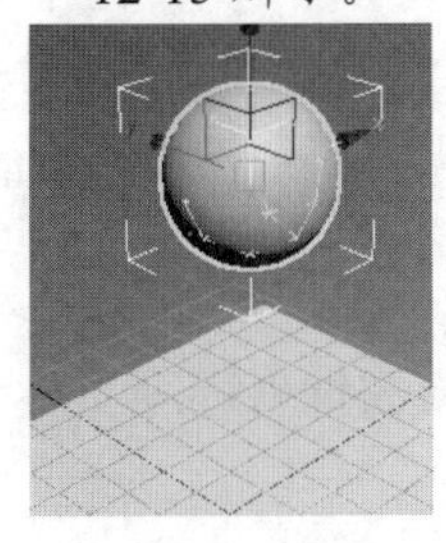
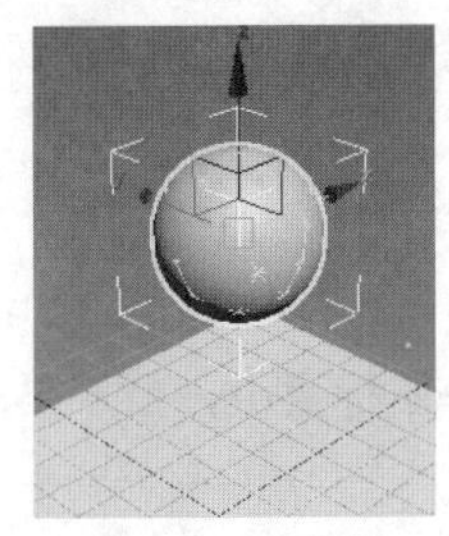

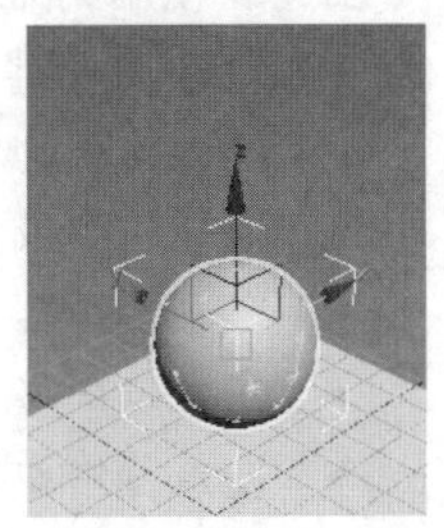

图12-15　设计效果

(2) 将选定项设置为运动学刚体。

使用该工具可以将未实例化的“MassFX 刚体”应用到选定对象，将刚体类型设置为“运动学”，并为每个对象创建一个凸面物理网格。

(3) 将选定项设置为静态刚体。

该工具常用于辅助前两个工具制作刚体动画。

要点提示　刚体的模拟类型中包含“动力学”“运动学”“静态”3种类型，3种类型的区别如下。

① 动力学：动力学刚体与真实世界的物体类似，会因为重力作用而下落，也会产生凹凸形变，并且会被别的对象推动。

② 运动学：运动学刚体相当于按照动画节拍运动的木偶，不会因为重力而坠落。可以推动其他动力学对象，但是不会被其他对象推动。

③ 静态：静态刚体与运动学刚体相似，不同之处在于不能对其进行动画设置。静态刚体在模拟过程中将保持不动。

三、 约束工具

MassFX 中的约束可以限制对象的移动。约束可以将两个刚体链接在一起，也可以将单个刚体固定在全局空间的特定位置。约束组成了一个层级关系，子对象沿着父对象移动或绕父对象旋转。子对象必须是动力学对象，而父对象可以是动力学刚体、运动学刚体或为空（约束到全局空间上）。

(1) 约束的种类。

在【MassFX 工具栏】中长按按钮可以创建6种约束，如图12-16所示。

- 创建刚体约束：约束后，完全限制对象的平移、摆动和扭曲等运动。
- 创建滑块约束：约束后，对象仅可以产生滑动（沿 y 轴移动）。
- 创建转枢约束：约束后，对象仅可以产生转动（绕 x 轴转动范围为100°）。
- 创建扭曲约束：约束后，对象仅可以产生扭曲运动（扭曲范围无限制）。
- 创建通用约束：约束后，对象仅可以产生一定限度的转动（绕 y 轴和 z 轴转动范围均为45°）。
- 创建球和套管约束：约束后，对象仅可以产生空间转动（绕 y 轴和 z 轴转动范围均为80°，扭曲范围无限制）。

(2) 创建约束。

创建约束时，可以选取一个或两个刚体对象。选取一个对象时，该对象为约束子对象。当选择两个刚体对象时，首先选取的是父对象，其次选取的是子对象。如果选取的对象没有

指定为刚体，系统将询问是否将 MassFX 刚体修改器应用于该物体。

创建和使用约束的基本步骤如下。

- 选择要创建约束的辅助对象，在【层次】面板中将对象的轴心位置移动到要进行约束的位置。
- 选择一个或两个要创建约束的对象。
- 在 MassFX 工具栏中选择约束类型。
- 在视口中移动鼠标指针，调整约束对象的图标大小，然后单击鼠标左键确认。
- 进入【修改】面板，调整约束对象参数。
- 进行刚体和约束的模拟。

(3)　约束参数。

每个约束的基本参数都相同，这里以刚体约束为例进行介绍。刚体约束参数面板中包括 5 个卷展栏，如图 12-17 示，具体用法如表 12-5 所示。

图12-16　约束种类

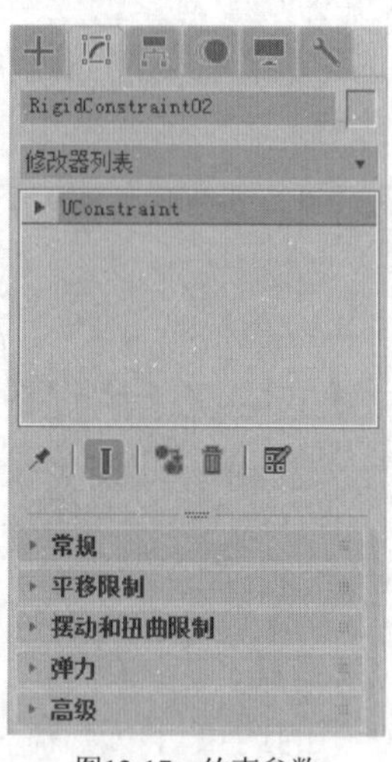

图12-17　约束参数

表 12-5　【刚性】约束参数用法

卷展栏	参数	含义
常规	父对象	将刚体作为约束父对象使用
	将约束放置在父刚体的轴上	设置父对象的轴的约束位置
	切换父/子对象	转换父子关系，之前的父对象变为子对象，之前的子对象变为父对象
	子对象	将刚体作为约束子对象使用
	约束放置在子刚体的轴上	设置子对象的轴的约束位置
	约束行为	使用加速度：受约束刚体的质量不会成为影响行为的因素
		使用力：弹簧和阻尼行为的所有等式都包含质量，可生成物理上更精确的行为
	约束限制	硬限制：子刚体的运动不得超越边界
		软限制：子刚体的运动可以超越边界一定距离

续表

卷展栏	参数	含义
平移限制	X/Y/X	为每个轴选择沿轴约束运动的方式
	锁定	锁定后防止刚体沿此局部轴移动
	受限	允许对象按“限制半径”大小沿此局部轴移动
	自由	刚体沿各自轴的运动不受限制
	限制半径	设置父对象和子对象可以沿受限轴偏移的距离
	反弹	设置碰撞时对象偏离限制而反弹的数量
	弹簧	设置在超限情况下将对象拉回限制点的弹簧强度
	阻尼	设置在平移超出限制时所受的移动阻尼数量
摆动和扭曲限制	摆动 Y/摆动 Z	锁定：防止父对象和子对象围绕约束的各子轴旋转
		受限：允许父对象和子对象围绕轴的中心旋转固定数量的角度
		自由：允许父对象和子对象围绕约束的局部自由度无限制旋转
		角度限制：当摆动设置为“受限”时，设置离开中心时允许旋转的角度
		反弹：当摆动设置为“受限”时，设置碰撞时对象偏离限制而反弹的数量
		弹簧：当摆动设置为“受限”时，设置将对象拉回到限制的弹簧强度
		阻尼：当摆动设置为“受限”且超出限制时，设置对象所受的旋转阻尼数量
	扭曲	锁定：防止父对象和子对象围绕约束的局部 x 轴旋转
		受限：允许父对象和子对象围绕局部 x 轴旋转固定数量的角度
		自由：允许父对象和子对象围绕约束的局部 x 轴无限制旋转
		限制：当扭曲设置为“受限”时，“左”和“右”值是每侧限制的绝对度数
		反弹：当扭曲设置为“受限”时，设置碰撞时对象偏离限制而反弹的数量
		弹簧：当扭曲设置为“受限”时，设置将对象拉回到限制的弹簧强度
		阻尼：当扭曲设置为“受限”且超出限制时，设置对象所受的旋转阻尼数量
弹力	弹性	设置始终将父对象与子对象的平移拉回到初始位置的力量
	阻尼	设置“弹性”不为0时用于限制弹簧力的阻力
高级	父/子碰撞	取消选择该复选项，由某约束所连接的父子刚体将无法进行碰撞
	可断开约束	可断开：选择该复选项时，在模拟阶段可能会破坏此约束
		最大力：如果线性力的大小超过此值，将断开约束
		最大扭矩：如果扭矩的大小超过此值，将断开约束
	投影	无投影：不执行投影操作
		仅线性（较快）：仅投影线性距离
		线性和角度：同时执行线性投影和角度投影
		距离：设置为了投影生效要超过的约束冲突的最小距离

续表

卷展栏	参数	含义
高级	投影	角度：设置必须超过约束冲突的最小角度，这样投影才能生效

12.2　范例解析——制作“打保龄球”效果

本案例将利用 MassFX 刚体工具模拟打保龄球的动画效果，如图 12-18 所示。

图12-18　“打保龄球”效果

1.　添加刚体集合。

(1)　打开制作模板。

①　打开素材文件“第 12 章\素材\打保龄球效果\打保龄球效果.max”，如图 12-19 所示。

②　场景中对所有的对象设置了材质。

③　场景中创建有一架摄像机，用于对保龄球运动的效果进行动画渲染。

④　渲染后的模板场景如图 12-20 所示。

图12-19　打开场景

图12-20　渲染效果

(2)　设置“保龄球”和“球道”刚体属性，如图 12-21 所示。

①　选中“保龄球”对象，在修改器面板中为保龄球添加【MassFX Rigid Body】修改器。

②　在【刚体属性】卷展栏中设置【刚体类型】为【运动学】。

③　选中“球道”对象，在修改器面板中为球道添加【MassFX Rigid Body】修改器。

④　在【刚体属性】卷展栏中设置【刚体类型】为【静态】。

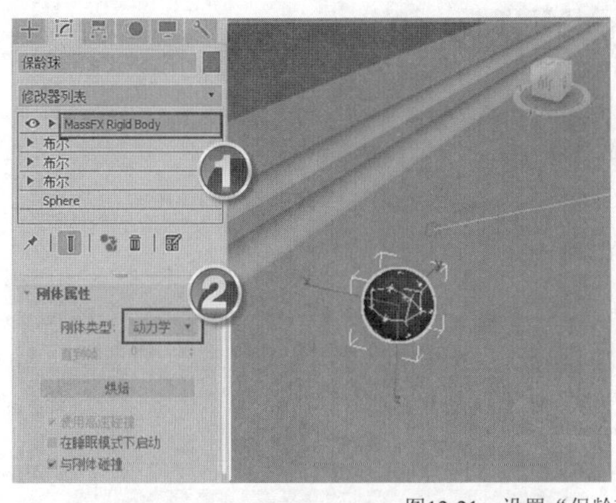

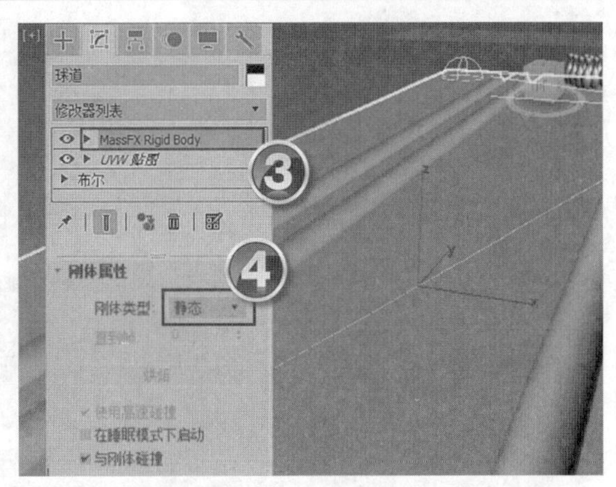

图12-21　设置“保龄球”和“球道”刚体属性

(3)　为所有“木瓶”设置刚体属性，如图 12-22 所示。

①　选中“木瓶 01”至“木瓶 10”对象。

②　在修改器面板中为木瓶添加【MassFX Rigid Body】修改器。

③　在【刚体属性】卷展栏中设置木瓶的【刚体类型】为【运动学】。

④　选中【在睡眠模式下启动】复选项。

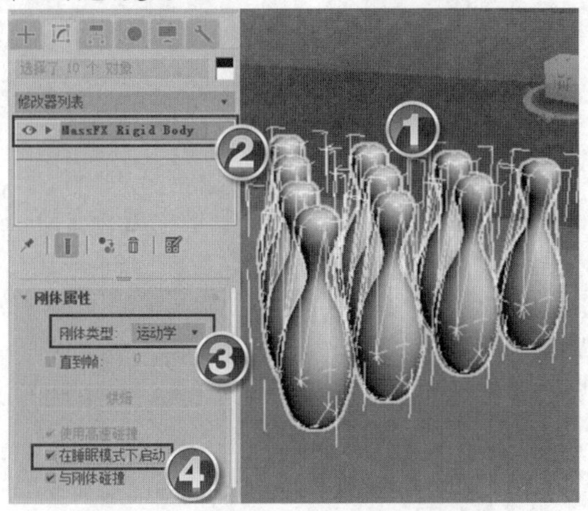

图12-22　为所有“木瓶”设置刚体属性

2.　制作动画效果。

(1)　制作保龄球的运动动画效果，如图 12-23 和图 12-24 所示。

①　选择“保龄球”对象，单击 自动关键点 按钮，启动动画记录模式。

②　移动时间滑块至第 80 帧位置。

③　在顶视图中使用工具，把保龄球沿 y 轴移动到适当位置。

④　移动时间滑块至第 220 帧位置。

⑤　在顶视图中使用工具，把保龄球沿 y 轴移动到木瓶的前方。

⑥　移动时间滑块至第 235 帧位置。

⑦　在顶视图中使用工具，把保龄球沿 y 轴移动到木瓶的后方。

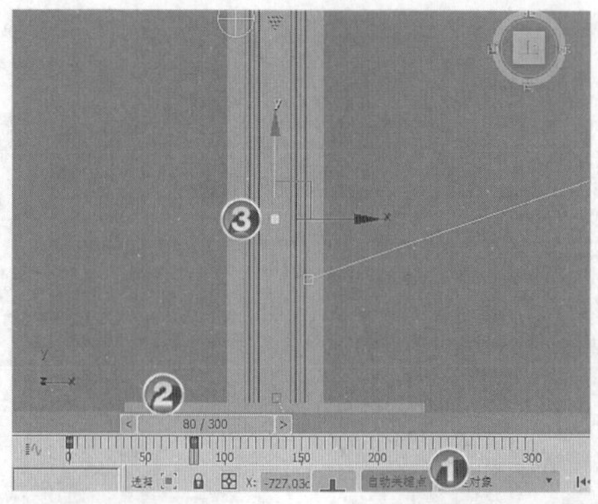

图12-23　制作保龄球的运动动画效果 1

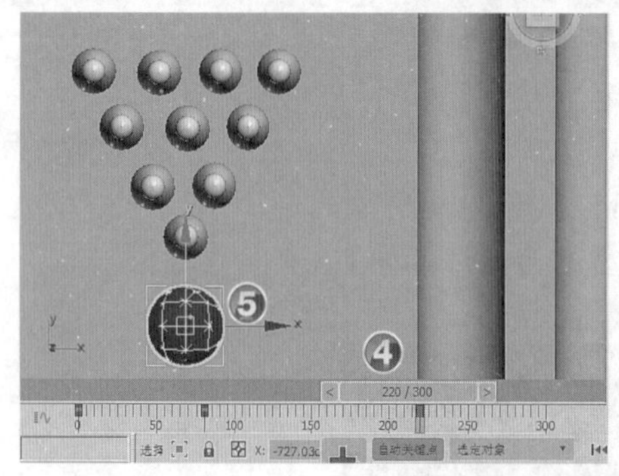

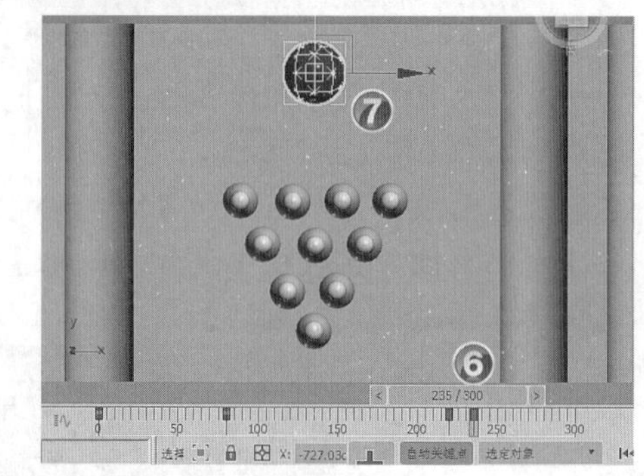

图12-24　制作保龄球的运动动画效果 2

(2) 制作打保龄球的动画效果，如图 12-25 所示。

① 在工具栏空白处单击鼠标右键，在弹出的快捷菜单中选择【MassFX 工具栏】命令，打开 MassFX 工具栏，单击按钮。

② 在打开的【MassFX 工具】窗口中单击按钮。

③ 单击按钮，开始模拟动画。

④ 再次单击按钮结束模拟，然后选择各个木瓶，在【刚体属性】卷展栏中单击 烘焙 按钮，生成关键帧动画。

(3) 渲染动画，得到如图 12-18 所示的效果。

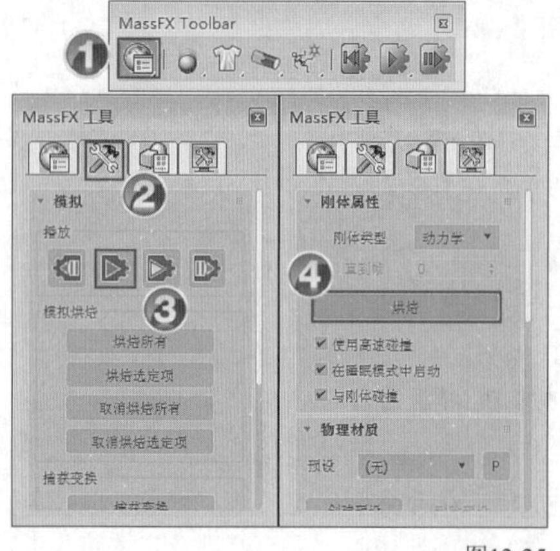

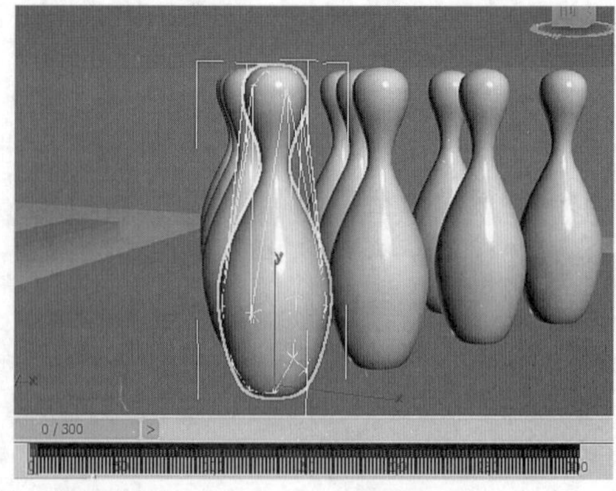

图12-25　制作打保龄球的动画效果

12.3 提高训练——制作“飘扬的旗帜”效果

本案例将使用 3ds Max 里的 mCloth 布料，配合 Mass FX 的静态刚体，制作一个旗帜飘扬的小案例，效果如图 12-26 所示。

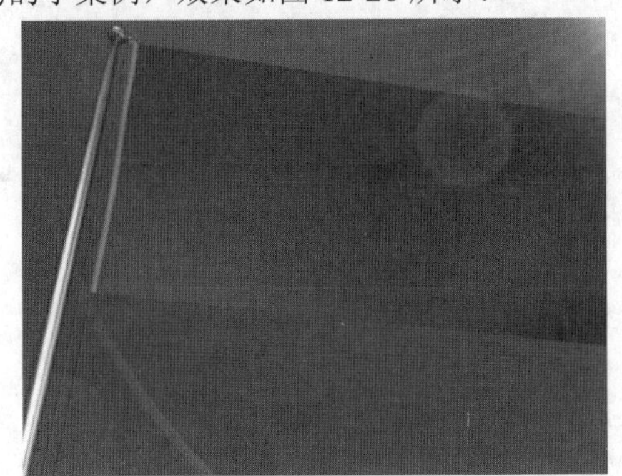
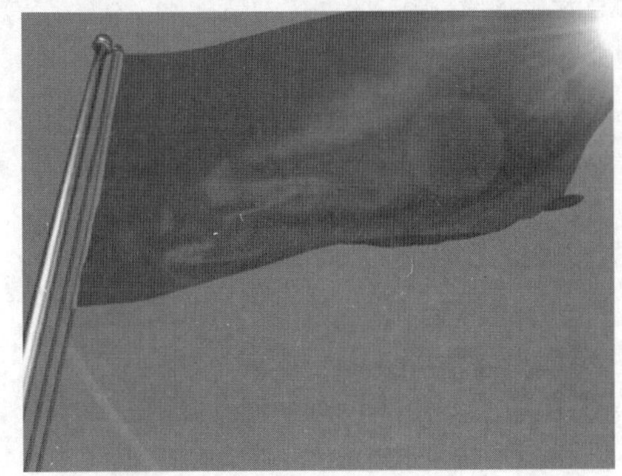

图12-26 “飘扬的旗帜”效果

1. 打开模板。

   按 Ctrl+O 组合键打开素材文件“第 12 章\素材\旗帜\素材.max”。

2. 创建布料与刚体。

(1) 设置布料，如图 12-27 至图 12-32 所示。

① 在工具栏的空白处单击鼠标右键，在弹出的快捷菜单中选择【Mass FX 工具】命令，打开 Mass FX 工具栏。

② 选择场景中的旗帜，长按 Mass FX 工具栏中的按钮，选择【将选定对象设置为 mCloth 对象】命令，即可直接将矩形线框设置为布料，如图 12-27 所示。

③ 在属性编辑器中展开【mCloth】选项，选中【顶点】。

④ 在工具栏中长按按钮。

⑤ 在展开的选项中单击按钮开启涂抹工具，如图 12-28 所示。

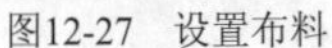

图12-27 设置布料

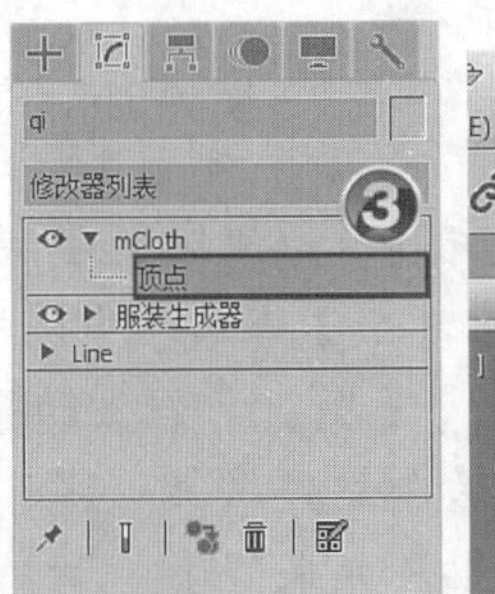

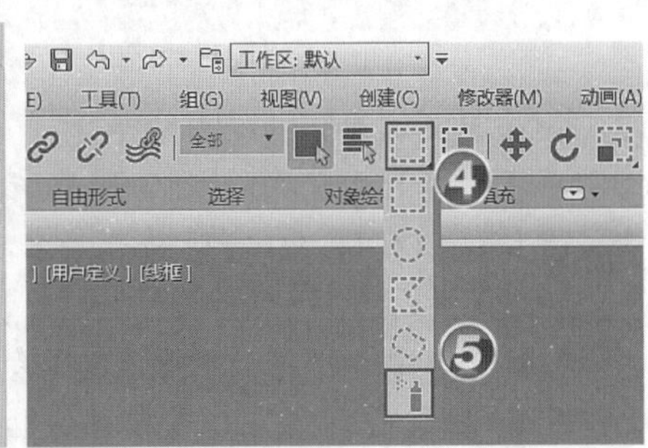

图12-28 打开涂抹工具

⑥ 打开涂抹选择工具，在场景中将旗帜与旗杆交叉位置的顶点全部选中，如图 12-29 所示。

⑦ 单击属性编辑面板【组】卷展栏下的 设定组 按钮，打开【设定组】对话框，将选中的顶点设置成一个组。

⑧ 单击 确定 按钮完成设置，如图 12-30 所示。

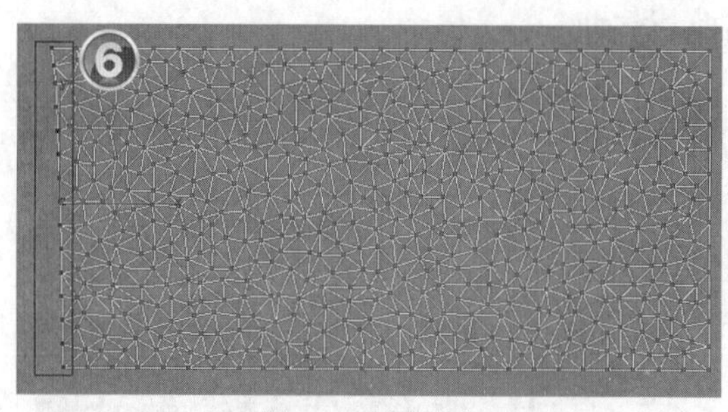

图12-29　选取顶点

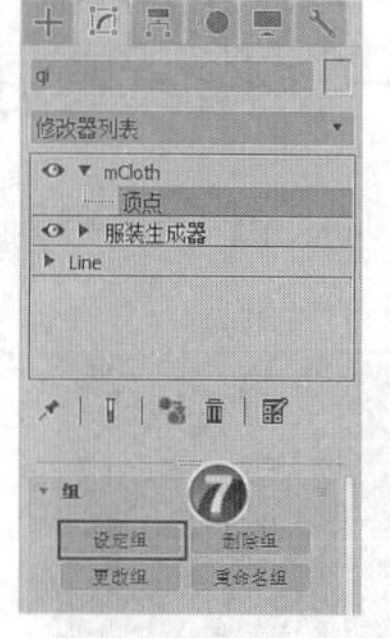

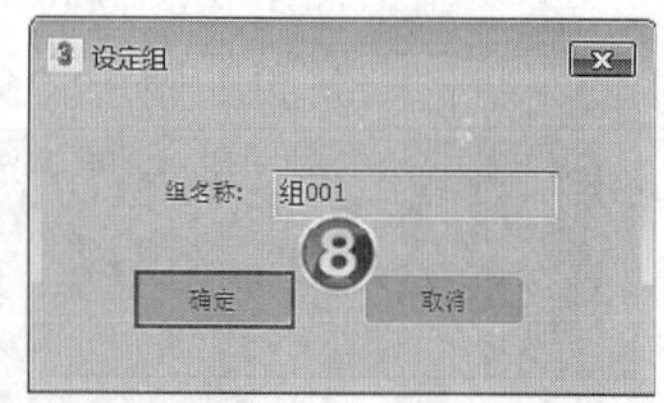

图12-30　设定组

⑨ 选择【组 001】。

⑩ 单击【约束】分组框中的 枢轴 按钮，将其固定在当前的空间位置。

⑪ 选中【mCloth】修改器。

⑫ 在【在纺织品物理特性】卷展栏中将【密度】设置为“1”、【弯曲度】设置为“1”，如图 12-31 所示。

⑬ 选中场景中的旗杆，长按 MassFX 工具栏中的按钮，在展开的选项中选择【将选定项设置为静态刚体】命令，将旗杆设置为静态刚体，如图 12-32 所示。

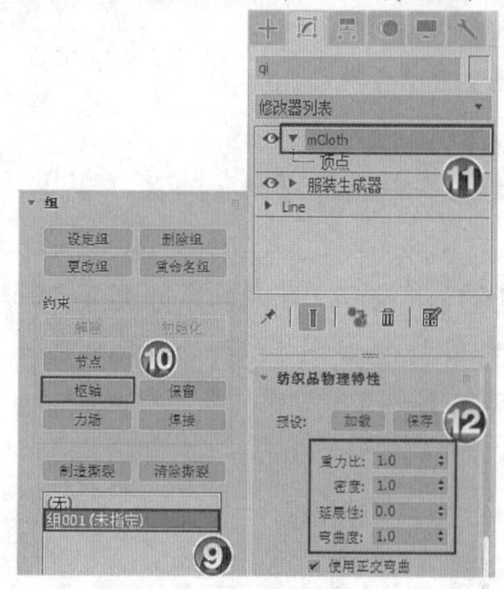

图12-31　调节布料参数

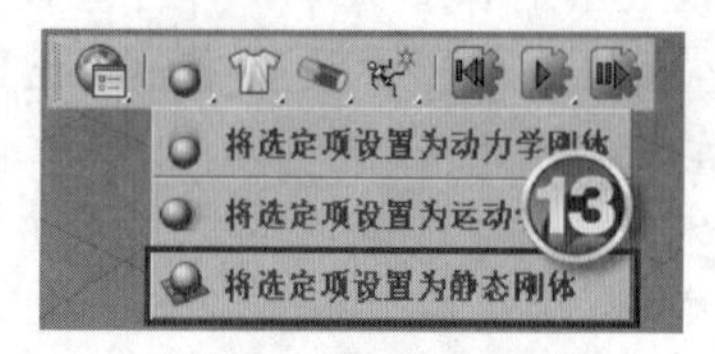

图12-32　设置静态刚体

(2) 材质设置，如图 12-33 所示。

① 单击工具栏中的按钮，打开【材质编辑器】窗口，选择默认材质的第 3 个材质球指定给旗帜模型，在【明暗器基本参数】卷展栏中选择【Oren-Nayar-Blinn】选项。

② 为漫反射指定一个位图。单击【漫反射】右侧的按钮，在弹出的【材质/贴图浏览器】窗口中选择【位图】，选择素材文件“第 12 章\素材\旗帜\5”作为旗帜的贴图。按下 F9 键，进行渲染查看布料的贴图效果。

③ 在【反射高光】分组框中将【高光级别】和【光泽度】都调高一些。

3. 制作风力。

(1) 创建风力，如图 12-34 和图 12-35 所示。

① 在【创建】编辑器中单击按钮。

② 在对象下拉列表中选取【力】选项。

③ 在工具面板中单击 风 按钮。

④ 在顶视图中创建【风】，使用移动工具调整其位置，然后使用旋转工具在前视图中将其旋转一下，让风力角度倾斜向上。

⑤ 进入风力的修改面板修改【力】参数，在【参数】卷展栏中将【强度】设置为“200”。

⑥ 修改【风力】参数，将【湍流】设置为“0.3”、【频率】设置为“0.15”。

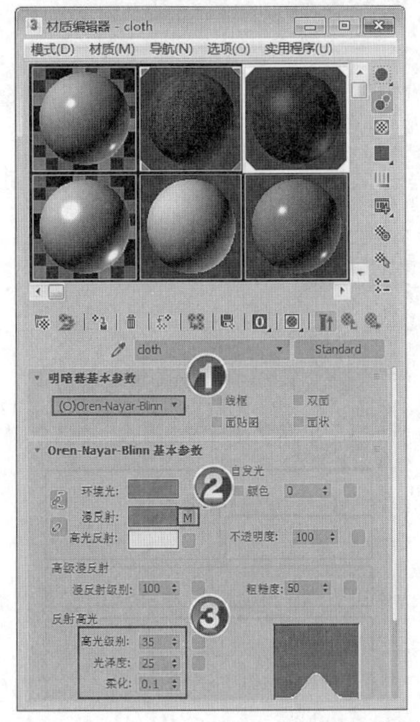

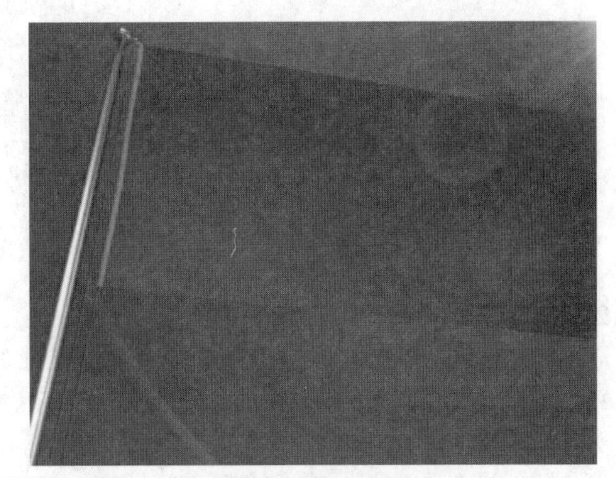

图12-33 设置旗面材质和贴图

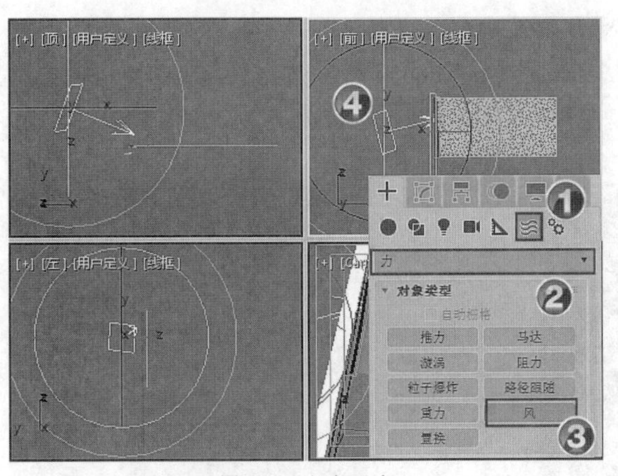

图12-34 添加风力

图12-35 设置风力参数

(2) 将风力添加给布料，如图 12-36 所示。

在场景中选择布料，在属性编辑器中单击【力】卷展栏中的 添加 按钮，然后在场景中选择风力，将其添加进来。

4. 风力动画的制作。

(1) 修改时间配置。

在界面右下角单击（时间配置）按钮，将动画时间设置为从 10~100 帧的一个时间段，如图 12-37 所示。

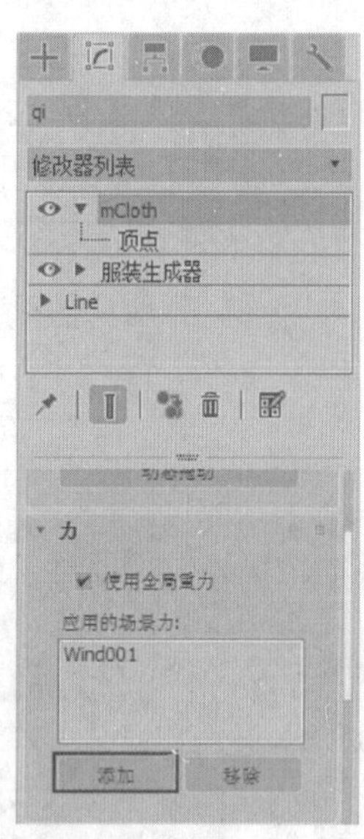

图12-36　添加风力

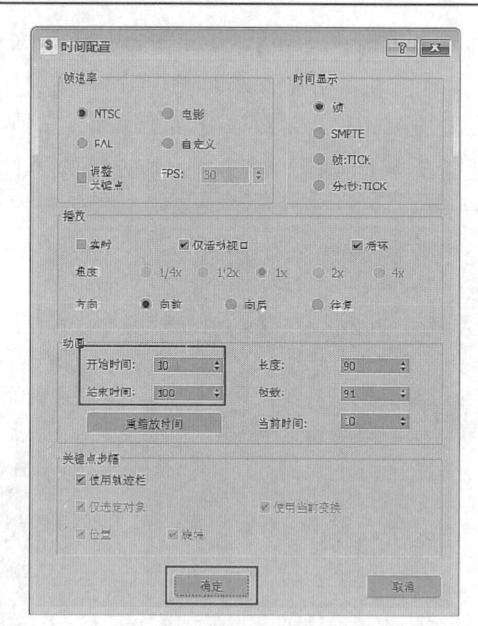

图12-37　【时间配置】对话框

(2)　修改风力变化。

①　单击 自动关键点 按钮打开自动捕捉关键帧，在第 0 帧时将风力强度设置为“500”。

②　在第 50 帧时，将风力强度设为“2000”。

③　在第 100 帧时，将风力强度设置为“500”。

④　完成设置后，风力强度的变化即被自动记录下来，最后关闭自动关键点。

(3)　捕捉旗帜初始状态。

①　在 Mass FX 工具组栏中单击按钮，对风力效果进行预览。

②　由于旗帜的初始状态不可能是一个方块，所以需要设置旗帜飘动的初始状态。播放到比较自然的一帧后暂停，然后在属性编辑器中单击 捕捉初始状态 按钮，再回到第 1 帧，此时场景中的状态即为旗帜的初始状态，如图 12-38 所示。

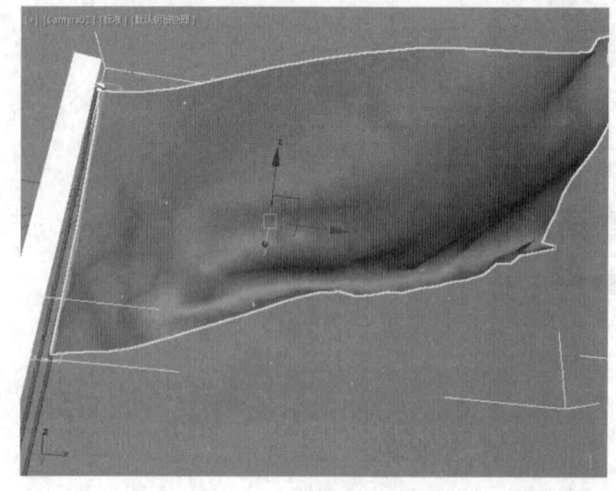

图12-38　捕捉旗帜初始状态

(4)　后期模型处理，如图 12-39 所示。

①　在 MassFX 工具栏中单击按钮，打开【MassFX 工具】窗口。

②　因为场景中地面较低，所以取消对【使用地面碰撞】复选项的选择。

③ 单击按钮切换到【模拟工具】选项卡。

④ 在【模拟烘焙】分组框中单击 烘焙选定项 按钮。

⑤ 为布料制作平滑效果。选择布料，在【修改器列表】中选择【涡轮平滑】修改器。

⑥ 设置【迭代次数】为“1”。

⑦ 在【修改器列表】中选择【壳】修改器，为布料制作壳。

⑧ 在【参数】卷展栏中将【外部量】设为“0.05”，使布料有一定的厚度。

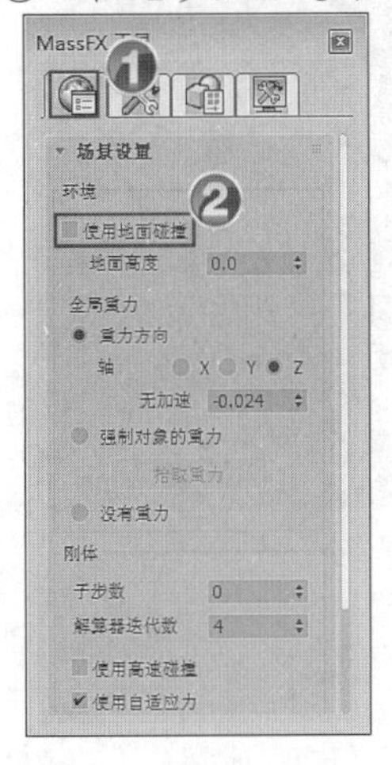

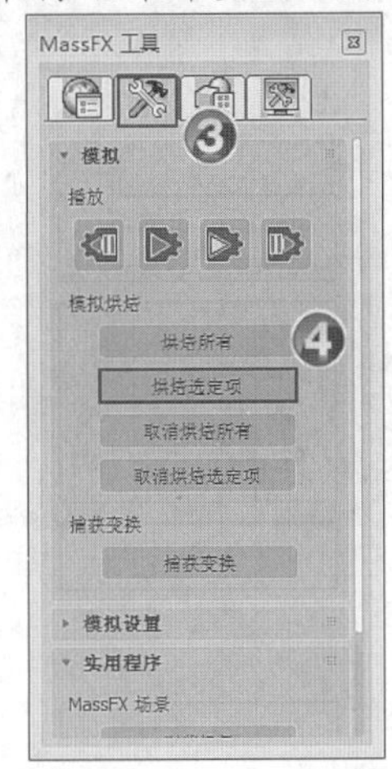

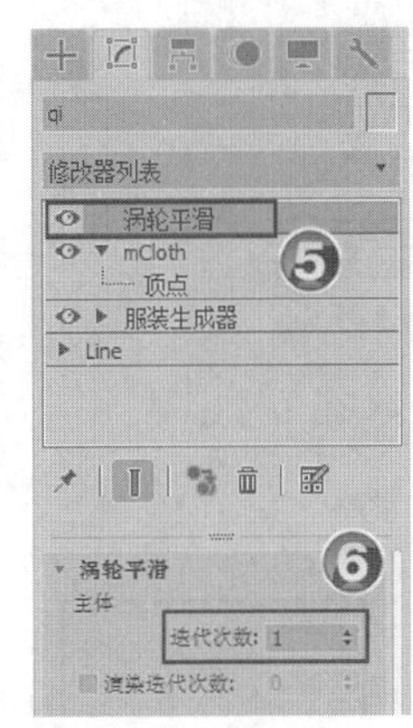

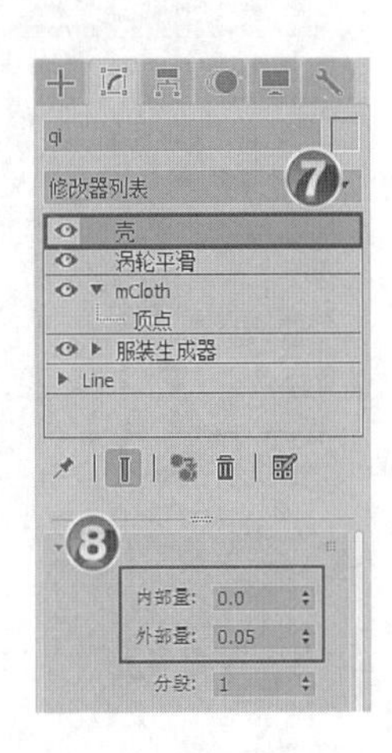

图12-39　后期模型处理

5. 渲染输出。

(1) 在【材质编辑器】的【输出】卷展栏中将【输出量】设置为“1.5”、【RGB 级别】设置为“1.5”，使输出的图片效果更加鲜艳，如图 12-40 所示。

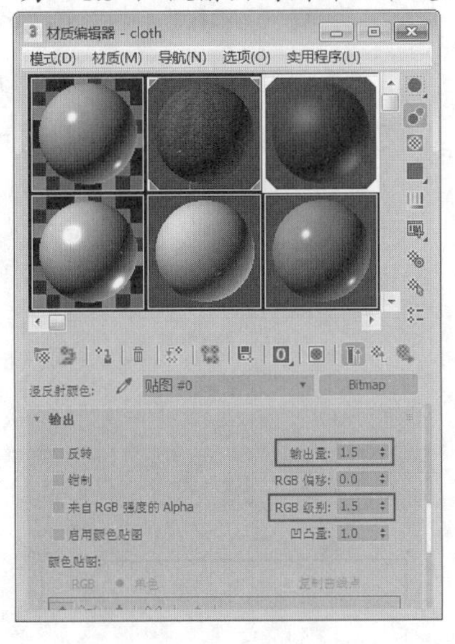

图12-40　设置旗帜效果

(2) 在【明暗器基本参数】卷展栏中选择【双面】复选项，在【Oren-Nayar-Blinn 基本参数】卷展栏中将【自发光】的【颜色】设置为“30”，如图 12-41 所示。最终渲染效果如图 12-42 所示。

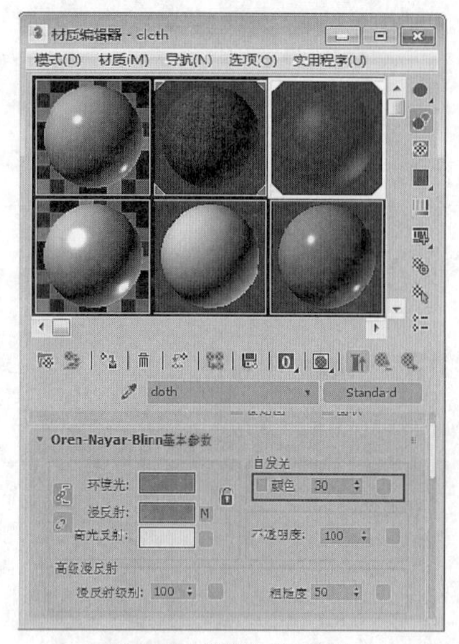

图12-41　设置自发光参数

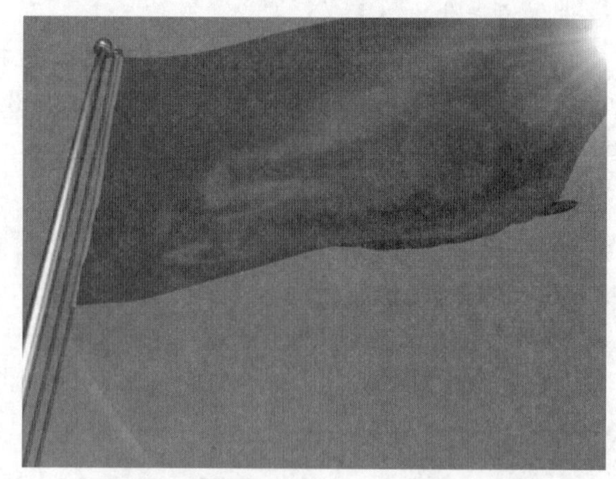

图12-42　最终渲染效果

12.4　习题

1. 刚体有什么特点？
2. MassFX 工具的主要用途是什么？
3. 动力学刚体与运动学刚体有什么区别？
4. 运动学刚体和静态刚体有什么区别？
5. MassFX 中可以创建哪些约束，都有什么用途？

第13章　角色动画系统

【学习目标】

- 了解 Character Studio 的用途。
- 熟悉 Biped（两足动物）骨骼模块的用法。
- 理解蒙皮的含义及基本原理。
- 明确制作角色动画的一般流程。

使用 3ds Max 2020 的角色动画系统可以为角色模型创建骨骼对象、设置蒙皮和编辑动画效果，还可以为大型动画场景制作“群集”动画。使用这些功能可以方便、快捷地制作出生动逼真的角色动画效果。

13.1　基础知识

3ds Max 包括两套完整而独立的角色动画系统：Character Studio（简称 CS）和 Character Animation Toolkit（简称 CAT）。前者主要用于制作两足动物或人物角色的动画，后者可以用于制作其他多足动物的角色动画。

一、 Character Studio 简介

Character Studio 专门用于创建骨骼和设定运动的动作，借助自身的蒙皮工具可以轻松实现蒙皮操作。Character Studio 主要包括三大功能模块。

(1)　Biped（两足动物）骨骼模块。

Biped（两足动物）骨骼模块主要用于创建骨骼并制作动画效果。骨骼的创建、骨骼的设置、骨骼的编辑、足迹的创建、足迹动画的设置以及动画文件的导入等操作，都在这个工具中完成。

使用 Biped（两足动物）骨骼模块中的关键点动画工具，可以轻松地控制骨骼的每一个关节，并对其进行细致调节，从而获得理想的动作形态。

(2)　Physique 模块。

Physique 模块主要用于将骨骼与网格模型进行关联，从而达到通过驱动骨骼来控制网格变形的目的，这一操作就是“蒙皮”。只有通过 Physique 模块实现蒙皮操作后，对骨骼动画所做的设置才具有实际意义，才能使得最终展示出来的效果不再是纯粹的骨骼动作，而是鲜活的角色动画。

(3)　群组动画模块。

群组动画模块是一个制作群体动画的工具。在动画制作中，对单个骨骼动画的调节比较简便，但在制作大型动画场景时，如果逐个调节场景中的每个对象并不现实，因为这不但工作量繁重，而且效果不佳。使用群组动画模块可以添加各种行为来实现大规模的生物群集效果。

二、 使用 Biped 骨骼工具

Character Studio 为动画师提供了三维角色动画专用工具，能够快速而轻松地建造骨骼和运动序列，用具有动画效果的骨骼来驱动 3ds Max 中的几何模型，进而制作虚拟角色。

(1) 创建 Biped。

在【创建】面板的【系统】子面板中单击 Biped 按钮，如图 13-1 所示，在任意一个视图中拖曳鼠标光标，视图中就会出现一个骨骼。如果是在透视图或摄影机视图中，用鼠标光标在参考网格上拖动，创建出的 Biped 就会自动站在网格平面上，如图 13-2 所示。

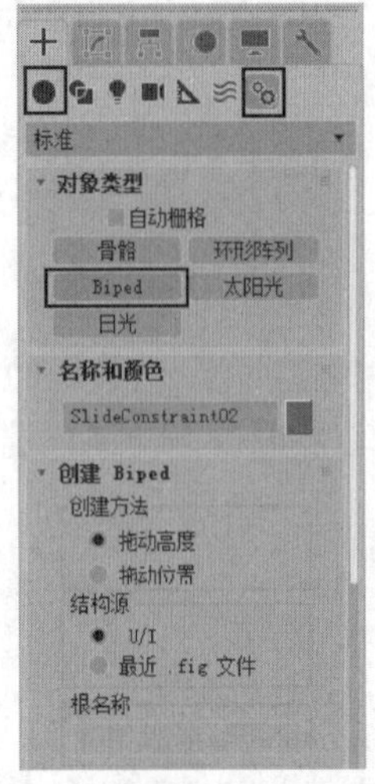

图13-1 Biped 设计工具

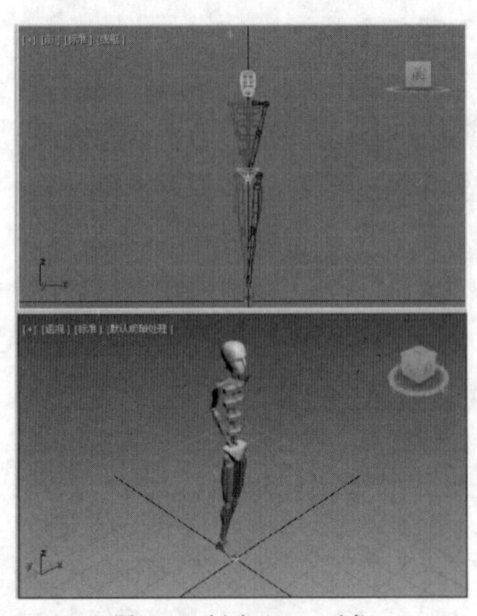

图13-2 创建 Biped 对象

Biped 骨骼非常灵活，用户可以使用移动、旋转和绽放等工具编辑出各种动物的骨骼结构，如图 13-3 所示。

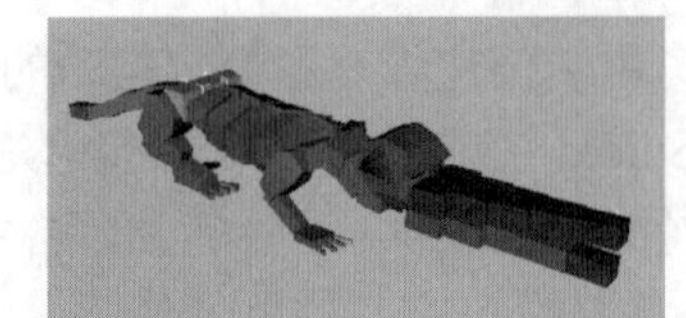

图13-3 非人类结构

(2) Biped 的运动参数。

任意选取一根骨骼，然后切换到【运动】面板，在用户界面中可以设置【Biped】参数，如图 13-4 所示。该面板主要包含（体形模式）、（足迹模式）（运动流模式）和（混合器模式）4 个典型模式。不同模式下具有不同的参数卷展栏。

【Biped】参数中的工具主要用于控制 Biped 对象的不同工作模式、保存 Biped 专用的信息文件，详细功能如表 13-1 所示。

表 13-1　【Biped】卷展栏中的选项及其功能

选项	功能
体形模式	在该模式下可以调整 Biped 对象的结构和形状。另外，给网格物体添加蒙皮后，按下该按钮，Biped 对象会临时关闭动画，恢复到原始状态，并允许用户对它的形状进行修改以适配网格对象
足迹模式	该模式用于创建和编辑足迹，当其被激活后，在【运动】面板上会多出【足迹创建】和【足迹操作】两个附加的卷展栏

续表

选项	功能
运动流模式	使用该模式可以进行运动脚本的编辑修改，也可以进行多个动作的链接、动作间的过渡等操作，还可以对运动捕捉的动作进行剪辑操作。激活该按钮会多出一个【运动流】卷展栏
混合器模式	激活该模式会让所有用混合器编辑的运动流临时生效，并多出一个【混合器】卷展栏
Biped 播放	实时播放场景中所有 Biped 对象的动画，当按下该按钮时，Biped 对象以线条形式显示，并且场景中其他对象都是不可见的
加载文件	由于 Biped 对象的工作模式不同，打开文件的格式也不一样。在体形模式下打开“.fig”格式的文件，在足迹模式下打开“.bip”或“.stp”格式的文件
保存文件	单击该按钮，会弹出【另存为】对话框。可以将文件保存成“.flg”“.bip”和“.stp”格式
转化	将足迹动画转化成自由形式的动画，这种转换是双向的。根据相关的方向，显示【转换为自由形式】对话框或【转换为足迹】对话框
移动所有模式	该按钮被激活时，会自动选择质心，并弹出一个偏移设置对话框，在该对话框中设置参数可以使两足动物与其相关的非活动动画一起移动和旋转，其中的 塌陷 按钮是把当前的位移或旋转值恢复到 0，再操作时会以当前位置为起始点

① （体形模式）。

在【Biped】卷展栏中按下（体形模式）按钮，弹出【体形模式】参数面板，利用该面板可以对创建好的骨骼进行参数设置，如图 13-5 所示。

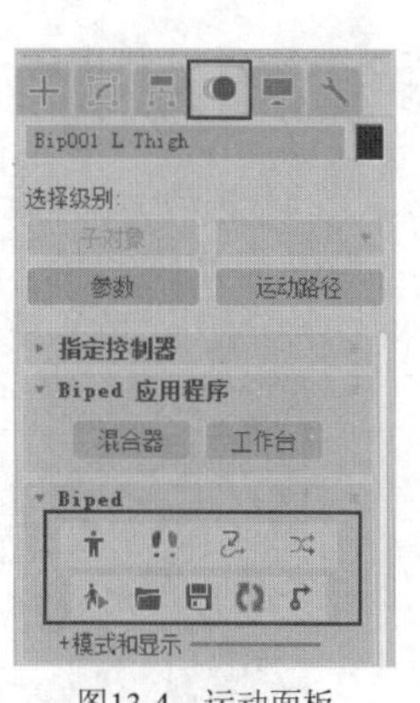

图13-4 运动面板

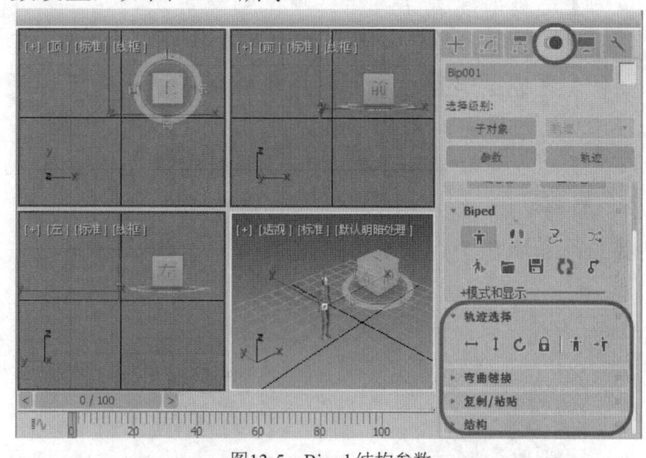

图13-5 Biped 结构参数

（体形模式）下的命令主要用于更改两足动物的骨骼结构，其参数面板中包括 4 个卷展栏。

- 【轨迹选择】卷展栏：可以对对象进行移动和旋转等操作，还可以对肢体进行对称和相反旋转操作。
- 【弯曲链接】卷展栏：用来控制脊椎、颈部或尾巴等部位的弯曲效果。
- 【复制/粘贴】卷展栏：可以对对象某个部位的“姿态”和“轨迹”等进行复制操作，然后将其粘贴到另一对象的相应部位。
- 【结构】卷展栏：用来详细设计对象的详细构成。

以上各卷展栏的详细参数如图 13-6 所示。

【轨迹选择】卷展栏

【弯曲链接】卷展栏

【复制/粘贴】卷展栏

【结构】卷展栏

图13-6　参数卷展栏

② （足迹模式）。

按下按钮进入足迹模式，利用该模式可以生成“行走”“跑动”及“跳跃”等动作。其参数面板中包括 3 个参数卷展栏。

- 【足迹创建】卷展栏：用来创建足迹，指定行走、跑动和跳跃的足迹模式，还可以编辑足迹位置。其中各工具的用途如表 13-2 所示。
- 【足迹操作】卷展栏：用来激活或禁用足迹，还可以调整足迹路径。其中各工具的用途如表 13-3 所示。
- 【动力学和调整】卷展栏：用来指定 Biped 动画创建的方式，设置动力学属性等。

以上各卷展栏的详细参数如图 13-7 所示。

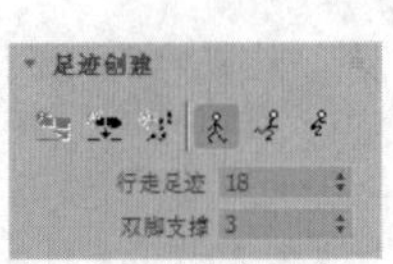

【足迹创建】卷展栏

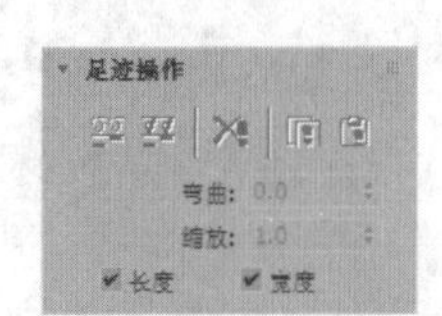

【足迹操作】卷展栏

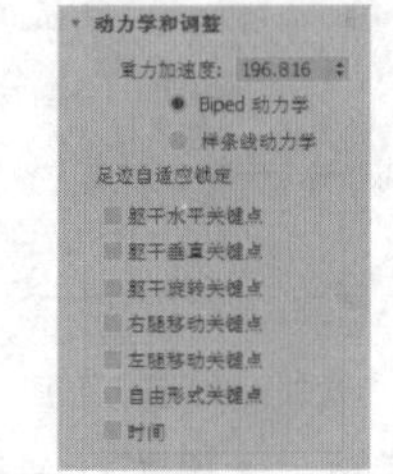

【动力学和调整】卷展栏

图13-7　参数卷展栏

表 13-2　【足迹创建】卷展栏中的选项及其功能

选项	功能
创建足迹（附加）	如果 Biped 对象已经存在足迹动画，单击该按钮可以继续添加足迹
创建足迹...（在当前帧上）	在当前帧上创建足迹
创建多个足迹	单击该按钮后会弹出【创建多个足迹】对话框，在这里可以设置足迹的数量，步幅的宽度、长度，行走的速度等
行走、跑动、跳跃	这 3 种足迹状态用来确定新创建足迹的形式。下面有两个选项，当足迹状态不同时，显示的选项也不一样

在 （行走）模式下有【行走足迹】和【双脚支撑】两个选项。【行走足迹】选项是指在一个行走周期中，一个足迹到另一个足迹之间在地面上停留的帧数，【双脚支撑】选项是指在一个行走周期中两脚同时在地面上停留的帧数。

表 13-3　【足迹操作】卷展栏中的选项及其功能

选项	功能
为非活动足迹创建关键点	当使用【足迹创建】卷展栏中的工具创建好足迹后，单击该按钮，Biped 对象即会与足迹相关联，使足迹有效，这时播放动画，Biped 对象就会沿着足迹活动
取消激活足迹	对选择的足迹解除运算，让足迹不再与 Biped 对象关联
删除足迹	删除所选择的足迹，也可以使用 Delete 键直接删除
复制足迹	将选择的足迹和 Biped 对象的关键帧复制到足迹的缓冲区。注意，只能复制连续的足迹，如果足迹还没有被运算，则该按钮呈灰色，不能使用
粘贴足迹	把足迹缓冲区中的足迹粘贴到场景中。注意，要对粘贴后的足迹稍做移动才可以使用
弯曲	弯曲足迹的走向。只有选择多个足迹时才可以使用该选项。值为正时，足迹顺时针弯曲；值为负时，足迹逆时针弯曲
缩放	对选择的足迹进行重新缩放处理。值为正时，足迹与足迹之间的距离加大；值为负时，足迹与足迹之间的距离缩小

三、 Physique 修改器

为角色创建好骨骼后，需要将角色模型与骨骼绑定到一起，让骨骼带动角色的形体发生变化，这个过程成为“蒙皮”。3ds Max 2020 提供了两个蒙皮修改器，即蒙皮修改器和 Physique 修改器。

在 Character Studio 中，Physique 是应用到蒙皮上的修改器，可以将蒙皮对象附加到骨骼上。网格模型被蒙皮后，可以操作骨骼让模型具有一些漂亮的姿势，从而模拟现实中的一些动作，这为制作角色动画带来了极大的方便。图 13-8 所示演示了不同骨骼的网格。

图13-8　不同骨骼的网格

蒙皮对象是指可以基于顶点结构的对象，例如网格对象、面片对象、图形对象及 NURBS 对象等。为蒙皮对象指定 Physique 修改器并调试蒙皮效果后，Physique（蒙皮）修改器可以根据骨骼的移动使蒙皮对象变形，使角色的动作更加真实协调。

在进行蒙皮操作前需要一个网格物体和一个骨骼，然后将两者关联起来，如图 13-9 和图 13-10 所示。

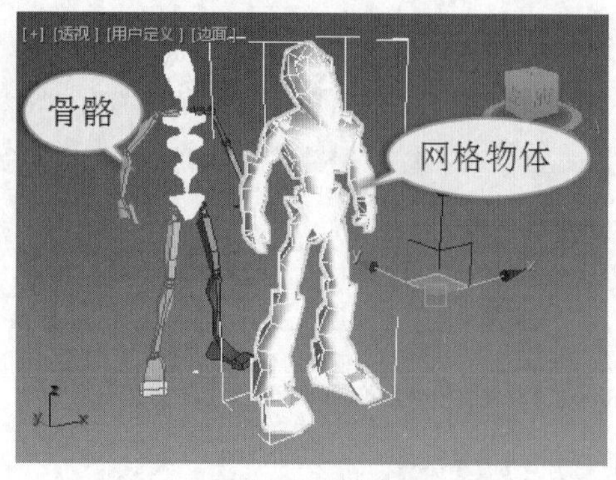

图13-9　蒙皮前

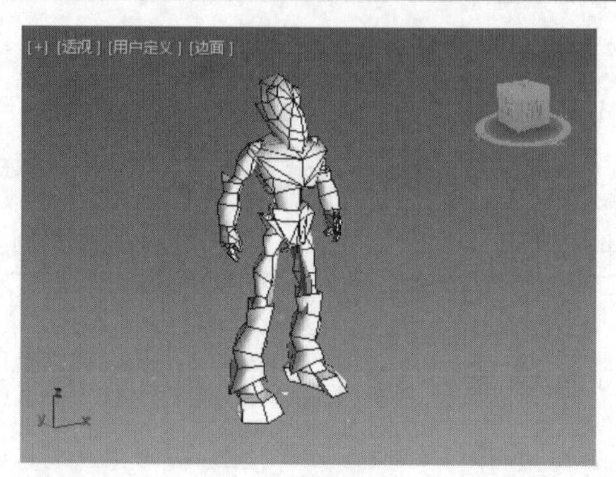

图13-10　蒙皮后

选取蒙皮对象后，在【修改器】面板下选择【Physique】修改器。该修改器下共有 5 个子对象层级，如图 13-11 所示，每个层级下的参数各不相同。

(1)　【封套】子对象。

每个骨骼链接都有一个封套，封套的形状决定了骨骼移动时会影响到蒙皮对象上哪些顶点。每个封套都有一个边界内部和一个边界外部，封套对于处于内外边界之外的顶点将不发生作用。在内部边界和外部边界还设置了衰减，内部边界中封套对顶点的影响最强烈，外部边界对顶点的影响随着衰减值的设置逐渐减弱。

蒙皮时，用封套表示骨骼对皮肤的牵引力范围及其大小（用权重表示），其颜色从红色到紫色逐渐减弱，封套在模型上显示为两个圈（分别表示边界内部和边界外部），如图 13-12 所示。还可以分别对每个顶点进行权重设置以控制骨骼对顶点的影响力。

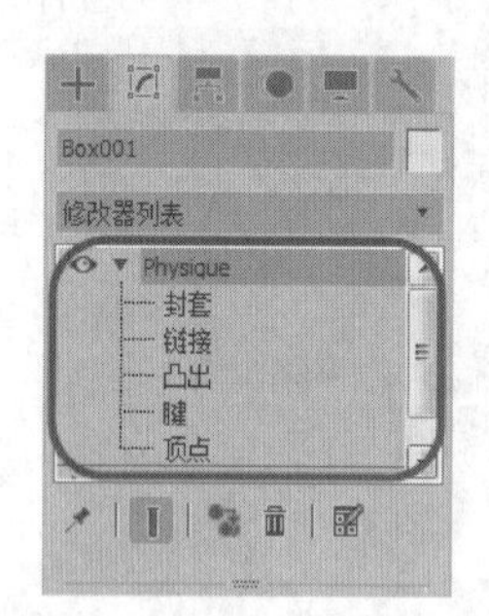

图13-11　Physique 修改器参数

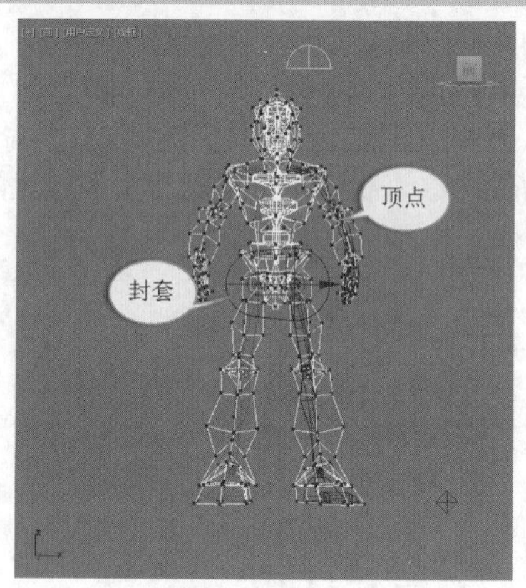

图13-12　封套与顶点

(2)　【链接】子对象。

其下的参数主要用于设置关节周围的变形。默认情况下，当关节处于骨骼弯曲或旋转状态时，Physique 修改器会统一变形关节两侧网格对象的顶点。而这种均匀的变形并不符合实际，这时可以使用【链接】子对象下的工具来更改这些默认设置。

(3)　【凸出】子对象。

在编辑封套子对象以提高模型变形质量后，可以在旋转角色的关节时创建各种凸出效果以模拟肌肉的收缩和舒张，使之更加逼真。

(4) 【腱】子对象。

封套具有平滑皮肤变形的作用，而【腱】子对象可以在此基础上产生额外的拉伸效果，与实际人体肌腱的用途相似。

(5) 【顶点】子对象。

其下的命令主要使用封套来修改两足动物移动时蒙皮的行为方式。例如，可以将当前选定的顶点排除在某个链接外，或者将其指定给特定的链接。

四、 蒙皮修改器

创建好角色模型和骨骼后，选择角色模型，在【修改器】列表中为其添加一个【蒙皮】修改器，其中包含有 5 个参数卷展栏，如图 13-13 所示。

(1) 【参数】卷展栏。

【参数】卷展栏如图 13-14 所示，其中的主要选项及其功能如表 13-4 所示。

表 13-4 【参数】卷展栏中的主要选项及其功能

参数组	选项	功能
编辑封套		单击该按钮进入【封套】子对象层级，可以编辑封套和顶点的权重，决定封套对各个顶点影响的大小
【选择】参数组	顶点	选择该复选项后，可以使用收缩、扩大、环和循环工具选择顶点
	选择元素	选择该复选项后，只要至少选择所有元素中的一个顶点即可选中全部顶点
	背面消隐顶点	选择该复选项后，不能选中几何体背面一侧（远离当前视图的一侧）的顶点
	封套	选择该复选项后，可以选择封套
	横截面	选择该复选项后，可以选择横截面
【骨骼】参数组	添加	单击此按钮，打开【选择骨骼】对话框，利用该对话框添加一个或多个骨骼
	移除	移除选定的骨骼
【横截面】参数组	添加	添加一个或多个横截面
	移除	移除选定的横截面
【封套属性】参数组	半径	设置封套横截面半径大小
	挤压	设置所关联骨骼的挤压被增量
	绝对 A /相对 R	切换计算内外封套之间顶点权重的方式
	封套可见性 /	控制未选中的封套是否可见
	衰减	为选定的封套选择衰减曲线：（线性衰减）、（波形衰减）、（快速衰减）、（缓慢衰减）
	复制/粘贴	使用复制工具可以复制选定封套的属性，例如大小和图形；使用粘贴工具可以将复制参数施加到选定的封套上
【权重属性】参数组	绝对效果	设置选定骨骼相对于选定顶点的绝对权重
	刚性	选择该复选项后，使选定顶点仅受一个最具有影响力的骨骼的影响
	刚性控制柄	选择该复选项后，可以使选定面片顶点的控制柄仅受一个最具有影响力的骨骼的影响
	规格化	选择该复选项后，可以强制每个选定顶点的总权重合计为 1

续表

参数组	选项	功能
【权重属性】参数组	排除选定的顶点 / 包含选定的顶点	将当前选定的顶点排除/添加到当前骨骼的顶点列表中
	选择排除的顶点	选择所有从当前骨骼排除的顶点
	烘焙选定顶点	烘焙顶点的权重
	权重工具	单击此按钮，打开【权重工具】对话框，利用该对话框进行相关设置
	权重表	单击此按钮，打开【蒙皮权重表】对话框，利用该对话框进行相关设置
	绘制权重	绘制选定骨骼的权重
	...	单击此按钮，打开【绘制选项】对话框，利用该对话框设置绘制权重参数
	绘制混合权重	选择此复选项后，通过均分相邻顶点的权重，然后依据笔刷强度来应用平均权重，缓和绘制的权重值

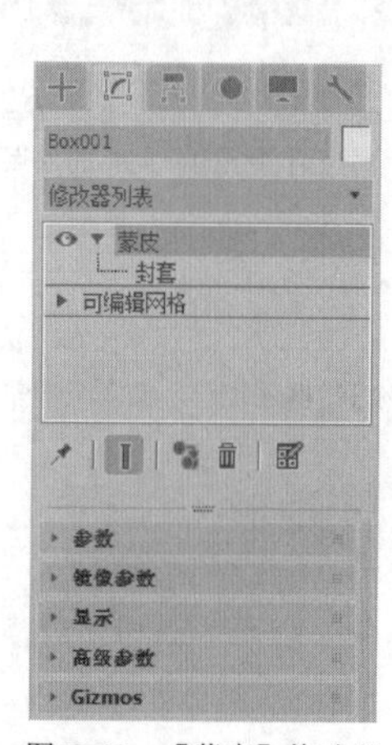

图13-13　【蒙皮】修改器

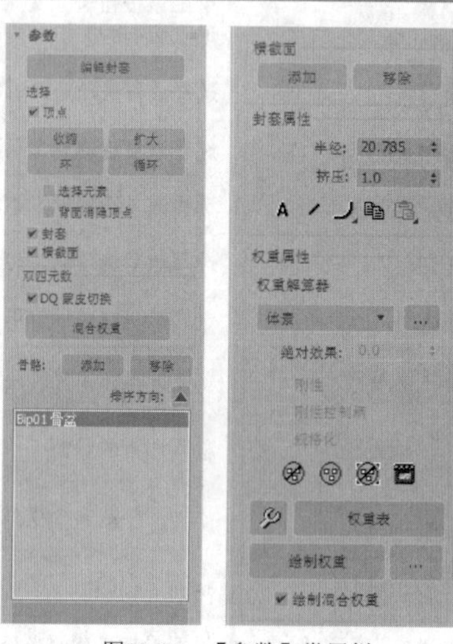

图13-14　【参数】卷展栏

(2)　【镜像参数】卷展栏。

【镜像参数】卷展栏如图 13-15 所示，其中的主要选项及其功能如表 13-5 所示。

表 13-5　【镜像参数】卷展栏中的主要选项及其功能

选项	功能
镜像模式	将封套和顶点从网格的一个侧面镜像到另一个侧面
镜像粘贴	将选定封套和顶点粘贴到对象的另一侧
将绿色粘贴到蓝色骨骼	将封套设置从绿色骨骼粘贴到蓝色骨骼
将蓝色粘贴到绿色骨骼	将封套设置从蓝色骨骼粘贴到绿色骨骼
将绿色粘贴到蓝色顶点	将封套设置从绿色顶点粘贴到蓝色顶点
将蓝色粘贴到绿色顶点	将封套设置从蓝色顶点粘贴到绿色顶点

续表

选项	功能
镜像平面	确定将用于左侧和右侧的平面
镜像偏移	沿镜像平面轴移动镜像平面
镜像阈值	将顶点设置为左侧或右侧顶点时，镜像的相对距离大小
显示投影	通常选择【默认显示】选项，此时选择镜像平面一侧上的顶点会自动投影到相对面
手动更新	选择该复选项后，可以手动更新显示内容
更新	选择【手动更新】复选项后，使用该按钮更新显示内容

(3) 【显示】卷展栏。

【显示】卷展栏如图 13-16 所示，其中的主要选项及其功能如表 13-6 所示。

表 13-6　　【显示】卷展栏中的主要选项及其功能

选项	功能
色彩显示顶点权重	根据顶点权重设置视口中的顶点颜色
显示有色面	根据面权重设置视口中的面颜色
明暗处理所有权重	向封套中的每个骨骼指定一个颜色
显示所有封套	同时显示所有封套
显示所有顶点	在每个顶点处显示小十字叉
显示所有 Gizmos	显示除当前选定 Gizmos 外的全部 Gizmos
不显示封套	即使选中封套也不显示封套
显示隐藏的顶点	选择该复选项后，将显示隐藏的顶点
在顶端绘制	用来确定在视口中，在其他对象的顶部绘制哪些元素 横截面：在顶部绘制横截面 封套：在顶部绘制封套

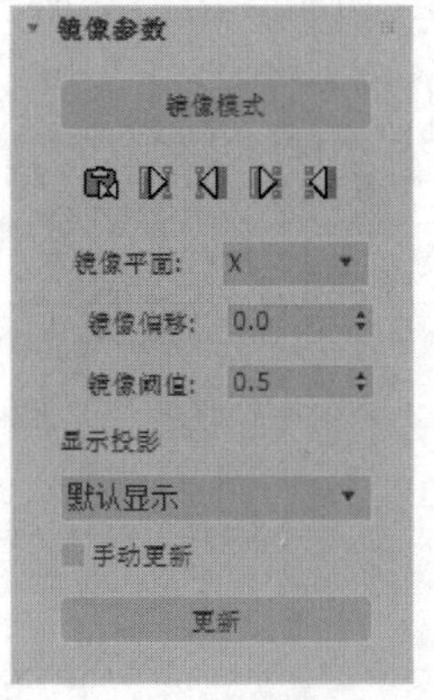

图13-15　【镜像参数】卷展栏

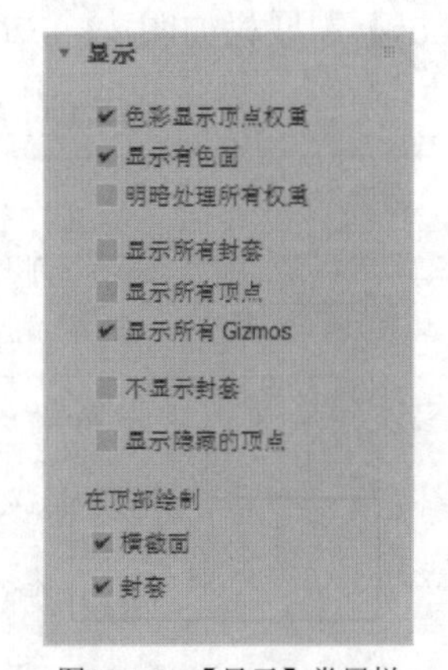

图13-16　【显示】卷展栏

(4)　【高级参数】卷展栏。

【高级参数】卷展栏如图 13-17 所示，其中的主要选项及其功能如表 13-7 所示。

表 13-7　　【高级参数】卷展栏中的主要选项及其功能

选项	功能
始终变形	用于切换编辑骨骼与所控制点之间的变形关系
参考帧	设置骨骼与网格位于参考位置的帧
回退变换顶点	将网格链接到骨骼上
刚性顶点(全部)	选择该复选项后，可将每个顶点指定给其封套影响最大的骨骼
刚性面片控制柄(全部)	在面片模型上，强制面片控制柄权重等于结权重
骨骼影响限制	限制可影响一个顶点的骨骼数
重置	用来重置顶点或骨骼 重置选定的顶点：将选定顶点的权重重置为封套默认值 重置选定的骨骼：将关联顶点权重重置为选定骨骼的封套计算的原始权重 重置所有骨骼：将所有顶点的权重重置为所有骨骼的封套计算的原始权重
保存/加载	保存或加载封套位置和形状及顶点权重
释放鼠标按钮时更新	选择该复选项后，按下鼠标左键不进行更新，释放后更新
快速更新	不渲染时，禁止权重变形和 Gizmos 的视口显示，并使用刚性变形
忽略骨骼比例	选择该复选项后，可以使蒙皮的网格不受缩放骨骼的影响
可设置动画的封套	启用“自动关键点”模式时，用来切换在所有可设置动画的封套参数上创建关键点的可能性
权重所有顶点	选择该复选项后，强制不受封套控制的所有顶点加权到与其最近的骨骼
移除零权重	如果顶点低于“移除零限制”值，则从其权重中将其移除
移除零限制	设置权重阈值

(5)　【Gizmos】卷展栏。

【Gizmos】卷展栏如图 13-18 所示，其中的主要选项及其功能如表 13-8 所示。

表 13-8　　【Gizmos】卷展栏中的主要选项及其功能

选项	功能
Gizmos 列表	列出当前的“角度”变形器
变形器列表	列出当前的可用变形器
添加 Gizmos	将当前 Gizmos 添加到选定顶点
移除 Gizmos	从列表中移除选定的 Gizmos
复制 Gizmos	将高亮显示的 Gizmos 复制到数据缓冲区
粘贴 Gizmos	从数据缓冲区粘贴 Gizmos

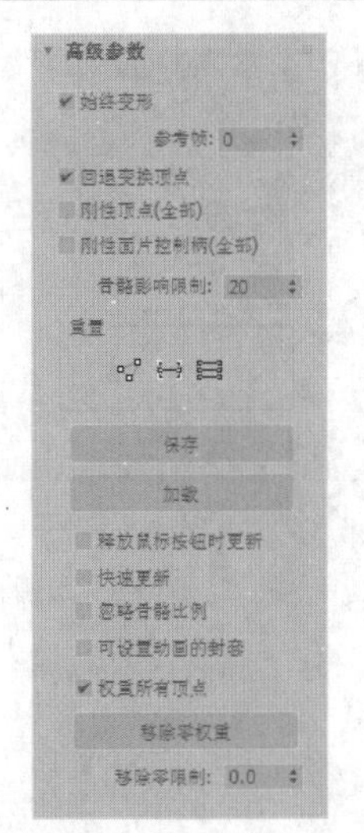

图13-17 【高级参数】卷展栏

图13-18 【Gizmos】卷展栏

13.2 范例解析——制作“角色蒙皮”效果

蒙皮操作是角色动画比较重要的一个环节。如果要制造出逼真的蒙皮效果，就需要花大量的时间调整各个细节，但是原理基本相同。本例将通过一个简单的模型介绍蒙皮的基本操作要领，效果如图 13-19 所示。

图13-19 “角色蒙皮”效果

1. 进行初步蒙皮操作。

(1) 打开制作模板，如图 13-20 所示。

① 按Ctrl+O组合键打开素材文件“第 13 章\素材\角色蒙皮\角色蒙皮. max”。

② 场景中骨骼和网格模型的大小比例已经匹配合理。

(2) 添加【Physique】修改器，如图 13-21 所示。

① 选中网格模型。

② 在【修改】面板中为网格模型添加【Physique】修改器。

(3) 附加到节点，如图 13-22 所示。

① 在【Physique】卷展栏中单击按钮。

② 在视图中单击“Bip01”骨盆对象，弹出【Physique 初始化】对话框。

③ 在对话框中单击初始化按钮。

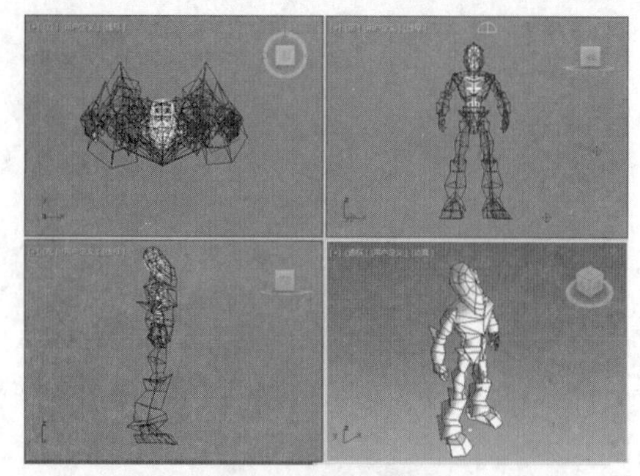

图13-20　打开制作模板

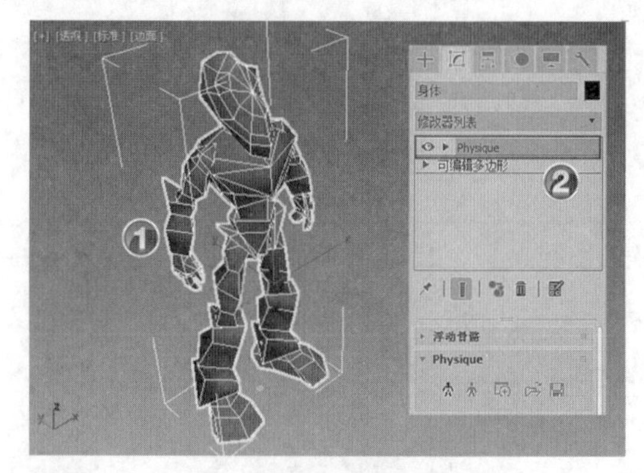

图13-21　添加【Physique】修改器

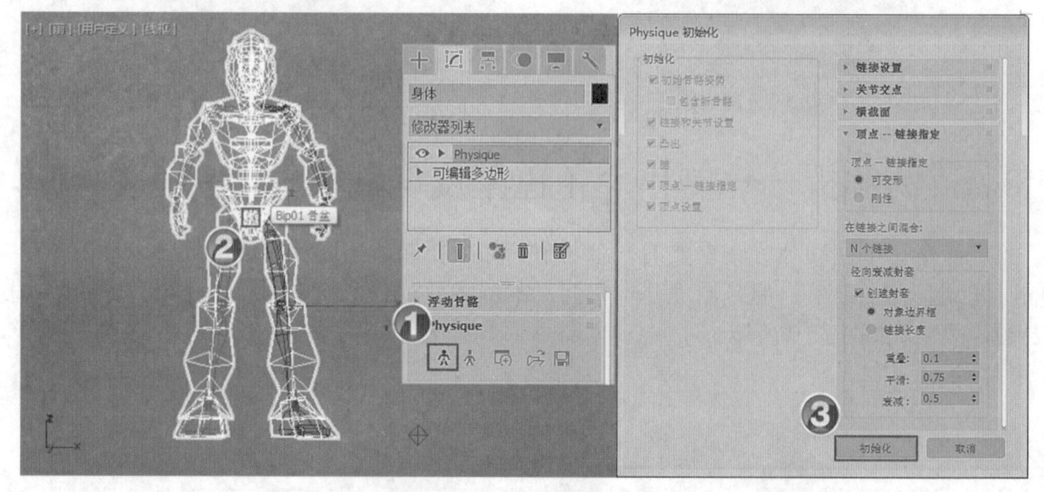

图13-22　附加到节点

要点提示　单击 初始化 按钮以后，会出现一条橘黄色的骨骼线，如果 Physique 被正确应用，这条线会伸展上至头顶，下至每个手指和脚趾，如图 13-23 所示；如果效果不是这样，则说明单击 按钮后拾取的不是“Bip01 骨盆”对象。如果在操作中出现这种情况，需要重复附加到节点的操作，直到正确为止。

(4) 移动手掌骨骼和脚跟骨骼，发现网格模型被撕扯，如果需要得到好的蒙皮效果必须对封套进行调节，如图 13-24 所示。

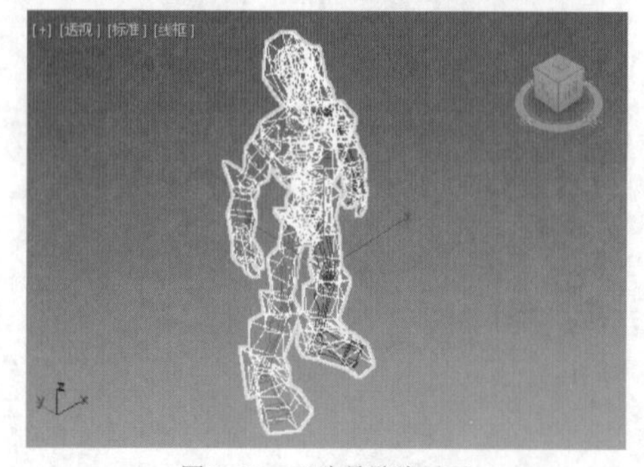

图13-23　正确骨骼线显示

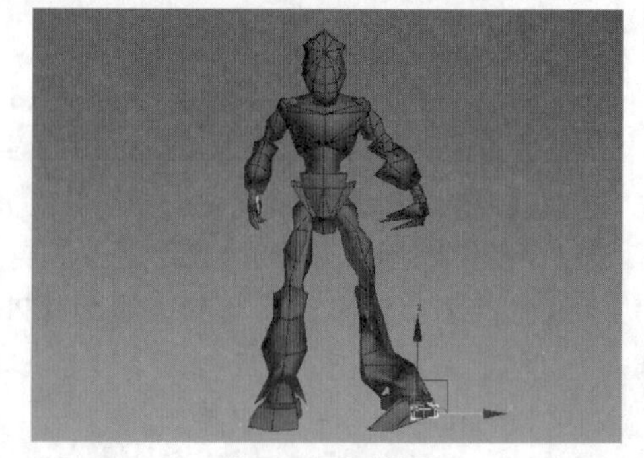

图13-24　查看效果

2. 进行封套调节。

(1) 撤销上一步的移动操作。
(2) 放大左小腿处的封套区域，如图 13-25 所示。
① 进入【Physique】修改器下的【封套】级别。
② 选中左小腿处的黄色骨骼线。
③ 使用缩放工具将封套放大。

要点提示 进入【封套】层级时，可以看到两个封套包裹着小腿，封套里面的顶点将被骨骼影响，红色封套内的骨骼影响最强，红色到紫色区域开始递减，紫色外的区域将不受影响。

(3) 调节封套的顶点，如图 13-26 所示。
① 在【混合封套】卷展栏中按下▫按钮。
② 调整封套顶点，直到小腿部的模型顶点都包含在封套内。

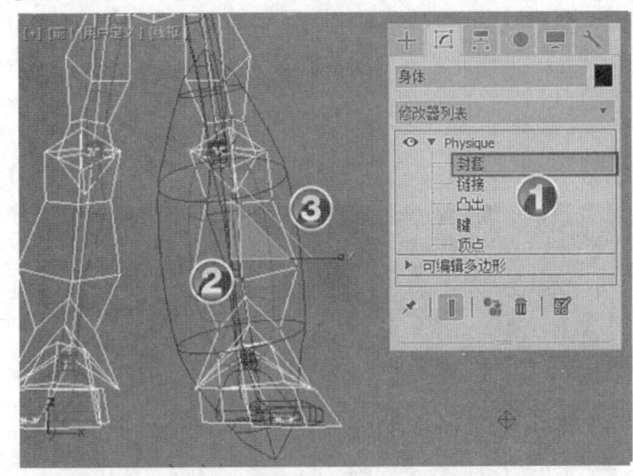

图13-25 放大左小腿处的封套区域

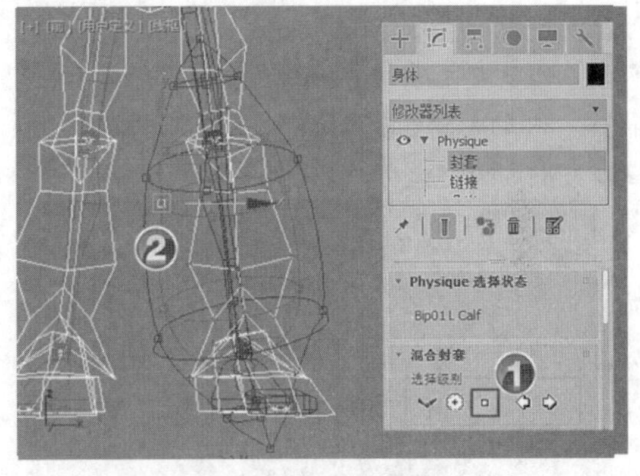

图13-26 调节封套的顶点

(4) 调节左脚跟处的骨骼线，如图 13-27 所示。
① 按下✓按钮。
② 选中左脚跟处的骨骼线。
③ 使用缩放工具将封套放大。
④ 在【混合封套】卷展栏中设置【父对象重叠】的值为“0.5”。
(5) 调节左脚尖处的骨骼线，如图 13-28 所示。

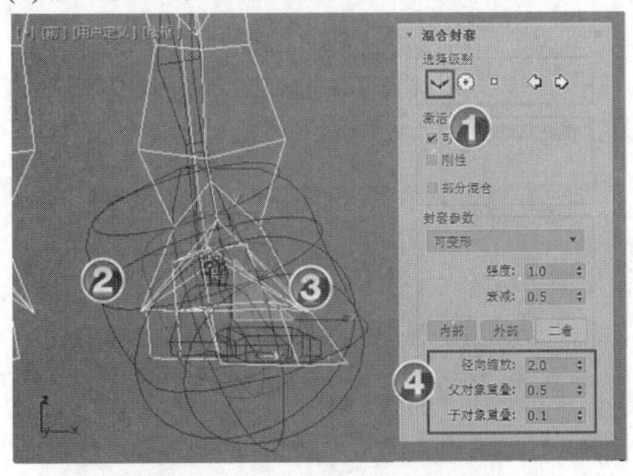

图13-27 调节左脚跟处的骨骼线

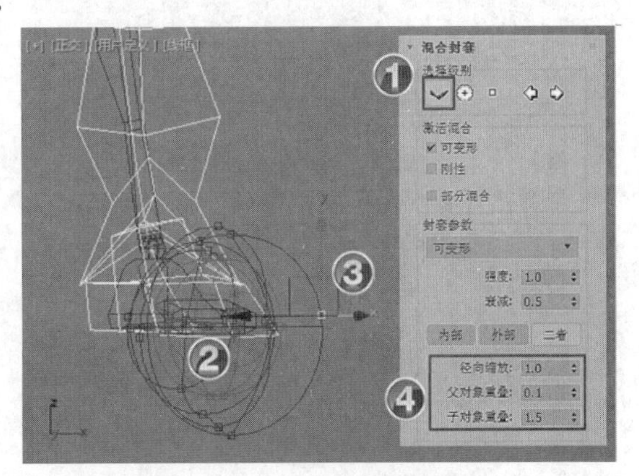

图13-28 调节左脚尖处的骨骼线

① 按下✓按钮。
② 选中左脚尖处的骨骼线。

③　使用缩放工具将封套放大。

④　在【混合封套】卷展栏中设置【子对象重叠】的值为“1.5”。

要点提示　注意，完成左脚尖处的骨骼线调整后，可以移动脚尖骨骼测试其正确性。如果发现有些地方有问题，要及时调整。

(6)　调节大腿处的骨骼线，如图 13-29 所示。

①　选中左大腿处的骨骼线。

②　按下 ▫ 按钮。

③　使用同样的方法调整封套区域。

(7)　镜像、复制大腿的封套区域，如图 13-30 所示。

①　按下 ⌄ 按钮。

②　单击 复制 按钮。

③　选中右大腿的骨骼线。

④　单击 粘贴 按钮。

⑤　单击 镜像 按钮。

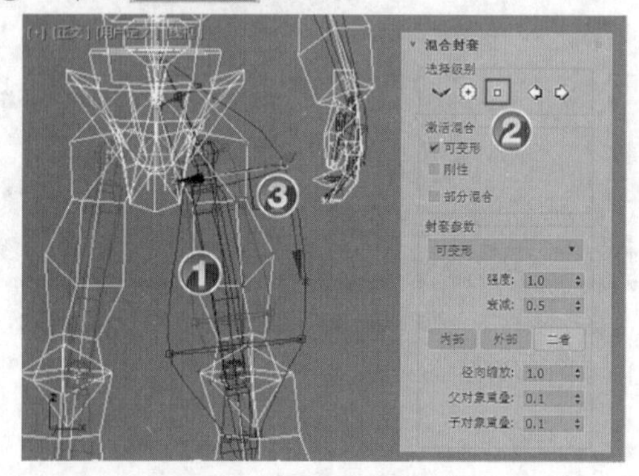

图13-29　调节大腿处的骨骼线

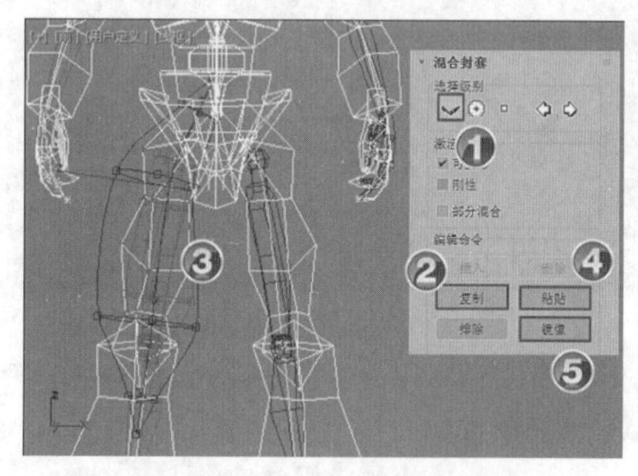

图13-30　镜像、复制大腿的封套区域

(8)　使用同样的方法复制、镜像小腿和脚部的骨骼线，效果如图 13-31 所示。

(9)　调整手臂的方法与调整腿的操作方法一样，先调整一个手臂的封套，然后复制到另一个手臂上，效果如图 13-32 所示。

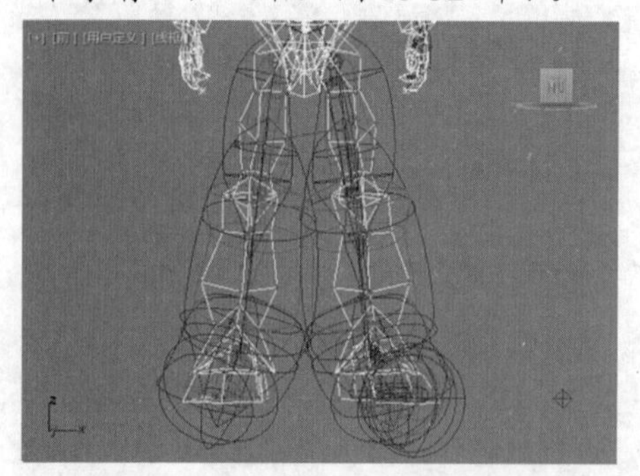

图13-31　复制、镜像小腿和脚部的骨骼线

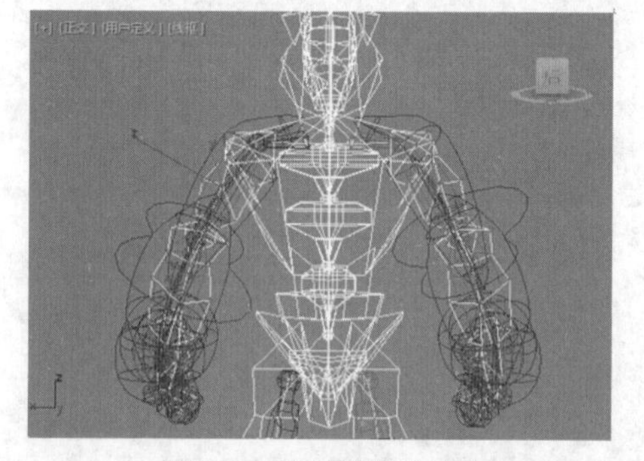

图13-32　手臂的骨骼线显示

要点提示　如果在镜像后测试时发现还有撕扯现象，对撕扯处的骨骼线进行单独调整即可，只要将相应顶点全部包含在对应的封套内，这个问题就解决了。

(10) 调节骨盆处的骨骼线，如图 13-33 所示。

① 选中骨盆处的骨骼线。

② 使用同样的方法调整封套区域。

③ 分别设置【父对象重叠】和【子对象重叠】的值为“1.3”和“1.5”。

(11) 排除大腿封套对骨盆处网格模型的影响，如图 13-34 所示。

① 在【混合封套】卷展栏中单击 排除 按钮，打开【排除封套】对话框。

② 在对话框中选中“Bip01 L Thigh”和“Bip01 R Thigh”两个物体。

③ 单击 > 按钮将其添加到排除封套列表中。

④ 单击 确定 按钮。

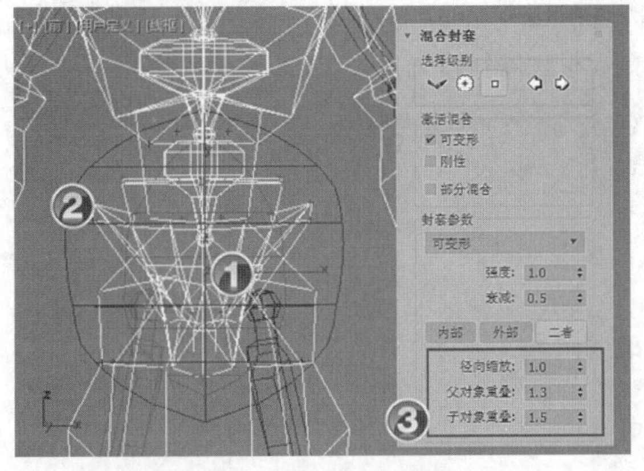

图13-33 调节骨盆处的骨骼线

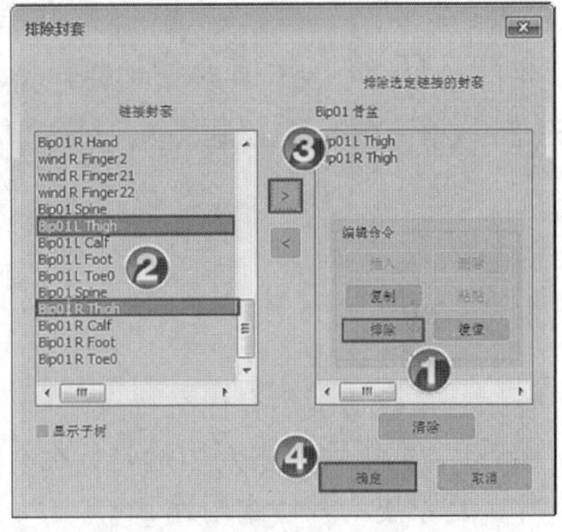

图13-34 排除大腿封套对骨盆处网格模型的影响

(12) 脊椎的封套与头部的封套调节方法也是一样，读者可以自己进行相关参数的调节。

3. 加载动画文件。

(1) 添加修改器，如图 13-35 所示。

① 选中网格模型。

② 在修改面板中添加一个【涡轮平滑】修改器。

(2) 导入素材。

① 选中任意一块骨骼。

② 切换到【运动】面板，在【Biped】卷展栏中单击按钮，导入素材文件“第 13 章\素材\角色蒙皮\跑步.bip”，设计效果如图 13-36 所示。

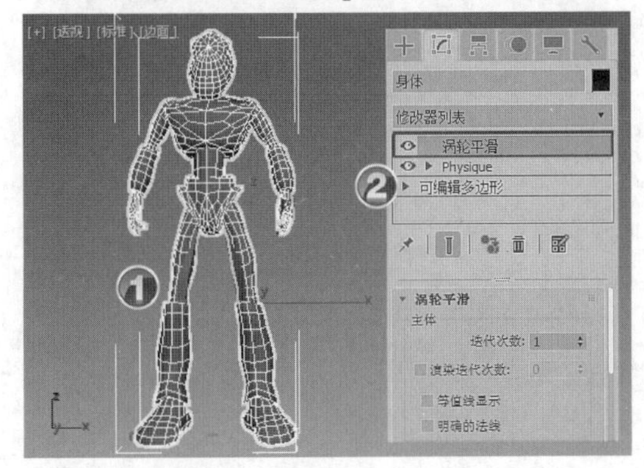

图13-35 添加【网格平滑】修改器

图13-36 生成足迹动画

③ 播放动画查看最终设计效果，如图 13-37 所示，然后渲染动画。

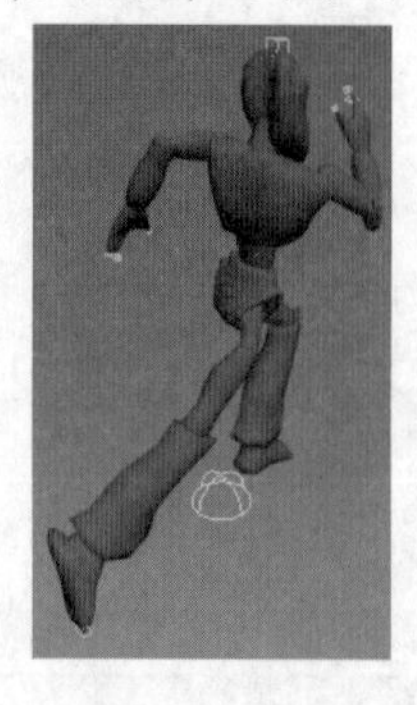
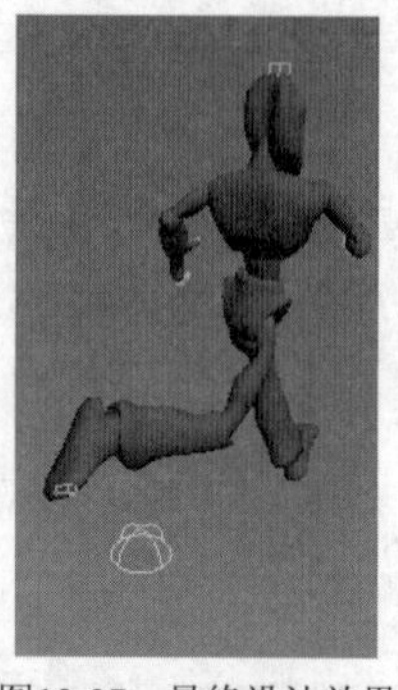

图13-37　最终设计效果

4. 按 Ctrl+S 组合键保存场景文件到指定目录。本案例制作完成。

在进行渲染时，将所有骨骼隐藏，这样最终渲染时只渲染网格模型。

13.3　习题

1. 什么是角色动画，有什么特点？
2. Biped 骨骼模块的主要用途是什么？
3. 什么是蒙皮，有什么用途？
4. 简要说明 Physique 修改器的用途。
5. 制作角色动画时，【封套】子对象有什么作用？

第14章 布料系统

【学习目标】

- 明确布料系统的用途。
- 掌握【Cloth】修改器的用法。
- 掌握【服装生成器】修改器的用法。
- 明确使用布料系统制作动画的一般过程。

3ds Max 的布料系统可以模拟现实生活中各种质量的布料，还可以用于创建布料的动力学动画。其中的主要设计工具包括【Cloth】修改器和【服装生成器】修改器等，使用这两个工具可以方便地创建布料系统。

14.1 基础知识

如果使用 3ds Max 提供的各种功能模块还不能完全满足设计要求，或者使用已有的设计工具不再方便快捷时，可以考虑使用脚本工具进行设计。

一、 Cloth（布料）系统简介

3ds Max 的 Cloth（布料）系统前身是一款插件，后改为 Clothfx，目前已成为 3ds Max 的标准安装组件之一，它不但可以制作出逼真的布料效果，而且可以将裁好的布料缝制成衣服。

Cloth（布料）系统包括【Cloth】修改器和【服装生成器】修改器两个修改器。【Cloth】修改器用于赋予对象布料属性，使其表现出各种真实运动和变形效果。当布料与其他对象碰撞时将产生变形效果，当衣服穿在角色身上时也将随着角色的运动而变形。同时，布料还可以模拟受到重力或风力作用时的变形效果。

【服装生成器】修改器通常作为【Cloth】修改器的辅助工具使用，可以将二维图形转化为适合用作模拟布料的不规则三角形网格对象，并通过类似缝制真实衣服的方式，在三维空间中创建衣服模型。

二、 【服装生成器】修改器

使用【服装生成器】修改器可以将简单的二维平面图形转化为网格对象，并将其作为【Cloth】修改器中的布料对象。

(1) 注意事项。

使用【服装生成器】修改器创建布料时，需注意以下要点。

- 在使用【服装生成器】修改器前，首先创建封闭的二维图形。如果一个封闭图形中包含另一个封闭图形，则生成的布料是有空洞的。
- 建议在顶视图中创建二维图形，这是【服装生成器】修改器的默认创建平面。
- 使用多段材料缝合布料时，必须注意接缝的先后顺序。

(2)　重要参数。

创建二维图形后，在修改器列表中选取【服装生成器】修改器，其基本参数包含在【主要参数】面板中，在修改器列表中展开【服装生成器】，选中【曲线】【面板】层级，可以打开相应的参数面板，如图 14-1 所示，其中各主要参数的用法如表 14-1 所示。

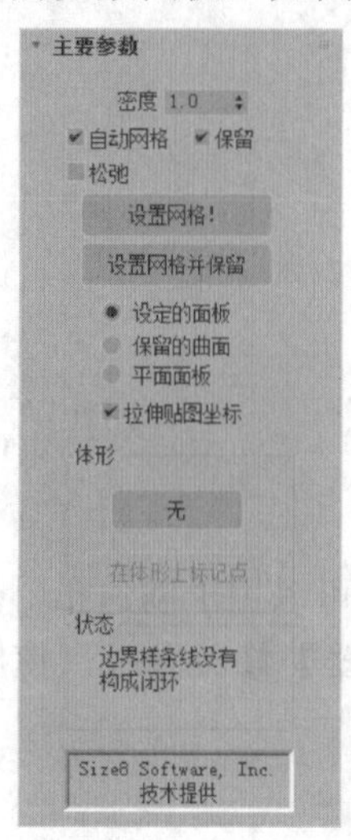

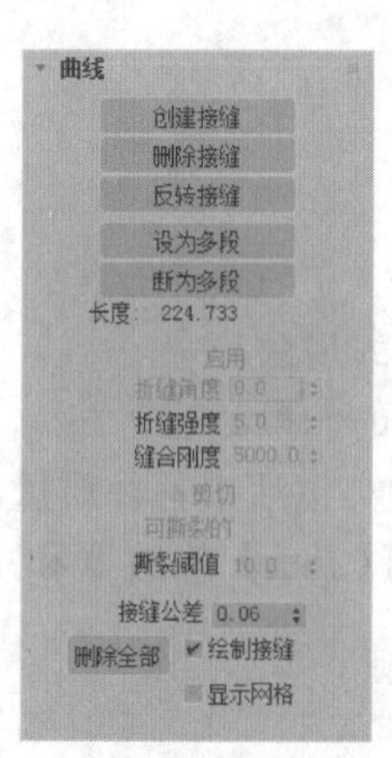

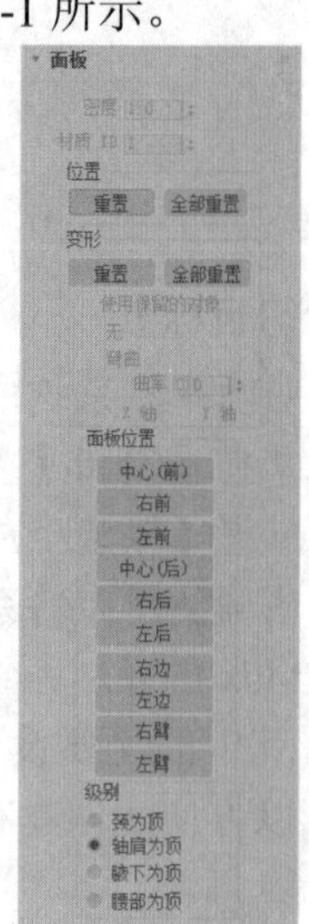

图14-1　【服装生成器】修改器参数

表 14-1　【服装生成器】修改器主要参数的用法

卷展栏	用途	参数	含义
主要参数	主要用于设置网格密度大小	密度	设置网格密度大小（三角面的数量），值为 0.01~10
		自动网格	选择该复选项后，改变【密度】参数时可以自动更新网格疏密程度，否则需要在设置参数后单击 设置网格! 按钮手动更新
		体形	用于指定衣服各块布料在角色身体上的位置
曲线	用于设置布料缝合方式并调整接缝属性	创建接缝	选中需要缝合的边，单击此按钮可以在选定边之间创建接缝
		删除接缝	删除选定的接缝
		反转接缝	当缝接的各顶点交叉连接，使得生成的接缝扭曲时，可以单击此按钮进行校正
		设为多段	按住 Ctrl 键选中多条边，单击此按钮将其定义为“多段”，使其作为一条单独的边与其他边创建接缝
		断为多段	将“多段”断开为单独的边
面板	设置版型的位置和弯曲效果	重置	将选定的版型恢复到添加【服装生成器】修改器前的位置
		弯曲	使版型产生弯曲效果，通过【曲率】参数调整弯曲效果
		曲率	设置版型的弯曲程度。值越大，弯曲效果越明显
		X 轴	沿局部坐标轴 x 产生弯曲变形
		Y 轴	沿局部坐标轴 y 产生弯曲变形

要点提示 【密度】参数值不宜设置得过高，否则会降低渲染速度和设计效率；但也不宜太低，否则在模拟过程中容易出错，且制作的布料质感不够细腻。示例如图 14-2 所示。

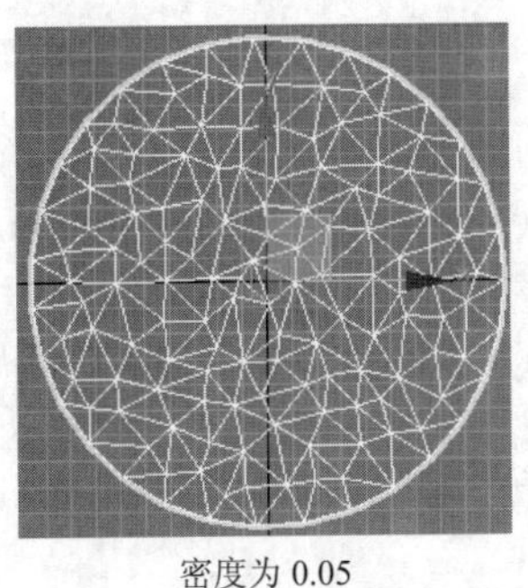
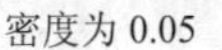
密度为 0.05

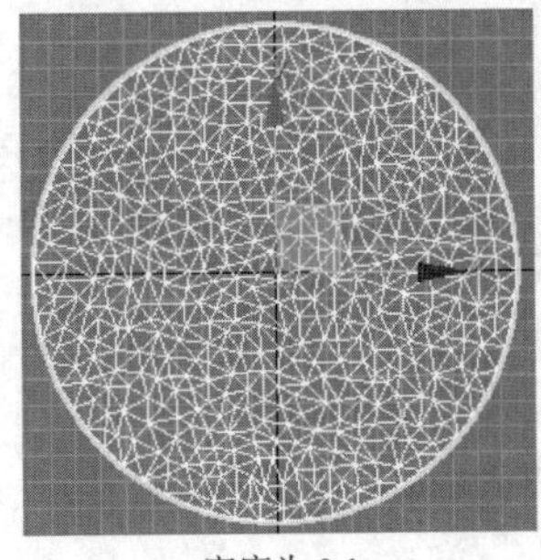
密度为 0.1

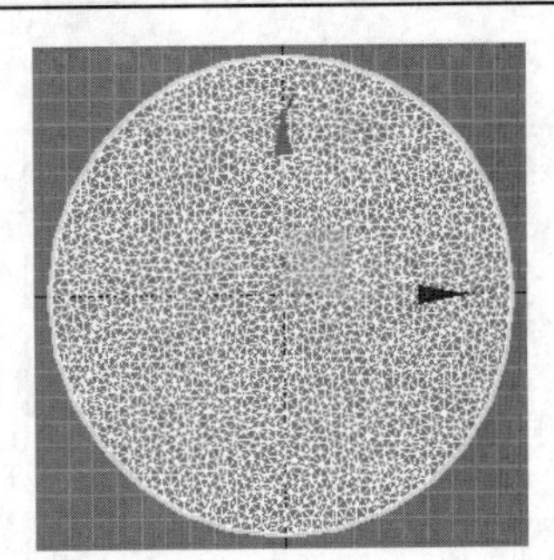
密度为 0.2

图14-2 不同密度的网格对比

三、【布料】修改器

要使对象成为类似布料的柔体，可以为其添加【Cloth】（布料）修改器，添加修改器后的参数面板包括【对象】【选定对象】和【模拟参数】3 个卷展栏。

(1) 【对象】卷展栏。

【对象】卷展栏是【Cloth】（布料）修改器的核心部分，如图 14-3 所示。单击 对象属性 按钮，打开【对象属性】对话框，如图 14-4 所示。使用该对话框可以定义对象的基本参数，其用法如表 14-2 所示。

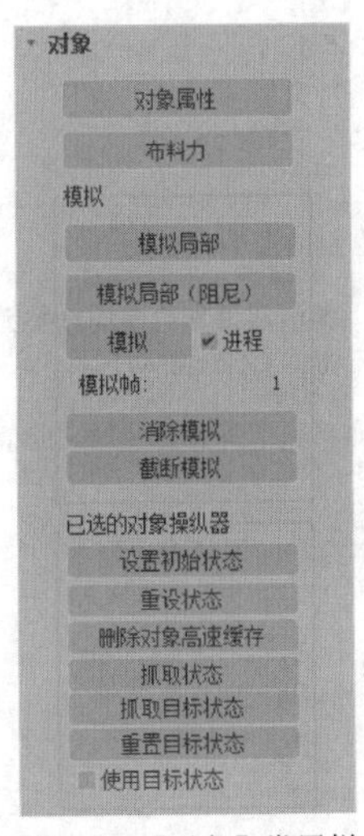

图14-3 【对象】卷展栏

图14-4 【对象属性】对话框

表 14-2 【对象属性】对话框中参数的用法

参数组	参数	含义
模拟对象	添加对象...	单击该按钮，打开【添加对象到布料模拟】对话框，从该对话框中可选择要添加到 Cloth 模拟中的场景对象。添加对象之后，该对象的名称将出现在【模拟对象】列表框中，同时有一个【Cloth】修改器的实例应用于该对象
	移除	从模拟中移除【模拟对象】列表框中突出显示的对象。在此不能移除当前在 3ds Max 中选定的对象

续表

参数组	参数	含义
模拟对象	不活动	若选择该单选项，则突出显示的对象在模拟中处于不活动状态。默认情况下，该对象处于非活动状态
	布料	若选择该单选项，则选择对象充当布料对象。将对象指定为布料后，可在【布料属性】分组框中设置其参数
	使用面板属性	选择该复选项后，可让 Cloth 使用在“面板”子对象层级指定的布料属性。默认设置为禁用状态
	属性 1/属性 2	这两个单选项可用来为 Cloth 对象指定两组不同的布料属性
布料属性	预设	该参数组用于保存当前布料属性或者加载外部的布料属性文件
	U/V 弯曲	设置弯曲的阻力。阻力值设置得越大，织物能弯曲的程度就越小
	U/V 弯曲曲线	设置织物折叠时的弯曲阻力。默认值为 0，弯曲阻力设置为常数
	U/V 拉伸	设置拉伸的阻力。值越大布料越坚硬，较小的值令布料的拉伸阻力更像橡胶
	U/V 压缩	设置压缩的阻力
	剪切力	设置剪切的阻力。值越大，布料就越硬
	密度	每单位面积的布料重量。值越大，表示布料越重
	阻尼	值越大，织物反应就越迟钝。采用较小的值，织物行为的弹性就更高。阻尼较高的布料停止反应的时间要比阻尼较低的布料快
	可塑性	布料保持当前变形（即弯曲角度）的倾向
	厚度	定义织物的虚拟厚度，便于检测布料对布料冲突
	排斥	用于排斥其他布对象的力
	空气阻力	设置受到的空气阻力。此值将确定空气对布料的影响有多大
	动摩擦力	设置布料和实体对象之间的动摩擦值。较大的值将增加更多的摩擦力，导致织物在物体表面上滑动较小；较小的值将令织物在物体上轻松滑动
	静摩擦力	设置布料和实体对象之间的静摩擦值。当布料处于静止位置时，此值将控制布料在某处的静止或滑动能力
	自摩擦力	布料自身之间的摩擦。值较大将导致布料本身之间的摩擦力更大
	接合力	该选项当前不使用，仅作为保留用
	U/V 比例	设置布料沿 *U*、*V* 方向延展或收缩的值
	深度	Cloth 对象的冲突深度
	补偿	在 Cloth 对象和冲突对象之间保持的距离。非常低的值将导致冲突网格从布料下突出来，非常高的值将导致出现的织物在冲突对象上浮动
	粘着	Cloth 对象粘附到冲突对象的范围。范围为 0.0~99999.0，默认值为 0.0
	层	指示可能会相互接触的布片的正确“顺序”。范围为 − 100~100
	基于	该文本字段显示初始“Cloth 属性”值所基于的预设值的名称

续表

参数组	参数	含义
布料属性	继承速度	选择该复选项，布料将继承网格在模拟开始时的速度
	使用边弹簧	用于计算拉伸的备用方法。选择该复选项，拉伸力将以沿三角形边的弹簧为基础
	各向异性（解除锁定U、V）	若选择该复选项，则可以为“弯曲”和“拉伸”参数设置不同的U值和V值
	使用布料深度/偏移	若选择该复选项，则使用在【布料属性】中设置的深度和补偿值
	使用碰撞对象摩擦	若选择该复选项，则使用碰撞对象的摩擦力来确定摩擦力
	保持形状	根据“弯曲%”和“拉伸%”设置保留网格的形状
	压力	设置布料的封闭体积内的压力
冲突属性	深度	设置冲突对象的冲突深度
	补偿	设置在布料对象和冲突对象之间保持的距离
	动摩擦力	设置布料和该特殊实体对象之间的动摩擦力值
	静摩擦力	设置布料和实体对象之间的静摩擦值
	启用冲突	启用或禁用此对象的冲突，同时仍然允许对其进行模拟
	切割布料	如果在模拟过程中与布料相交，若选择该复选项，则“冲突对象”可以切割布料。此时需设置布料对象以便在其上创建沿按合口或一组顶点的切割操作

【对象】卷展栏中其余参数的用法如表14-3所示。

表14-3　【对象】卷展栏中其余参数的用法

参数	含义
布料力	单击 布料力 按钮，打开【力】对话框。要向模拟添加力，可在左侧的【场景中的力】列表框中突出显示要添加的力，然后单击 > 按钮，将其移动到【模拟中的力】列表框中，从而将其添加到模拟中
模拟局部	不创建动画，开始模拟进程
模拟局部（阻尼）	与“模拟局部”相同，但是为布料添加了大量的阻尼
模拟	在激活的时间段上创建模拟。这种模拟会在每帧处以模拟缓存的形式创建模拟数据
进程	若选择该复选项，则在模拟期间打开【Cloth 模拟】对话框
模拟帧	显示当前模拟的帧数
消除模拟	删除当前的模拟。这将删除所有 Cloth 对象的高速缓存，并将【模拟帧】数设置回“1”
截断模拟	删除模拟在当前帧之后创建的动画
设置初始状态	将所选 Cloth 对象高速缓存的第1帧更新到当前位置
重设状态	将所选 Cloth 对象的状态重设为应用修改器堆栈中的 Cloth 之前的状态
删除对象高速缓存	删除所选的非 Cloth 对象的高速缓存
抓取状态	从修改器堆栈顶部获取当前状态并更新当前帧的缓存

续表

参数	含义
抓取目标状态	用于指定保持形状的目标形状。从修改器堆栈顶部获取当前变形，并使用该网格定义三角形之间的目标弯曲角度
重置目标状态	将默认弯曲角度重设为堆栈中 Cloth 下面的网格
使用目标状态	若选择该复选项，则保留由抓取目标状态存储的网格形状
创建关键点	为所选 Cloth 对象创建关键点。该对象塌陷为可编辑的网格，任意变形存储为顶点动画
添加对象	用于向模拟添加对象，无须打开【对象属性】对话框
显示当前状态	显示布料在上一模拟时间步阶结束时的当前状态
显示目标状态	显示布料的当前目标状态，即由“保持形状”选项使用的所需弯曲角度
显示启用的实体碰撞	若选择该复选项，则高亮显示所有启用实体收集的顶点组
显示启用的自身碰撞	若选择该复选项，则高亮显示所有启用自收集的顶点组

(2)　【选定对象】卷展栏。

【选定对象】卷展栏用于控制模拟缓存以及使用纹理贴图等，如图 14-5 所示，其中各参数的用法如表 14-4 所示。

表 14-4　【选定对象】卷展栏中参数的用法

参数组	参数	含义
缓存	文本框	用于显示缓存文件的当前路径和文件名
	强制 UNC 路径	如果文本字段路径是指向映射的驱动器，那么将该路径转换为UNC 格式
	设置...	用于指定所选对象缓存文件的路径和文件名。单击此按钮，导航到目录，输入文件名，然后单击 保存(S) 按钮
	加载	将指定的文件加载到所选对象的缓存中
	导入...	单击此按钮，打开【导入缓存】对话框，以加载一个缓存文件，而不是指定的文件
	加载所有	加载模拟中每个 Cloth 对象的指定缓存文件
	保存	使用指定的文件名和路径保存当前缓存（如果有的话）。如果未指定文件，则 Cloth 会基于对象名称创建一个文件
	导出...	单击此按钮，打开【导出缓存】对话框，以将缓存保存到一个文件，而不是指定的文件
	附加缓存	要以 PointCache2 格式创建第 2 个缓存，应选择【附加缓存】复选项，然后单击 设置... 按钮，以指定路径和文件名
属性指定	插入	通过滑块控制参数是位于“属性 1”还是“属性 2”
	纹理贴图	设置纹理贴图，对 Cloth 对象应用“属性 1”和“属性 2”设置
	贴图通道	用于指定纹理贴图所要使用的贴图通道，或选择要用于取而代之的顶点颜色
弯曲贴图	弯曲贴图	切换【弯曲贴图】选项的使用。使用数值设置调整的强度
	顶点颜色	使用顶点颜色通道进行调整
	贴图通道	使用贴图通道，而不是顶点颜色进行调整

续表

参数组	参数	含义
弯曲贴图	纹理贴图	使用纹理贴图进行调整

(3) 【模拟参数】卷展栏。

【模拟参数】卷展栏用于指定重力等常规模拟属性，如图 14-6 所示，其中各参数的用法如表 14-5 所示。

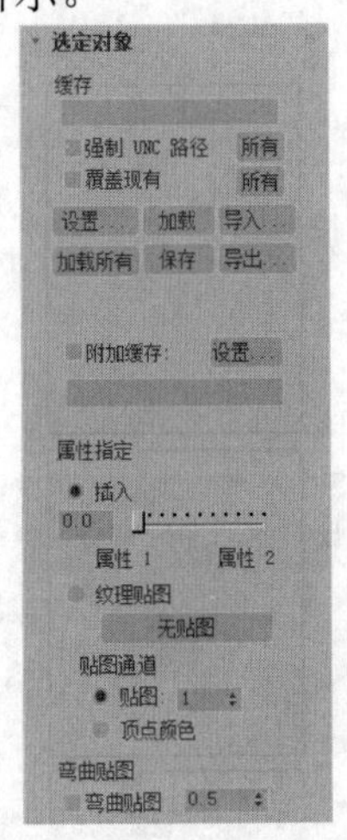

图14-5 【选定对象】卷展栏

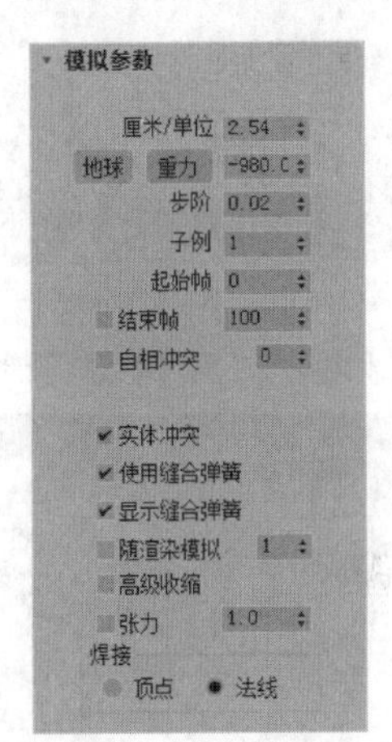

图14-6 【模拟参数】卷展栏

表 14-5 【模拟参数】卷展栏中参数的用法

参数	含义
厘米/单位	定义每个 3ds Max 系统单位表示多少厘米。布料自动设置【厘米/单位】为每英寸（3ds Max 中的默认系统单位）等于 2.54 厘米
地球	单击此按钮，设置地球的重力值
重力	单击此按钮，则重力值将影响到模拟中的布料对象
步阶	模拟器可以采用的最大时间步阶大小
子例	3ds Max 对固体对象位置每帧的采样次数。默认设置为 1
起始帧	设置模拟开始处的帧
结束帧	选择该复选项后，确定模拟终止处的帧
自相冲突	选择该复选项后，检测布料对布料之间的碰撞
实体冲突	选择该复选项后，模拟器将考虑布料对实体对象的冲突。此设置始终保留为选择状态
使用缝合弹簧	选择该复选项后，使用随 Garment Maker 创建的缝合弹簧将织物接合在一起
随渲染模拟	选择该复选项，则在渲染时触发模拟
显示缝合弹簧	用于切换缝合弹簧在视口中的可视表示。这些设置并不渲染
高级收缩	选择该复选项，则布料对同一碰撞对象两个部分之间收缩的布料进行测试
张力	利用顶点颜色可以显现织物中的张力
焊接	控制在完成撕裂布料之前如何在设置的撕裂上平滑布料

14.2　范例解析——制作“带桌布的竹篮”效果

本案例将使用 3ds Max 里的 Cloth（布料）修改器，制作一个带布料的篮筐，最终设计效果如图 14-7 所示。

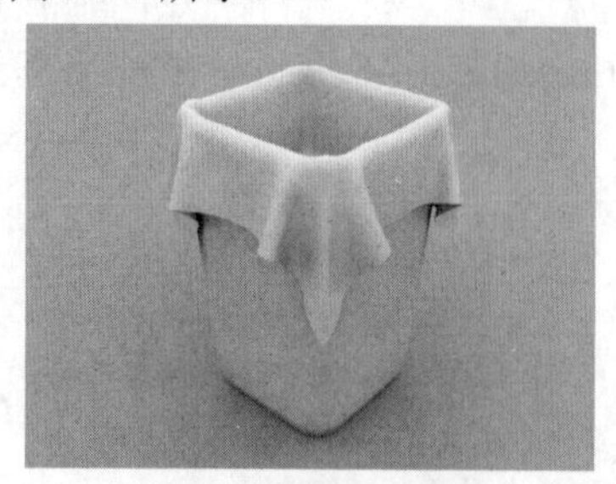

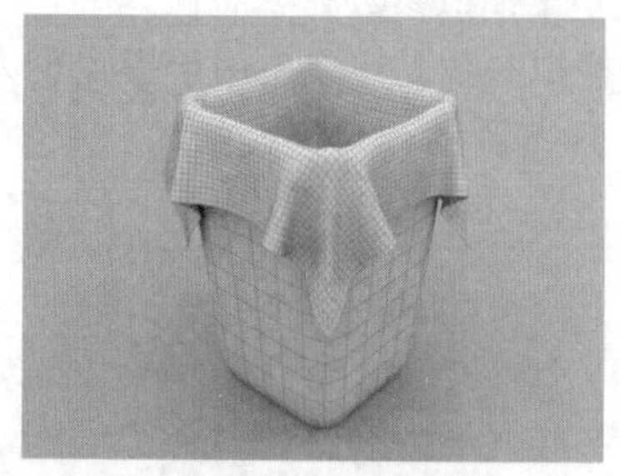

图14-7　“带桌布的竹篮”效果

1. 打开素材文件“第 14 章\素材\布料案例”，如图 14-8 所示。

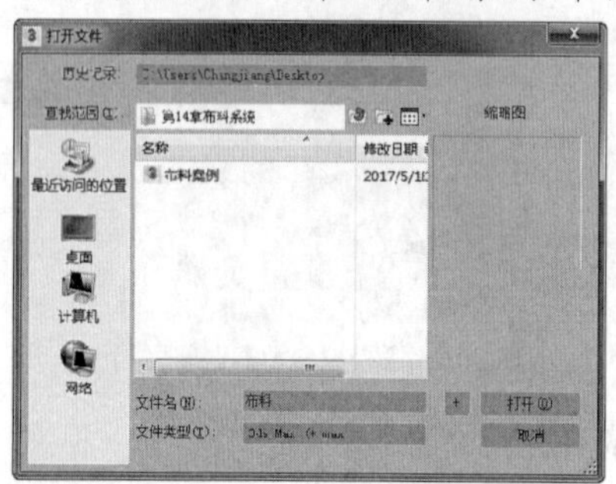

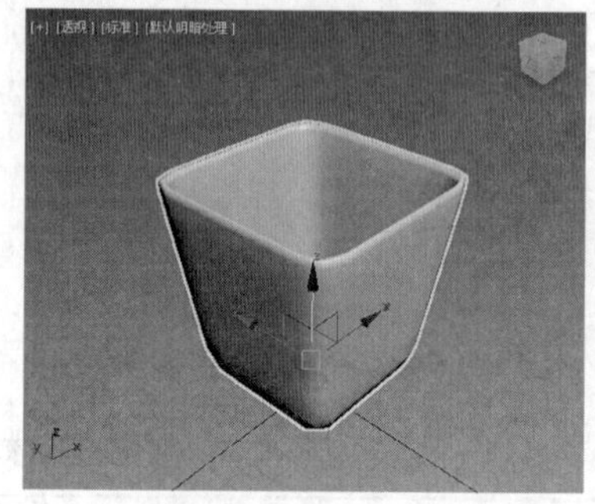

图14-8　打开素材文件

2. 绘制布料形状，如图 14-9 所示。

(1) 单击【创建】面板中的●按钮，切换至【标准基本体】面板。

(2) 单击【对象类型】卷展栏下的 平面 按钮。

(3) 在顶视图中心创建一个平面对象。

(4) 单击 按钮切换至【修改】面板。

(5) 设置平面参数的【长度】为“100”、【宽度】为“100”、【长度分段】和【宽度分段】均为“4”。

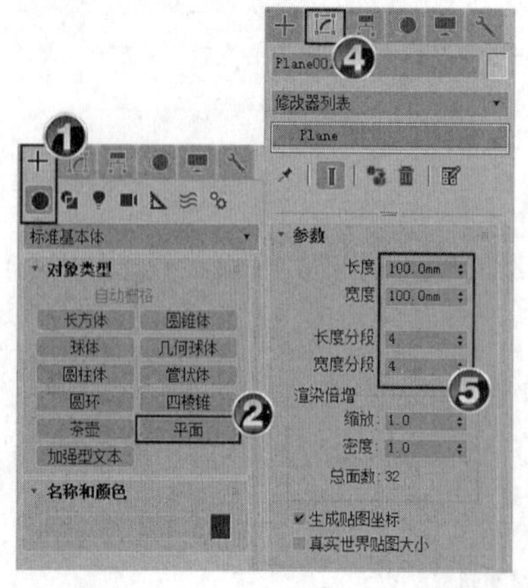

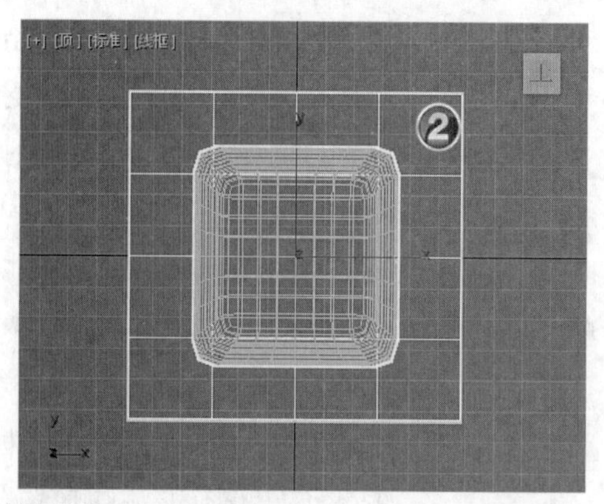

图14-9　创建平面

3. 修改平面，如图 14-10 所示。

(1) 选中平面，单击鼠标右键，在弹出的快捷菜单中选择【转换为】/【转换为可编辑多边形】命令，将平面对象转换为可编辑多边形，选择“顶点”级别。

(2) 选择平面中间的所有顶点，利用缩放工具对所选的顶点进行移动，缩放平面物体的形状。

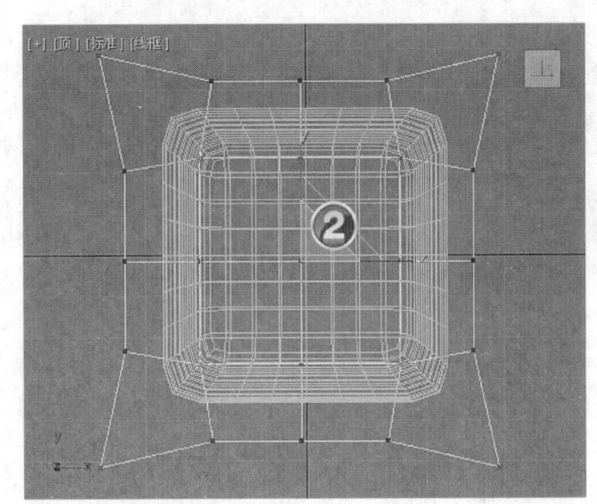

图14-10　将平面对象转换为可编辑多边形

4. 细分平面，如图 14-11 所示。

(1) 退出物体的子级别，利用移动工具调整平面物体的位置。

(2) 在【参数】面板的【曲面细分】卷展栏中选择【使用 NURMS 细分】复选项。

(3) 设置【迭代次数】为“3”。

(4) 单击鼠标右键，在弹出的快捷菜单中选择【转换为】/【转换为可编辑多边形】命令，将细分后的平面物体转换为可编辑多边形。

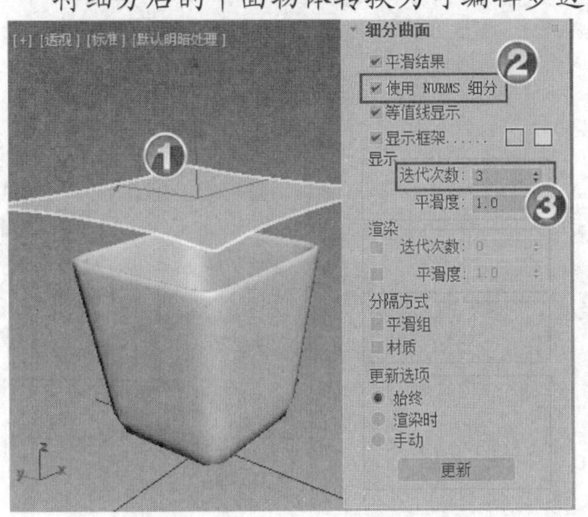

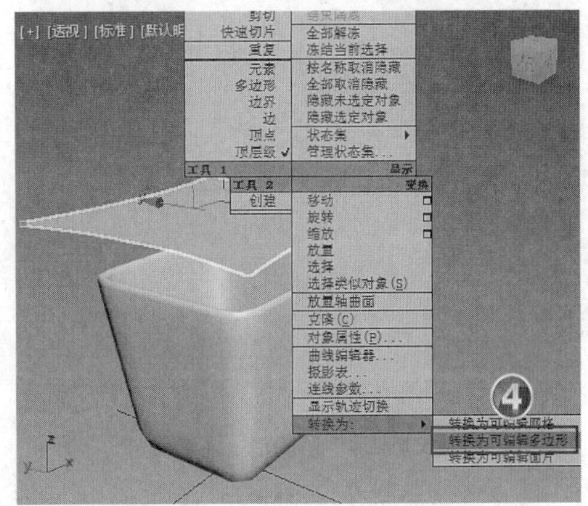

图14-11　进行曲面细分并再次转换为可编辑多边形

5. 添加模拟对象，如图 14-12 所示。

(1) 在修改器列表中选择【Cloth】修改器。

(2) 在【对象】卷展栏中单击 对象属性 按钮。

(3) 在弹出的【对象属性】对话框中单击 添加对象... 按钮。

(4) 选择“Box001”，将其添加到【对象属性】对话框中。

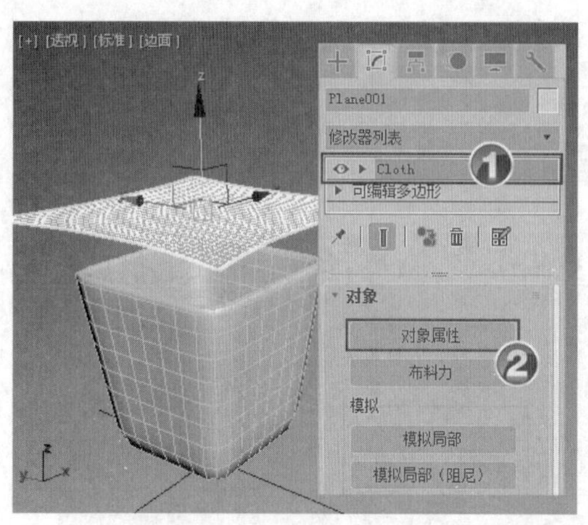

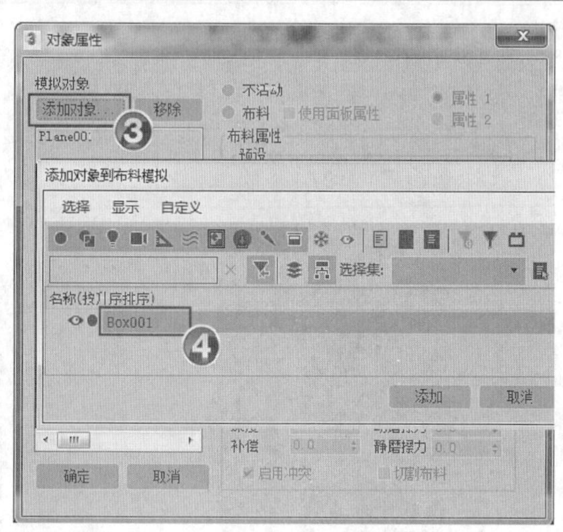

图14-12　添加“模拟对象”

6. 设置对象属性，如图 14-13 所示。

(1) 在【对象属性】对话框左侧的【模拟对象】列表框中选中“Box001”模型。

(2) 选择【冲突对象】单选项。

(3) 选中“Plane001”。

(4) 选择【布料】单选项。

(5) 在【预设】下拉列表中选择【Flannel】选项。

(6) 单击 确定 按钮，完成对象属性的设定。

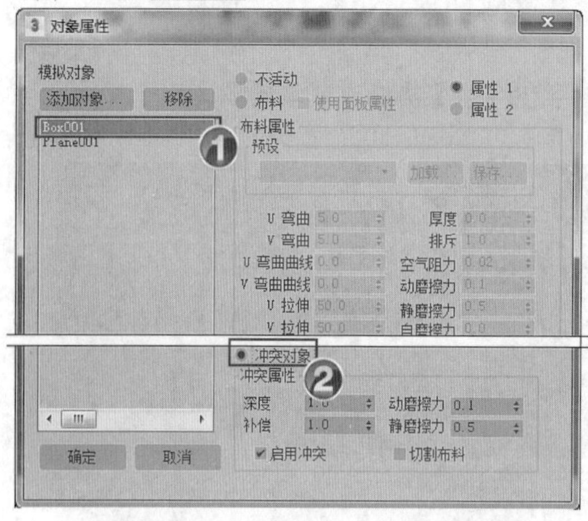

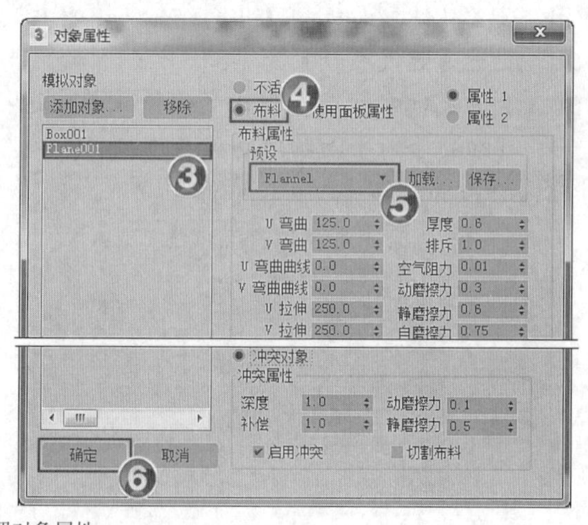

图14-13　设置对象属性

7. 设置模拟参数，如图 14-14 所示。

(1) 在【模拟参数】卷展栏的【厘米/单位】文本框中将值改为“1.5”。

(2) 选择【自相冲突】复选项。

(3) 在【模拟】分组框中单击 模拟局部 按钮，系统开始计算模拟布料运动。

(4) 再次单击 模拟局部 按钮结束计算。

(5) 单击鼠标右键，在弹出的快捷菜单中选择【转换为】/【转换为可编辑多边形】命令，将布料物体转换为可编辑多边形。

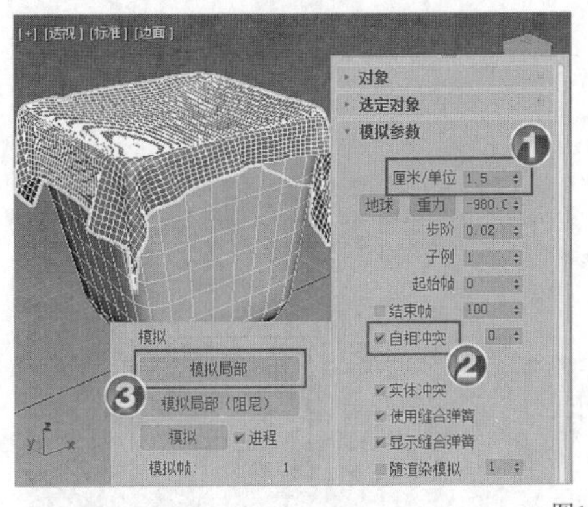

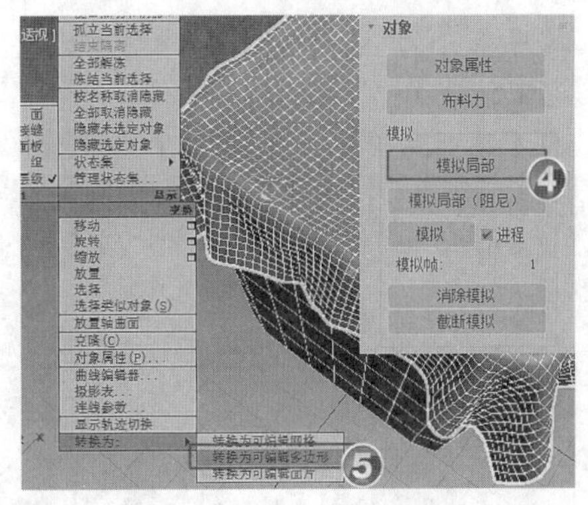

图14-14　设置模拟参数

8.　删除面片，如图 14-15 所示。

(1)　按4键，切换到【多边形】级别。

(2)　选择布料物体中间的面。

(3)　按Delete键将所选的面删除。

9.　移动面片，如图 14-16 所示。

(1)　切换到“边界”级别。

(2)　选择开口处的边界线。

(3)　按住Shift键，利用移动工具向下移动边界线生成多边形结构。

(4)　利用缩放工具对所选的边界线进行缩放。

(5)　按住Shift键，向下移动所选的边界线生成多边形结构。

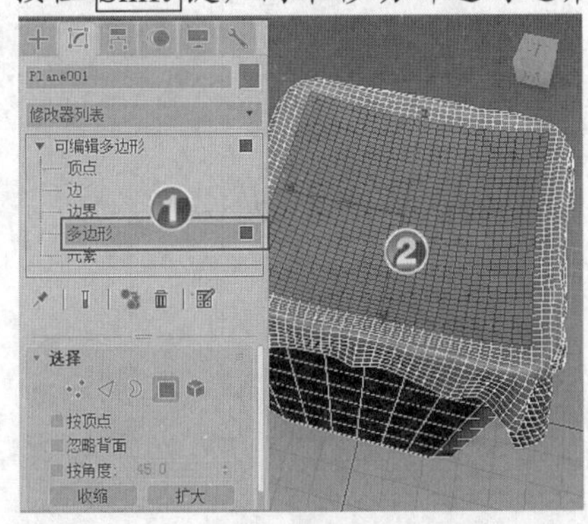

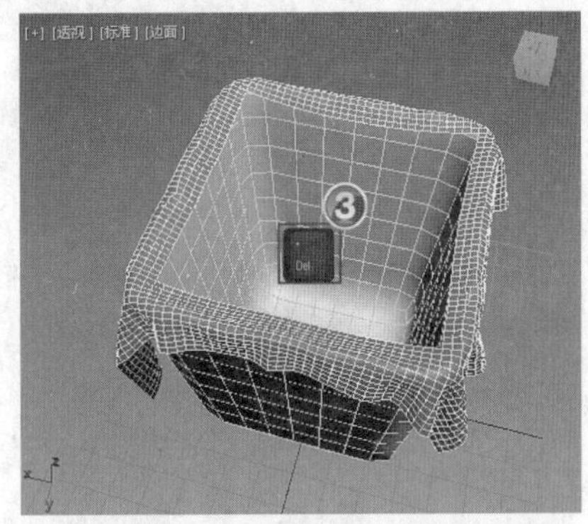

图14-15　删除面片

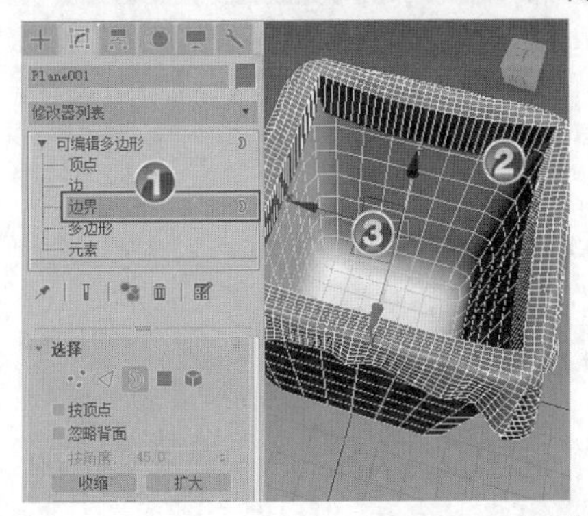

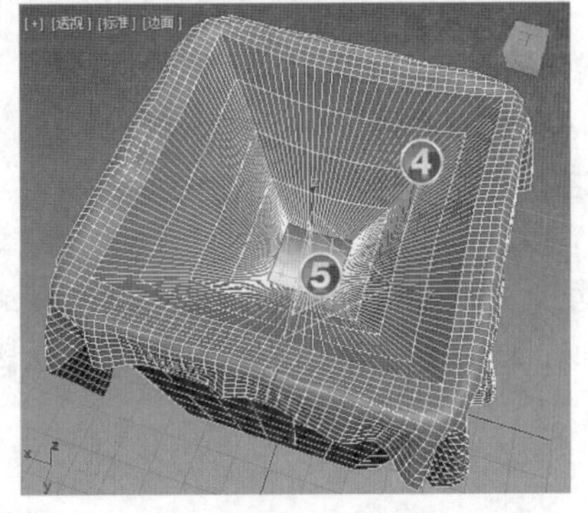

图14-16　移动面片

10. 封口边界图形，如图 14-17 所示。

(1) 选中边界线。

(2) 在【编辑边界】卷展栏中单击 封口 按钮。

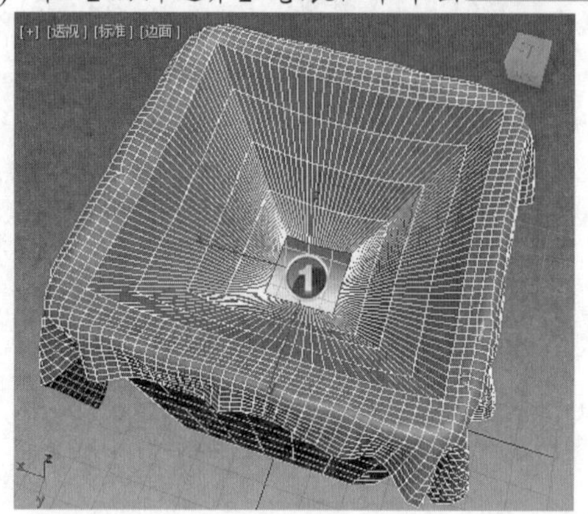

图14-17 封口边界图形

11. 切割图形，如图 14-18 所示。

(1) 切换到“顶点”级别。

(2) 在【编辑几何体】卷展栏中单击 切割 按钮。

(3) 对封口处的面进行切割细分。

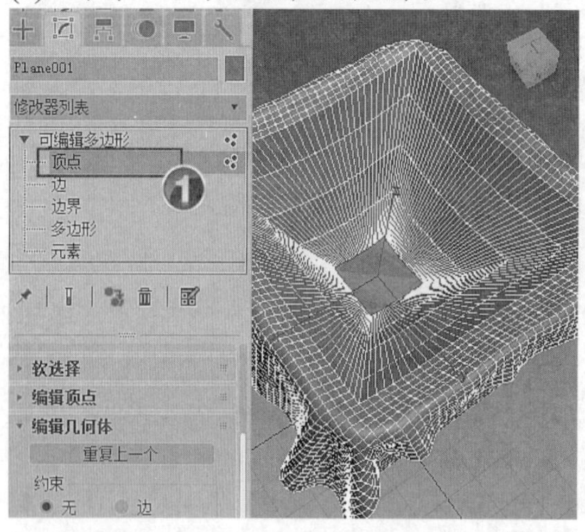

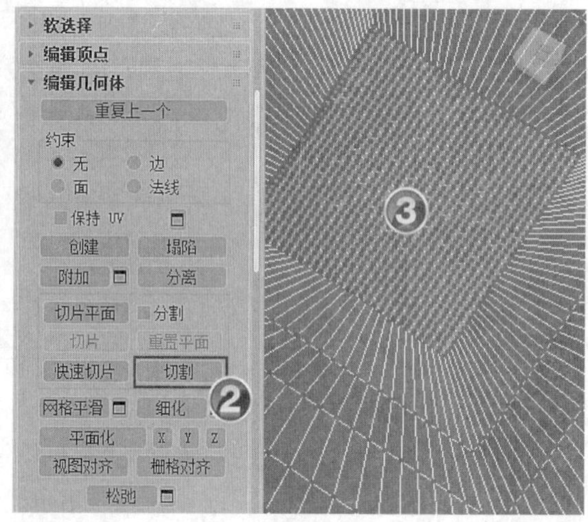

图14-18 切割图形

12. 创建壳体，如图 14-19 所示。

(1) 切换到布料物体的“边”级别。

(2) 选择模型上的边。

(3) 单击【编辑边】卷展栏中 连接 按钮右侧的小方块。

(4) 在弹出的【连接边】面板中输入合适的参数。

(5) 退出物体的“边”级别，在【修改器列表】中选择【壳】修改器。

(6) 设置“壳”参数。

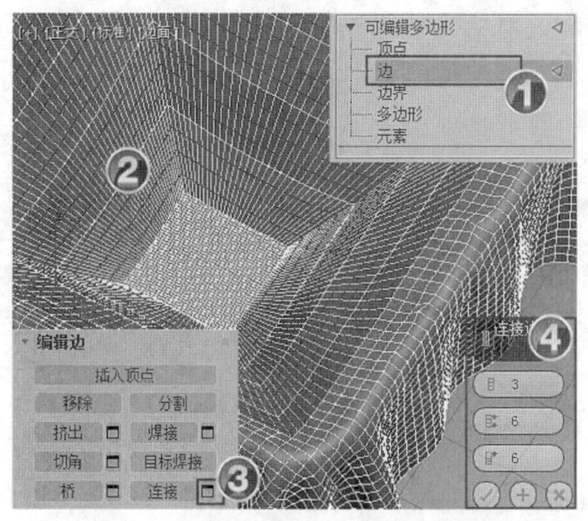

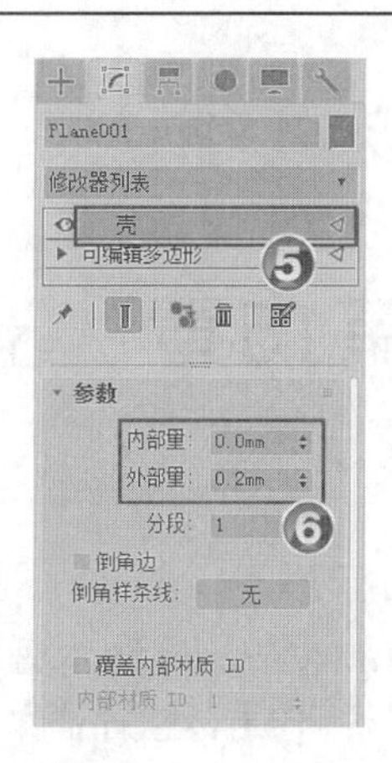

图14-19　创建壳体

13. 完成布料的创建，最终效果如图 14-20 所示。

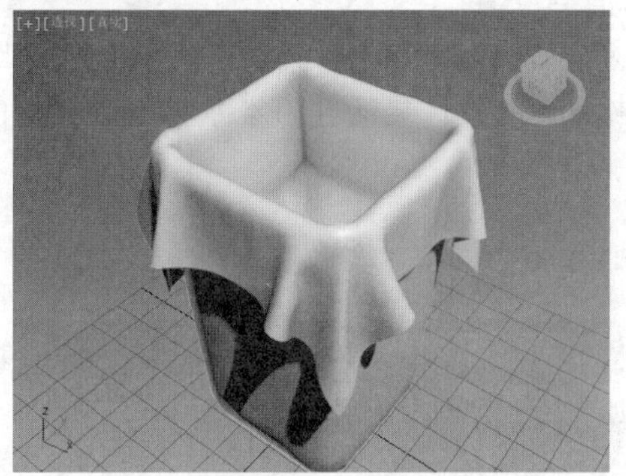

图14-20　最终效果

14.3　习题

1. 简要说明布料系统的用途。
2. 使用【服装生成器】修改器时需要注意哪些问题？
3. 【布料】修改器有哪些主要功能？
4. 设置布料网格密度大小对设计结果有什么主要影响？
5. 创建布料时，如何设置布料的属性参数？

第15章　3ds Max 2020 编程技术

【学习目标】

- 明确 MAXScript 脚本语言的用途。
- 掌握访问 MAXScript 脚本语言的方法。
- 掌握 MAXScript 侦听器的使用方法。
- 明确制作脚本动画的一般流程。

MAXScript 是 3ds Max 内置的脚本语言，使用 MAXScript 脚本语言可以扩展 3ds Max 的设计功能，为设计者带来更大的设计灵活性。本章将通过典型的案例介绍脚本语言的概念、设计工具及设计流程。

15.1　基础知识

如果使用 3ds Max 提供的各种功能模块还不能完全满足设计要求，或者使用已有的设计工具不再方便快捷时，可以考虑使用脚本工具进行设计。

一、 MAXScript 脚本语言的用途

MAXScript 脚本语言能为设计者打开一片全新的设计天空，使用脚本制作动画便捷高效。例如：使用脚本创建一组类似的对象（一片星空、一群游鱼等），通过程序语句可以方便地控制对象的数量、颜色、分布及运动轨迹等。

MAXScript 脚本语言的特点如下。

(1) MAXScript 脚本语言扩展了 3ds Max 的设计功能，用途很广泛。例如，既可以通过脚本在场景中制定坐标，也可以通过脚本创建材质，还可以使用脚本创建自动关键帧动画。

(2) MAXScript 脚本语言并不是高深莫测，其语法规则较少，语法格式简单，即使没有多少编程基础的用户也可以自学，循序渐进地掌握。

(3) MAXScript 脚本很好地融入了 3ds Max 的用户界面中，可以将脚本集成为程序面板、卷展栏、浮动窗口或工具按钮等。

(4) 使用 MAXScript 脚本可以完成以下操作。

- 实现建模、材质、渲染、灯光和动画等基本操作。
- 通过命令行窗口创建交互式动画。
- 定制个性化的工具面板、卷展栏和浮动窗口。
- 定制宏脚本，将其作为新的工具按钮附加在特点工具栏中。
- 对已有用户界面（如对象、材质、修改器等）进行扩展。
- 定制系统插件。
- 定制输入输出工具。

二、 访问 MAXScript 脚本语言

在 3ds Max 中，可以用以下 3 种方法访问 MAXScript 脚本语言。

(1) 使用工具面板。

在工具面板的【实用程序】选项卡中单击 MAXScript 按钮，如图 15-1 所示，打开【MAXScript】卷展栏，使用其中的工具进行设计，如图 15-2 所示。

(2) 通过【脚本】菜单命令。

使用【脚本】菜单命令可以执行与 MAXScript 脚本语言相关的操作，例如【新建脚本】【打开脚本】和【运行脚本】等，如图 15-3 所示。

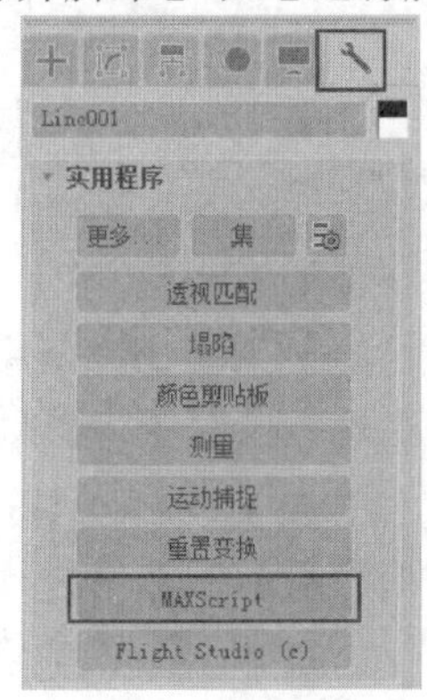

图15-1 工具面板

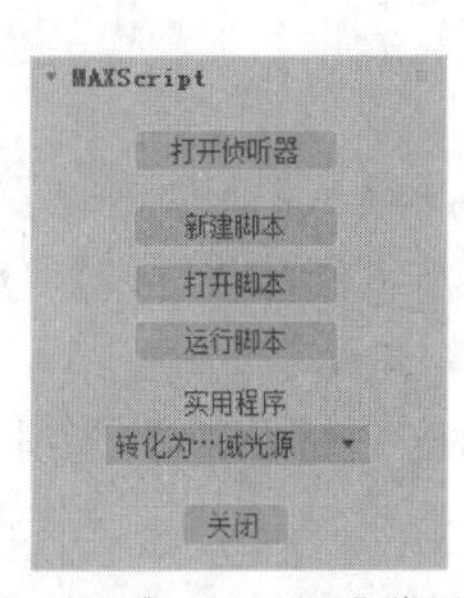

图15-2 【MAXScript】卷展栏

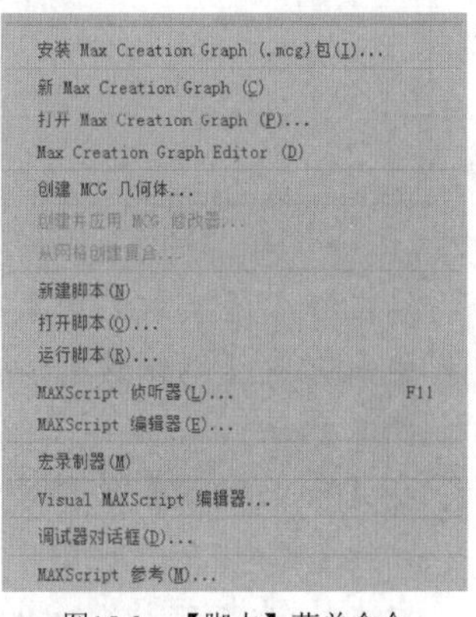

图15-3 【脚本】菜单命令

(3) 使用视图区的 MAXScript 侦听器。

在 3ds Max 中可以将任意视图切换为【MAXScript 侦听器】窗口。在任意视图左上角的【视图】标签菜单上单击鼠标左键，在弹出的快捷菜单中选择【扩展视口】/【MAXScript 侦听器】命令，如图 15-4 所示，即可将该视口转换为【MAXScript 侦听器】窗口，如图 15-5 所示。

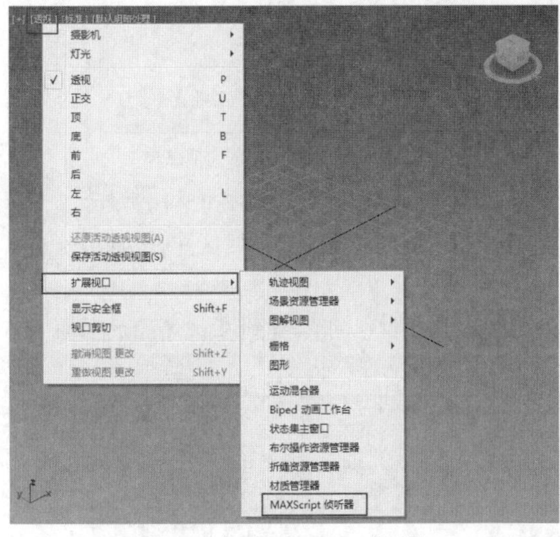

图15-4 打开 MAXScript 侦听器

图15-5 【MAXScript 侦听器】窗口

三、 使用 MAXScript 侦听器

MAXScript 侦听器用于对脚本语言进行编辑和操作。下面简要说明其使用方法。

1. 执行【脚本】/【MAXScript 侦听器】命令，打开【MAXScript 侦听器】窗口，如图 15-6 所示。

要点提示 打开【MAXScript 侦听器】窗口的快捷键为 F11，关闭【MAXScript 侦听器】窗口的快捷键为 Ctrl+W。

2. 在窗口中执行【宏录制器】/【启用】命令，将侦听器划分为宏录制区和编辑区两个区域，如图 15-7 所示。

图15-6 【MAXScript 侦听器】窗口

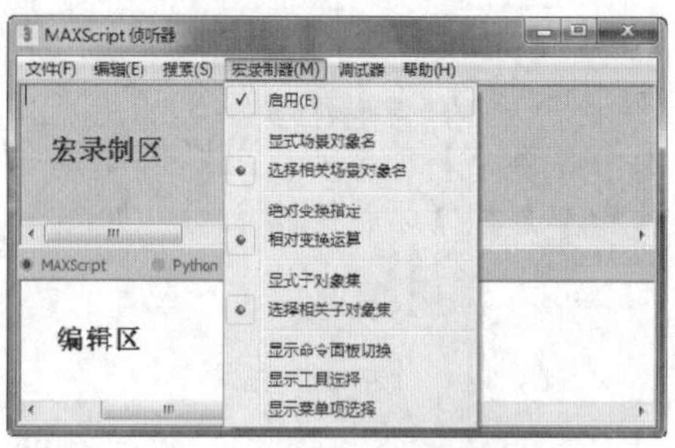

图15-7 启用【宏录制器】

3. 单击选中【宏录制区】，执行【编辑】/【清除全部】命令，将当前宏记录区清除干净；单击选中【编辑区】，执行【编辑】/【清除全部】命令，将当前编辑区清除干净。如图 15-8 所示。
4. 在【宏录制器】菜单命令下确保选中【启用】选项，然后在【创建】面板中使用【长方体】工具在透视图中创建一个长方体。此时在宏录制区将出现一条语句，记录该长方体的创建信息，如图 15-9 所示。

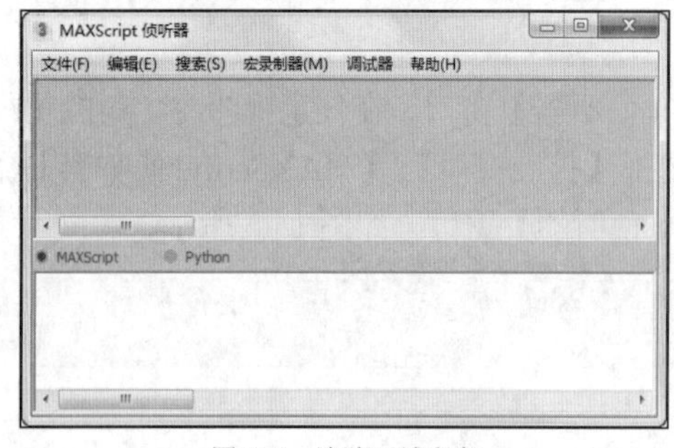

图15-8 清除区域内容

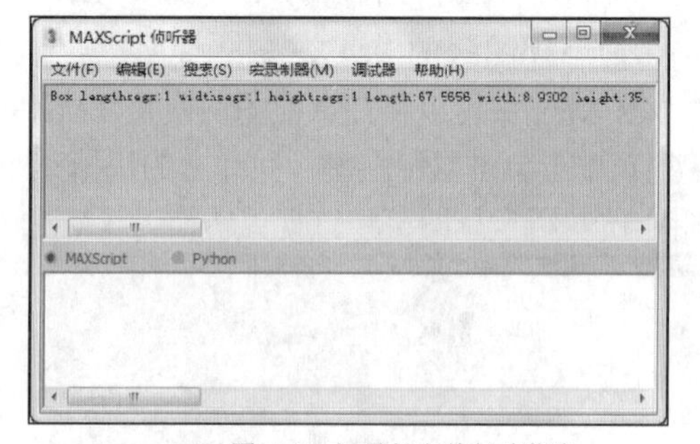

图15-9 记录长方体创建信息

5. 选中整行语句，使用 Ctrl+C 和 Ctrl+V 组合键将其复制到编辑区，如图 15-10 所示。
6. 在视图区选中刚刚创建的长方体对象，将其删除。可以看到在宏录制区中增加了一条删除命令，如图 15-11 所示。
7. 激活编辑区，选中刚才复制的语句行，按 Shift+Enter 组合键，可以看到在被删除的位置又创建了一个长方体对象，只是对象颜色发生了变化，如图 15-12 所示。

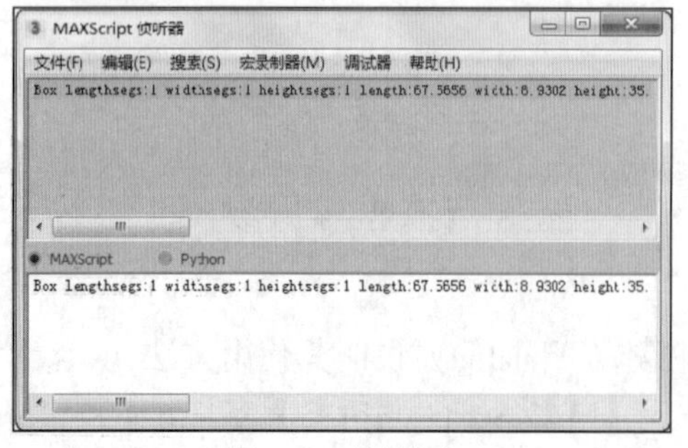

图15-10 复制脚本

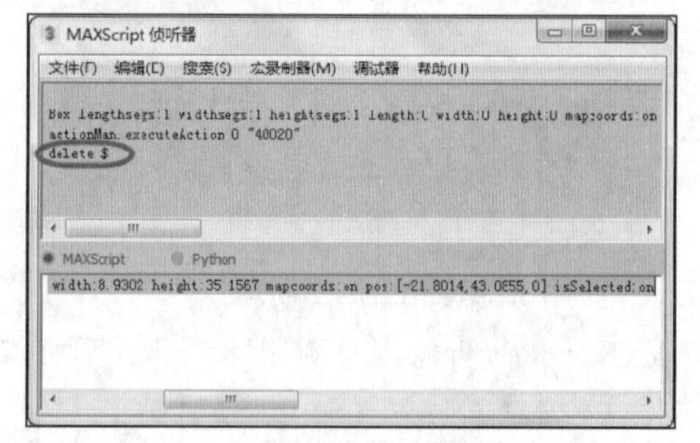

图15-11 增加删除信息

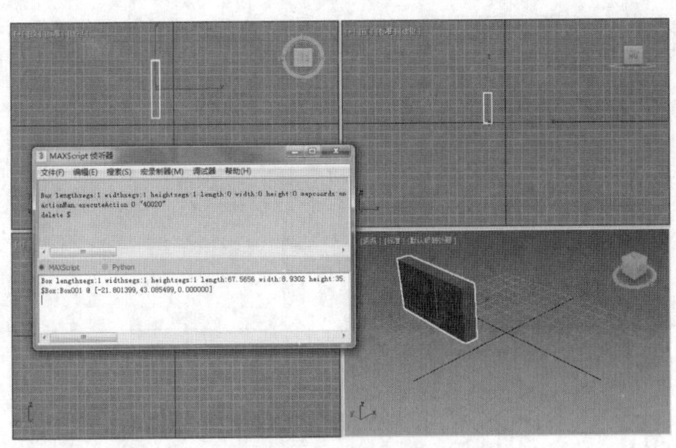

图15-12　新建对象

这里使用了两种方式创建对象：一是通过传统的鼠标操作方式；二是通过 3ds Max 脚本语言（MAXScript 侦听器），通过输入相应的脚本语言来实现。两种创建方式中，后者更加方便快捷。

四、 宏录制器

宏录制器是记录和显示脚本信息的重要工具，在使用 3ds Max 进行设计时，每一行命令的输入和执行结果都由 MAXScript 侦听器执行和显示。宏录制器特别适合于进行交互式设计及开发较小的源代码程序。较大的程序则适合在脚本编辑窗口中完成。

将鼠标光标移动到宏录制区左侧时，它会变成一个向右的箭头，此时单击鼠标左键可以选中整行代码，如图 15-13 所示；如果拖动鼠标光标，则可以选中多行，如图 15-14 所示。

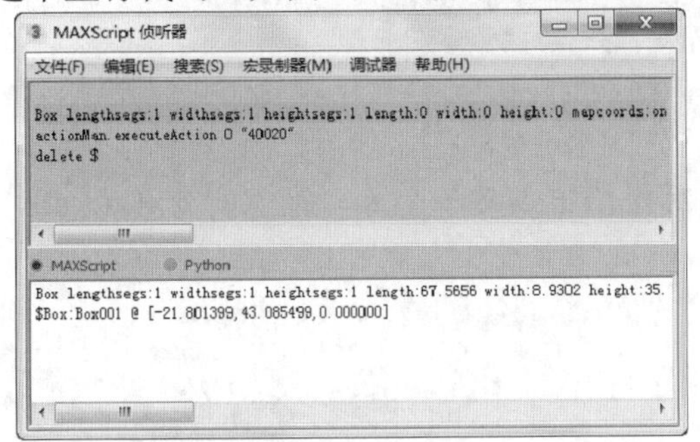

图15-13　选中单行代码

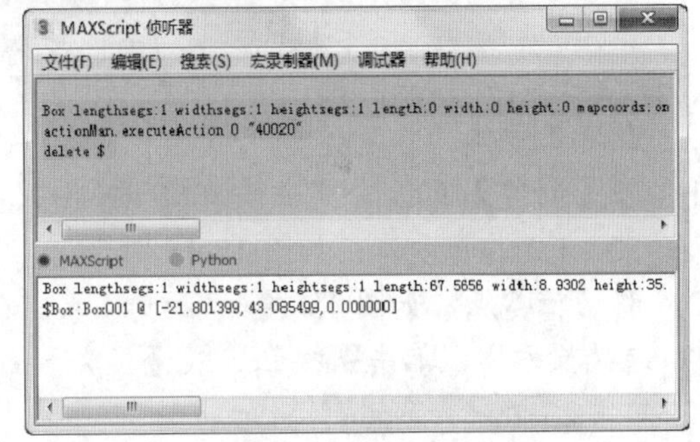

图15-14　选中多行代码

选中代码后，可以将其拖到编辑区进行复制，如图 15-15 所示。

为了便于区分，代码中输入的文字、输出的文字及错误信息的文字的颜色各不相同。系统默认颜色设置为：输入的文字为黑色，输出的文字为蓝色，错误信息的文字为红色，如图 15-16 所示。

五、 脚本的类型和使用

3ds Max 中脚本文件大致分为程序型脚本（.ms）、插件型脚本（.ms 或.dlx）及宏脚本（.mcr）3 类。3ds Max 自身提供了很多脚本范例，这些范例制作精良，可以直接使用。另外，一些设计网站上有大量免费或收费脚本，下载后正确安装即可使用。

脚本的使用比较简单，安装脚本与安装一个简单的插件相似。很多脚本不但免费而且功能强大，有兴趣的读者可以尝试使用这种全新的手段进行设计。

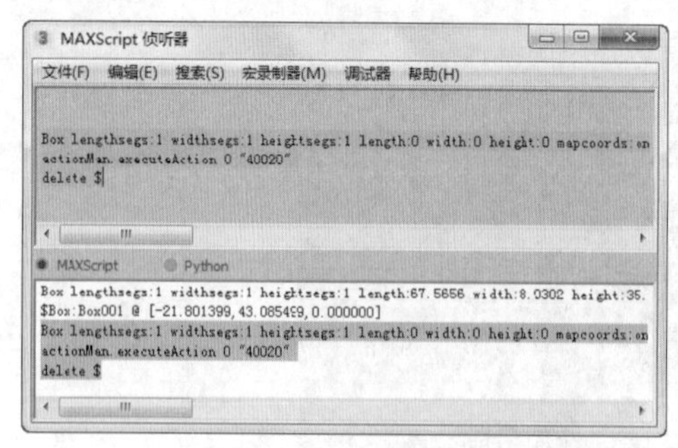

图15-15　复制代码

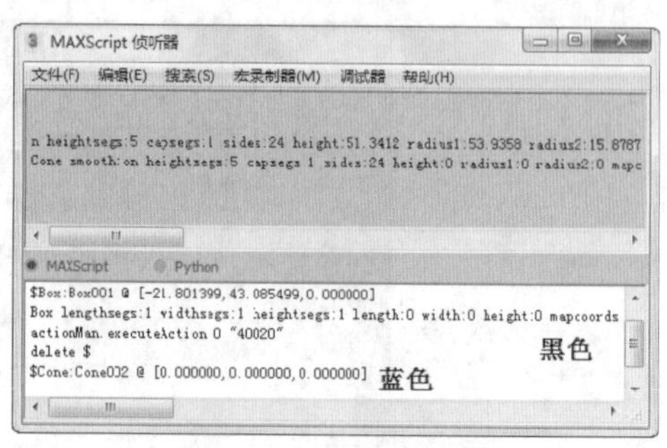

图15-16　不同文字的颜色

15.2　范例解析——制作“文字动画”效果

本案例将讲解使用 3ds Max 的 MassFX 制作一个文字从高处落到地面并产生自然弹跳的效果，场景中两边用于装饰的立方体彩色波浪摆动效果通过 Maxscript 来实现。最后，为模型设置材质，配合天光渲染出非常漂亮的成品动画效果，如图 15-17 所示。

图15-17　“文字动画”效果

1.　创建长方体。

(1)　在【创建】面板中单击 长方体 按钮，在前视图中创建一个长、宽、高分别为 40、50、1.2 的长方体，如图 15-18 所示。

(2)　移动轴心点，如图 15-19 所示。

①　选择长方体，单击按钮进入【层次】面板。

②　单击 仅影响轴 按钮。

③　移动物体的轴心点至物体的左上角，使整个长方体绕左上角旋转。

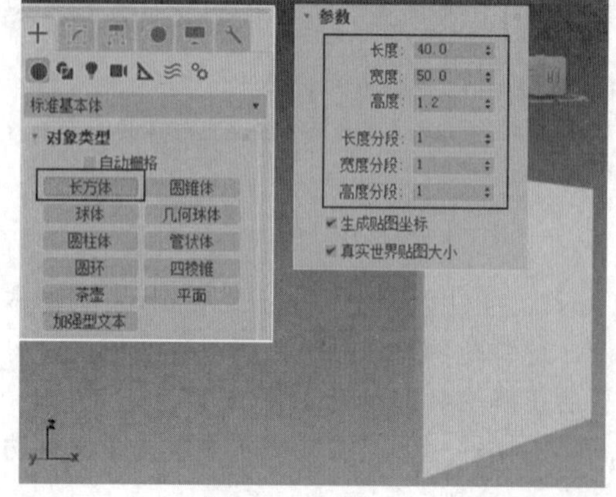

图15-18　创建长方体

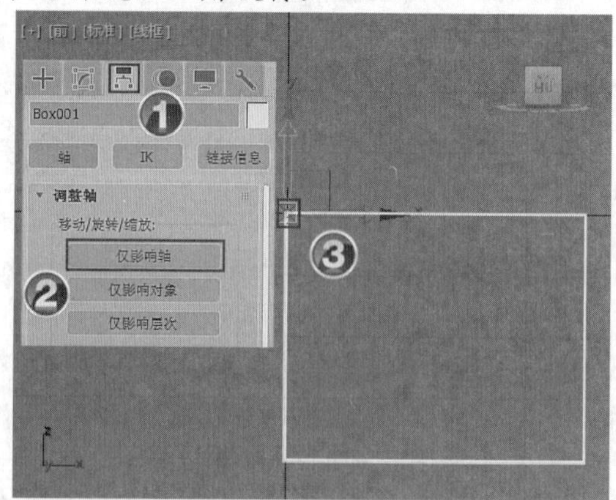

图15-19　移动轴心点

2. 设置旋转关键帧。

(1) 单击 自动关键点 按钮，将时间滑块滑到第 30 帧的位置，在前视图中将长方体旋转 35°，如图 15-20 所示。此时，时间栏上产生两个关键点。

(2) 按住 Shift 键将第 0 帧的关键点复制到第 60 帧的位置，再次单击 自动关键点 按钮，取消关键帧的记录，这样就产生了一个由中间摆到上面又摆下来的动画，如图 15-21 所示。

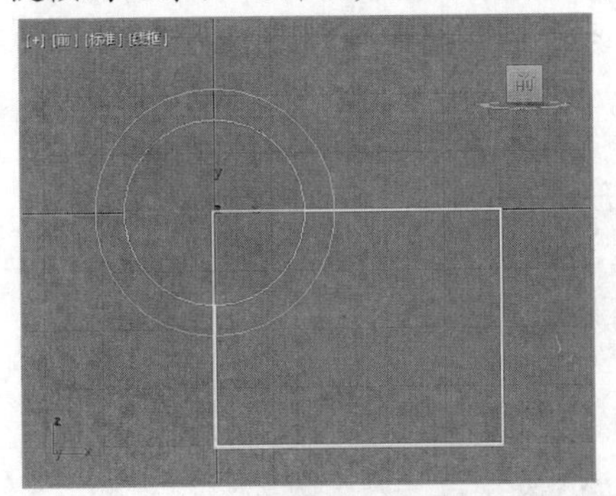

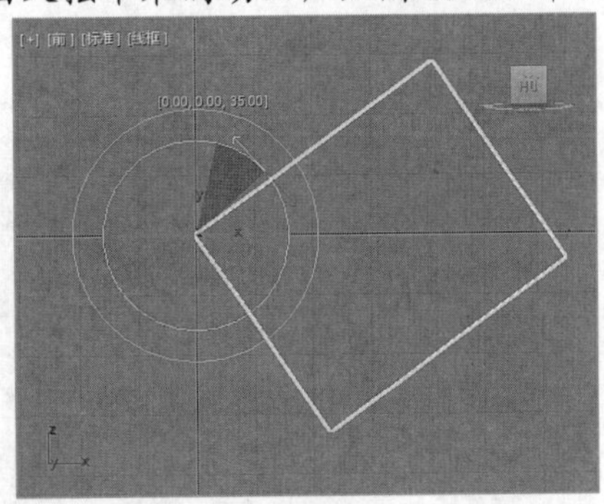

图15-20 旋转长方体

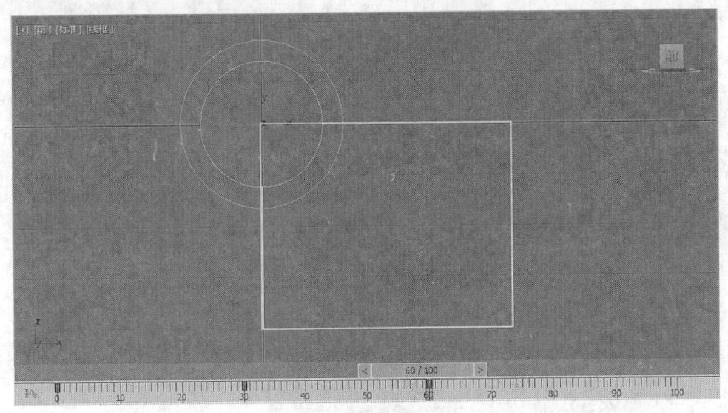

图15-21 自动关键帧

3. 脚本编辑。

(1) 复制图形，如图 15-22 所示。

① 进入顶视图，选中长方体对象。

② 单击按钮，按住 Shift 键拖动对象打开【克隆选项】对话框，选中【复制】选项。

③ 设置副本数量为“20”。

④ 单击 确定 按钮复制出 20 个长方体，每个长方体之间空出一点距离，这样它们都有相同的关键帧动画。

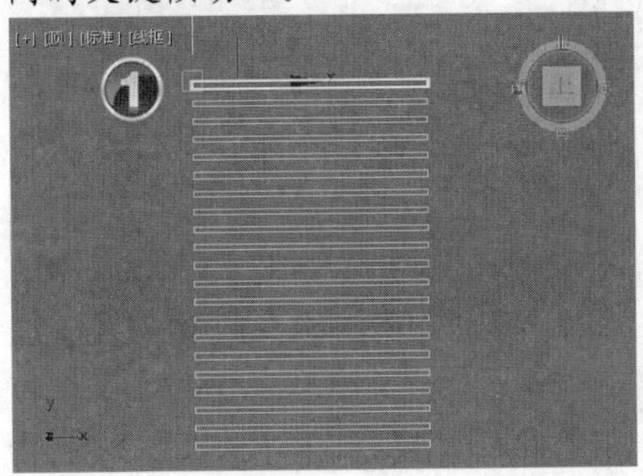

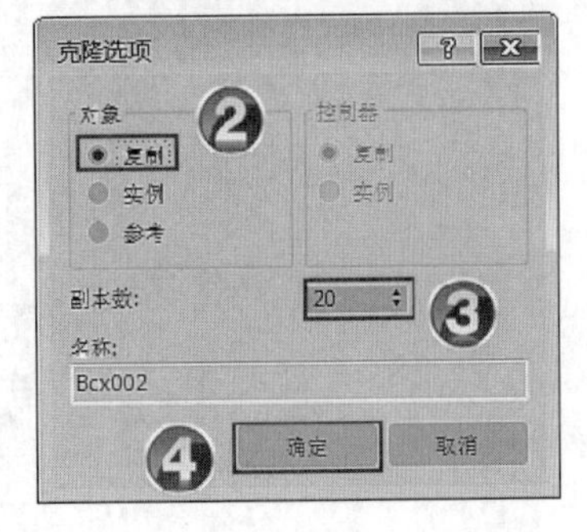

图15-22 复制长方体

(2) 选择所有长方体，按F11键打开【MAXScript 侦听器】窗口，按Ctrl+D组合键清空脚本。

(3) 定义变量 x=0 后按回车键。在鼠标光标处输入以下内容。

```
for a in selection do movekeys a(x+=4)
```

然后按回车键

这时能明显看到时间栏上多出很多有规律的关键帧，如图 15-23 所示。

(4) 单击按钮打开【时间配置】对话框，在【动画】分组框中将【结束时间】修改为“160”。

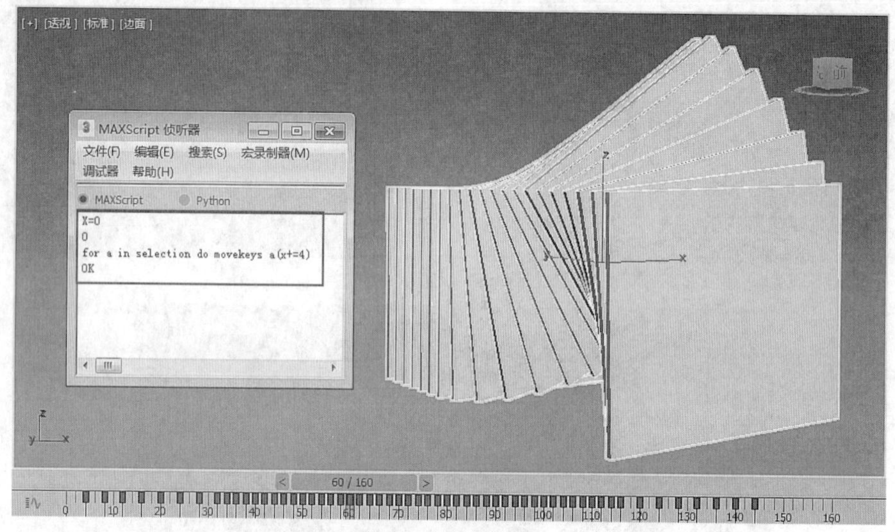

图15-23　添加脚本

(5) 成组和镜像立方体，如图 15-24 所示。

① 选择所有的长方体，执行【组】/【组】命令。

② 输入组名后再在【组】对话框中单击 确定 按钮。

③ 单击按钮打开【镜像】对话框，在【克隆当前选择】分组框中选择【复制】选项。

④ 在【镜像轴】分组框中选择【X】，并设置偏移参数为“－140”。

⑤ 单击 确定 按钮向右镜像复制成组后的长方体。

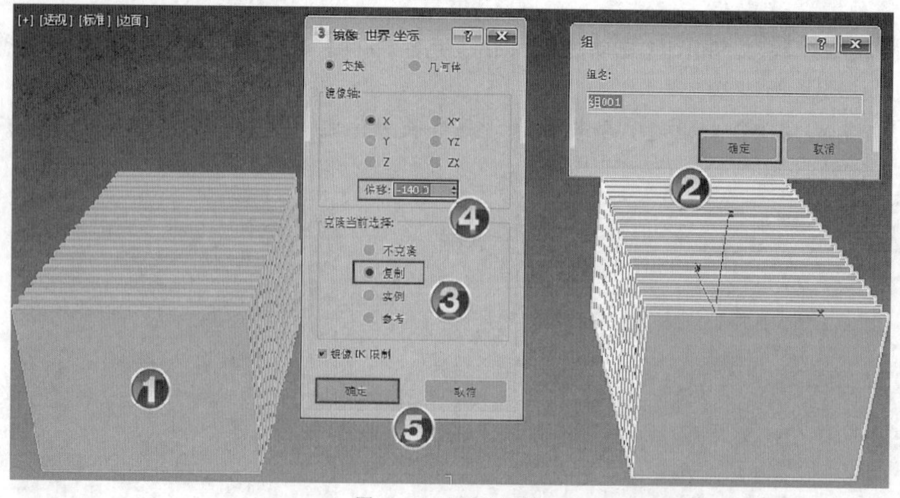

图15-24　成组并复制

要点提示 在镜像之前，必须先对长方体进行成组处理，否则镜像复制后的长方体所产生的动画将与原动画不一致。

4. 设置材质。

(1) 单击按钮打开【材质编辑器】窗口，选择第 1 个材质球，在【贴图】卷展栏的【反射】通道中单击 无贴图 按钮打开【材质/贴图浏览器】对话框。在【贴图】/【通用】中选择【衰减】贴图，然后单击 确定 按钮。如图 15-25 所示。

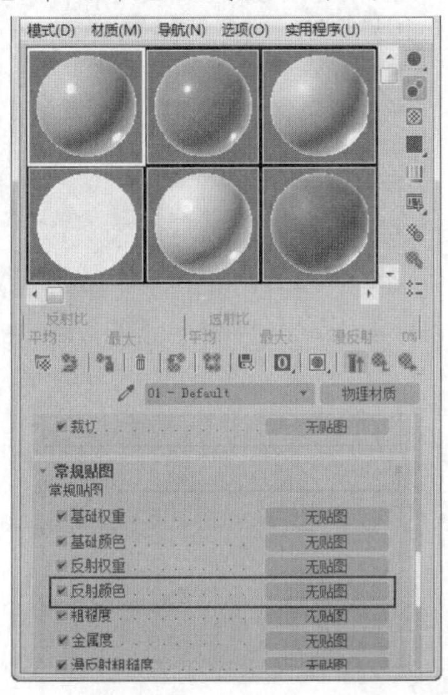

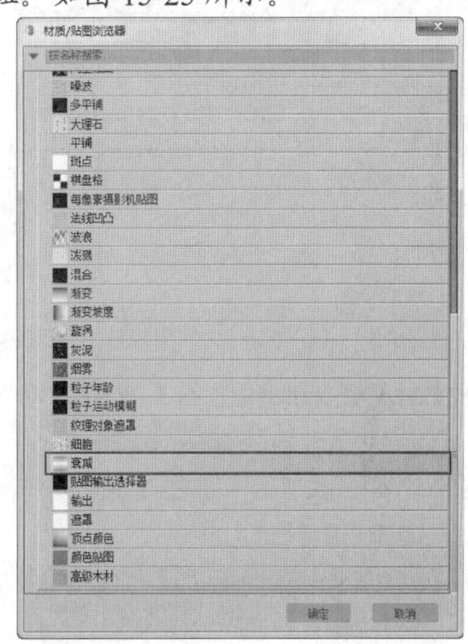

图15-25 添加衰减贴图

(2) 设置贴图参数，如图 15-26 左图所示。

① 适当调节【混合曲线】卷展栏中的材质曲线。

② 选择右上角的点，单击鼠标右键，在弹出的快捷菜单中选择【Bezier-角点】命令。调整滑杆，使当前材质球的反射留在边缘位置，如图 15-26 右图所示。

③ 在【衰减参数】卷展栏中单击白色色块右侧的 无贴图 按钮，打开【材质/贴图浏览器】对话框。

④ 为衰减的白色部分添加【光线跟踪】贴图。

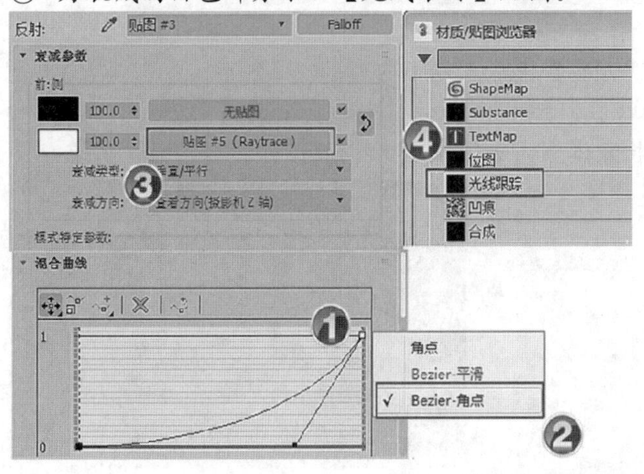

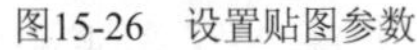

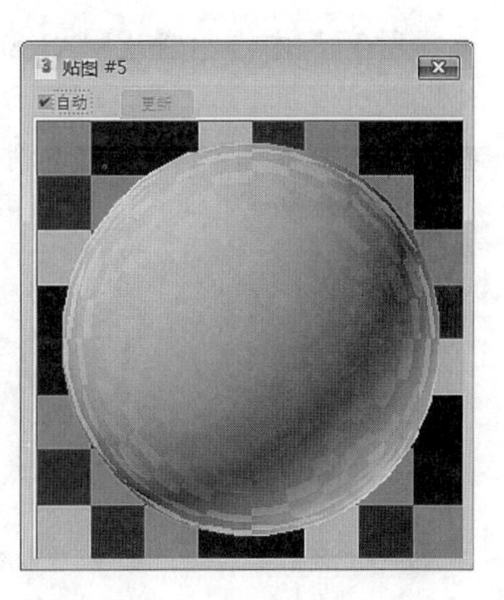

图15-26 设置贴图参数

(3) 为使每个材质球的颜色都不一样，先选择场景中的模型，然后在【MAXScript 侦听器】窗口输入以下内容。

```
for m=2 to 24 do meditmaterials [m] =copy meditmaterials [1]
```

然后按回车键

使所有材质球的材质都变成与第 1 个一样，如图 15-27 所示。

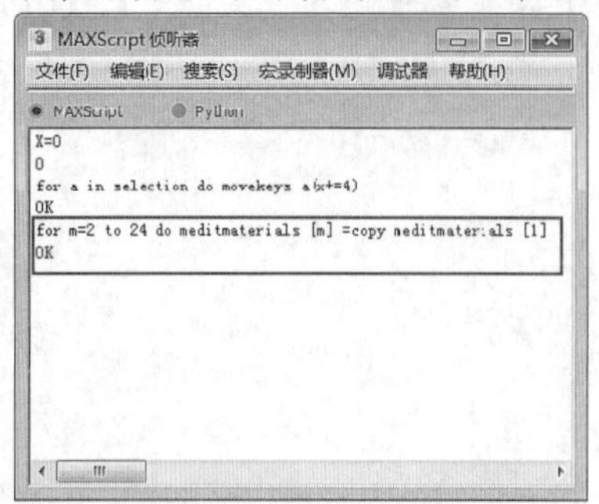

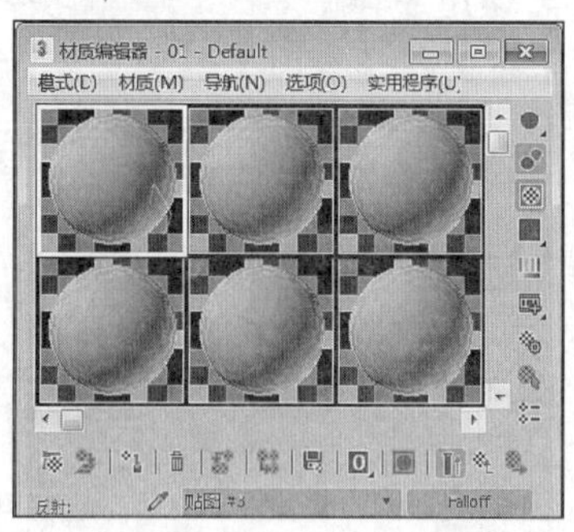

图15-27　输入脚本（1）

(4) 在【MAXScript 侦听器】中输入以下内容。

```
y=#(red, yellow, blue, green, orange, brown, white)
```

这个选择集由 7 种颜色组成，按回车键后看到的蓝色文字为每个颜色对应的 Max 标准颜色的 RGB 数值。

(5) 在【MAXScript 侦听器】中输入以下内容。

```
for m=2 to 24 do meditmaterials [m].diffuse=y[random 1 7]
```

按回车键后可以看到所有的材质球都改变了颜色，如图 15-28 所示。

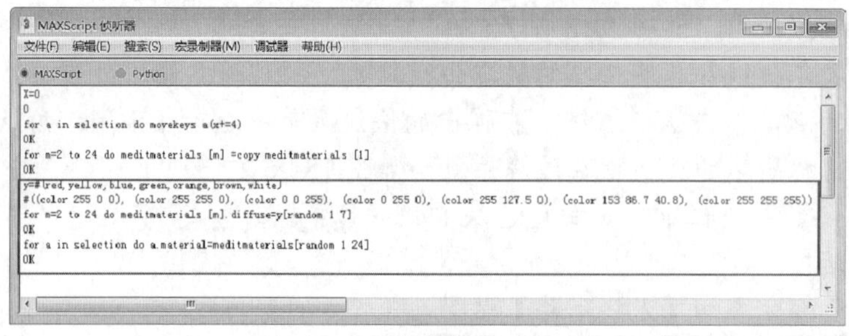

图15-28　输入脚本（2）

(6) 选择所有长方体，在【MAXScript 侦听器】中输入以下内容。

```
for a in selection do a.material=meditmaterials [random 1 24]
```

按回车键将所有的材质赋予到所有长方体上，如图 15-29 所示。

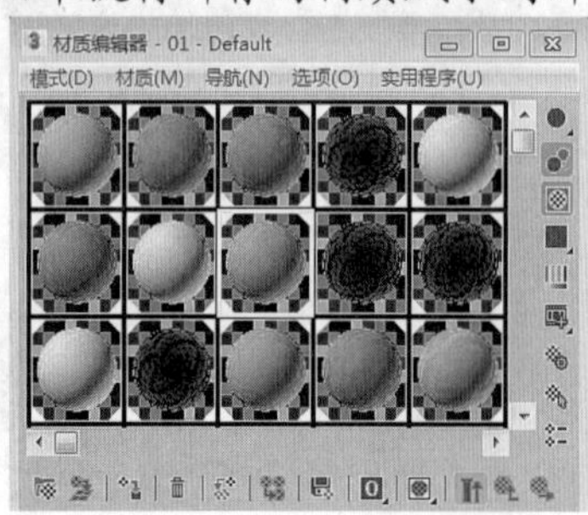

图15-29　赋予材质

5. 创建地面和文字。

(1) 在顶视图中创建一个长方体作为地面，调整其位置和大小，如图 15-30 所示。

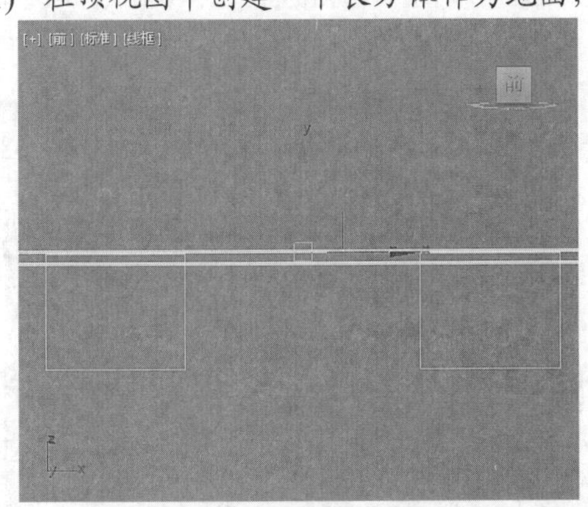

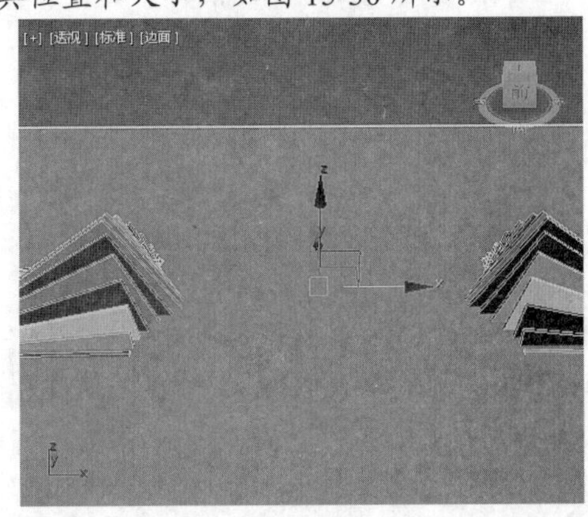

图15-30　创建地面

(2) 在【创建】面板中单击 文本 按钮，在前视图中创建文本。

(3) 单击按钮进入【修改】面板，在【文本】列表框中输入字母“A”，大小改为“70”，字体设为“华文琥珀”。

(4) 为文字添加一个【倒角】修改器，展开【倒角值】卷展栏，参数设置如下。

- 将【级别 1】的【高度】和【轮廓】值均设置为“0.5”。
- 选择【级别 2】和【级别 3】复选项。
- 将【级别 2】的【高度】设置为“12”、【级别 3】的【高度】设置为“0.5”。
- 将【级别 3】的【轮廓】设置为“–0.5”。

(5) 按照类似方法创建其他两个字母。

(6) 在【材质编辑器】中任选 3 种材质指定给 3 个字母。

(7) 调整文字与长方体的位置，使文字位于两组长方体的中间。

(8) 在前视图中将文字拉高，每一个都比前一个高一些，参考效果如图 15-31 所示。

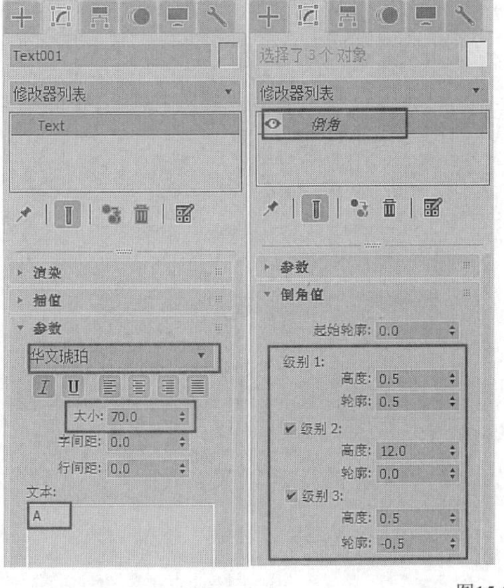

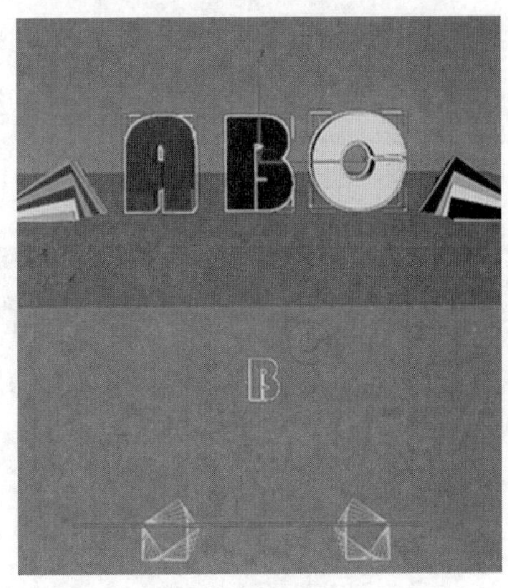

图15-31　创建文字

6. 模拟动力学动画。

(1) 在工具栏的空白处单击鼠标右键，在弹出的快捷菜单中选择【MassFX 工具栏】命令，打开【MassFX Toolbar】工具栏。

(2) 长按工具栏中的按钮，选择【将选定项设置为动力学刚体】命令，如图 15-32 所示。

(3) 选择地面，长按工具栏中的按钮，选择【将选定项设置为静态刚体】命令，如图 15-33 所示。

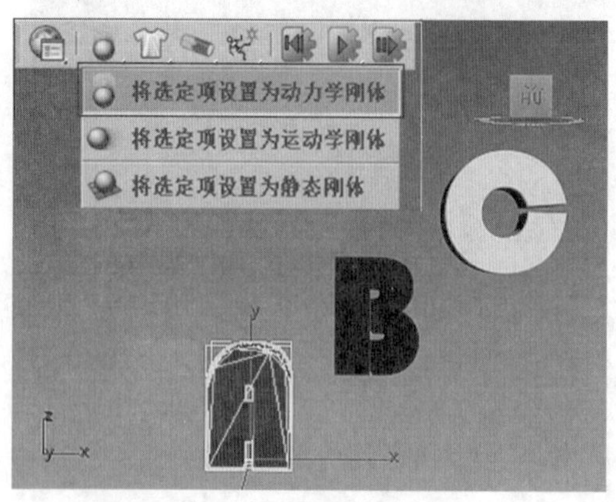

图15-32　设置动力学刚体

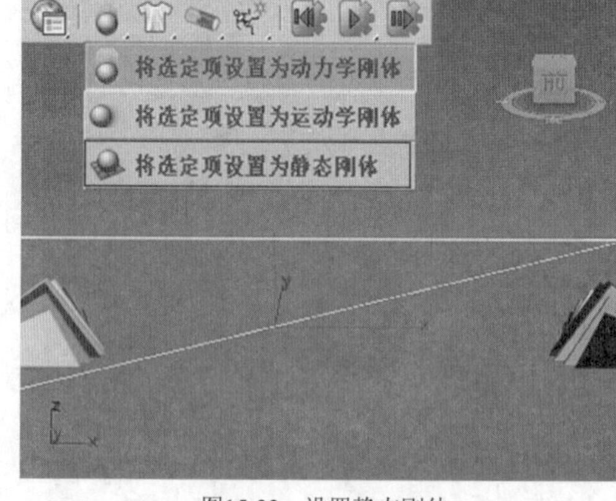

图15-33　设置静态刚体

(4) 选择文字，单击按钮进入【修改】面板，在【MassFX Rigid Body】修改器中将【物理图形】卷展栏中的【图形类型】改为【长方体】，在【物理网格参数】卷展栏中将【高度】改为“40”，如图 15-34 所示。

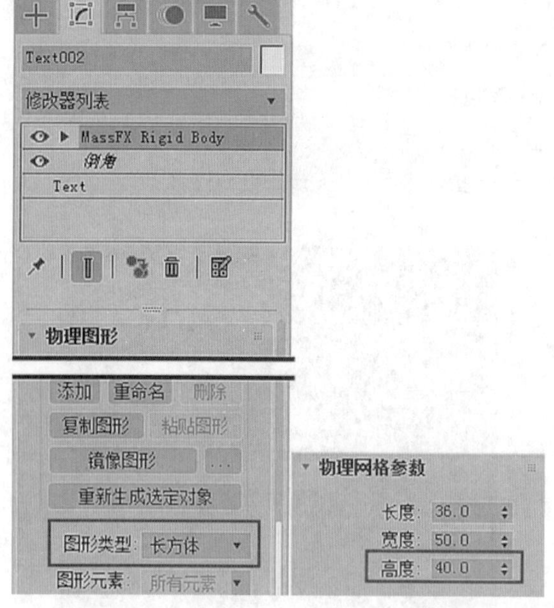

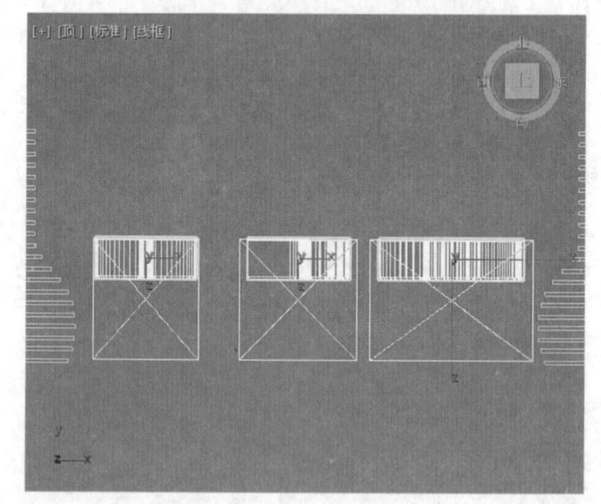

图15-34　设置文字刚体参数

(5) 如图 15-35 所示，依次执行相关命令，开始计算动力学所产生的效果。

图15-35　制作文字动画

7. 设置环境。

(1) 执行【渲染】/【环境】命令，打开【环境和效果】对话框，在环境贴图中指定一张【渐变坡度】贴图，如图 15-36 所示。

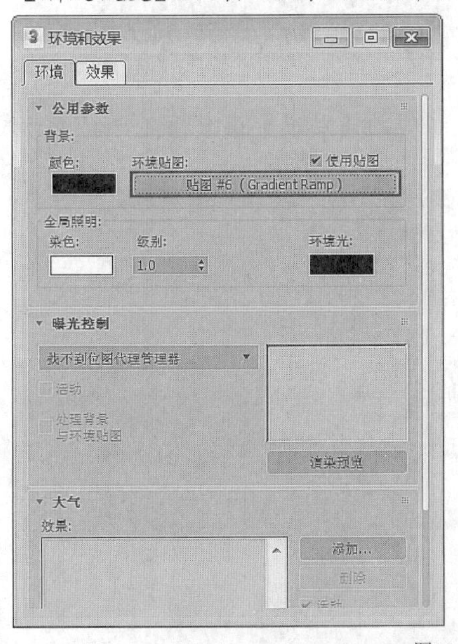

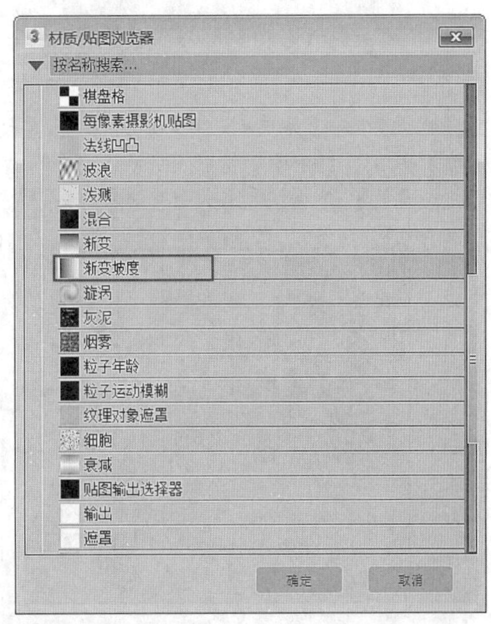

图15-36　添加环境贴图

(2) 将材质拖曳到【材质编辑器】空材质球上释放，打开【实例（副本）贴图】对话框，选择【实例】方式。在透视图中按 Alt+B 组合键，打开【视口配置】对话框，选择【使用环境背景】单选项，然后单击 确定 按钮，关闭对话框，这样即可在视口中看到背景的效果，渐变类型可以随意选择。此案例中选择为【径向】模式。调节【瓷砖】堆砌数量，使其变得更柔和，如图 15-37 所示。

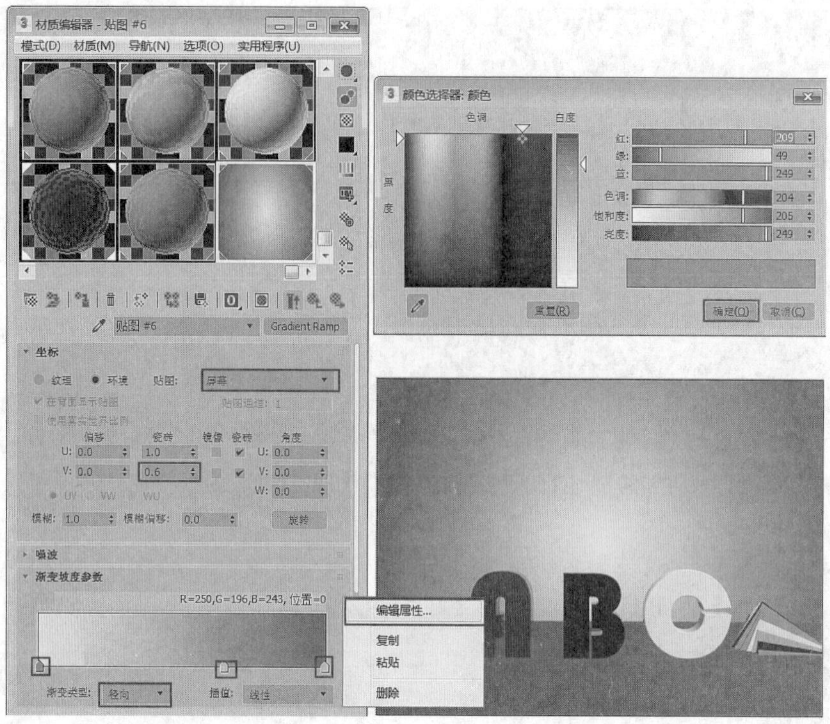

图15-37　设置环境

(3) 将地面改成【无光/投影】材质。在【反射】分组框的【贴图】框中指定一个【光线跟踪】贴图，【数量】改成“15”，如图 15-38 所示。

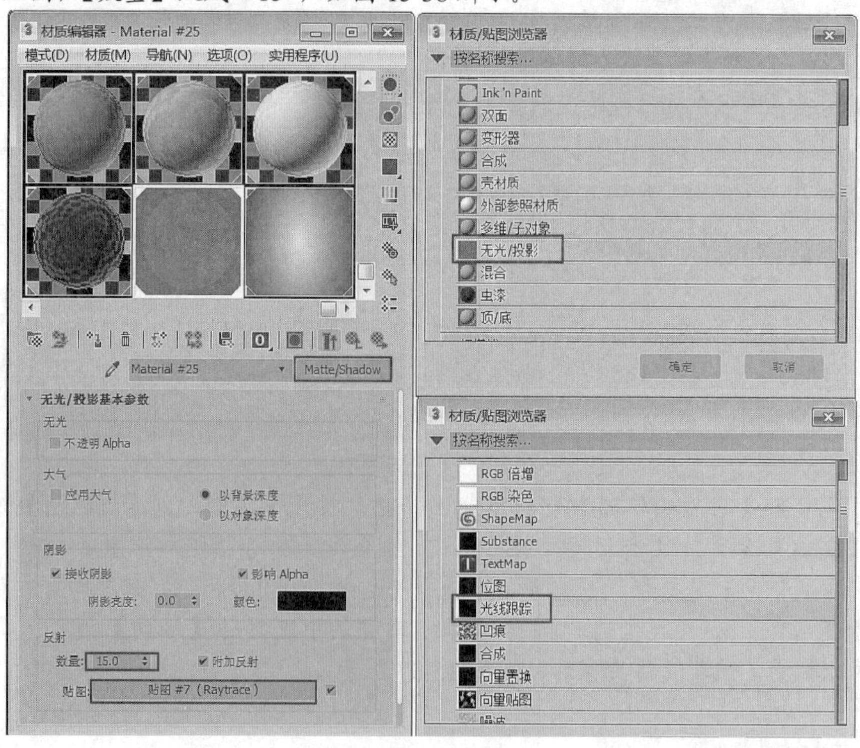

图15-38　设置地面贴图

8. 创建天光。

(1) 在顶视图中创建一个天光。

(2) 将【倍增】数值设置为“1.5”，如图 15-39 所示。

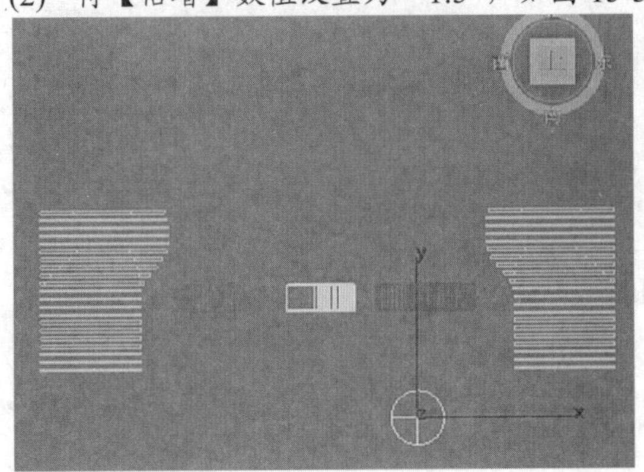

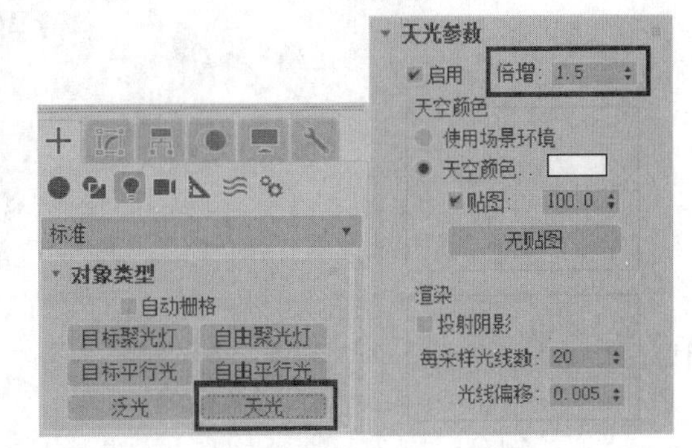

图15-39 创建天光

9. 设置渲染参数。

(1) 单击【渲染设置】按钮，打开【渲染设置】对话框，在【公用】选项卡中将【宽度】设置为“800”、【高度】设置为“400”。

(2) 切换至【高级照明】选项卡，选择【光跟踪器】选项，将【光线/采样】值设为“1000”，如图 15-40 所示。

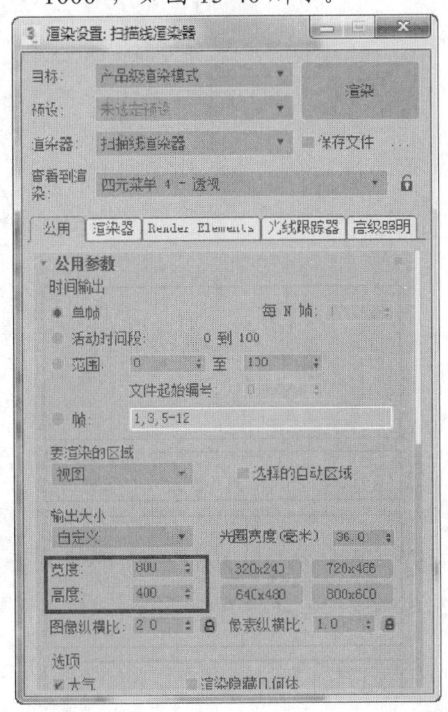

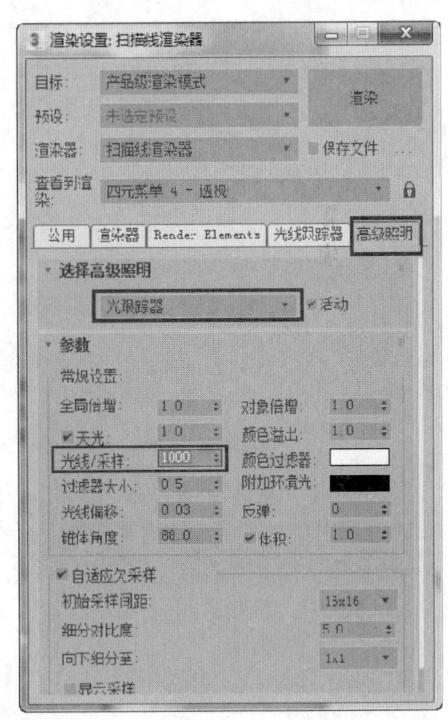

图15-40 设置渲染参数

(3) 单击按钮进行渲染。最终效果如图 15-41 所示。

图15-41　最终效果

15.3　习题

1. 什么是脚本，脚本有什么用途？
2. 在 3ds Max 2020 中，访问脚本语言有哪些方法？
3. MAXScript 侦听器的常用操作有哪些？
4. 宏录制器的主要用途是什么？
5. 在 3ds Max 2020 中，脚本主要有哪些类型？